8

7

6

5

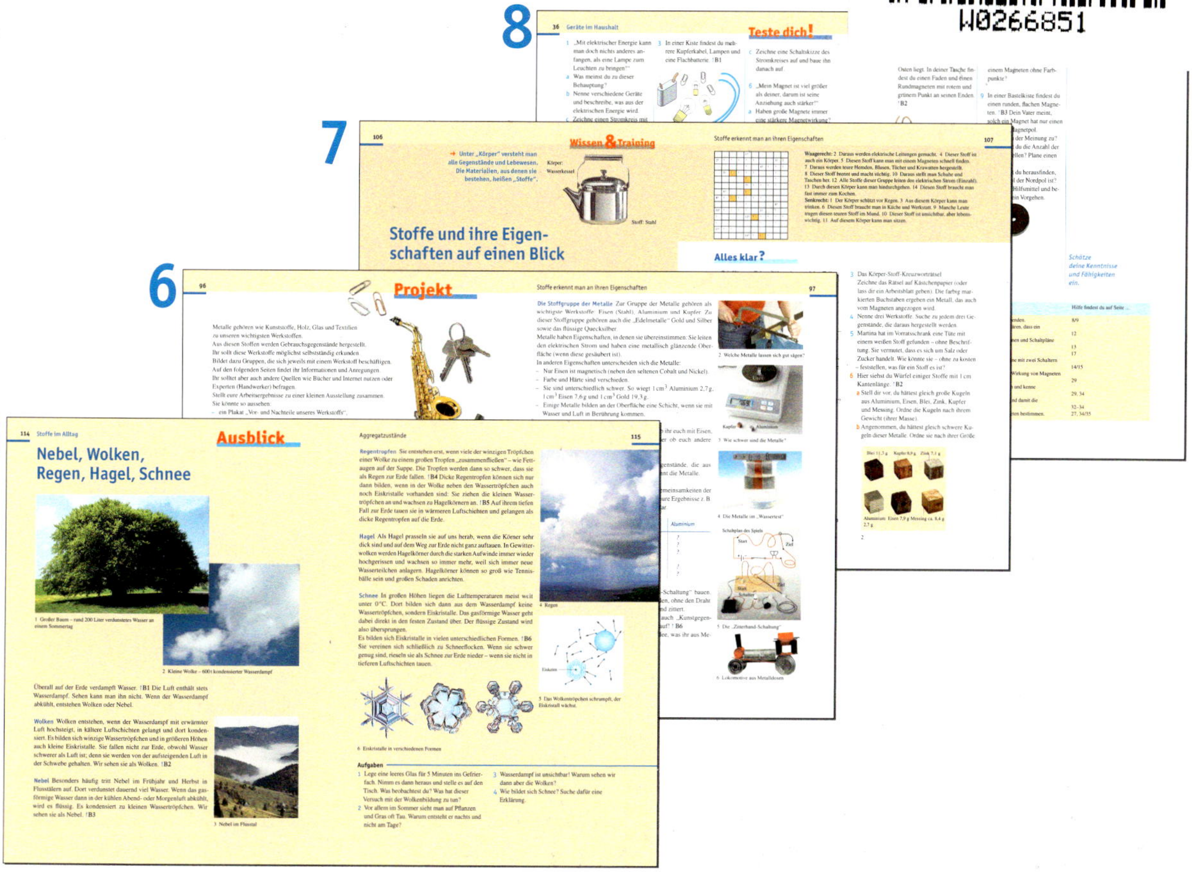

4

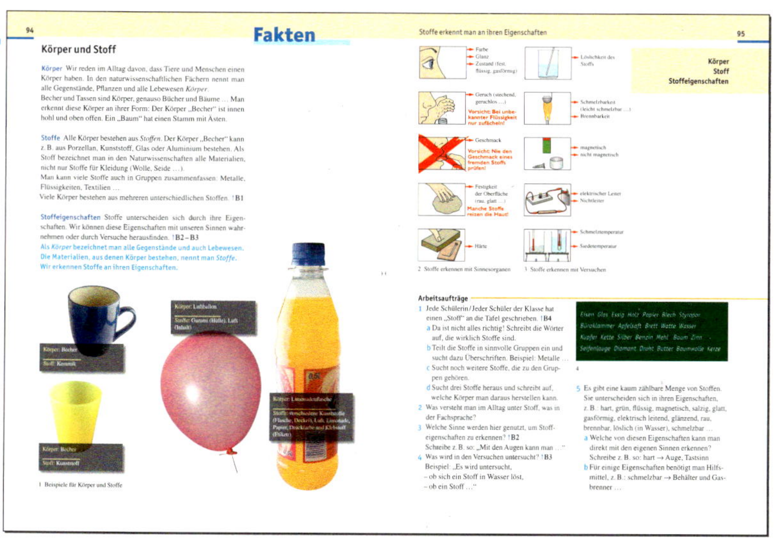

Fakten

Hier werden neue Begriffe eingeführt und Zusammenhänge erklärt. Wichtige Aussagen zum Thema sind farbig hervorgehoben.

Aufgaben unterstützen dich beim Lernen. Sie helfen dir, deine Kenntnisse anzuwenden und zu vertiefen. Wenn du sie nicht lösen kannst, solltest du den Text noch einmal gründlich lesen. Wenn das nicht reicht, hilft dir deine Lehrerin oder dein Lehrer.

Natur und Technik

Physik | Chemie

Grundausgabe 7|8

Nordrhein-Westfalen

Cornelsen

Erarbeitet von: Siegfried Bresler, Bielefeld; Bernd Heepmann, Herford,
Dr. Heinz Obst, Delitzsch, Marlies Ramien, Oldenburg; Wilhelm Schröder, Herford;
Peter Slaby, Spangenberg sowie Jan Beyer, Plettenberg, und Bernd Trockel, Duisburg

Beratung: Elke Dröge, Dortmund; Dr. Andreas Götze, Paderborn;
Rolf Hoffmann, Bonn; Georgios Mpouras, Hechingen; Cornelia Pätzelt, Halle;
Roswitha Weber, Lüdenscheid

Redaktion: Helmut Dreißig, Thomas Gattermann, Christian Wudel

Grafik: Ulrike Braun, Berlin; Gabriele Heinisch (Cornelsen);
Yvonne Koglin, Berlin; Jörg Mair, München

Umschlaggestaltung und Layoutkonzept: Wolfgang Lorenz

Technische Umsetzung: sign, Berlin

Wir danken Herrn Achim Schilling, Friseurmeister und Obermeister der
Friseurinnung Märkischer Kreis, für hilfreiche Unterstützung.
Wir danken außerdem Herrn Jörg Heitmann (Sundwiger Messingwerk GmbH & Co. KG, Hemer),
Herrn Volker Lindemann (Thyssenkrupp VDM GmbH, Werdohl) und Herrn Marco Luciani
(C. D. Wälzholz GmbH & Co. KG, Hagen).

www.cornelsen.de/NuT-Physik-Chemie
Unter dieser Adresse befinden sich multimediale Zusatzangebote.
So kommst du zur gewünschten Seite im Internet:
1. Webseite www.cornelsen.de/NuT-Physik-Chemie aufrufen.
2. Buchkennung NTPC014789 und Mediencode eingeben (z. B. 25-1).

1. Auflage, 1. Druck 2010

Alle Drucke dieser Auflage sind inhaltlich
unverändert und können im Unterricht nebeneinander verwendet werden.

Druck: CS-Druck CornelsenStürtz, Berlin

ISBN 978-3-06-014789-2

Inhalt gedruckt auf säurefreiem Papier aus nachhaltiger Forstwirtschaft.

Inhalt

Physik

Z = Zusatzstoff

Inhalt

Inhalt

Chemie

Inhalt

Inhalt

Bild- und Textquellen

A1PIX Ltd./NTH: 171.6 (Amethyst) | Air Liquide: 207.4, 209.6 | Airbus: 165.11, 271.6, 274.1 | Aker MTW, Wismar: 164.1 | AKG, Berlin: 188.1 | Arco Digital Images/Straesser: 253.7 | argus: 191.6 | artvertise: 47.15 | Astrofoto/NASA: 46.4 | Bayerischer Rundfunk: 47.10, 48.1 | BIOS/Georges Lopez: 171.6 (Rubin) | Blickwinkel: Kottmann 125.4, Wisshak 264.1 | Blohm + Voss, Hamburg: 182.2 | BMW, München: 218.1, 223.3+4 | Bosch: 46.7, 60.3 | Bridgeman Art Library: 256.4 | Buckau-Walther, Köln: 215.6 | Christoph Busse: 46.1 | cityel CITYCOM AG: 94.3 | Conrad Electronic: 46.2 | Corbis/Lester Lefkowitz: 1.0 | Daimler AG, Stuttgart: 223.5, 226.3 , 228.4, 276.1 | Das Fotoarchiv/Paas: 143.9 , 203.9 | DB AG/bahnimbild: 104.1 | Delta Verlag, Stuttgart: 116.2, 138.1 | Deutsche Luftbild, Hamburg: 152.2 | Deutsche Rockwool Mineralwoll GmbH & Co. OHG: 215.7 | Deutsches Museum, München: 13.8, 23.6, 94.2, 102.2, 272.1, 275.5 | Diehl Metall, Hemer: 196.1+2, 197.3+4 | DLR/Slowak: 209.9 | Dombauarchiv, Köln: 237.5 | Dr. C. C. Carbon, Wien: 24.4 | Dräger AG, Lübeck: 208.2+3 | DVA, Stuttgart: 178.2 | ecopix/Lee: 118.1 | Einhell, Landau: 69.3 (Schweißer) | Eon: 103.7+8 | esa: 118.2, 125.7, DLR/FU Berlin 216.1 | eumetsat: 202.2 | F1 Online/Maufront 156.1 | Feeser GmbH, Vogtsburg i.K.: 103.6 | Fotolia.com: Fußnote 25.12, leiana 170.3 | Freiwillige Feuerwehr Großboden/Mundt: 157.5 | Gattermann, Berlin: 165.10, 214.2 | Geologische Forschung und Erkundung, Halle: 175.7 | Getty Images: DeAgostini 171.6 (Smaragd), Harry Taylor 186.1, Thornton 142.2 | GNU/Kunzmann: 73.2 (Straßenbahn) | Heepmann, Herford: 86.2, 89.1 | Hella KGaA Hueck & Co., Lippstadt: 209.12 | Hoppecke, Brilon: 73.2 (Autobatterie) | IFA, München: 175.6, 244.1 | Intel: 170.4 | Ishiharas Test for Colour Blindness, Kanehara & Co. Ltd, Tokyo: 39.7 | iStockphoto.com: Adivin 176.1, Alexey Tkachenko 226.1, Andreas Reh 228.1, Andreas Weber 229.21, Bill Grove 228.9, Britta Kasholm-Tengve 178.3, Christian Carroll 246.2, Christine Balderas, 263.7, ckron 195.8, clu 260.1, Dave Hughes 229.17, 260.3, Dmitry Mordvintsev 233.4 (pH7), Don Wilkie 212.3, Dr. Guenther Holländer 229.19, Emre Yildiz 174.3, Evgeny Tomeev, 69.3 (Taschenlampe), Florea Marius Catalin 256.2, George Peters 263.9, Gilles Glod 165.8, Glen Rodgers 21.11, Güler Cetinkaya 262.2, imagestock 229.16, immelstorm 256.3, jallfree 46.5+69.3 (Toaster), JCPJR 69.3 (Gewitter) + 73.2 (Gewitter), John Leung 228.8 + 233.4 (pH12) + 265.3, Long Ha 164.4, Marie-france Bélanger 46.6, Mark Mortensen 212.5, Melissa Carroll 174.1 + 201.3, Michael Fernahl 194.5, Michael Steden 228.7, Milena Lachowicz 8.0 + 38.3, Natasha Litova 164.5, Nicholas Belton 195.10, Paul Kazmercyk 194.4, Pavlenko Evgeniy 263.8, RMAX 268.3, Sam Aronov 209.10, Sergei Sverdelov 199.1, Silvia Jansen 163.6, Solymosi Tamas 271.5, soMeth 213.9, Steve Mcsweeny 258.1, sumbul 228.2, Susan Daniels 165.9, Susanne Karlsson 263.6, Sven Hoppe 216.3, Timothy Large 270.4, Torsten Wittmann 63.3 | K+S AG, Kassel: 229.20, 252.2, 253.5+8 | Lufthansa: Kröner 270.3, Schlaeger: 208.5 | Machmüller, D., Berlin: 156.2+4 | Malzahn, H., Berlin: 175.5 (oben) | Mannesmann Demag, Duisburg: 116.5 | mauritius images: 36.1, 73.2 (Nervenzelle), 237.6 | Messer Griesheim, Düsseldorf: 208.1, 209.8 | Michael Wortmann Hamburg: 265.4 | Miele, Gütersloh: 69.3 (Waschmaschine) | MPI/auto motor und sport/Seufert: 53.4 | Müller, Neulussheim: 194.2+3 | nabendynamo.de: 103.5 | NASA: 124.1+2 | Niedersächsische Landesfeuerwehrschule, Celle: 156.3 | Nilsson, Stockholm: 18.1 | Nokia: 164.2 | Offermann, Arlesheim/Schweiz: 175.4, 190.1–4 | Okapia: 22.2, Biophoto 233.4 (pH1), Camazine & Visscher/NAS 203.7, NAS/Purse 171.6 (Aquamarin), NAS/Winters 256.1, NAS/Faulkner 10.2, Stamme 186.2 | Osram, München: 46.3, Kausch 59.9 | Philips, Hamburg: 39.6, 69.3 (Monitor) | picture-alliance/ASA: 117.8 | picture-alliance/dpa: 8.1, 35.9, 40.1, 68.1+2, 125.5+8 , 137.5, 143.8, 147.5+6, 154.1+2, 157.7, 182.1, 194.7, 195.9, 206.2, 210.3, 215.9, 244.2+3, 247.3, 259.5 | picture-alliance/Sueddeutsche: 137.3 | picture-alliance/ZB: 142.3, 253.4, 263.10 | plainpicture/Blasius: 27.2 | project photo: 19.5+6, 200.2, 216.2, 229.10+18, 233.4 (pH8), 69.3 (ICE), 73.2 (ICE) | Rene Tillmann, Düsseldorf: 116.4 | REpower Systems AG/Cosnard: 52.1 | Roggenbuck, H., Dresden: 11.5 | Schapowalow: 209.7, SIME 153.3 | Scheuerle, Pfedelbach: 125.3 | Schlichting, Hasbergen: 9.5, 13.4–6 | Sharp: 69.3 (Taschenrechner) | Siemens Pressebild: 59.11, 70.2 (Solarzelle) | Simeon, R., Baden-Baden: 260.4 | SPL/Focus/TRUEBA/MSF: 263.5 | Studio-tv-Film: 10.1 | Tesla Motors: 47.12 | ThyssenKrupp Steel: 165.12, 195.11 | Toyota: 94.4–7 | transit/Härtrich: 137.4 | Traudl Riess KG, Bindlach: 49.6 | Trekstor: 69.3 (MP3-Player), 73.2 (MP3-Player) | ullstein: 220.1, AP 151.3 | Universtät Rostock, Fachbereich Bauingenieurwesen: 121.8 | USIS, Bonn: 117.9, 122.1+2 | vario images/Design Pics: 143.4 | vario-press/Oed: 203.6, 213.7 | Varta: 70.2 (Autobatterie) | Vincent Farben GmbH: 179.7 | VISUM: Büllesbach 202.3, Bruch 144.1, Löwa 246.1, Meichsner 245.5 | VW, Wolfsburg: 69.3 (Anlasser) 73.2 (Zündspule) | Werner Bachmeier - www.wernerbachmeier.de: 183.5 | Wikimedia Commons/CC 2.5/Georg Slickers: 170.5 | WILDLIFE: 8.2 , Delpho 203.8, Freund 179.5 | www.pressedienst-fahrrad.de: 47.14, hercules 136.2 | Zink, Schwieberdingen: 270.2 | ZVEH, Frankfurt/Main: 97.1

Titelfoto: Corbis / Lester Lefkowitz
Alle anderen Fotos: Cornelsen, Berlin (Auftragsfotos: Döring, Hohen Neuendorf | Hommel, Herford | Mahler, Berlin)

Licht und Sehen

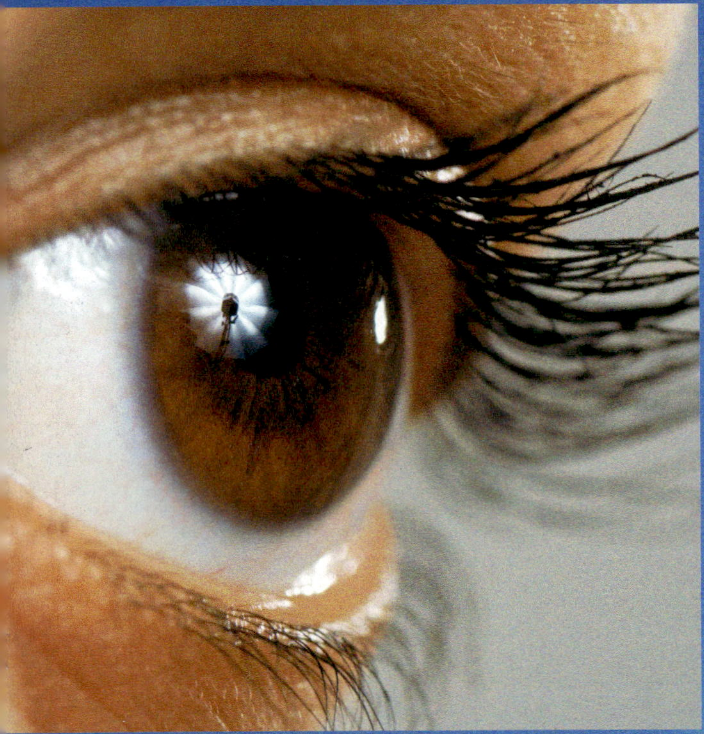

1

Das Auge ist unser wichtigstes Sinnesorgan. Es reagiert auf Licht. Auf die Augen verlassen wir uns im Straßenverkehr und wir brauchen sie zum Lesen. Mit ihnen nehmen wir auch den Gesichtsausdruck unserer Mitmenschen wahr. Beim Sehen spielt unser Gehirn eine wichtige Rolle.

Experimente mit Licht werden dir helfen, den Sehvorgang und die Grundlagen der Fotografie zu verstehen: Ohne Licht können wir weder etwas sehen noch fotografieren.

Durch eigene Experimente wirst du in diesem Kapitel herausfinden,

– wann Licht einen „Knick" bekommt oder Umwege macht,
– wie scharfe Bilder erzeugt werden,
– woher die Farben kommen,
– wieso wir „Trugbilder" sehen,
– warum Bilder uns täuschen können.

Welche Fragen fallen dir zu den Bildern ein?

2

3

4

5

6

7

8

9

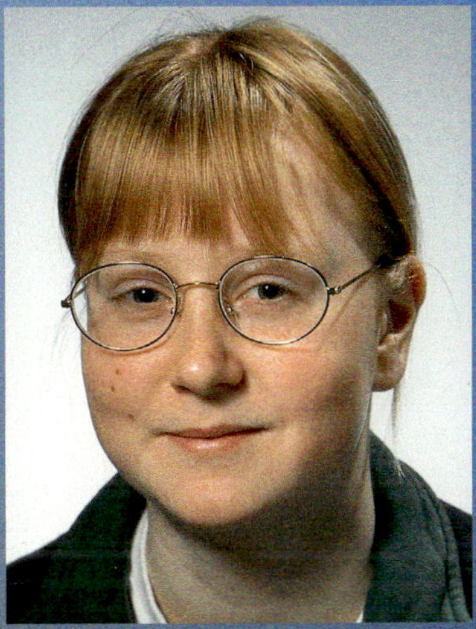
10

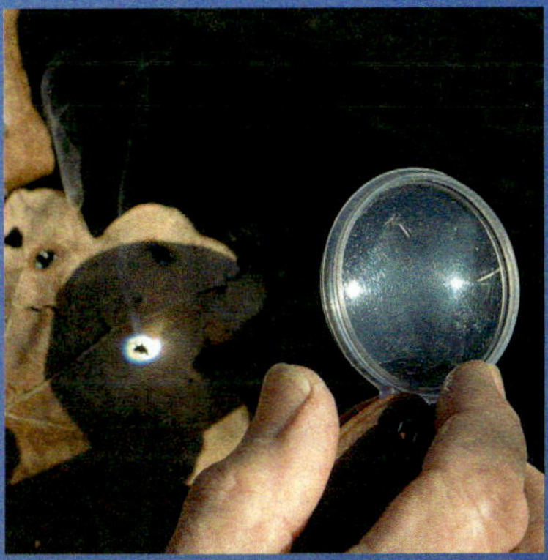
11

12

Aktion

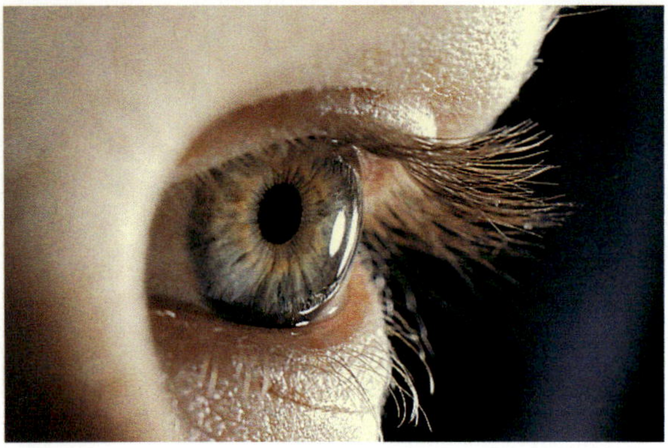

1 Menschliches Auge: schwarze Pupille inmitten der farbigen Iris, dahinter die von außen unsichtbare Augenlinse

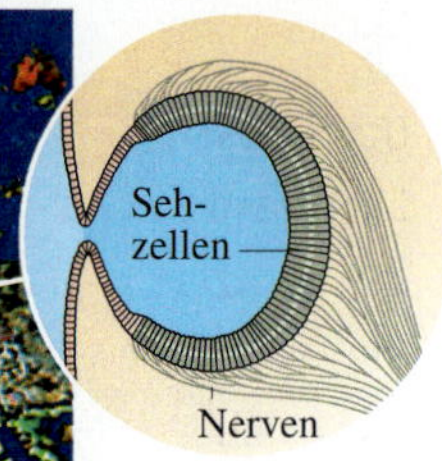

Schnittbild durch das Lochauge

2 Der *Nautilus* gehört – wie der Tintenfisch – zu den Kopffüßern. Sein „Lochauge" ist nur eine *Kammer mit einem Loch.*

Bei den Augen von Mensch und Tier fallen uns zuerst die schwarze Pupille und die Augenfarbe auf. ↑B1 Die Augenfarbe wird bestimmt von der Regenbogenhaut, der *Iris*.
Die *Pupille* ist dagegen immer schwarz. Sie ist ein *Loch* in der Iris, durch welches Licht ins Auge gelangt.
Hinter dieser „Lochblende" liegt die *Augenlinse*. Sie ermöglicht scharfes Sehen.

Es gibt aber auch Tiere, die gar keine Linse im Auge haben. Trotzdem können sie etwas sehen – nur durch eine Lochblende. ↑B2
Selbst Fotos kann man ohne Linse machen – mit einer Lochkamera.

Löcher – Linsen – Augen

Löcher erzeugen Bilder

1

Warum ist die Pupille schwarz?
Verschließe einen beliebigen Verpackungskarton. Stich mit einem Nagel ein Loch in eine Seitenwand. Welche Farbe hat das Loch?
Halte den Karton jetzt unter eine Lampe. Beschreibe deine Beobachtung.
Beantworte die Frage in der Überschrift.

2

Bauanleitung:
Eine einfache Lochkamera
Du brauchst: Blechdose, Pergament- und Packpapier, schwarzen Karton oder schwarzes Farbspray.
So wird's gemacht:

a Lege die Dose innen mit schwarzem Papier aus oder färbe die Innenwand schwarz.

b Stich ein kleines Loch in den Boden der Dose. Über die offene Seite spannst du Pergamentpapier. ↑B3

c Um die Dose wird Packpapier gewickelt, damit das Pergamentpapier im Dunkeln liegt.

d Beobachte mit der Lochkamera eine von der Sonne beschienene Landschaft oder eine Kerzenflamme im dunklen Raum.

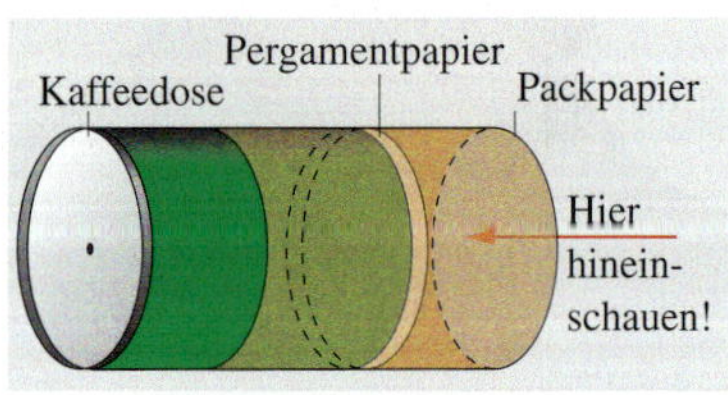

3

3
Der Physikraum als Lochkamera

Der ganze Fachraum kann zur Lochkamera werden, wenn es ein Loch im Verdunklungsrollo gibt (5 mm Ø). Die Landschaft vor dem Fenster sollte hell beleuchtet sein.

Halte einen durchscheinenden Schirm direkt vor das Loch. Entferne ihn dann allmählich von dem Loch. Wie ändert sich das Bild auf dem Schirm?

Schon vor Jahrhunderten nahm man solche „Zimmer-Lochkameras", z. B. um eine Sonnenfinsternis zu beobachten. ↑**B4**

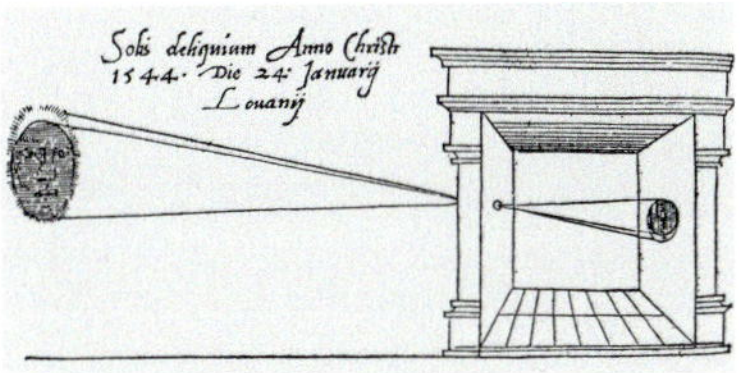

4 Sonnenfinsternis am 24. 1. 1544

4
Fotos mit der Lochkamera*

Bei der Abbildung ganz naher und ferner Gegenstände haben gute Lochkameras erstaunliche Eigenschaften … ↑**B5**

5 Lochkamerabild

5
Wie entsteht ein Lichtfleck?

a Schneide ein Loch von der Größe eines 2-Cent-Stücks in eine Postkarte. Ein weißes Blatt dient als Schirm. Vor dem Loch steht eine Kerze. ↑**B6** Was siehst du im dunklen Zimmer auf dem Schirm?

b Stich mit einer Kulimine ein Loch in eine Postkarte oder schneide ein dreieckiges Loch hinein. Beschreibe, was du jetzt auf dem Schirm siehst.

c Verfolge den Lichtweg von der Kerzenspitze bis zum Schirm. Halte dazu vor und hinter der Lochblende einen Finger an verschiedene Stellen in den Lichtweg. Verfolge auf gleiche Art den Lichtweg vom unteren Teil der Kerzenflamme zum Schirm.

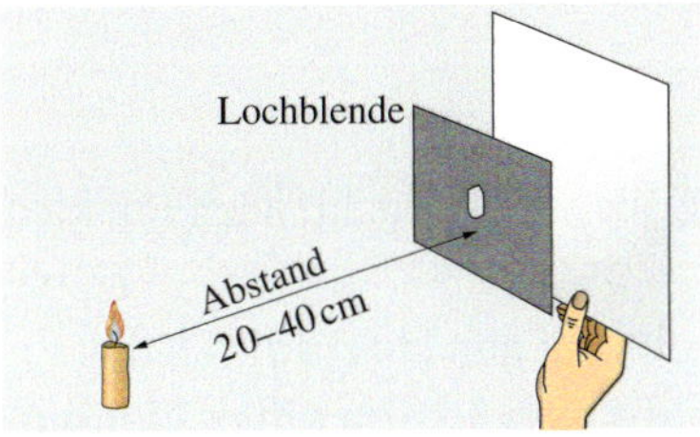

6

6
Wie entsteht das Bild bei der Lochkamera?

Baut drei Spotlampen (Rot, Grün, Blau) in Form eines Dreiecks auf – oder verwendet stattdessen eine „Tricolore" (s. S. 41).

Erzeugt mit einer Lochblende (Öffnung: 4 mm) ein Bild dieses Dreiecks. ↑**B7**

a Zunächst wird nur die rote Lampe eingeschaltet. Auf dem Schirm erscheint ein roter Lichtfleck. Dann wird zusätzlich die grüne Lampe eingeschaltet. Vergleiche die Lage der Lichtflecke mit der Anordnung der Lampen.

b Erkläre deine Beobachtung.

c Es bleibt noch die blaue Lampe. Wo wird wohl der blaue Fleck auf dem Schirm erscheinen?

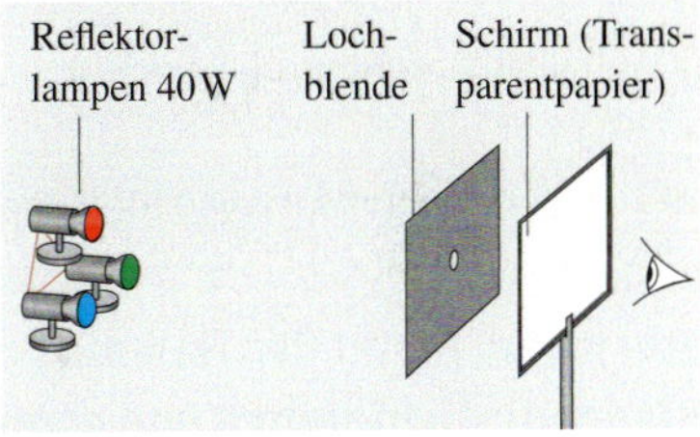

7

7
Wir erzeugen das Bild einer Person*

Erzeugt mit einer kleinen Lochblende das Bild einer Mitschülerin oder eines Mitschülers mit hellem T-Shirt. Beleuchtet die Person mit einem Projektor oder einer Fotolampe.

a Beschreibt das Aussehen des Bilds. In welche Richtung bewegt sich das Bild, wenn sich die Person seitlich hin und her bewegt?

b Überlegt euch Möglichkeiten, das Bild zu verbessern, und probiert es aus.

c Erkennt ihr Zusammenhänge zwischen Lochgröße, Schärfe und Helligkeit des Bilds? Beschreibt sie so: „Loch groß → Bild …"

Fakten

Bilder aus Lichtflecken

Von einer Lichtquelle breitet sich das Licht geradlinig nach allen Seiten hin aus. Ein Teil des Lichts fällt durch die Lochblende. Es erzeugt auf dem Schirm einen Lichtfleck. ↑B1

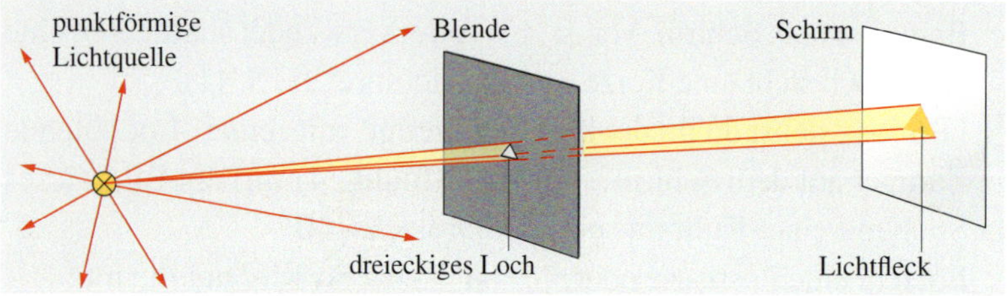

1 Abbildung einer Lichtquelle

Mehrere Lichtquellen erzeugen mehrere Lichtflecke. Die Lichtflecke sind aber anders angeordnet als die Lichtquellen. Was bei den Lichtquellen oben ist, ist bei den Lichtflecken unten. Was dort rechts ist, ist auf dem Schirm links. ↑B2

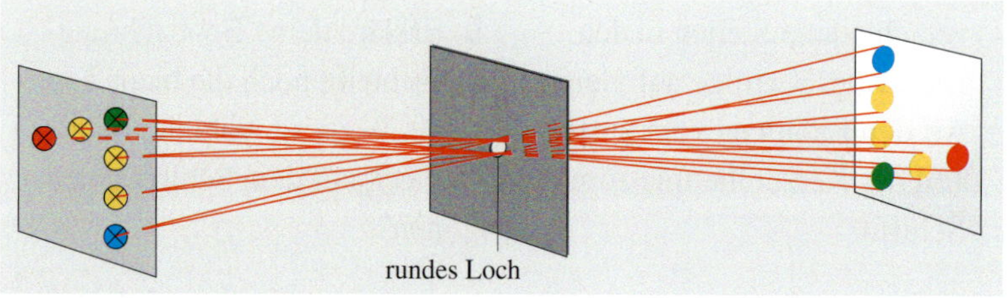

2 Abbildung mehrerer Lichtquellen

Wir stellen uns vor, dass eine Flamme aus vielen leuchtenden Punkten besteht.

Von jedem Punkt der Flamme geht ein Teil des Lichts durch das Blendenloch hindurch und erzeugt auf dem Schirm einen kleinen Lichtfleck. Alle Lichtflecke überlappen sich und ergeben ein auf dem Kopf stehendes, unscharfes Bild der Flamme. ↑B3

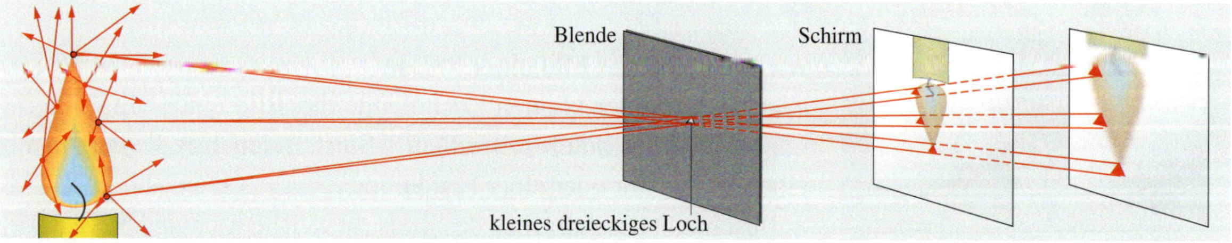

3 Abbildung einer Flamme

Je kleiner man das Loch macht, desto schärfer wird das Bild. Die Lichtflecke werden zu Bildflecken. Das Bild wird aber dunkler.
Je weiter der Schirm entfernt ist, desto größer wird das Bild.

Sonnentaler[Z]

Lochblende
Bild
Sonnentaler

Wenn die Sonne auf ein dichtes Blätterdach scheint, sind am Boden helle Flecke zu sehen. **↑B4–5** Viele dieser Flecke sind kreisrund. Die Lücken zwischen den Blättern, durch die das Sonnenlicht fällt, sind aber völlig unregelmäßig geformt.

Wir können die „Sonnentaler" leicht erklären:

Die runden Flecke sind Bilder der Sonne. Von jedem Punkt der für uns sichtbaren Sonnenoberfläche fällt ein Lichtkegel durch die Lochblenden aus Blättern; er erzeugt einen Lichtfleck.

Die Lichtflecke haben zwar jeweils die Form der Lücken zwischen den Blättern, sie überlagern sich aber zu einem Bild der Sonne.

Wenn bei einer Sonnenfinsternis die Sonne zum Teil vom Mond verdeckt ist, sind auch die Sonnentaler sichelförmig. **↑B6**

4 „Sonnentaler" auf einem Waldweg

5 „Sonnentaler"

6 „Sonnentaler" bei Sonnenfinsternis

Aufgaben

1 Vor einer Lochkamera stehen drei punktförmige Lichtquellen. **↑B7** Übertrage die Zeichnung in dreifacher Größe in dein Heft und trage die Bilder der Lichtquellen ein.

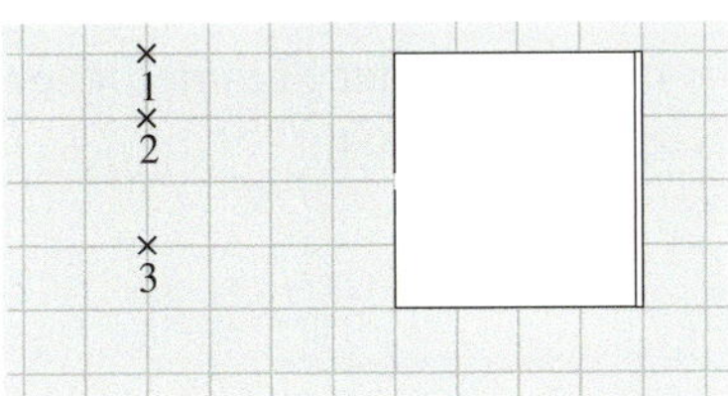

7

2 Wie kommt bei der Lochkamera das Bild eines Baums zustande?

3 Mit einer sehr kleinen Blendenöffnung kann man ziemlich scharfe Bilder erzeugen. Welchen Nachteil hat die kleine Blendenöffnung?

4* Die unregelmäßigen Lücken im Blätterwerk eines Walds ergeben auf dem Boden runde Bilder. Erkläre!

5* Lochkameras wurden früher von Malern benutzt. **↑B8** Findest du den Fehler in dem Bild?

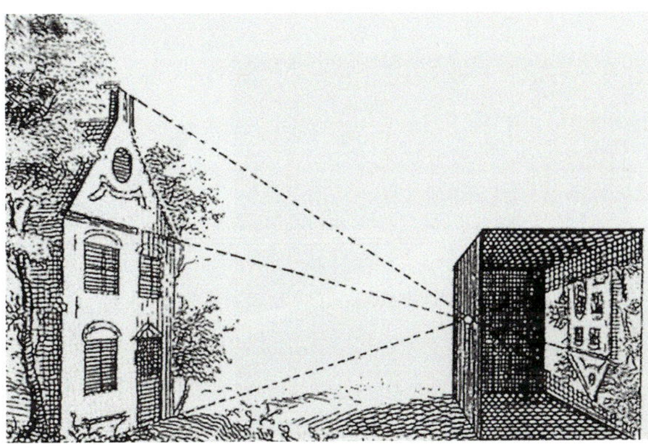
8

Aktion

1 Fotoapparat mit 1 mm großem Loch

2 Fotoapparat mit Objektiv

Bilder erzeugen – mit Sammellinsen

1

Wir erzeugen Bilder mit der Lupe

Versuche Bilder mit einer Lupe zu erzeugen.

- **a** Stelle dich im Zimmer mit der Lupe gegenüber einem hellen Fenster auf. Halte direkt hinter die Linse (Lupen sind Sammellinsen) ein Blatt weißes Papier als Schirm. ↑**B4**
- **b** Entferne den Schirm langsam immer weiter von der Linse, bis du ein scharfes Bild des Fensters und der Landschaft erhältst. Beschreibe das Bild.

3 Linsen können Licht sammeln.

4

2

Eine Linse verbessert das Lochkamerabild

Hast du eine Lochkamera gebaut? Dann vergrößere das Loch schrittweise. Wie ändert sich dabei das Bild?

Halte anschließend eine geeignete Lupe oder Sammellinse vor das große Loch.

3
Bilder – nicht nur mit Linsen*

Ein kugelförmiges Glas kann ein Fenster abbilden. ↑ **B5**
Probiere es mit und ohne ohne Wasser im Glas aus.
Auch mit einer Glaskugel kann man Bilder erzeugen. ↑ **B6**
Wenn du durch eine klare Glaskugel (Murmel) schaust, siehst du ein scharfes Bild. Versuche dieses Bild auf einem Schirm aufzufangen.

5 Abbildung durch ein Weinglas

6 Abbildung durch eine Glaskugel

4
Wo entsteht bei einer Sammellinse das Bild?

a Eine Kerze wird 50 cm vor der Linse aufgestellt. Suche mit einem Schirm die Stelle, an der hinter der Sammellinse das scharfe Bild der Kerzenflamme entsteht. ↑ **B7**
Miss den Abstand Linse – Bild.

b Schiebe die Linse etwas von der Kerze weg.
Wie ändert sich dadurch der Abstand Linse – Bild?

c Entferne die Kerze allmählich immer weiter von der Linse. Ermittle den kleinstmöglichen Abstand Linse – Bild.

d Bei einer Lochkamera mit winzigem Loch werden nahe und ferne Gegenstände gleich scharf abgebildet.
Und wie ist es bei einer „Linsenkamera"?

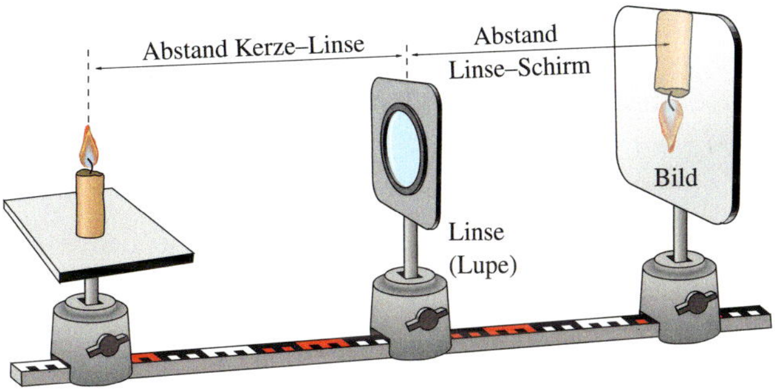

7

5
Bilder unterschiedlich dicker Linsen

Erzeuge scharfe Bilder mit unterschiedlich dicken Linsen. Stelle die Kerze immer 60 cm vor den Linsen auf. Miss den Abstand Linse – Schirm. Achte auch auf die Größe des Bilds. Fasse deine Beobachtungen zusammen: „Je dicker die Linse ist, desto …"

6
Sammellinsen als „Brenngläser"?

Halte im Freien verschiedene Sammellinsen ins Sonnenlicht. Versuche damit ein Stückchen Zeitungspapier anzubrennen. Beschreibe, was geschieht.

Fakten

Bilder – erzeugt mit Löchern und Sammellinsen

Punkt für Punkt Von jedem Punkt einer Lichtquelle oder eines beleuchteten Gegenstands geht Licht aus. Eine *Lochkamera* bildet jeden Lichtpunkt als *Bildfleck* ab. ↑**B1**
Das Bild ist nur hell, wenn das Loch groß genug ist. Je kleiner es ist, desto kleiner sind die Bildflecke und desto schärfer ist das Bild. Es lässt sich in beliebigem Abstand hinter dem Loch auffangen. ↑**B2**

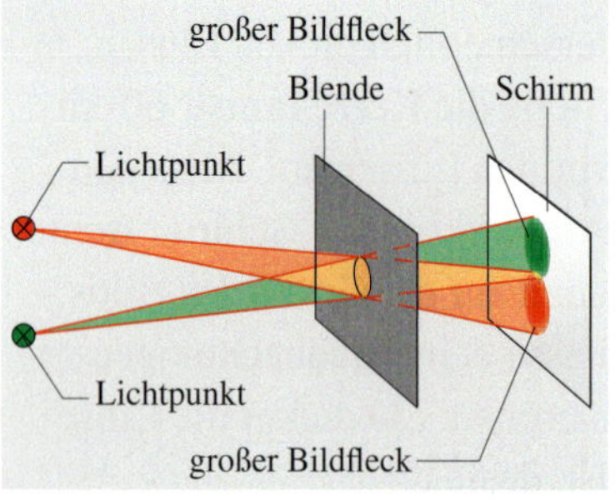

1 Abbildung durch große Lochblende

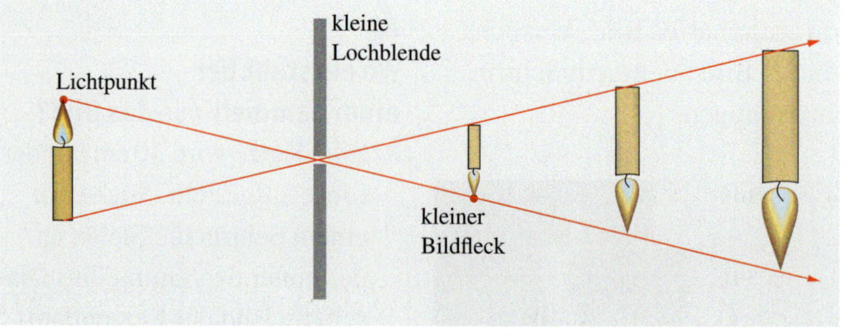

2 Die Lochkamera erzeugt Bilder in beliebigem Abstand.

Bei der *Sammellinse* ist es anders: Das von einem Punkt kommende Licht läuft hinter der Linse wieder in einem *Punkt* zusammen. Man erhält helle und gleichzeitig scharfe Bilder. ↑**B3**

Eine Sammellinse bildet jeden Gegenstandspunkt in einem *Bildpunkt* ab. Dadurch entstehen helle und scharfe Bilder.

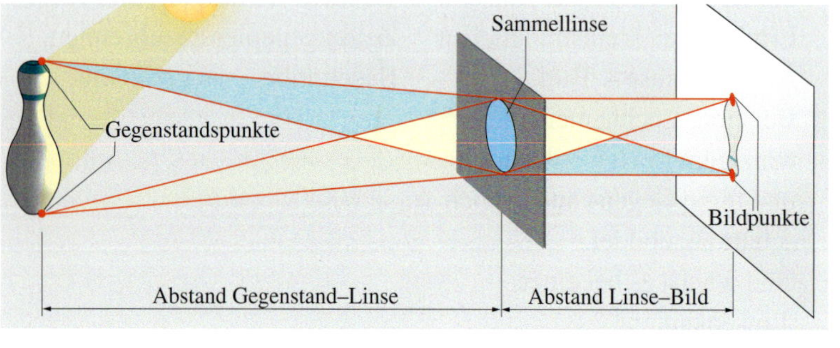

3 Die Sammellinse erzeugt scharfe Bilder nur in einem bestimmten Abstand.

Bei der Sammellinse entsteht das scharfe Bild in einem ganz bestimmten Abstand hinter der Linse. Davor und dahinter ist das Bild unscharf.
Bei sehr weit entfernten Gegenständen ist der Abstand Linse–Bild am kleinsten.

Sammellinse
Brennweite

Große Bilder – kleine Bilder „Komm näher, damit du auf dem Foto nicht so winzig bist." Je näher die Person an der Kamera steht, je kleiner also der Abstand Gegenstand–Linse ist, umso größer ist das Bild.
Für ein und dieselbe Sammellinse gilt: Bei kleinem Abstand Gegenstand–Linse sind der Abstand Linse–Bild und das Bild groß. Bei großem Abstand Gegenstand-Linse sind sie klein. ↑**B4–5**

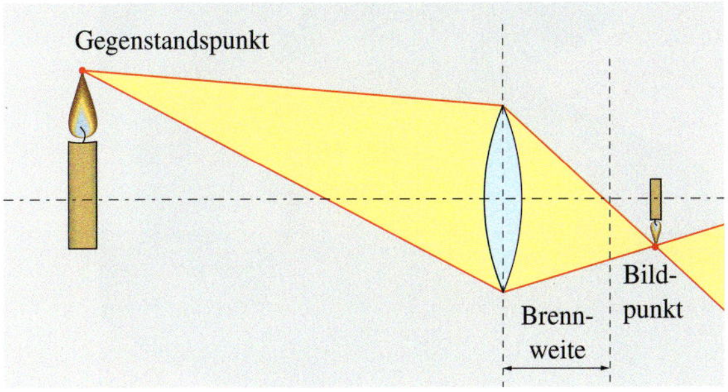

4 Das Bild ist kleiner als der Gegenstand.

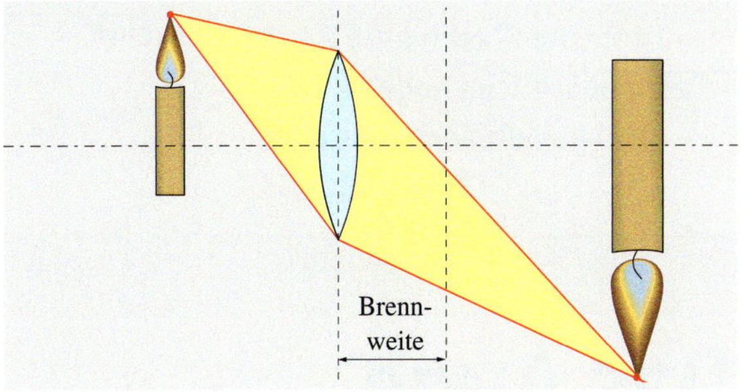

5 Das Bild ist größer als der Gegenstand.

Die Brennweite Mit einem Brennglas kannst du Papier oder Laub „ankokeln". Das Brennglas sammelt das einfallende Sonnenlicht und erzeugt ein kleines Sonnenbildchen. ↑**B6** (Bei dicken Linsen ist es so klein, dass man es oft als *Brennpunkt* bezeichnet.)
Den Abstand des Sonnenbilds zur Linse nennt man *Brennweite*. Sie ist ein wichtiges Merkmal von Sammellinsen. Je stärker eine Linse gekrümmt ist, umso kleiner ist ihre Brennweite.

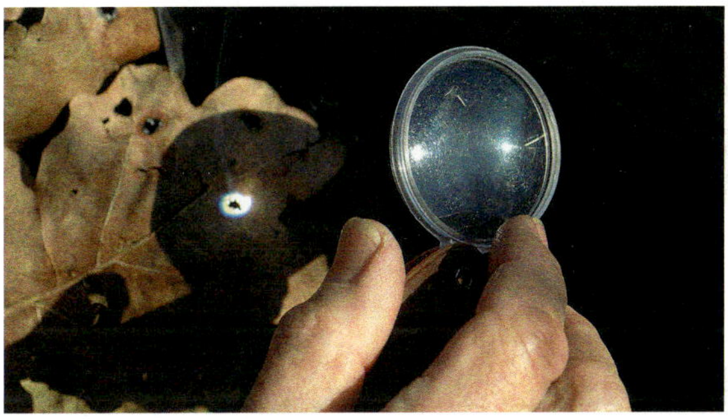
6 Sammellinse als Brennglas

Aufgaben

1 Wieso schafft man es mit einer Sammellinse, scharfe Bilder zu erzeugen?

2 Hier siehst du den Verlauf eines Lichtbündels. ↑**B7** Erkläre anhand des Bilds, warum bei der Sammellinse das Bild nur in einer bestimmten Entfernung von der Linse scharf ist.

7 Wirkung einer Sammellinse.
Das Licht wird durch Streuung am Badesalz sichtbar.

3* Unterschiedlich geformte Sammellinsen: ↑**B8**

a Was ist bei sämtlichen Sammellinsen gleich?

b Ordne die Sammellinsen nach ihrer Brennweite. Beginne dabei mit der größten Brennweite.

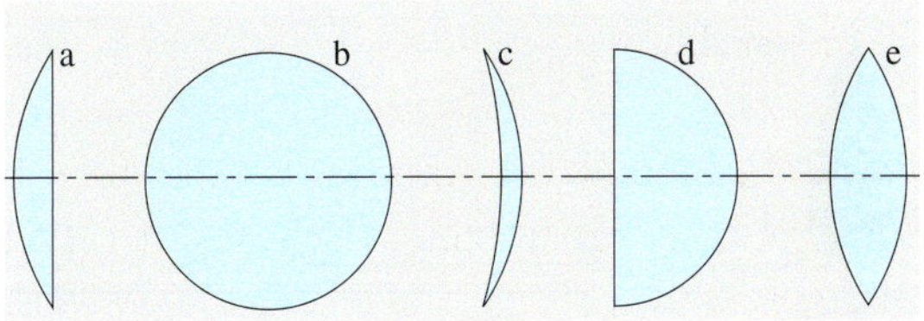

8 Verschiedene Formen von Sammellinsen

Ausblick

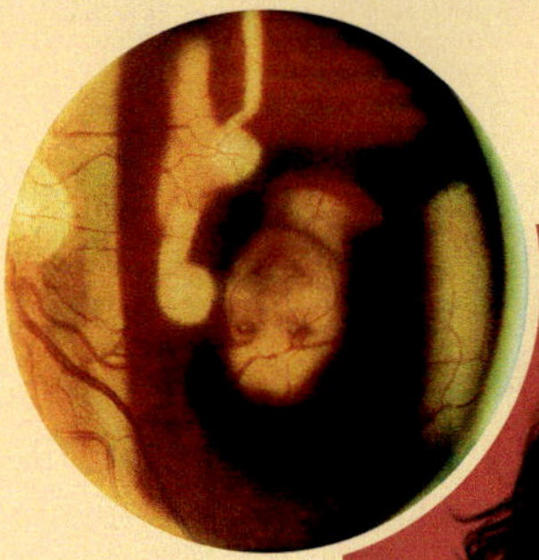

1 Netzhautbild im Auge

Die Bilder in unserem Auge sehen so ähnlich aus wie beim Blick durch eine einfache Glaskugel. ↑B1–2
Das menschliche Auge ist aber viel komplizierter als eine Glaskugel. ↑B3

2 Durch eine Glaskugel erzeugtes Bild

Das Auge erzeugt Bilder

So ist unser Auge aufgebaut Wenn Licht auf unser Auge fällt, trifft es zunächst auf die lichtdurchlässige *Hornhaut.* Anschließend fällt das Licht durch die *Pupille.* Sie ist nichts anderes als ein Loch, das von der *Iris* umgeben ist. Iris und Pupille stellen gemeinsam eine Blende dar. Bei geringem Lichteinfall ist die Pupille weit geöffnet. Bei starkem Lichteinfall verkleinert sie sich bis auf einen Durchmesser von 1 bis 2 mm.
Hinter der Pupille trifft das Licht auf die *Augenlinse.* Sie erzeugt zusammen mit der Hornhaut das scharfe Bild auf der Netzhaut.
Die Augenlinse ist elastisch. Beim Blick in die Ferne ist sie dünn, beim Sehen naher Gegenstände dick. Dafür sorgt der *Ringmuskel.*
Das Licht fällt durch die Pupille in unser Auge. Hornhaut und Augenlinse erzeugen gemeinsam ein Bild auf der Netzhaut. ↑B4

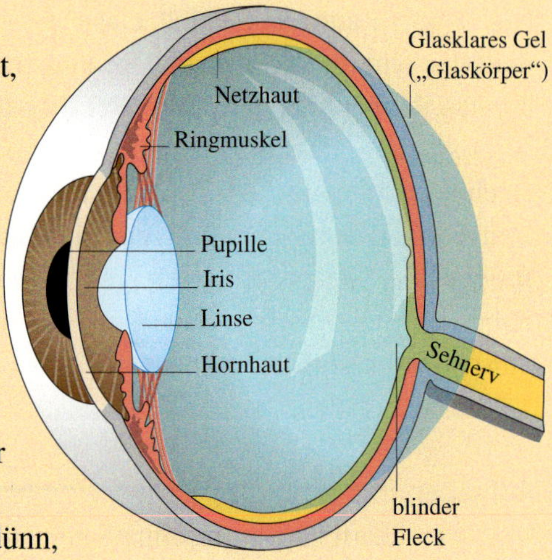

3 Aufbau des Auges

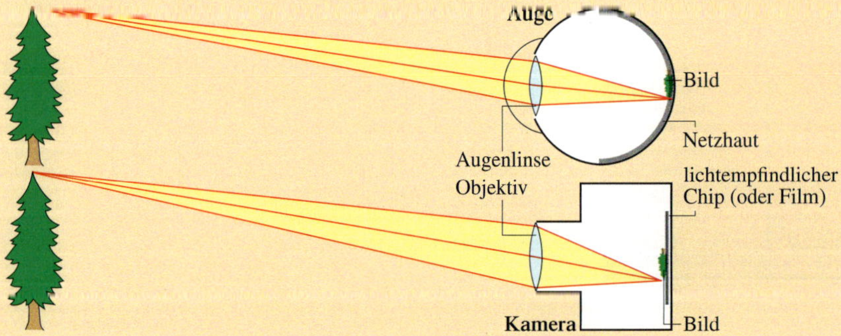

4

Die Rolle des Gehirns Das Gehirn verarbeitet Signale, die es von den Sinneszellen der Netzhaut über den Sehnerv erhält.
Es sorgt dafür, dass wir alles aufrecht sehen. Außerdem vereinigt es die beiden Netzhautbilder unserer Augen zu einem einzigen räumlichen Bild.

Schütze deine Augen!

- ➔ Der Blick in die Sonne oder in grelle Schweißflammen führt zu Augenschäden. ↑**B5** Hände vor die Augen halten!
- ➔ Leuchte niemandem mit einem Laserpointer ins Auge. Blicke nie in einen Laser. Augen schließen!
- ➔ In südlichen Ländern oder im Gebirge droht Gefahr durch ultraviolette Strahlung. Sonnenbrille mit UV-Filter tragen! ↑**B6**
- ➔ Langes Arbeiten oder Spielen am Computer schadet den Augen. Regelmäßige Pausen einlegen und 50 cm Abstand vom Bildschirm halten!
- ➔ Schutzbrille tragen, wenn Splitter ins Auge gelangen könnten (z. B. beim Bohren von Metall) oder wenn du mit Chemikalien arbeitest! Auch im Haushalt gibt es ätzende Reinigungsmittel.
- ➔ Erste Hilfe bei Verätzungen:
  Auge mit viel Wasser mindestens 15 min lang spülen. Arzt aufsuchen!

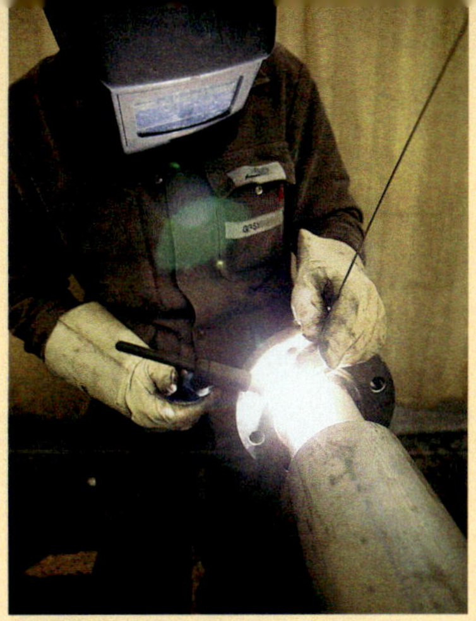

5 Augen beim Schweißen schützen!

6 Eine Sonnenbrille schützt vor Sonnenlicht.

Arbeitsaufträge

1 So klein sind die Bilder auf unserer Netzhaut: Hinter der Rückseite einer Glasmurmel entstehen Bilder.
Richte die Murmel gegen ein helles Fenster oder eine Kerzenflamme. Wenn die Murmel einen Durchmesser von ca. 25 mm hat, sind die Bilder so groß wie auf der Netzhaut deiner Augen.

2 Anpassung an wechselnde Helligkeit:
Blicke in einem abgedunkelten Raum jemand anderem ins Auge – oder mithilfe eines Spiegels dir selbst.
Was beobachtest du, wenn das Licht eingeschaltet wird?

3 Viele Tiere sehen die Welt mit ganz anderen Augen als wir. Wie – das kannst du auf deinem Computer mit Bildschirm-Experimenten herausfinden.
Fasse die Ergebnisse in kurzen Sätzen zusammen. www 19-1

4* Unsere Sehfähigkeit hat Grenzen: Sehr kleine Gegenstände können wir ohne Hilfsmittel nicht unterscheiden; das gilt auch für Punkte, aus denen gedruckte Bilder bestehen. ↑**B7**
Bei welcher Farbfläche kannst du die Punkte noch aus 30 cm Entfernung unterscheiden?

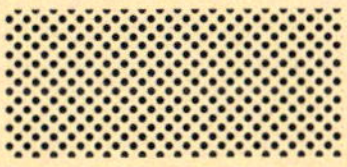

7a

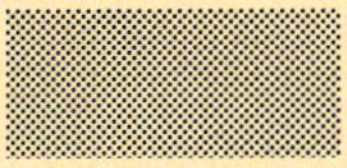

7b

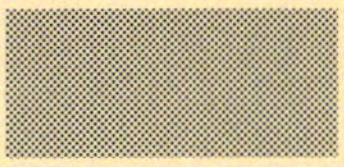

7c

5* Lege zwei Centmünzen im Abstand von 10 cm auf ein Blatt Papier. Schließe dann das linke Auge und sieh mit dem rechten auf das linke Geldstück. Nähere dein Auge langsam den Geldstücken. Was geschieht?

6* Die Netzhaut hat einen Bereich ohne lichtempfindliche Zellen: den „blinden Fleck“.
Woran könnte es liegen, dass wir trotz dieses Mangels einwandfreie Bilder wahrnehmen?

Ausblick

1

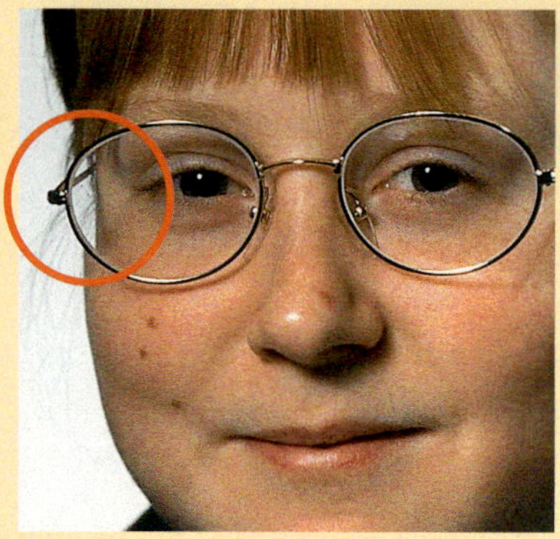
2

Viele Schüler brauchen eine Brille, um scharf sehen zu können.
Sieh dir diese zwei Brillenträger genau an: ↑B1–2 Du wirst bemerken, dass Brillengläser unterschiedliche Eigenschaften haben können.
Das liegt daran, dass manche Menschen *kurzsichtig* und andere *weitsichtig* sind.

Sehhilfen

So korrigiert eine Brille die Kurzsichtigkeit Kurzsichtig ist, wer auf kurze Entfernungen gut sehen kann. Er braucht eine Brille für die Ferne. Normalsichtige sehen Nahes und Fernes gleich gut. Ihr Augapfel ist etwa 24 mm lang. ↑B3
Bei Kurzsichtigen ist der Augapfel um einige Millimeter zu lang. Dadurch entstehen die Bilder von weit entfernten Gegenständen schon *vor* der Netzhaut. Das Netzhautbild ist unscharf. Selbst die entspannte, flache Augenlinse ist noch zu stark gewölbt, um ein scharfes Bild auf der Netzhaut erzeugen zu können. ↑B4
Die Kurzsichtigkeit wird durch eine Brille korrigiert. ↑B5
Zur Korrektur der Kurzsichtigkeit nimmt man *Zerstreuungslinsen*; sie sind in der Mitte dünner als am Rand. ↑B6–7 Zerstreuungslinsen weiten die einfallenden Lichtbündel etwas auf. Dadurch entsteht ein scharfes Bild auf der zu weit entfernten Netzhaut.

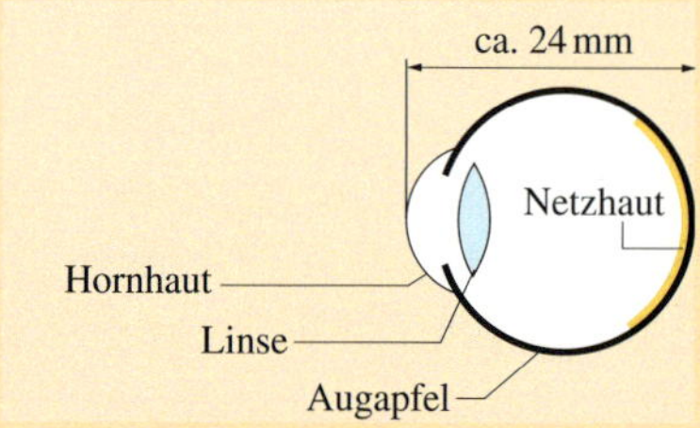

3 Normalsichtiges Auge

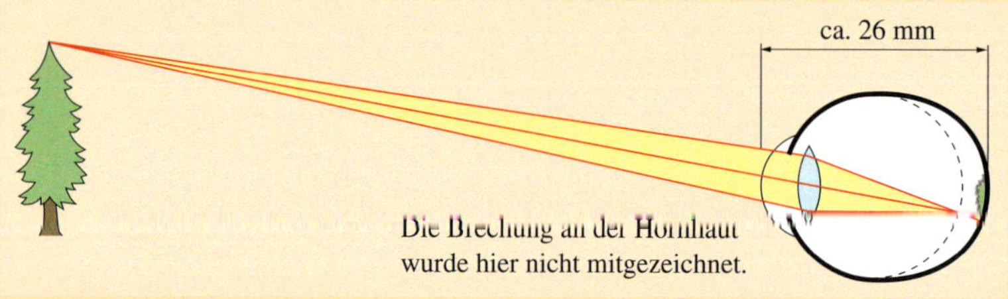

4 Kurzsichtiges Auge *ohne* Brille

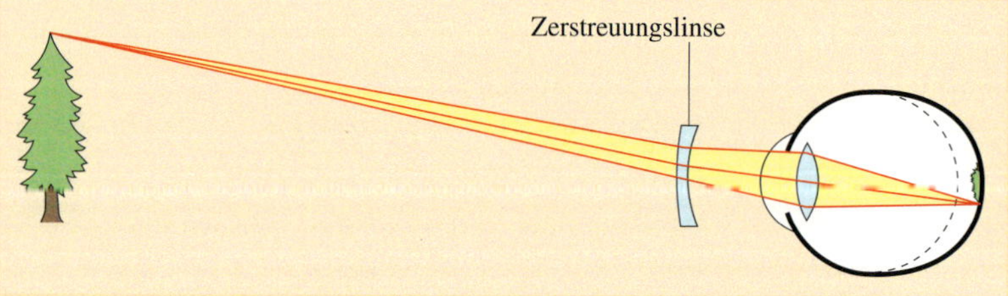

5 Kurzsichtiges Auge *mit* Brille

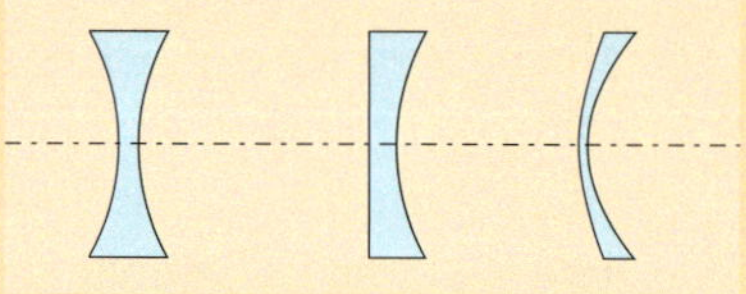
6 Zerstreuungslinsen …

7 … und wie sie wirken

Nahes Sehen und Weitsichtigkeit Wenn ein Normalsichtiger ein Buch liest oder nahe Gegenstände betrachtet, verkleinert sich automatisch die Brennweite seiner Augenlinse: Ein *Ringmuskel* zieht an der Linse, sodass sie dicker wird. ↑**B8**
Wenn im Alter die Elastizität der Augenlinse nachlässt, wird man *weitsichtig*. Manche Menschen sind es schon von Geburt an, weil bei ihnen der Augapfel zu kurz ist.
Die Bilder naher Gegenstände entstehen bei einem Weitsichtigen erst *hinter* der Netzhaut. Die Wölbung der angespannten Augenlinse ist zu gering, um das Bild scharf zu stellen. ↑**B9**
Weitsichtigen hilft eine Brille mit Sammellinsen. ↑**B10**

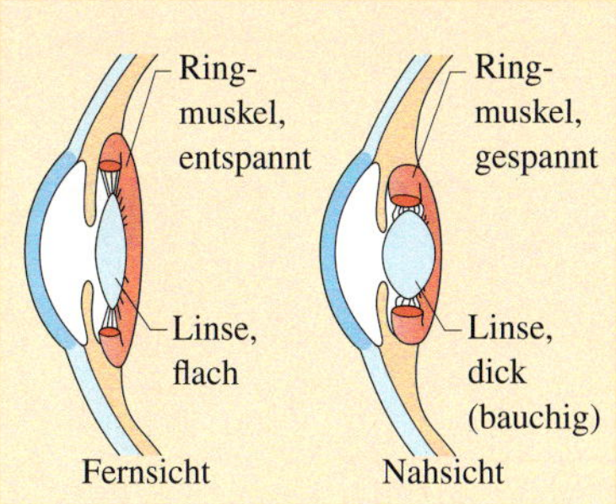

8

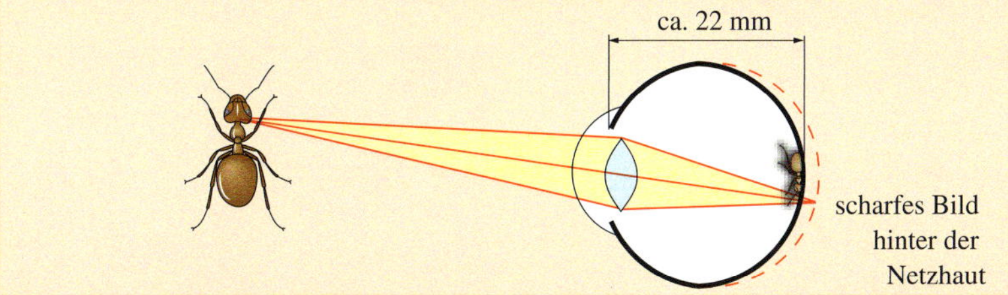

9 Weitsichtiges Auge *ohne* Brille

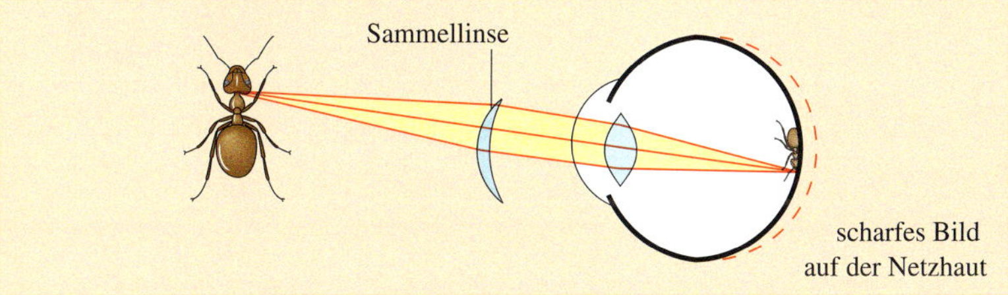

10 Weitsichtiges Auge *mit* Brille

Arbeitsaufträge

1 Auch Weitsichtigkeit kann durch eine Brille korrigiert werden.
a Beschreibe, warum ein Weitsichtiger alles Nahe unscharf sieht. ↑**B9**
b Erkläre, wie eine Brille das korrigiert. ↑**B10**

2 Besorge dir beim Optiker alte Brillengläser.
a Untersuche ihre Eigenschaften.
b Ordne sie Kurz- und Weitsichtigen zu. Welche gehören zu den Fotos links? ↑**B1–2**

3 Fange hinter einer dicken Linse das scharfe Bild einer Kerze (Landschaft) auf einem Schirm auf.
a Schiebe anschließend den Schirm vor (und dann weiter zurück); erzeuge so das Modell für ein weitsichtiges (kurzsichtiges) Auge.
b Teste Brillengläser oder Linsen als „Sehhilfen".

4* Gegenstände in nächster Entfernung (< 10 cm) kann auch ein gesundes Auge nicht scharf sehen. Dazu braucht man als Sehhilfe eine *Lupe*.
a Begründe die Linsenform der Lupe. ↑**B11**
b Nenne weitere Sehhilfen für nahe und ferne Gegenstände.

5* Suche zum Thema „Sehen mit ohne ohne Brille" eine interaktive Animation im Internet auf.

www 21-1

11

Warum sehen wir eigentlich nicht alles doppelt?
Wir haben doch zwei Augen und damit auch *zwei* Netzhautbilder...

Räumliches Sehen[Z]

Die Netzhautbilder, die unsere beiden Augen liefern, sind nicht genau gleich. Vor allem Gegenstände, die sich in der Nähe befinden, liegen in den beiden Netzhautbildern vor unterschiedlichen Stellen des Hintergrunds. ↑**B1**
Das Gehirn erzeugt aus den Unterschieden der beiden Bilder den Eindruck von räumlicher Tiefe und Perspektive.

Unser Gehirn fasst die Bilder der beiden Augen zu einem einzigen 3-D-Bild zusammen.

1

Bei Vögeln sitzen die Augen seitlich am Kopf. Sie haben dadurch ein besonders großes Blickfeld. Ihr Panoramabild ist aber nur zweidimensional (2-D); es fehlt die räumliche Tiefe.
Das Chamäleon kann beide Augen unabhängig voneinander bewegen. ↑**B2** Sein Gehirn wertet zweierlei Bilder aus. Wenn es eine Fliege erspäht hat, richtet es aber beide Augen auf die Beute, um die Entfernung richtig einschätzen zu können.

2 Chamäleon

Arbeitsaufträge

1 Rolle ein Blatt Papier zu einer Röhre und halte es vor ein Auge. ↑**B3**
Schaue durch die Röhre in die Ferne oder in den Himmel. Öffne auch das zweite Auge.

2 Jedes Auge erzeugt ein eigenes Bild. Das merkst du, wenn du eines der Netzhautbilder in eine ungewöhnliche Lage bringst:
Drücke mit dem Zeigefinger vorsichtig seitlich gegen das Auge. Du siehst nun alles doppelt. Überlege dir, woran das liegen könnte.

3

3 Stell dich ans Fenster. Halte beide Arme gestreckt vor dich hin. Die Zeigefinger sollen sich an der Spitze berühren. ↑**B4** Blicke nicht auf die Finger, sondern über sie hinweg zum Himmel. Ziehe die Fingerspitzen etwas auseinander. Was siehst du?

4 Ein Stift steht senkrecht auf dem Tisch. Versuche ihn mit der Fingerspitze zu treffen, während du ein Auge zuhältst. Wieso gelingt es dir immer, wenn du beide Augen öffnest?

5 Lege ein Buch vor dich auf den Tisch. Halte dann eine Münze zwischen das Buch und deine Augen. Betrachte sie abwechselnd mit dem rechten und dem linken Auge. Was fällt dir auf?

4

Jeder Film im Kino oder Fernsehen besteht aus einzelnen stehenden Bildern. ↑B5
Die benachbarten Bilder unterscheiden sich nur wenig voneinander.
Trotzdem nehmen wir bei der Vorführung des Films Bewegungen wahr …

5

Bewegungssehen^{Z}

Aus einem Lexikon von 1900: „*Unsere Augen reagieren träge. Schauen wir schnelle Bildfolgen an, von denen jedes Einzelbild nur 0,05 Sekunden lang zu sehen ist, haben wir den Eindruck eines Bewegungsablaufs.*" Anders ausgedrückt: Wir sehen einen Film.
Beim „Schnellseher" von 1882 liefen hinter einem Guckloch 24 Einzelbilder entlang – von hinten beleuchtet. ↑**B6** Der Film dauerte nur eine Sekunde und wiederholte sich dann.
Erfinder aus aller Welt verbesserten die Filmtechnik: Tausende Bilder wurden auf einem Filmstreifen angeordnet. Löcher am Rand ermöglichten einen ruckweisen Weitertransport der Bilder. Bis heute sind aber zwei Dinge gleich geblieben:
1. Pro Sekunde werden dem Zuschauer 24 einzelne Fotos gezeigt. Das Gehirn verschmilzt sie zu bewegten Bildern.
2. Zum Wechseln deckt eine Metallblende das Bild für kurze Zeit ab.

6 „Schnellseher" (1882)

Arbeitsaufträge

1 Die Trägheit des Auges
a Knicke einen 10 cm · 30 cm großen Papierstreifen in der Mitte. Klappe das obere Blatt zurück und zeichne auf das untere eine Figur.
b Wenn du das obere Blatt darüberklappst, schimmert die Figur durch. Male sie leicht verändert nach.
c Wickle das obere Blatt mit der zweiten Figur über einen Bleistift. Jetzt ist nur die erste Figur des unteren Blatts zu sehen. ↑**B7**
Rolle nun mit dem Bleistift die zweite Figur ganz schnell über die erste und zurück …

2 Was hat der „Schnellseher" mit dem heutigen Kino gemeinsam? Warum darf kein Film langsamer als mit 18 Bildern pro Sekunde laufen?

3 Ein „Daumenkino": Nimm ein altes Taschenbuch. Zeichne in die obere Ecke einer Seite ein einfaches Bild – als erstes einer ganzen Bildfolge. Auf die nächste Seite kommt das zweite, leicht veränderte Bild usw. Zum Vorführen ziehst du den Daumen an den Ecken des geschlossenen Buchs entlang. Erkläre deine Beobachtung.

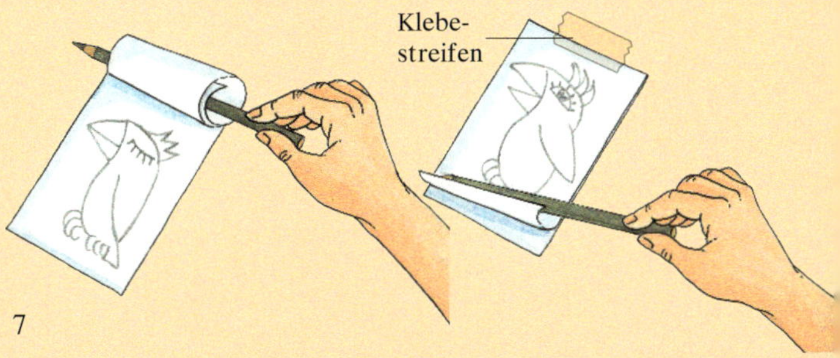

7

Ausblick

Sinnestäuschungen[Z]

1 Siehst du eine junge oder eine alte Frau?

2 Verschieden große Tische? Miss mal die Länge der Tischkanten nach …

3 Zeichne dieses Bild auswendig in dein Heft.

„Wir sehen mit den Augen." Meinst du wirklich? Vergiss das Gehirn nicht! Signale, die das Auge liefert, verarbeitet erst das Gehirn zu den Bildern, die du siehst. Dabei kommt es leicht zu Täuschungen, weil das Gehirn z. B.

1. … immer nach etwas Bekanntem sucht,
2 … fehlende Bildteile aus Erfahrung einfach ergänzt,
3. … gleiche oder nahe Bildteile als zusammenhängend vermutet,
4. … größer Abgebildetes als das räumlich Nähere interpretiert,
5. … einem flachen Papier gerne eine perspektivische Raumtiefe gibt (2-D wird zu 3-D),
6. … schnelle Folgen ähnlicher Bilder als Bewegung deutet,
7. … Nachbilder auf der Netzhaut kurzzeitig als Realität anzeigt.

Versuche die Bilder dieser Doppelseite diesen sieben „Täuschungsmanövern" des Gehirns zuzuordnen. ↑**B1–12**

4 Drehe das Buch mal auf den Kopf.

5 Beschreibe, was du hier siehst.

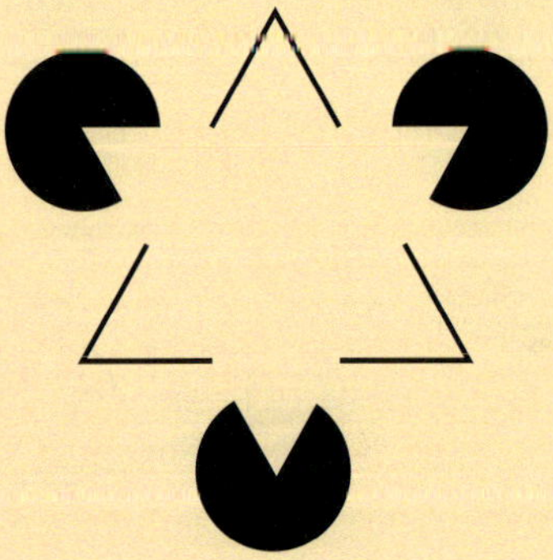

6 Hier ist kein Dreieck gezeichnet!

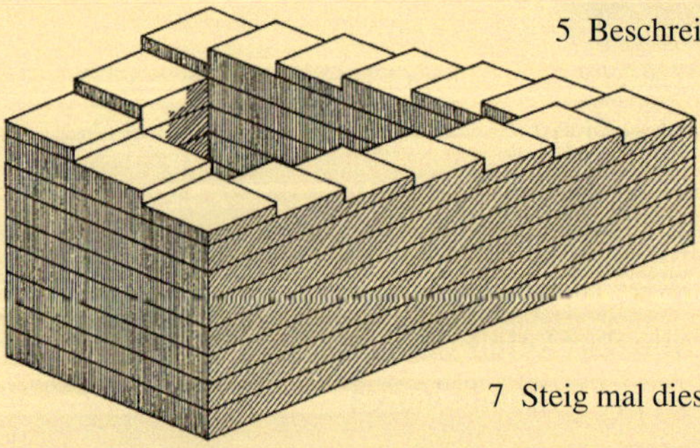

7 Steig mal diese Treppe hinab.

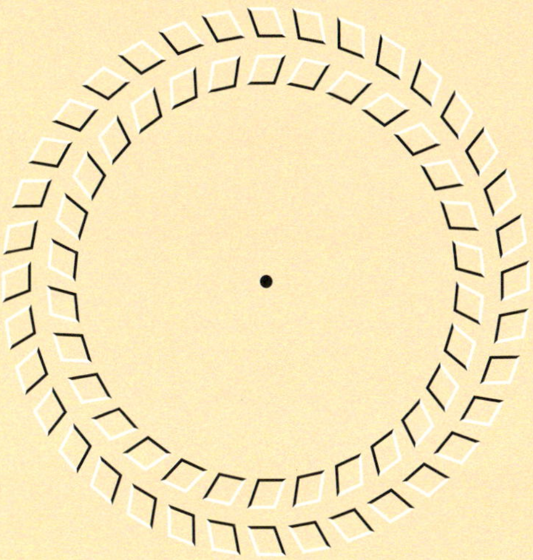

8 Blicke auf den Punkt und bewege den Kopf vor und zurück.

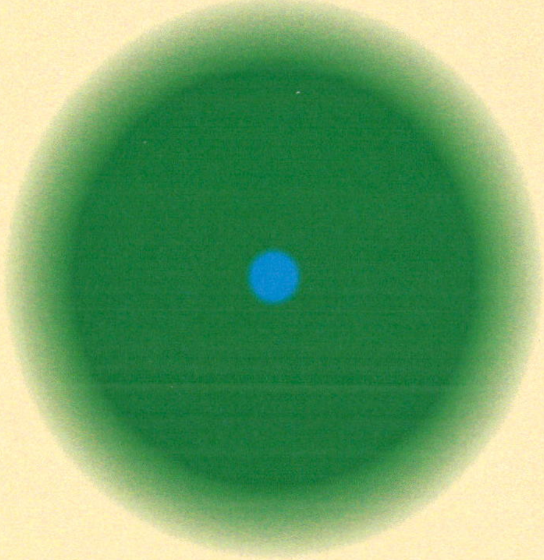

9 Starre 30 Sekunden auf den Punkt in der Mitte, ohne den Kopf oder die Augen zu bewegen. Schiebe dann schnell ein weißes Blatt vor das Bild. Was siehst du darauf?

10 Überall weiße Kreuzungen?

11 Krumm und schief?

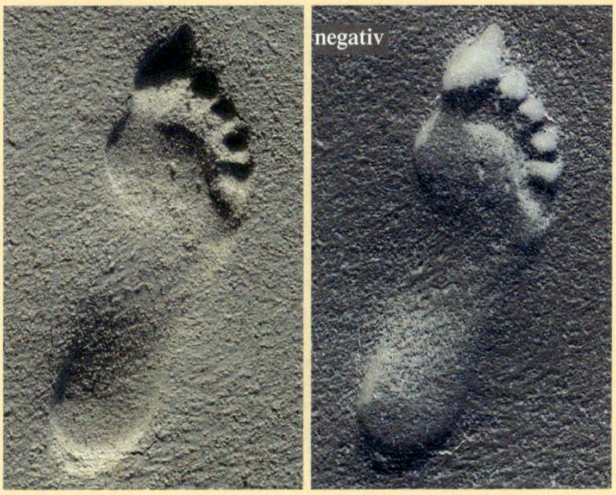

12 Eine Fußspur im Sand? Drehe das Bild mehrfach um.

„Wir hören mit den Ohren." Meinst du wirklich? Vergiss das Gehirn nicht! Auch bei Tönen kann sich das Gehirn aus seiner Erfahrung heraus ganz schön täuschen. Ein Beispiel ist die „endlose Tonleiter": Die Töne werden immer höher und höher – tatsächlich sind es aber immer die gleichen acht Doppeltöne. Hier siehst du die Tonfolge. ↑**B13** (Die Dicke der Noten zeigt die Lautstärke an.)
Im Internet findest du die endlose Tonleiter als Audiodatei. Lade sie auf einen Computer und spiele sie mit automatischer Wiederholung ab. 25-1

Hinweis: Im Internet findest du verschiedene interaktive Animationen zum Thema „Optischen Täuschungen". 25-2

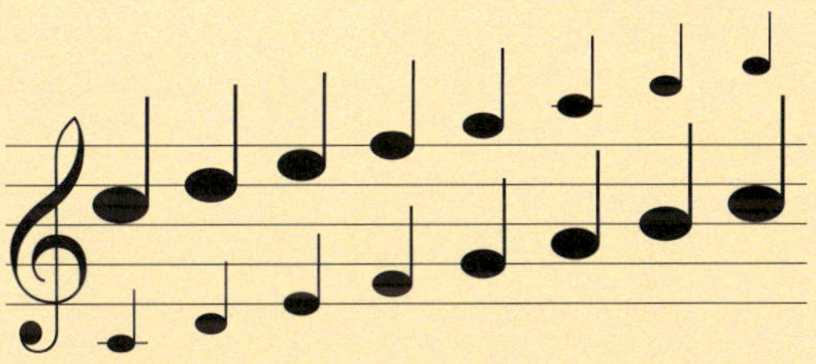

13

→ Von jedem *Punkt* des Gegenstands geht Licht aus. Ein Teil davon fällt durch die Blendenöffnung. Zu jedem Punkt erhält man einen *Lichtfleck*. ↑S. 12

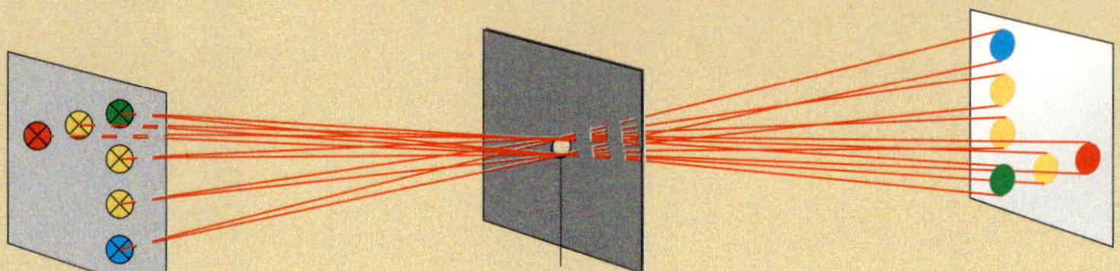

→ In einer Lochkamera überlagern sich die Flecke zu einem Bild. Je kleiner das Blendenloch, desto schärfer das Bild, aber auch desto dunkler. Eine Entfernungseinstellung ist nicht nötig.

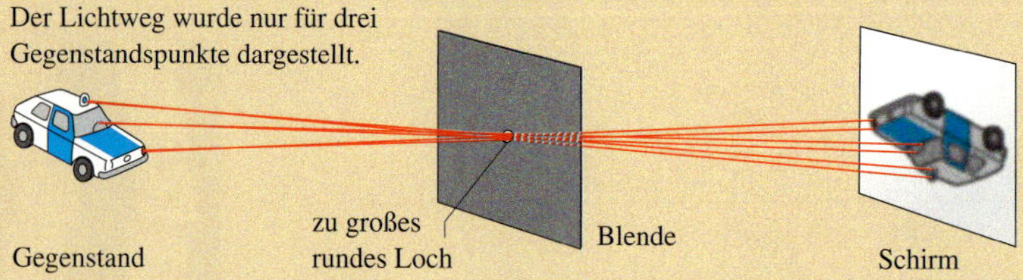

Löcher, Linsen, Augen auf einen Blick

↓

Mit einer Sammellinse im Loch einer Lochkamera bekommst du scharfe Bilder. Die Sammellinse lässt das Licht von einem *Gegenstandspunkt* in einem *Bildpunkt* zusammenlaufen. Aus vielen Bildpunkten entsteht so ein scharfes Bild. ↑S. 16

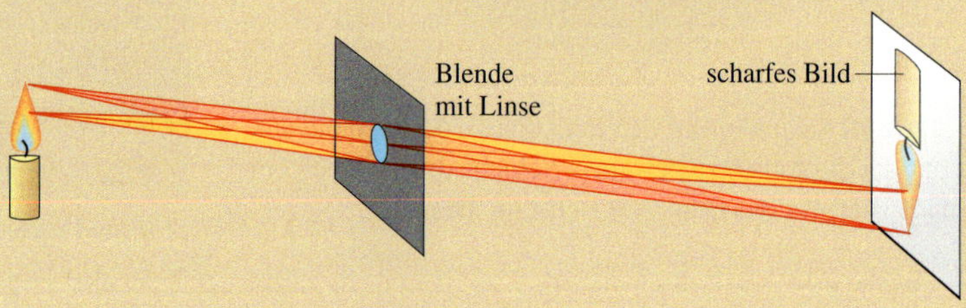

↓

Die scharfen Bilder entstehen nur in einer ganz bestimmten Entfernung hinter der Linse. Diese Entfernung hängt von der Entfernung des Gegenstands und von der Dicke der Linse ab.

→ **Hornhaut und Linse des Auges erzeugen zu jedem Gegenstandspunkt einen Bildpunkt auf der Netzhaut.**

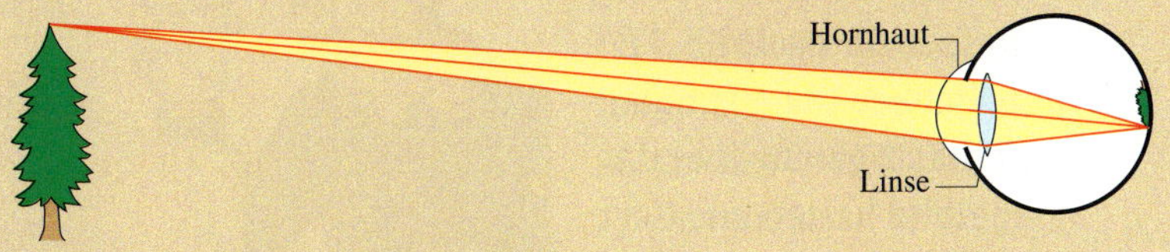

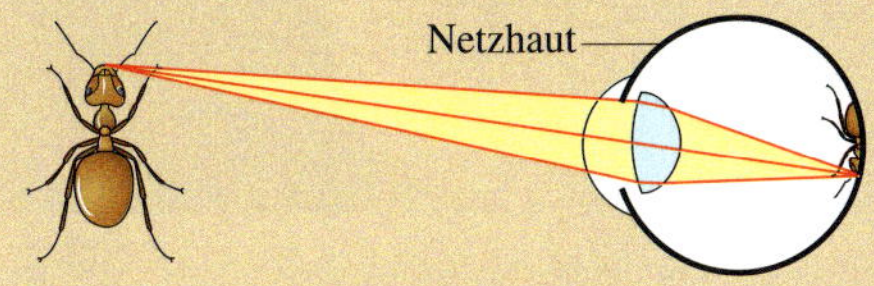

↓

Das Auge kann Gegenstände in verschiedenen Abständen scharf stellen. Die Augenlinse ist nämlich in der Form und damit in ihrer Brennweite veränderlich. ↑ **S. 20**

→ **Kurzsichtigkeit oder Weitsichtigkeit entsteht durch eine falsche Länge des Augapfels oder durch ein Nachlassen der Elastizität der Augenlinse.**

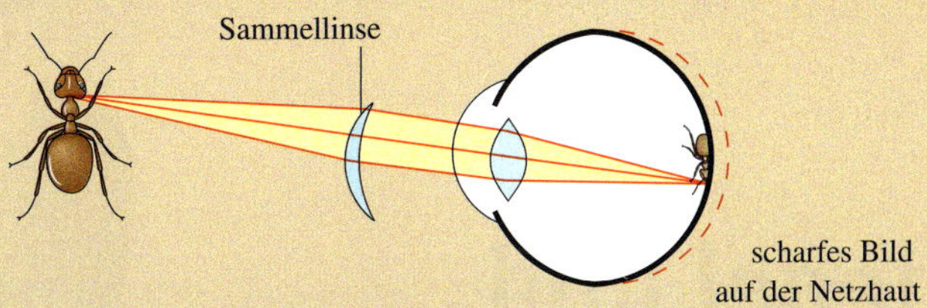

Zur Korrektur der Weitsichtigkeit benutzt man Brillen mit Sammellinsen. Sie lassen die einfallenden Lichtbündel etwas stärker zusammenlaufen, sodass sie sich auf der Netzhaut treffen. Dadurch entsteht ein scharfes Bild auf der zu nahen Netzhaut.

Alles klar?

1 Wenn man in einen dunklen Raum geht, „gewöhnen“ sich die Augen mit der Zeit an die Dunkelheit. Wie geht das?

2 Wieso stehen die Bilder in allen Kameras und Augen immer auf dem Kopf?

3 So wird Sonnenlicht von einer dicken Sammellinse gesammelt. ↑**B1** Skizziere das Gleiche für eine dünnere Sammellinse. Formuliere den Zusammenhang: „Je dicker eine Sammelinse ist, desto … ist ihre Brennweite.“

4 Woher hat die Brennweite ihren Namen?

5 Wir können weit entfernte und ganz nahe Gegenstände nicht gleichzeitig scharf sehen. Wieso nicht?

6 Freunde der Lochkamera (engl. *pinhole*) stellen jedes Jahr am „pinholeday“ ihre Bilder ins Internet. Informiere dich darüber und wähle ein Foto aus wie dieses ↑**B2**, das den Vorteil der Lochkamera deutlich macht.

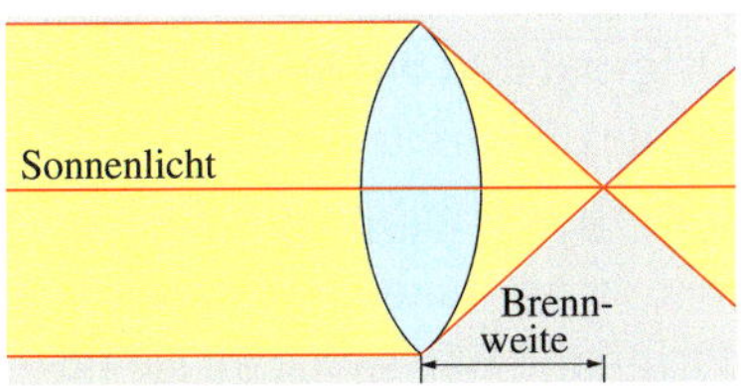

1

2

Aktion

Katrin sieht das Glas 1 und dessen Spiegelbild. ↑B1
Sie gibt Michael Anweisungen: Er soll Glas 2 genau über das Spiegelbild halten und dort abstellen, wo sie das Spiegelbild von Glas 1 sieht.
Katrin gießt anschließend Wasser hinter den Spiegel – genau „in das Spiegelbild hinein“ … ↑B2

1

2

Trugbilder

Spiegel und Spiegelbilder

1
Wo liegt das Spiegelbild?
Ein Spiegel steht senkrecht auf dem Tisch. Ein Teller schaut hinter dem Spiegel hervor. Stelle nun einen gleichen Teller vor den Spiegel. Sein Spiegelbild soll in den Teller hinter dem Spiegel übergehen. ↑B3
Miss den Abstand der beiden Teller vom Spiegel. Was stellst du fest?

3

2
Die Größe des Spiegelbilds
Stelle dich vor einen Spiegel. Male den Umriss deines Kopfs auf den Spiegel. Vergleiche die Größe des gezeichneten Kopfs mit der deines eigenen. Miss nach. ↑B4

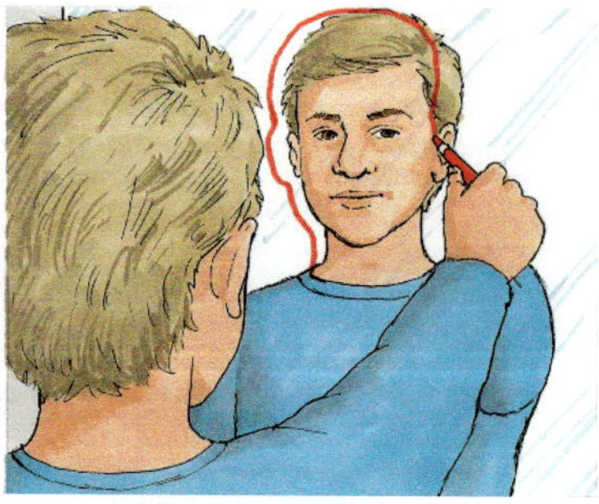
4

3
Die Richtung des Spiegelbilds
Stelle einen Taschenspiegel senkrecht auf ein Blatt Papier. Zeichne Pfeile auf das Papier, die in die gleiche Richtung wie ihre Spiegelbilder zeigen. Zeichne auch Pfeile, die genau in entgegengesetzte Richtungen weisen.

4
Original und Spiegelbild
Stelle dich hinter eine Person, die vor einem Spiegel steht. Wie siehst du die Person im Original? Wie siehst du sie im Spiegel?

5
Spiegelflirt
Wo muss Klaus stehen, damit er Marie im Spiegel in die Augen blicken kann? ↑**B5** Probiere es aus. Kann Marie dann auch in Klaus' Augen blicken?
Was passiert, wenn sie sich nach links bewegt?

5

6
Der Lichtweg am Spiegel
Du benötigst eine Taschenlampe mit einem Spalt. Klebe dazu die Öffnung mit Klebeband ab. ↑**B6**
- **a** Lege die Taschenlampe auf ein Blatt Papier und halte einen Taschenspiegel in den Lichtweg. Zeichne die Stellung des Spiegels und einige Punkte auf den Lichtwegen ein. Zeichne anschließend den Lichtweg sorgfältig nach.
- **b** Verändere den Winkel zwischen Lichtbündel und Spiegel und zeichne erneut.
- **c** Was fällt dir auf?

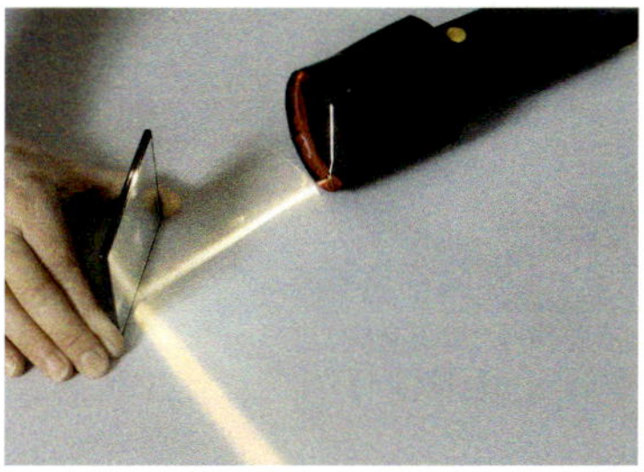

6

7
Gespiegeltes Licht im Visier
Dein Partner leuchtet mit der Taschenlampe durch die Pappröhre auf den Spiegel. Verschiebe und drehe deine Papprröhre so, dass das Licht in dein Auge fällt. ↑**B7**
Verändert die Stellung der ersten Röhre und sucht wieder das umgelenkte Licht.
Wie muss die zweite Röhre gehalten werden? Versucht Regeln aufzustellen.

7

8
Wie wird das Licht von einem Rückstrahler reflektiert?*
Als Lichtquelle verwendet ihr einen Laserpointer. Den Verlauf des Lichts könnt ihr mit Kreidestaub sichtbar machen.
Achtung: Nicht anderen in die Augen leuchten! Nicht in das Laserlicht blicken!
- **a** Untersucht, in welche Richtung ein Rückstrahler Licht reflektiert.
- **b** Die Wirkungsweise eines Rückstrahlers könnt ihr euch mit einer Spiegelecke klarmachen. Baut sie aus drei Spiegelfliesen (oder Taschenspiegeln).
  Leuchtet in die Spiegelecke hinein. Wie verläuft das austretende Licht? ↑**B8**

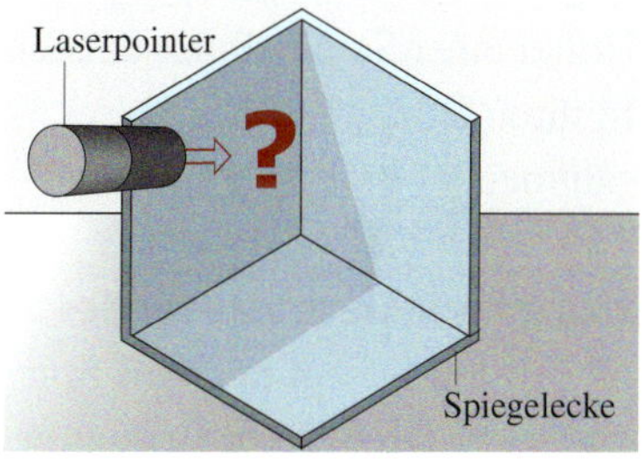

8

9
Anderen über den Kopf hinwegschauen*
Erfinde ein Gerät, mit dem du auch in der größten Menschenmenge immer eine gute Aussicht hast. Du brauchst dafür zwei Taschenspiegel und etwas Pappe.

Fakten

1

Eigenschaften von Spiegelbildern

Spiegelbilder Im Garderobenspiegel sehen wir Gegenstände an Orten, wo sie gar nicht sein können. Sie liegen hinter der Spiegelfläche – und dort befindet sich meist eine Wand. Von dort kann kein Licht in unser Auge gelangen. Spiegelbilder sind demnach Trugbilder (*virtuelle* Bilder).

Das Trugbild sehen wir genauso weit *hinter* dem Spiegel, wie der Gegenstand *vor* dem Spiegel steht. ↑**B1**

Hinter einer Sammellinse entstehen dagegen wirkliche *(reelle)* Bilder. In ihren Bildpunkten läuft das vom Gegenstand kommende Licht zusammen.

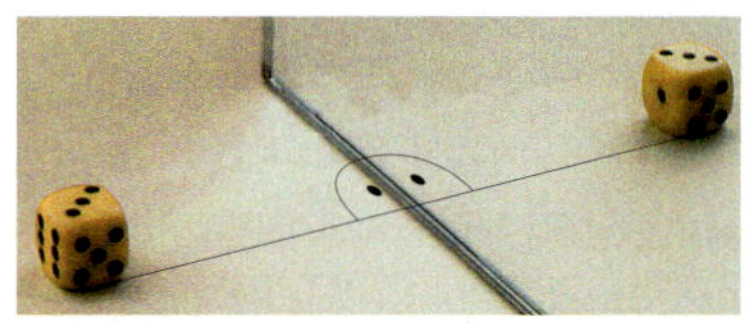

2

Was ein senkrecht stehender Spiegel bewirkt Die rechte Seite des Gegenstands liegt auch im Spiegelbild rechts, die linke links. Auch oben und unten bleiben erhalten. Aber Vorder- und Rückseite werden vertauscht: Die vordere Seite des Gegenstands liegt beim Spiegelbild hinten. ↑**B2–3**

Der Spiegel kehrt immer nur die Richtung um, die senkrecht zur Spiegelebene verläuft. Rechts und links vertauscht er nicht.

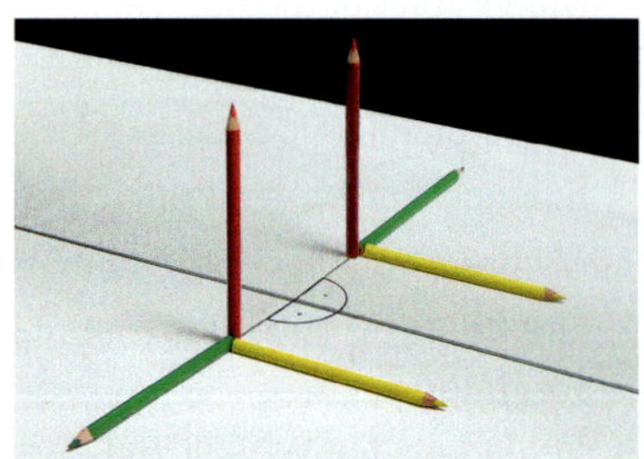

3

Reflexion von Licht Licht, das auf einen Spiegel fällt, wird umgelenkt. Man sagt dazu: Das Licht wird *reflektiert*. Gut reflektiert wird Licht von glatten Oberflächen, z. B. von Metall und Glas sowie Oberflächen von Flüssigkeiten.

Einfallende und ausfallende Lichtstrahlen bilden immer ein „V", das genau senkrecht (= lotgerecht) auf dem Spiegel steht. Das „V" kann breit oder schmal sein. Das hängt davon ab, in welchem Winkel das Licht auf den Spiegel trifft. ↑**B4**

Die Senkrechte mitten im „V" bezeichnet man als *Einfallslot*.

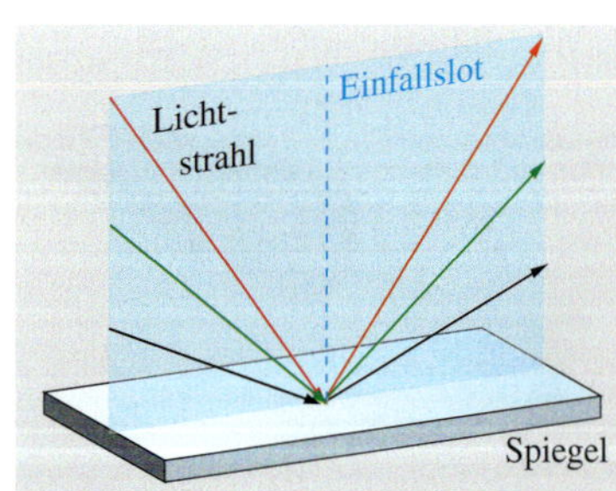

4

Trugbild
Spiegelbild
Reflexion

Reflektoren* Rückstrahler werfen das Licht zurück – und zwar vor allem in die Richtung, aus der sie angestrahlt werden. Autofahrer können deshalb den Reflektor eines Fahrrads gut erkennen: Er reflektiert das Licht des Autoscheinwerfers und strahlt deshalb heller als das Fahrradrücklicht. Reflektoren enthalten viele kleine Ecken. ↑**B5** In jeder dieser Ecken stehen drei Spiegelflächen senkrecht zueinander. Die Wirkungsweise eines Reflektors kannst du dir am besten an einer Spiegelecke klarmachen. ↑**B6** Diese Spiegelecke ist aus drei zusammengeklebten Spiegeln aufgebaut. Wenn Licht auf eine solche Spiegelecke trifft, wird es dreimal reflektiert. Dann fällt es genau in die Richtung zurück, aus der es kommt.

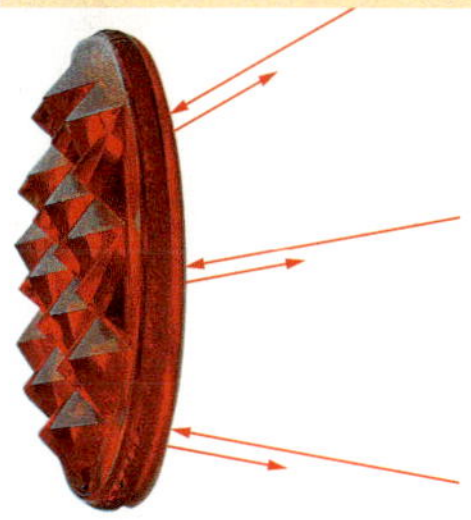

5 Reflektor (Rückstrahler)

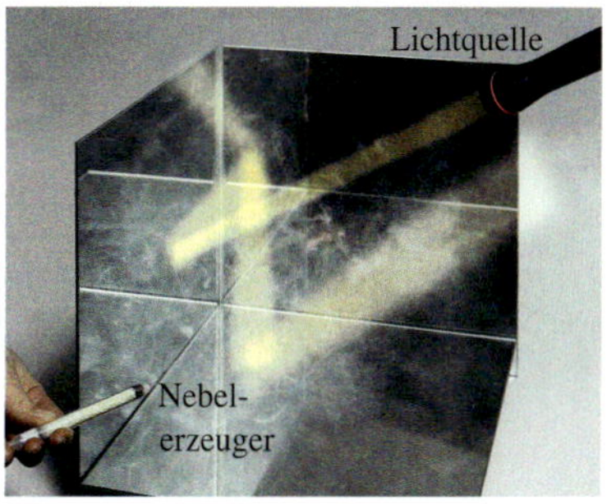

6 Lichtweg in einer Spiegelecke

Weshalb sehen wir Spiegelbilder? Eine Kerze sehen wir, wenn von ihr Licht in unsere Augen fällt.
Beim Spiegel macht das Licht aber einen Umweg: Es fällt auf den Spiegel, wird in eine andere Richtung reflektiert und gelangt dann in unser Auge. Das Gehirn geht von der Erfahrung aus, dass das Licht geradlinig in unsere Augen gelangt. Daher sehen wir den Gegenstand scheinbar *hinter* dem Spiegel. ↑**B7**

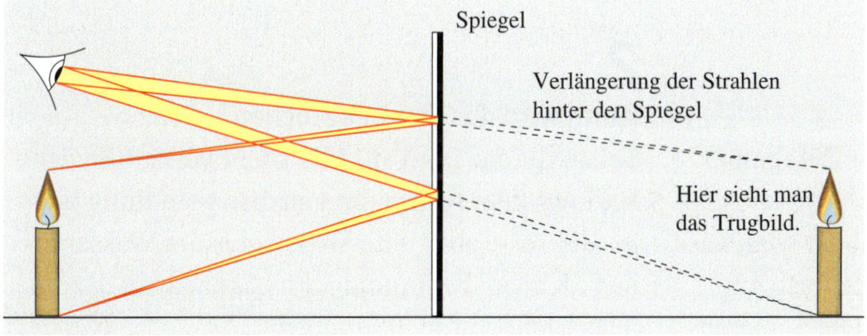

7 Entstehung eines Trugbilds

Aufgaben

1 Es kommt oft zu Unfällen, wenn sich jemand im „toten Winkel" befindet. Beschreibe! ↑**B8**

2 Im Rückspiegel sieht der Fahrer ein Auto. In welche Richtung wird es abbiegen? ↑**B9**

3* Diesen „Zaubertrick" kannst du selbst vorführen: Eine Kerze brennt unter der Wasseroberfläche. ↑**B10**
Erkläre diesen Trick.

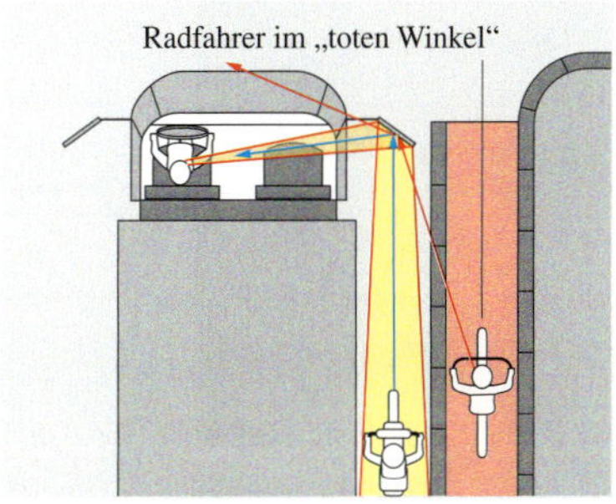

8 „Toter Winkel"

9 Abbiegen – wohin?

10 Die Kerze im Wasserglas

Aktion

1

Ein fehlerhaftes Lineal? Das sieht nur so aus. ↑B1
Was wir sehen, ist ein Trugbild. Hier ist nämlich etwas mit dem Licht passiert – auf seinem Weg vom Anfang der Skala im Wasser hin zu unserem Auge …

Ähnliches zeigen auch die folgenden Versuche, die du alle zu Hause durchführen kannst.

Trugbilder durch Lichtbrechung

1

Ein „Knick" im Lichtweg?

Baue zunächst den Versuch nach der Zeichnung auf. ↑**B2** Zünde dann die Kerze an.
Stelle das leere Quarkschälchen so weit weg, dass der Schatten einer Seitenwand (S) den ganzen Boden bis in die Ecke (E) bedeckt. Die Schattengrenze liegt jetzt bei E. ↑**B2**

a Fülle langsam Wasser in die Schale bis an den Rand. Unterbrich das Füllen immer wieder und beobachte jeweils die Schattengrenze im Quarkschälchen. Was stellst du fest?

b Zeichne das neue Versuchsergebnis in dein Heft. ↑**B2** Jetzt ist die Schale bis zum Rand mit Wasser gefüllt.

2

Wann wird das Licht gebrochen?

Schau dir das Foto an. ↑**B3** Licht verläuft in der Luft *vor* dem Aquarium genauso geradlinig wie *im Wasser* – aber unterwegs hat es im Wasser einen „Knick" bekommen. Physiker sagen dazu: „Das Licht wurde *gebrochen*."
An welcher Stelle erfolgte wohl die Brechung? Ergänze den folgenden Satz: „Licht wird gebrochen, wenn es schräg …"

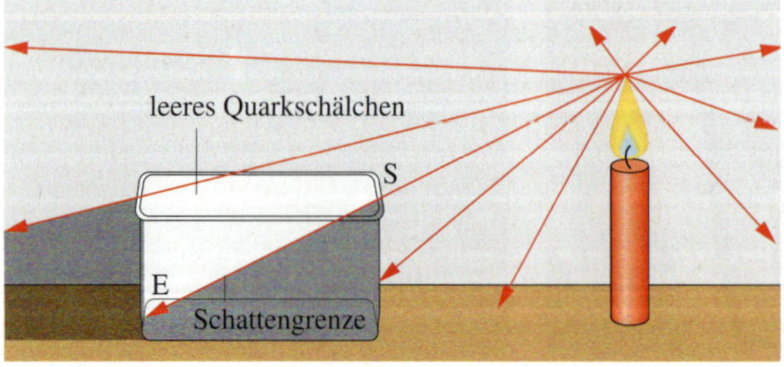

2

3

3
Ein Trugbild entsteht

Lege eine Münze in ein leeres Quarkschälchen. Schiebe es so weit fort, dass du das Geldstück gerade *nicht* mehr sehen kannst. ↑**B4**

a Gieße nun mit ausgestrecktem Arm ganz langsam Wasser in das Schälchen. Beschreibe deine Beobachtung.

b Übertrage das Bild in dein Heft – jetzt aber mit Wasserfüllung bis zum Rand. Zeichne den Lichtweg von der Münze bis ins Auge.

c Unser Gehirn verlängert die im Auge ankommende Lichtrichtung „rückwärts“. Wir sehen dadurch in der Schale ein *Trugbild*.
Verlängere mit dem Lineal in deiner Zeichnung den Lichtstrahl, der ins Auge fällt, mit einer gestrichelten Linie rückwärts. Zeichne (gestrichelt) auch das Trugbild der Münze ein.

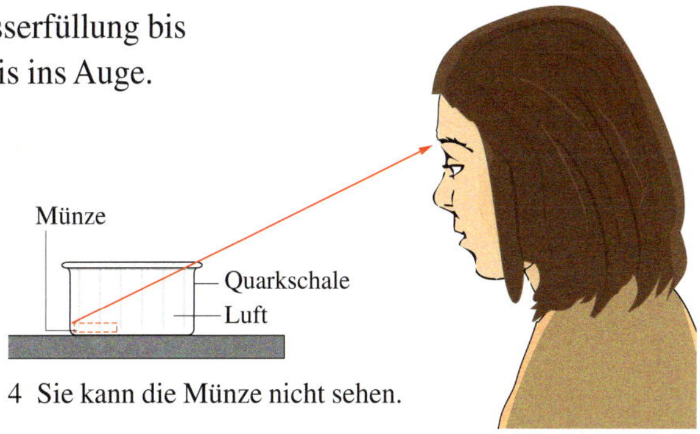

4 Sie kann die Münze nicht sehen.

4
Lichtwege durch ein Wasserglas

Bastle dir eine „Dreifach-Schlitzblende“ und baue mit ihr den Versuch auf. ↑**B5**
Fange die drei Lichtbündel, die durch die Blende gehen, auf weißem Papier auf. Stelle das trockene, leere Becherglas so auf, dass das mittlere Lichtbündel durch die Mitte des Glases fällt.

a Beobachte und schreibe auf, ob das leere Glas den Lichtverlauf verändert.

b Fülle das Becherglas nun mit Wasser. Beobachte und beschreibe, was du siehst.

c Entferne die Blende. Betrachte die Helligkeit vor und hinter dem Glas.

d Schaue durch das Wasserglas hindurch aus dem Fenster. Was fällt dir auf? Versuche das mit dem Ergebnis von Versuchsteil b zu erklären.

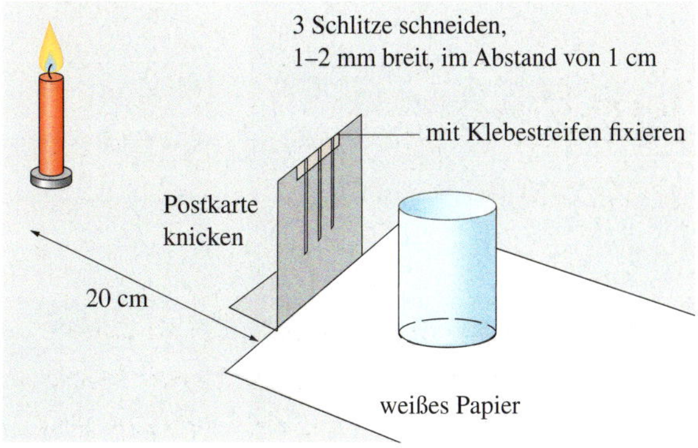

5

5
Weitere Lichtbrechungen

Fülle Wasser in zylindrische Schraubgläser oder bauchige Weingläser. ↑**B6–7**
Experimentiere damit.
Wenn du dabei erstaunliche Lichtbrechungen entdeckst, dann führe sie im Unterricht vor.

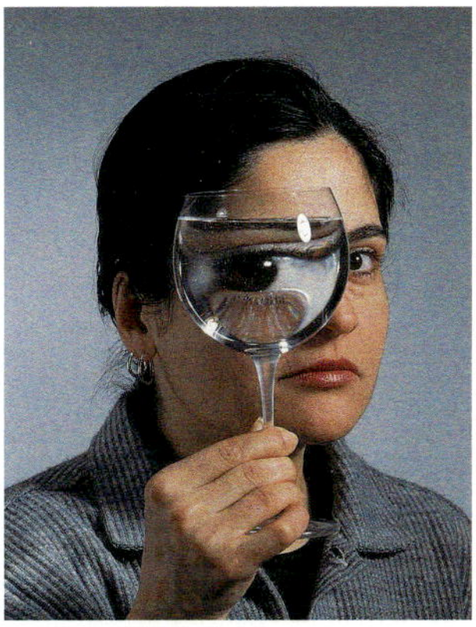
6

7

Brechung und Totalreflexion

Lichtbrechung „Lichtstrahlen laufen immer geradeaus." Das stimmt zwar, aber manchmal bekommen sie unterwegs einen „Knick". Das geschieht dann, wenn sie auf die Grenze zwischen zwei unterschiedlichen Stoffen treffen, etwa auf ihrem Weg von Luft in Wasser oder Glas – oder in umgekehrter Richtung. Sobald sie schräg auf eine solche *Grenzfläche* treffen, werden sie *gebrochen.* ↑**B1**

Fallen sie anschließend in unser Auge, lassen wir uns leicht täuschen: Um herauszufinden, woher das Licht kommt, verlängert nämlich unser Gehirn aufgrund seiner Erfahrung die Strahlen „rückwärts". Dadurch sehen wir *Trugbilder (virtuelle Bilder)* an Stellen, wo das Licht in Wirklichkeit gar nicht herkommt.

Das ist so bei Spiegelbildern (s. S. 30 f.) und auch in der folgenden Bildleiste: ↑**B2–4** Die Tasse erscheint uns dadurch weniger tief, als sie tatsächlich ist. Wir sehen sogar die Münze auf ihrem Boden.

Geht das Licht genau senkrecht in einen anderen Stoff hinein, wird das Licht an der Grenzfläche *nicht* gebrochen. ↑**B1**

1

2 Erst durch das Wasser …

3 … wird die Münze sichtbar.

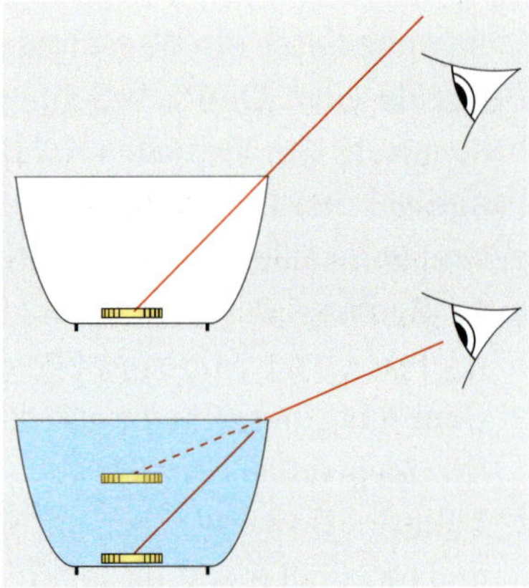
4

Totalreflexion Erstaunliches passiert, wenn Licht *ganz schräg von Wasser in Luft* übergeht: Plötzlich wirkt die Grenzfläche Wasser–Luft wie ein Spiegel. Das Licht wird vollständig ins Wasser reflektiert. ↑**B5** Man nennt diese Erscheinung *Totalreflexion.* Sie findet erst bei der Überschreitung eines ganz bestimmten *Grenzwinkels* statt. ↑**B6**

Beim Übergang in Luft beträgt dieser Grenzwinkel bei Wasser 49 °, Glas 40 °, bei Plexiglas 42 ° und bei Diamant 24 °.

5

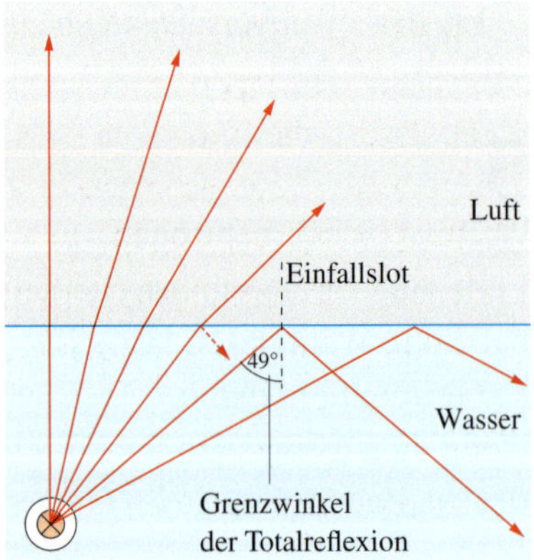

6

Aufgaben

1 Wann werden Lichtstrahlen gebrochen?

2 Wann tritt im Wasser Totalreflexion auf?

3 Führe mit einem großen Wasserglas einen solchen Versuch durch. ↑**B7** Erkläre das teilweise „undurchsichtige" Wasser.

4* Im Prismenfernglas wird die Totalreflexion mehrfach genutzt. ↑**B8** Beschreibe!

5* Glasfasern kann man bündeln und biegen. Damit kann man Licht sogar um Kurven leiten. ↑**B9** Informiere dich über die Vorteile gegenüber Kupferdrähten.

6* Erarbeite den unten stehenden Text. Begründe, warum das Licht die Glasfasern nicht verlässt.

7

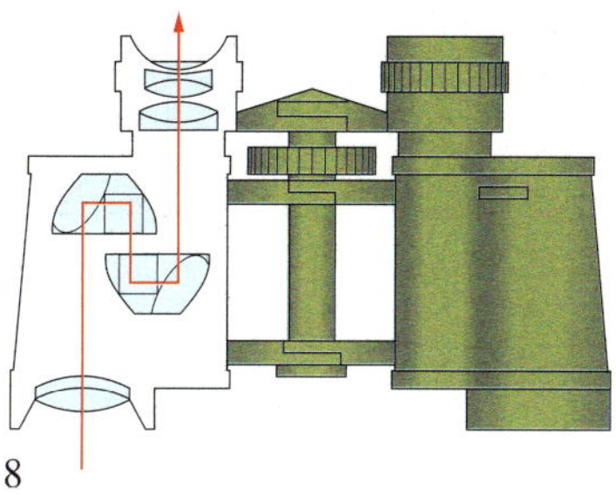

8

9

Blick in den Magen – durch Totalreflexion

Manchmal müssen Ärzte einen Blick in unseren Körper werfen. Dazu benutzen sie ein *Endoskop*, ein schlauchartiges Instrument. Es besteht aus *Glasfaserkabeln*. ↑**B10**

Glasfaserkabel sind aus vielen einzelnen Fasern zusammengesetzt; sie sind dünner als ein Haar. Jede Faser besteht aus einem Kern und einem Mantel. ↑**B11** Licht, das auf die Grenzfläche zwischen Kern und Mantel fällt, wird vollständig reflektiert. Es kann daher die Faser nicht verlassen und wird trotz der Biegungen des Kabels bis zu dessen Ende weitergeleitet. Jede einzelne Glasfaser überträgt das Licht eines einzelnen Bildpunkts. Aus den Bildpunkten sämtlicher Fasern ist das Bild zusammengesetzt, das am anderen Ende des Kabels zu sehen ist.

Neben den Glasfaserkabeln können durch den Schlauch zusätzlich kleine Geräte eingeführt werden, z. B. eine Zange, mit der man Münzen aus einem Magen entfernen kann. ↑**B12**

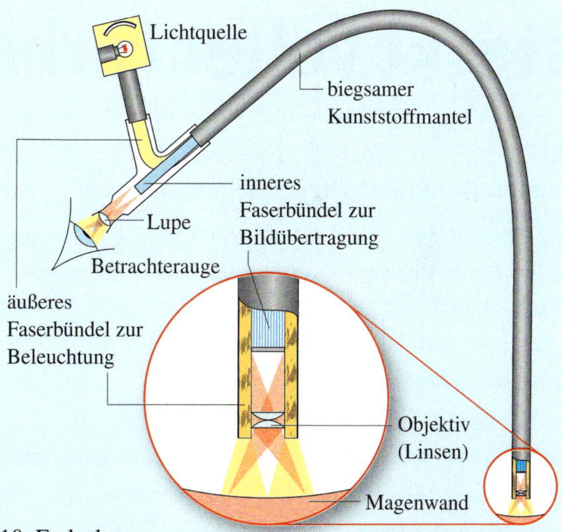

10 Endoskop

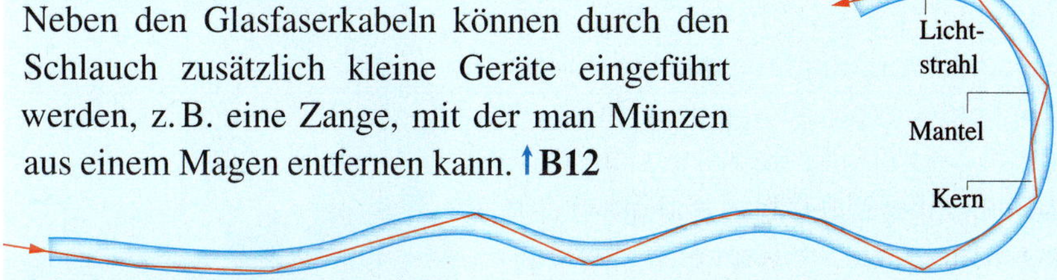

11 Einzelne Glasfaser

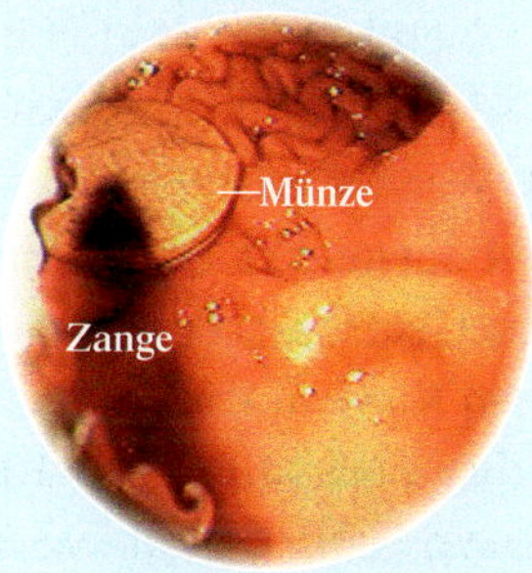

12 Blick durchs Endoskop

Aktion

1 Regenbogen

Licht und Farbe

Weißes Licht steckt voller Farben

1

Bauanleitung: Das „Regenbogenguckloch"

Du brauchst:

Multispektralfolie (15 mm · 15 mm; du bekommst sie von deiner Lehrerin bzw. deinem Lehrer), dünne Pappe (Längsstreifen von einer Postkarte, 15 cm · 2,5 cm), Locher für Akten, Klebstoff.

So wird's gemacht: ↑B2–3

- Schneide den Pappstreifen ab (1).
- Knicke ihn in der Mitte und falte ihn zusammen (2).
- Loche den gefalteten Pappstreifen (3).
- Klappe die Pappe auf und klebe die Folie ein. Trage nur wenig Klebstoff um das Loch herum auf! Es darf kein Klebstoff auf die Folie im Guckloch kommen (4).
- Wenn du auch das zweite Ende lochst, kannst du dein „Regenbogenguckloch" an einem Band überallhin mitnehmen (5).

Das Geheimnis des Regenbogengucklochs steckt in einem Stückchen Kunststofffolie. Diese „Multispektralfolie" hat es in sich: In sie sind pro Millimeter 1000 Rillen eingeprägt (längs und quer). Sie haben die gleiche Wirkung auf Licht wie die Haut einer Seifenblase oder wie die Regentropfen, die gerade einen Regenbogen hervorrufen.

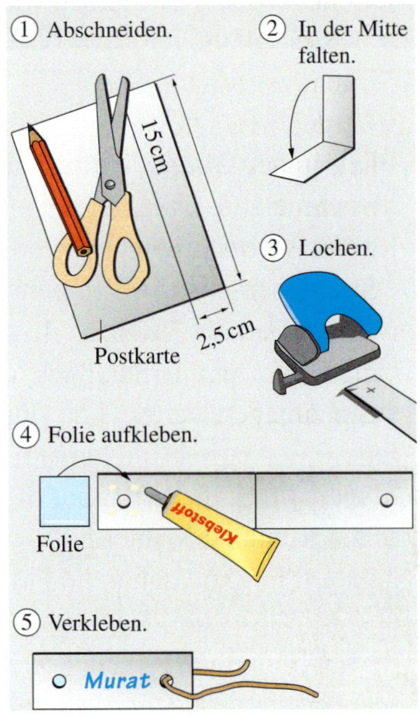

2

3

2

Farben in weißem Licht

Fülle eine gläserne Kugelvase oder ein bauchiges Weinglas mit Wasser. Stelle das Glas auf eine von der Sonne beschienene Fensterbank. Lass die Rolladen möglichst weit herunter; das Sonnenlicht soll gerade noch ins Wasser fallen.

- **a** Irgendwo auf dem Fußboden werden Regenbogenfarben zu entdecken sein. ↑B4 Suche die Stelle mit einem weißen Blatt Papier.
- **b** Skizziere deinen Versuchsaufbau und die Stelle, an der die Farben auf dem Fußboden zu sehen waren.

4

3

Weißes Licht fällt auf eine CD

Nimm eine CD (am besten einen Rohling, dessen Oberseite nicht bedruckt ist und bei dem man durch die Flächen hindurchsehen kann).

- **a** Halte die CD ins Sonnenlicht. Sie schillert dort in bunten Farben – ähnlich wie eine Seifenblase.
- **b** Scheint in ein Zimmer die Sonne direkt hinein? Lass die Rollläden so weit herunter, dass nur noch ein etwa 5 cm dickes Lichtbündel ins Zimmer fällt. Halte die CD in dieses Licht und „spiegle" es auf die Wand neben dem Fenster. Was siehst du?

4

Licht fällt durch ein Prisma

Wir lassen das Licht der Sonne durch ein Prisma fallen. Was siehst du auf dem Schirm? ↑B5

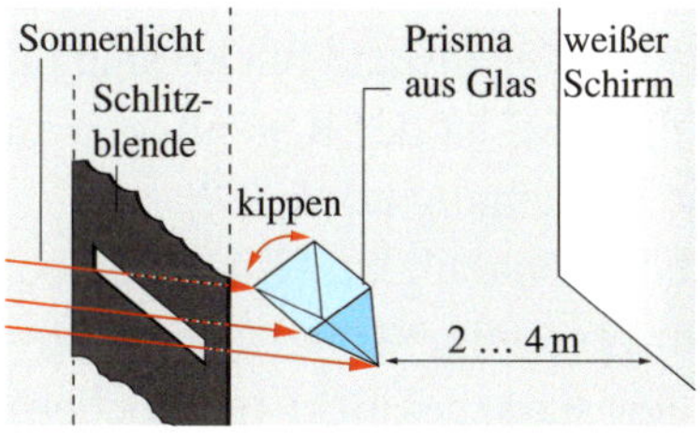

5

5

Das Licht eines Projektors wird untersucht

Im dunklen Raum wird der Projektor zunächst ohne das Prisma so eingestellt, dass ein scharfes Bild des Spalts auf einer Wand (Leinwand) entsteht.

Nun wird ein Prisma in das weiße Lichtbündel gehalten und ganz langsam gedreht, bis irgendwo an der Wand ein farbiges Lichtband entsteht. Diese Stelle muss womöglich mit einem Schirm gesucht werden. ↑B6

Dann werden Prisma und Schirm in dieser Position mit einem Stativ festgehalten. Das Lichtband („Spektrum") hat alle Farben des Regenbogens.

- **a** Notiere die Farben des Spektrums („Spektralfarben") in der richtigen Reihenfolge.
- **b** Bündle die Spektralfarben wieder: Lass sie dazu auf eine Sammellinse (Lupe) fallen. Erkläre das Ergebnis.
- **c** Probiere aus, ob man die Farben des Spektrums durch ein zweites Prisma noch weiter „auffächern" kann.

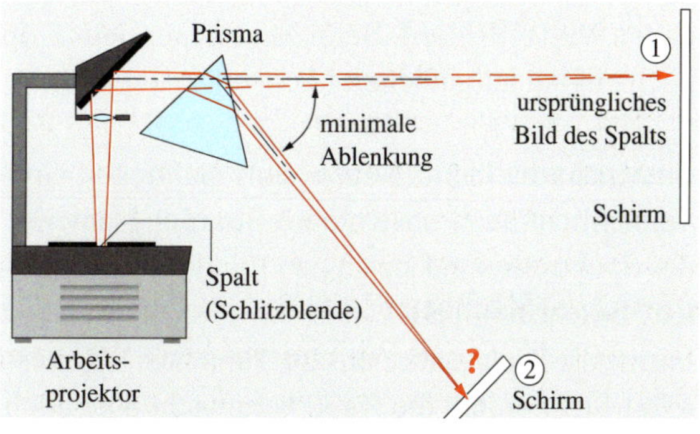

6

Fakten

Spektrum – Regenbogen – farbige Gegenstände

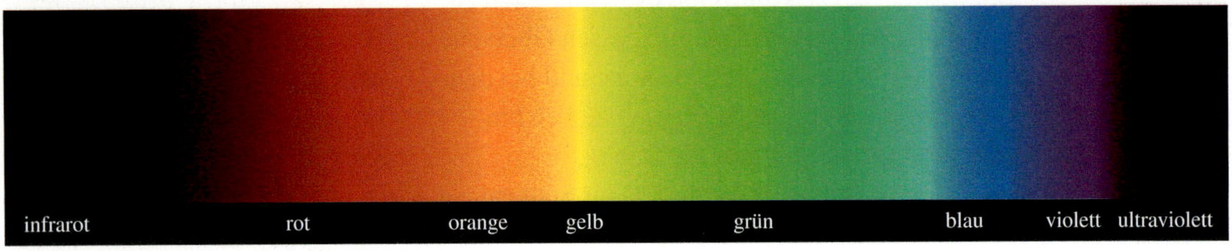

1 Spektrum des Lichts

Das Spektrum Wenn Sonnenlicht auf ein Prisma fällt, wird es „gespreizt": Dicht hinter dem Prisma sind bunte Ränder zu erkennen. In einiger Entfernung entsteht auf dem Schirm ein buntes Lichtband: das Spektrum aus farbigen Lichtern, die Spektralfarben. ↑**B1–2**
Entdeckt hat das als Erster *Isaac Newton* um 1670. Er fand beim Experimentieren mit Prismen heraus:

- Weißes Licht ist aus farbigem Licht zusammengesetzt. Es kommen alle Farben des Spektrums vor.
- Hinter einem Prisma entsteht das Spektrum, weil die Lichter an den Flächen des Prismas verschieden stark aus ihrer Richtung abgelenkt (gebrochen) werden.
- Die Spektralfarben lassen sich nicht weiter in andere Farben zerlegen.
- Wenn man sämtliche farbigen Lichter des Spektrums miteinander vermischt, erhält man wieder weißes Licht.

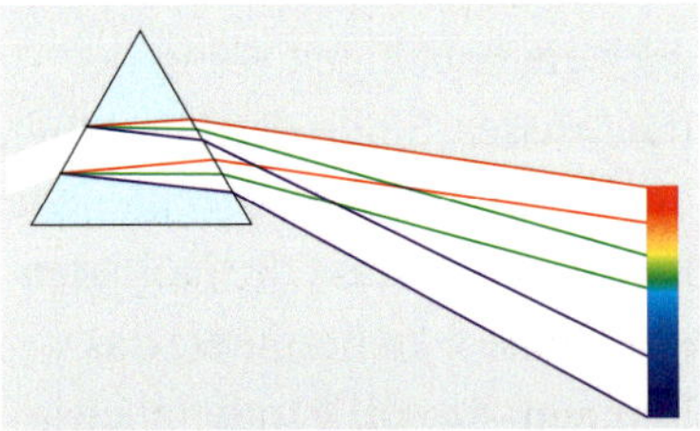

2 Spektrum hinter einem Prisma

Der Regenbogen Du hast bestimmt schon die Farben eines Regenbogens bewundert. Wenn du gegen eine Regenwand blickst und dabei die tief stehende Sonne hinter dir hast, ist der Regenbogen zu sehen. ↑**B3** Wie kann man sich seine Entstehung erklären?
Auf jeden einzelnen Regentropfen fällt Sonnenlicht. ↑**B4** Schon bei seinem Eintritt in den Tropfen (1) wird es „aufgefächert", denn rotes und blaues Licht werden verschieden stark geknickt (gebrochen). Das Licht trifft flach auf die Rückseite des Tropfens auf (2); ein Teil davon wird reflektiert. Beim Austritt aus dem Tropfen wird das Licht noch einmal aufgefächert (3).

3 Regenbogen

Unsichtbares Licht Neben dem sichtbaren Spektrum enthält das Sonnenlicht auch unsichtbare Strahlungsanteile. In der Abbildung des Spektrums sind sie an den Rändern mit „infrarot" und „ultraviolett" beschriftet. ↑**B1**
Infrarotes Licht spürt unsere Haut als Wärmestrahlung. *Ultraviolettes Licht* bräunt die Haut, verursacht aber auch Hautkrebs. In der Technik benutzt man es zum Abtöten von Bakterien.

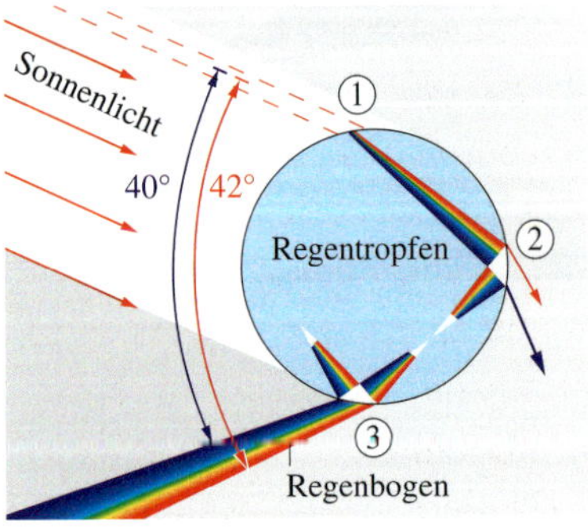

4 Licht im Regentropfen

Spektrum
Regenbogen
Infrarot/Ultraviolett
Körperfarben

Warum sehen Jeans blau aus? Wenn Sonnenlicht auf weißes Papier fällt, werden alle Spektralfarben reflektiert: Wir sehen Weiß.
Fällt Sonnenlicht auf eine blaue Jeans, verschluckt *(absorbiert)* der Jeansstoff viele Farbanteile des Spektrums. Nur Blau wird zurückgeworfen *(reflektiert)* – dazu etwas Grün und etwas Violett. ↑**B5**
Die Mischung dieser reflektierten Farben fällt in unsere Augen und ergibt das typische „Jeansblau". Gleiches gilt für die Farbe aller Gegenstände: Die Mischung der reflektierten Farbanteile ergibt die Farbe, die wir sehen.

Welche Farben wir sehen, hängt auch von der Beleuchtung ab: Unter dem gelben Licht einer Straßenbeleuchtung sehen Farben anders aus. Grünes, rotes oder blaues Licht senden solche Lampen gar nicht aus; es kann nur gelbes Licht reflektiert werden. ↑**B6**

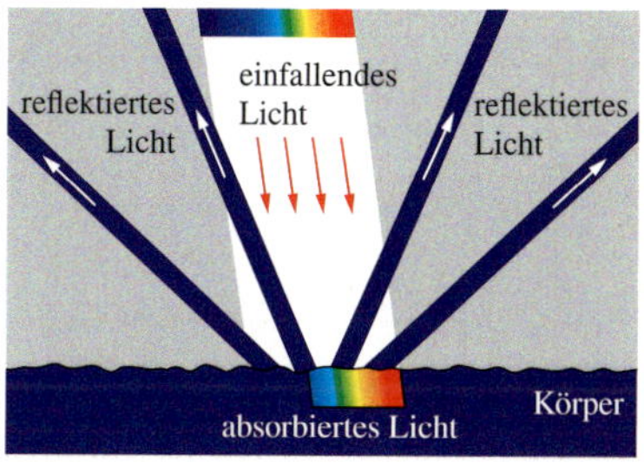

5

6

Aufgaben

1 Manche Folien lassen nur einen Teil des weißen Lichts durch. Blicke durch verschiedenfarbige Folien auf das Spektrum, das auf der Nachbarseite abgebildet ist (z. B. durch Heftumschläge aus Kunststoff). ↑**B1**
Welche Farben kannst du so noch erkennen? Welche verschwinden?

2 Wir beleuchten z. B. einen bunten Blumenstrauß mit einer gelben Natriumflamme. Dazu wird ein Magnesiastäbchen in eine Kochsalzlösung getaucht und in die farblose Flamme eines Brenners gehalten. Der Raum ist verdunkelt.
Welche Farben kannst du noch erkennen? Welche Farben verschwinden?

3 Wie sähe die Welt wohl aus, wenn uns die Sonne kein weißes Licht senden würde? Das können wir ausprobieren:
Der abgedunkelte Fachraum wird nacheinander mit einer roten, grünen, blauen … Lampe beleuchtet. Achte auf die farbigen Gegenstände im Raum.
Notiere jeweils, welche Farben ganz verschwinden.

4* Jeder zwölfte Mann sieht Farben nicht richtig, aber nur jede zweihundertste Frau. Führe einen vereinfachten Sehtest durch. ↑**B7**
Schreibe auf, welche Zahl du auf den drei Tafeln erkennst. Vergleiche mit dem Ergebnis, das andere aufgeschrieben haben.
Hinweis: Noch mehr Farbtest-Tafeln findest du im Internet.

www 39-1

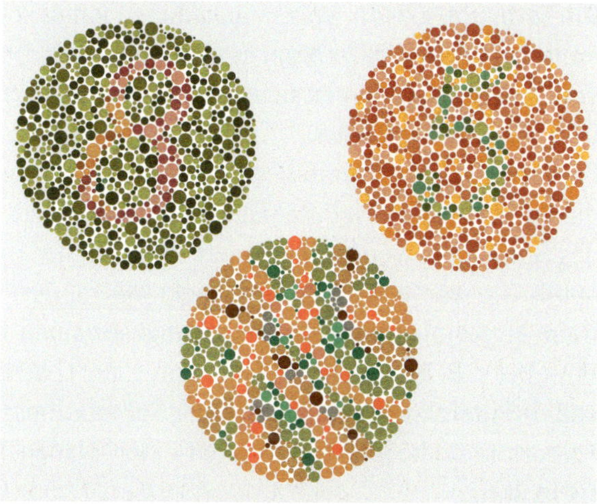
7 Farbsehtest (vereinfacht)

Ausblick

Farbmischungen

1

Faszinierende Lichtspiele gibt es, wenn sich das Licht eines Feuerwerks mit dem Licht farbiger Scheinwerfer mischt. ↑B1 Dabei entstehen viel schönere Farben als im Kunstunterricht beim Mischen von Wasser- oder Acrylfarben.

Die Farbaddition Zum Mischen von Licht braucht man farbige Glühlampen oder Filter vor Scheinwerfern. Einfacher und energiesparender geht es mit dem Versuchsgerät „Tricolore". Dessen LED-Lampen leuchten sehr hell und sind einzeln einschaltbar. (Du findest ein Bild der „Tricolore" auf der Nachbarseite. ↑**B5**)
Auf einem weißen Schirm (oder einer Wand im dunklen Zimmer in 1 m Entfernung) lässt sich die Farbmischung aus den Lichtfarben Rot, Grün und Blau gut zeigen.
Ahnst du schon, was beim Addieren der drei Farben R + G + B als „Summe" herauskommt? ↑**B2**

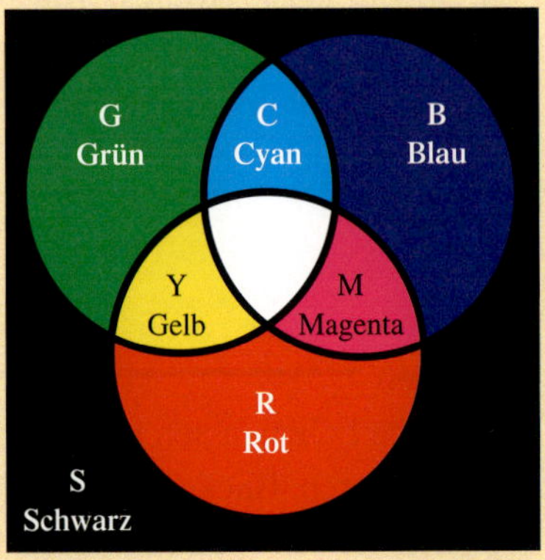

2

Die Farbsubtraktion Was man addieren kann, sollte sich auch subtrahieren lassen. Dazu braucht man eigentlich teure Farbfilter oder -folien. Als Ersatz eignen sich aber auch farbige Gläser, farbige Säfte oder Verpackungsfolien.
Farbfilter lassen von einfallendem weißem Licht nur diejenige Farbe durch, in der wir den Filter selbst sehen. ↑**B3** Die restlichen Farben des Spektrums werden absorbiert – oder in der Sprache der Mathematik: Sie werden vom weißen Licht *subtrahiert.*
Beim Experimentieren mit genau abgestimmten Farbfiltern fanden Physiker z. B. heraus: Fällt blaugrünes Licht (Farbe: Cyan) durch ein gelbes Filterglas, so bleibt nach der Subtraktion grünes Licht übrig. Fällt es anschließend noch durch einen blauen Filter, bleibt kein Licht übrig.
Weitere Ergebnisse sind im nebenstehenden Bild dargestellt. ↑**B4**

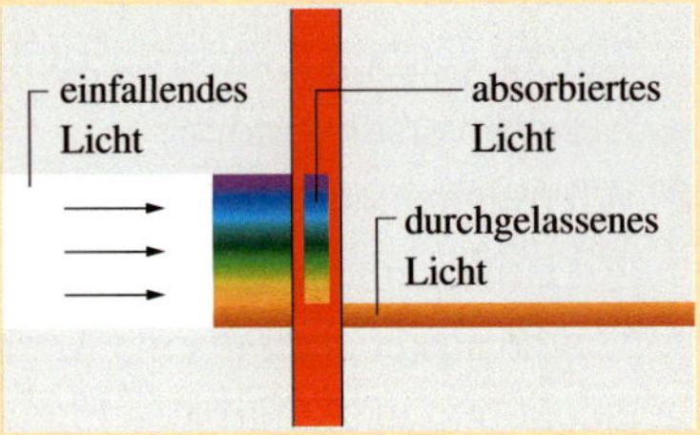

3

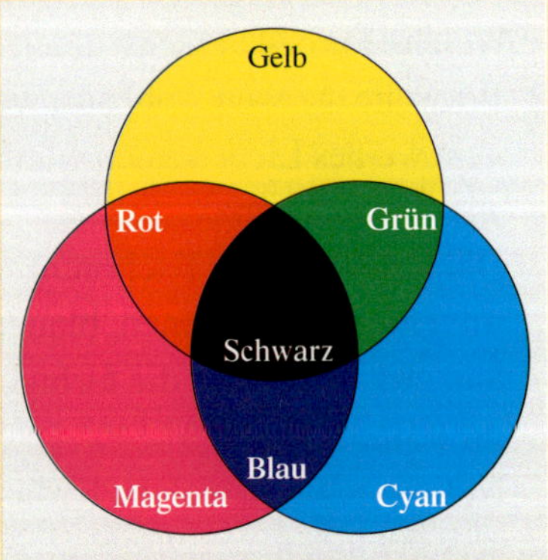

4

Die „Tricolore"* In den Schraubfassungen einer „Tricolore" (was „drei Farben" bedeutet) ↑ **B5** stecken keine Glühlampen mit gefärbten Glaskolben, sondern Leuchtdioden (LEDs).
Sie erzeugen ihr Licht nicht durch glühende Drähte; vielmehr senden in ihnen künstliche Kristalle farbiges Licht aus. Je nach Kristallsorte entstehen so unterschiedliche Lichtfarben. ↑ **B6**
Deshalb darf der Kunststoff, in den die Kristalle eingegossen sind, auch glasklar sein. Um die LED-Lampen voneinander unterscheiden zu können, sind sie durch Farbringe gekennzeichnet.
Ein weiterer Vorteil für deine Versuche ist, dass sie nur einen schmalen Lichtkegel erzeugen.

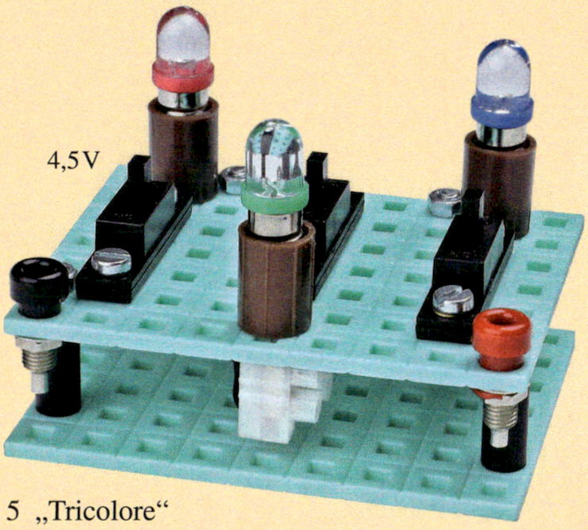

5 „Tricolore"

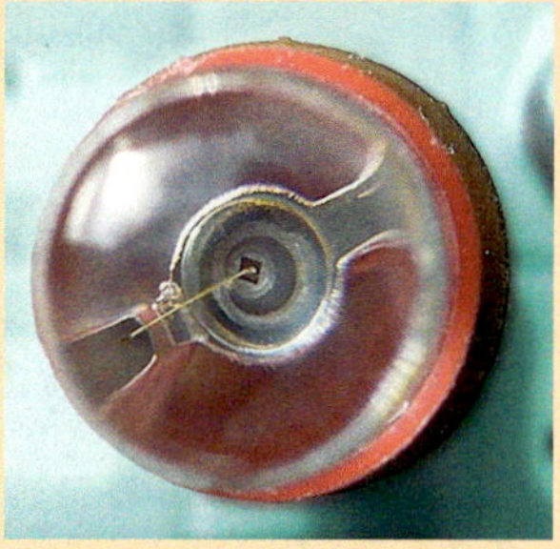
6 Das dunkle Quadrat in der Mitte der LED ist der Licht aussendende Kristall.

Arbeitsaufträge

1 Schneide zunächst in eine Postkarte ein rundes Loch (3–4 cm Ø). Halte die Karte zwischen die „Tricolore" ↑ **B5** und den Schirm.

a Addiere erst je zwei und danach alle drei Lichtfarben (Rot, Grün, Blau). Benenne die vier Mischfarben.

b Ersetze das Loch durch eine Lupe (Sammellinse).

c Suche nach einer Begründung, wenn die Summe kein ganz reines Weiß ergibt.

2 Schau dir mit einer Lupe auf dem Fernsehbildschirm (am besten beim Standbild oder Videotext) erst eine weiße Bildstelle an und danach verschiedene farbige Stellen.

a Beschreibe den Zusammenhang mit den Tricolore-Versuchen.

b Auch gelbes und blaues Licht addieren sich zu Weiß. Begründe das mithilfe der Kreisdarstellung links. ↑ **B2**

3* Erzeuge auf dem Bildschirm eines Computers Flächen in unterschiedlichen Farben. ↑ **B7** Untersuche mit einer Lupe, welche Farben die Leuchtpunkte haben, aus denen die farbigen Flächen zusammengesetzt sind.

4* Halte durchsichtige farbige Körper in die Lichtbündel der „Tricolore". ↑ **B5** Fange das Ergebnis der Subtraktion mit dem Schirm auf. Vergleiche mit der Darstellung links. ↑ **B2**

5* Links zu weiteren Farbspielen findest du im Internet. www 41-1

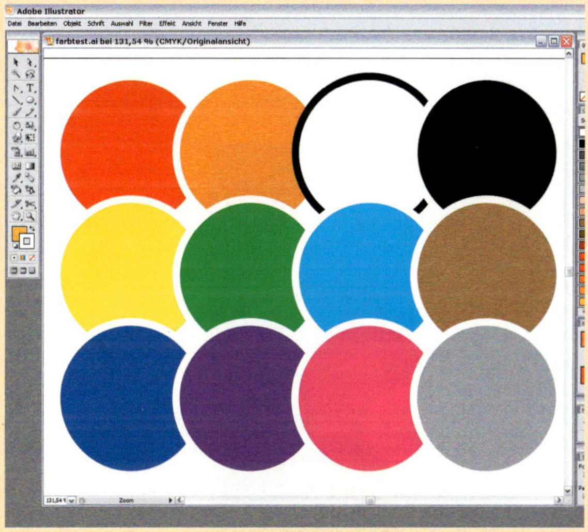

7

→ Schaut man in einen *Spiegel*, so sieht man Gegenstände, die scheinbar hinter dem Spiegel liegen. Spiegelbilder sind Trugbilder (virtuelle Bilder). Spiegel vertauschen vorne und hinten, aber nicht rechts und links. Wenn z. B. ein Autofahrer im Rückspiegel den nach rechts ausgestreckten Arm eines Radfahrers sieht, dann will der genau in diese Richtung abbiegen. ↑ S. 30 f.

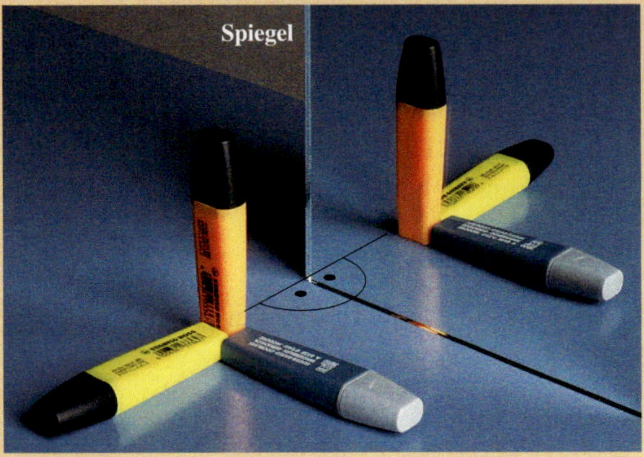

Trugbilder und Farben auf einen Blick

↓ Wir sehen *Spiegelbilder*, wenn Licht am Spiegel reflektiert wird und von dort in unser Auge gelangt. Unser Gehirn „verlängert" die Richtung dieser Strahlen bis hinter den Spiegel. ↑ S. 30 f.

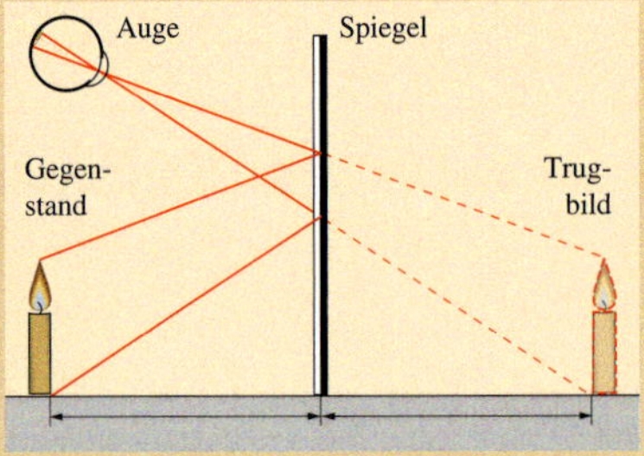

Dieses Trugbild liegt so weit hinter dem Spiegel, wie sich der Gegenstand davor befindet.

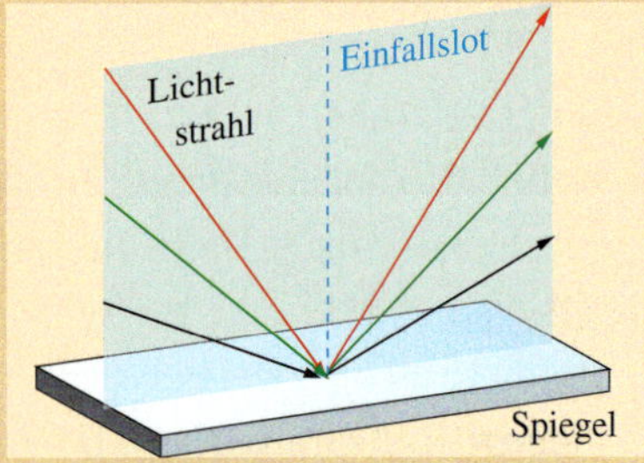

In welche Richtung ein Spiegel die Lichtstrahlen reflektiert, lässt sich genau vorhersagen.

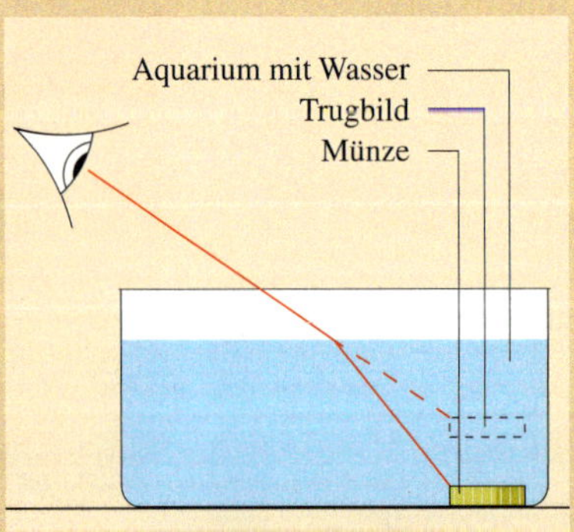

↓ Treffen Lichtstrahlen von einem Gegenstand schräg auf eine Grenzfläche (z. B. Luft–Wasser oder Glas–Luft), bekommen sie einen „Knick"; sie werden *gebrochen*. Wenn die gebrochenen Strahlen anschließend in unsere Augen fallen, sehen wir ebenfalls ein *Trugbild*. ↑ S. 34

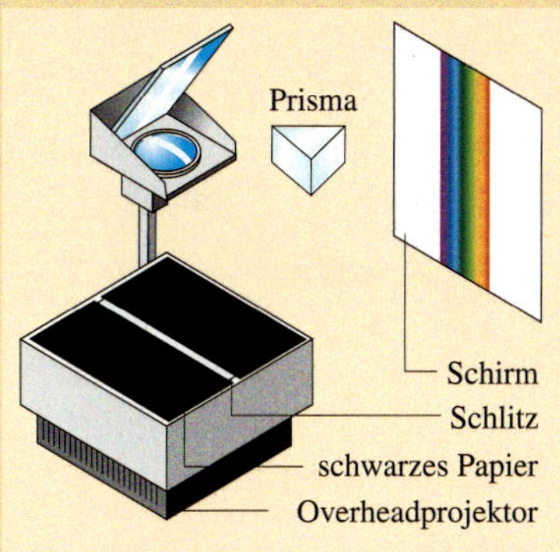

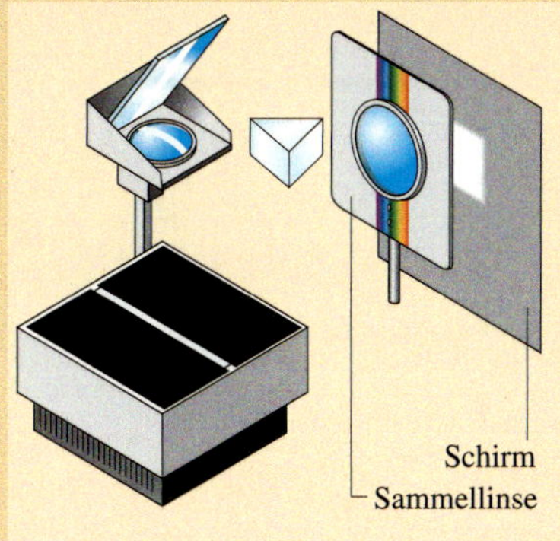

→ Fällt weißes Licht auf ein Prisma oder auf einen Regentropfen, wird das Licht gebrochen und in die Spektralfarben zerlegt. ↑S. 38

Die Farben des Spektrums lassen sich wieder zu weißem Licht bündeln.

Zum Farbband des Sonnenspektrums gehört auch Licht, das für uns unsichtbar ist.

Alles klar?

1 Schrift erscheint im Spiegel „spiegelverkehrt“.
Prüfe nach, ob dabei rechts und links vertauscht werden – oder ob rechts auch im Trugbild rechts bleibt.

2 Schreibe deinen Namen mit einem passenden Stift auf eine durchsichtige Folie.
Betrachte die Schrift anschließend im Spiegel.
Erkläre das Ergebnis.

3* Marco ist 1,80 m groß und behauptet: „Ich kann mich ganz in einem Spiegel sehen, auch wenn der nur 1 Meter hoch ist.“

a Was meinst du dazu?

b Teste deine Vermutung mit dem Maßband vor einem großen Spiegel.

c Dieses Bild hilft dir bei der Erklärung. ↑**B1**
Zeichne es vereinfacht in dein Heft – aber Marco in *doppeltem Abstand* vor dem Spiegel.

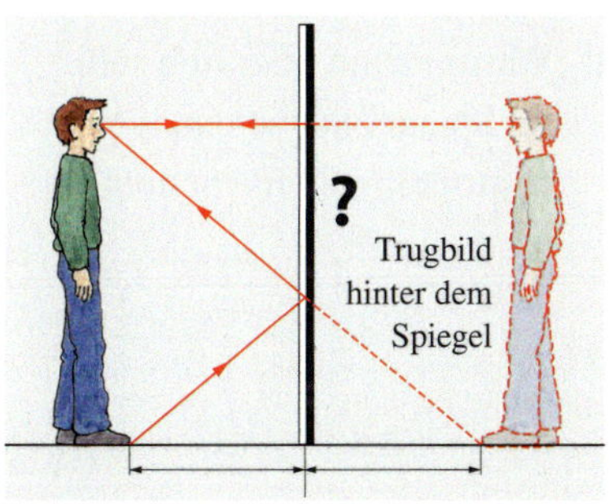

1

4 „Springe nie in ein unbekanntes Gewässer – auch wenn du den Grund sehen kannst!“
Begründe diese Regel mit der Lichtbrechung.

5 Schreibe die Farben des Sonnenspektrums in der richtigen Reihenfolge auf.

6* Das folgende Bild zeigt einen Versuch. ↑**B2** Was kann man mit ihm beweisen?

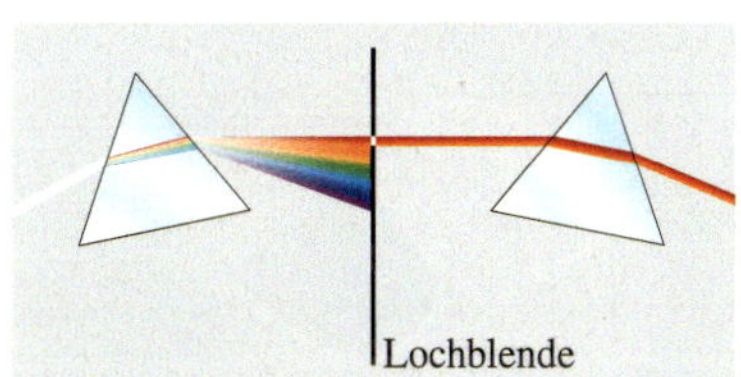

2

Teste dich!

1

1 „Gesehen werden" bringt mehr Sicherheit im Straßenverkehr.

a Beurteile das Sicherheitsverhalten der Fußgänger. ↑**B1** Was hätten sie noch besser machen können?

b Wodurch kann ein Radfahrer abends seine Sicherheit erhöhen?

c Lena behauptet: „Wenn die Straßenlaternen leuchten, kann ich alles sehen. Da brauchte ich doch kein Licht am Fahrrad." Was sagst du dazu?

2 *Spiegel*

a Trotz Beleuchtung sieht dieser Spiegel schwarz aus. ↑**B2** Gib dafür eine Erklärung. Wo müsstest du stehen, um vom Lampenlicht geblendet zu werden?

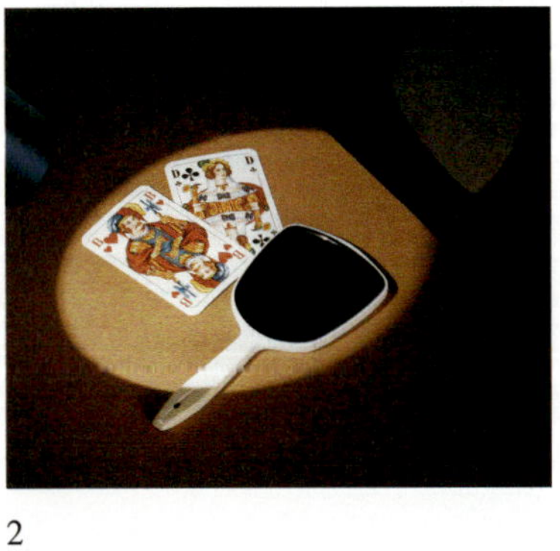

2

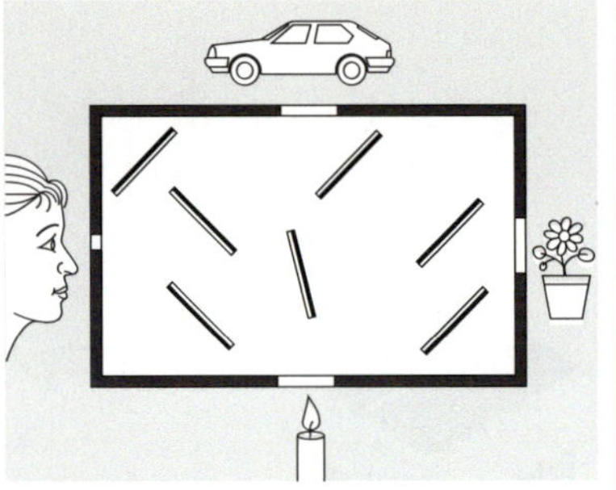

3

b In einem Kasten stecken viele Spiegel. ↑**B3** Was sieht das Mädchen durch das Guckloch?

c Mit einem „Periskop" können untergetauchte U-Boote das Meer ringsum beobachten. Das Gerät besteht aus einem Rohr mit zwei Spiegeln. Skizziere, wie sie angeordnet sind.

d Was ist das Besondere an einem „Reflektor"?

3 *Spiegelbilder*

a „Im Spiegel sieht man alles seitenverkehrt." Stimmt das? Denke an den Rückspiegel im Auto.

b Beschreibe, was ein Spiegel tatsächlich vertauscht.

c Chris ist größer als ihre Mutter. Wenn sie deren Auto fährt, muss sie nicht nur den Sitz verstellen, sondern auch die Spiegel. In welche Richtung?

d Warum kann man sich selbst im Spiegel nur sehen, wenn man senkrecht davorsteht?

4 *Brechung*

An der Grenze zwischen Luft und Wasser oder Luft und Glas wird das Licht gebrochen.

a Im Bericht der Feuerwehr steht: „Ursache des Zimmerbrands war eine Vase mit Blumen auf der Fensterbank." Warum ist das möglich?

b „Fische stechen" ↑**B4** ist nicht so einfach, denn dort, wo man den Fisch sieht, ist er gar nicht. Übertrage die Skizze in dein Heft und ergänze zur Erklärung den Lichtweg vom Fisch A zum Indianerauge.

4

c Übertrage das folgende Bild in dein Heft. ↑**B5** Skizziere den Lichtweg vom Anfang des Lineals (unten) bis zum Auge. Zeichne ein, wo das Auge das Trugbild sieht.

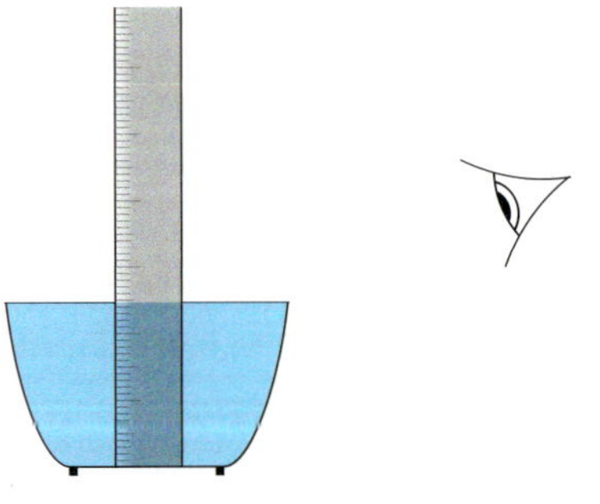

5

5 *Die Lochkamera*

a Beschreibe eine Lochkamera.

b Skizziere, wie in einer Lochkamera das Bild einer Tanne entsteht.

c Auf welche Weise lässt sich die Bildgröße in der Lochkamera verändern?

d Wie kann eine Lochkamera schärfere Bilder erzeugen?

6 *Kamera und Auge*

a Nenne – verglichen mit der Lochkamera – den wichtigsten Vor- und Nachteil der Linsenkamera.

b Nenne den Zusammenhang zwischen der Dicke einer Linse und ihrer Brennweite.

c Welcher Zusammenhang besteht zwischen der Dicke einer Linse und ihrer Brennweite?

d Benenne die Teile des Auges und ihre Bedeutung für die Bildentstehung. ↑**B6**

e Erkläre, welche Art Brille ein Kurzsichtiger tragen muss.

7 *Farben*

a Weißes Licht in die Spektralfarben zerlegen – das kann nicht nur ein Prisma. Nenne mindestens drei andere Gegenstände, mit denen man „Regenbogenfarben" entdecken kann.

b Beschreibe, unter welchen Bedingungen du in der Natur einen Regenbogen sehen kannst.

c Ordne die Farben des Spektrums (infrarot, gelb, violett, orange, blau, ultraviolett, rot, grün) in der richtigen Reihenfolge an. Beginne dabei mit Infrarot.

d Monitore erzeugen nur drei Farben, aber wir sehen unzählige. Erkläre das.

e Die folgende Liste mit den Farbnamen hat es in sich. ↑**B7**

- Lies nicht die einzelnen Wörter vor, sondern sage laut und schnell nur die Farben, in denen sie gedruckt sind.
- Kinder im Kindergartenalter, die noch nicht lesen können, hätten keine Schwierigkeiten mit dieser Liste.

Erkläre das.

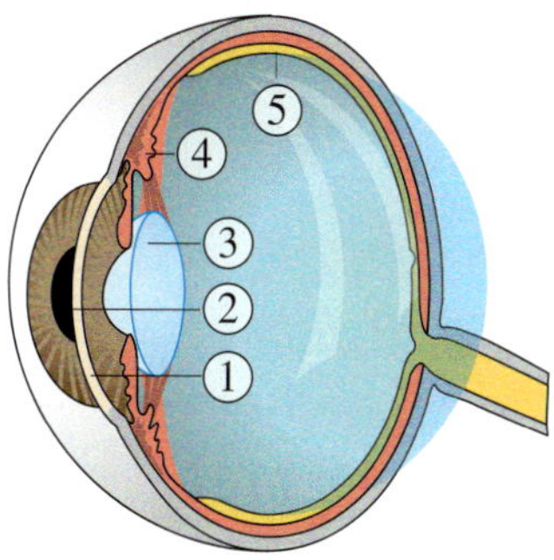

6

blau	grün
grün	rot
rot	blau
gelb	weiß
blau	schwarz
gelb	weiß

7

Die Lösungen findest du im Anhang.

Ordne dazu deiner Lösung im Heft ein Smiley zu:

☺ Ich habe die Aufgabe richtig lösen können.

😐 Ich habe die Aufgabe nicht komplett lösen können.

☹ Ich habe die Aufgabe nicht lösen können.

Schätze deine Kenntnisse und Fähigkeiten ein.

Aufgabe	Ich kann …	Hilfe findest du auf Seite …
1	… mein Wissen über Lichtstreuung und Reflexion anwenden und damit meine Sicherheit im Straßenverkehr erhöhen.	
2	… die Besonderheit der Lichtreflexion beschreiben und skizzieren.	30 f.
3	… Spiegelbilder erklären.	30 f.
4	… mit einfachen Experimenten nachweisen, wie Licht gebrochen wird.	32 ff.
5	… die Bildentstehung in der Lochkamera erklären und skizzieren.	12 f.
6	… die Bildentstehung in Linsenkamera und Auge erklären.	16 ff., 21
7	… das Sehen von Farben beschreiben und erläutern.	38 f.

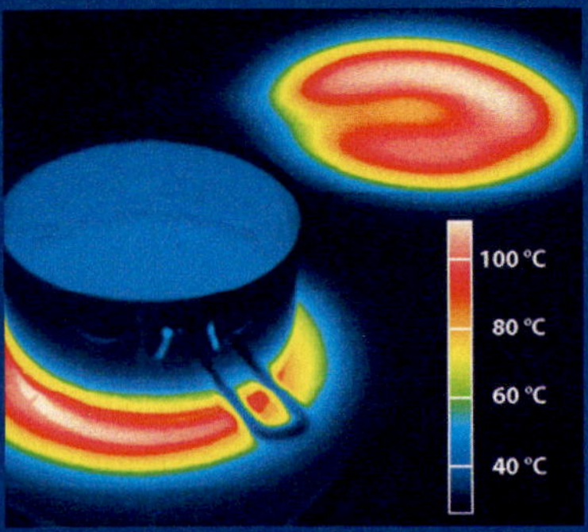

1

Elektrische Energie – vielseitig genutzt

Aus dem Weltall gesehen ist Europa nachts ein Lichtermeer. Unsere moderne Welt ist ohne elektrische Energie nicht denkbar. Wir können unseren Alltag ohne elektrische Geräte nicht mehr bewältigen.

Im folgenden Kapitel wirst du in vielen Versuchen der elektrischen Energie auf die Spur kommen und die zahlreichen elektrischen Geräte unseres Alltags mit einem Expertenblick betrachten. Und du wirst noch andere Energieformen kennen lernen und verstehen, wieso man Energie weder erzeugen noch vernichten kann.

2

3

4

5

6

7

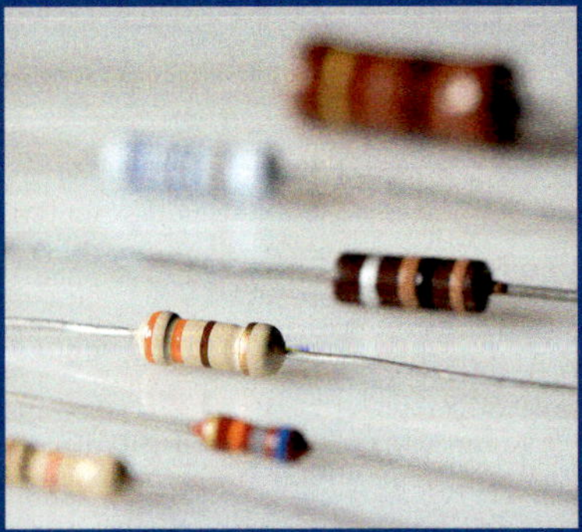

8

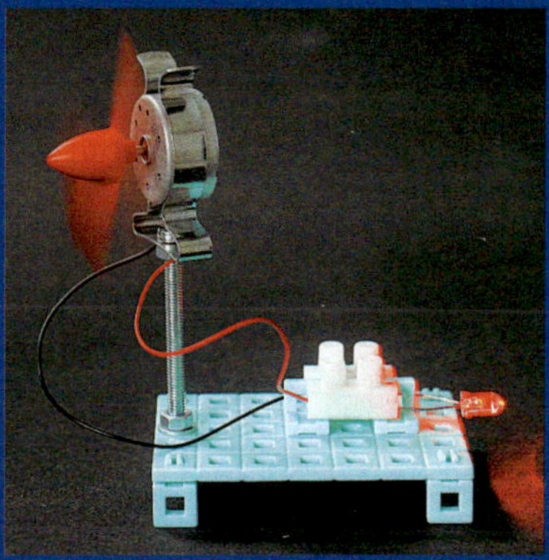

9 Elektrische Energie – …

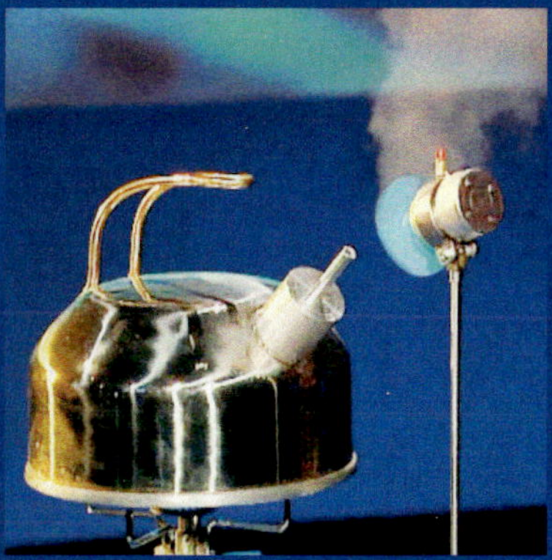

10 … aber leider so wenig

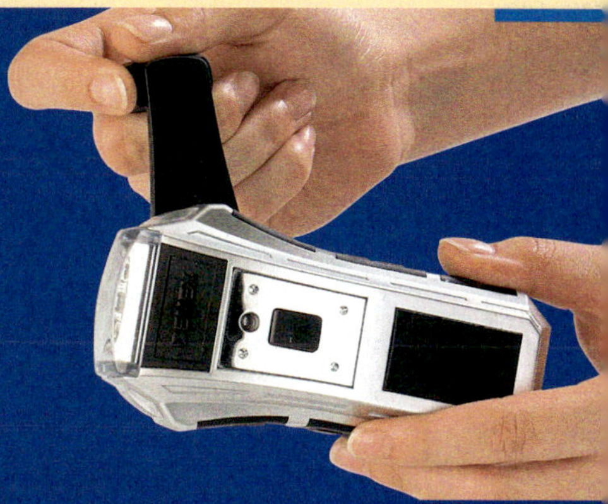

11 Licht nur durch Kurbeln?

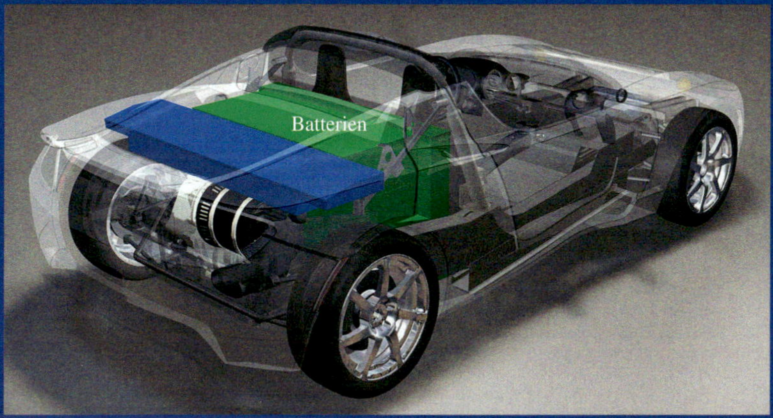

12

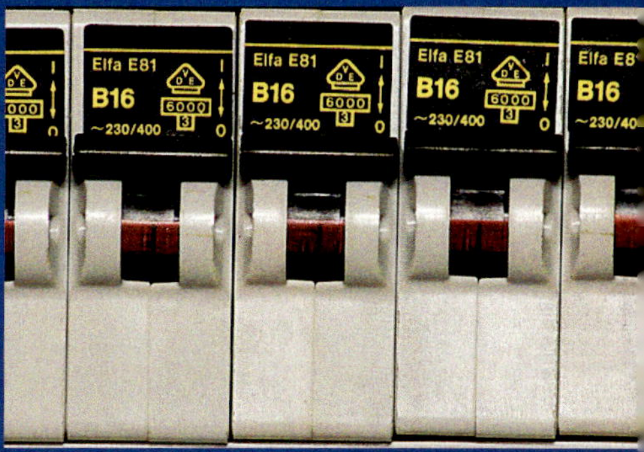

13

14

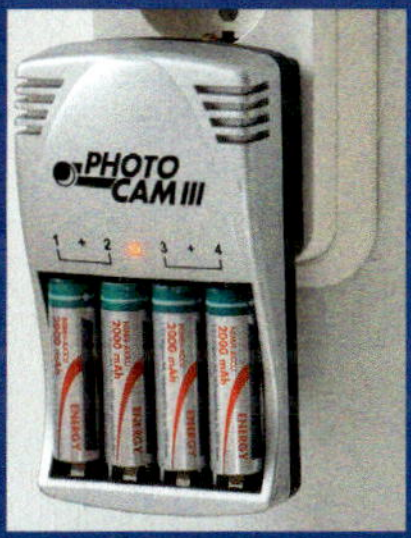

15

16

Aktion

Hier wird Strom ähnlich erzeugt wie in einem großen Wärmekraftwerk: ↑B1
Der Brennstoff verbrennt an der Luft. Durch die Wärme verdampft Wasser, was die Drehung einer Turbine bewirkt. Diese treibt einen Dynamo an und erzeugt Elektrizität. Schließlich wandelt eine Leuchtdiode (LED) den Strom in Licht um.
In Kurzform:
Brennstoff → Wärme → Bewegung → Strom → Licht
Der Fachmann sagt dazu: Hier wurde die Energie, die im Brennstoff steckte, in andere Energieformen *umgewandelt*. Welche Energieformen es gibt, siehst du auf S. 52.

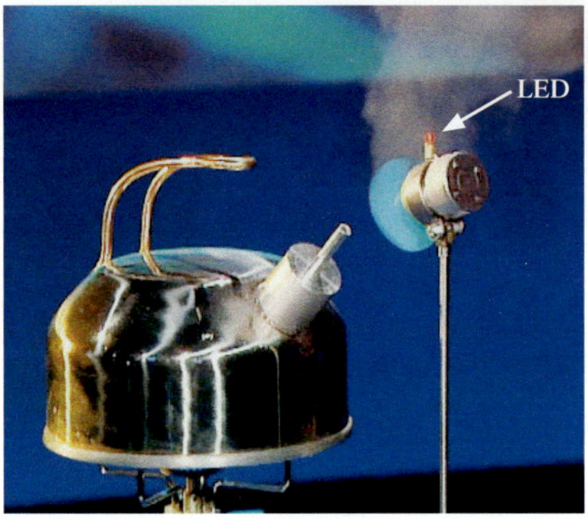

1 Ein Minikraftwerk

Energie und Energieumwandlungen

Nichts läuft von alleine

Benenne in den Versuchen dieser Doppelseite die jeweils beteiligten Energieformen.

1
Biobrennstoffe

Auch dein Körper braucht Energie. Die steckt als „Brennstoff" in der Nahrung. Ein Beispiel dafür ist das Olivenöl.
Ob das tatsächlich richtig „brennen" kann?

a Mit diesem „Ölbrenner" kannst du das leicht ausprobieren. ↑**B2**
b Teste auch andere Speiseöle auf ihre Brennbarkeit.
c Wo liegt der Unterschied zwischen dem Brennen der Öle im Versuch und dem Verbrennen in deinem Körper?

2
Raketentreibstoff

Baue aus einer Filmdose und etwas Papier eine Rakete. Der Dosendeckel muss am Heck sitzen. Gestartet wird auf einem Teller als „Startplatz" – aber nur im Freien. ↑**B3**
Zuschauer müssen bei diesem Versuch mindestens 3 Meter Abstand halten!

a Fülle als Treibstoff 1 cm hoch Essig in die Dose und gib einen halben Teelöffel Natron oder Backpulver hinein. Danach musst du schnell den Deckel schließen, die Rakete auf den Teller stellen und selbst vom Startplatz zurücktreten. Schätze die Flughöhe.
b Teste als Treibstoff auch Brausepulver (oder Zahnspangenreiniger) plus Wasser.

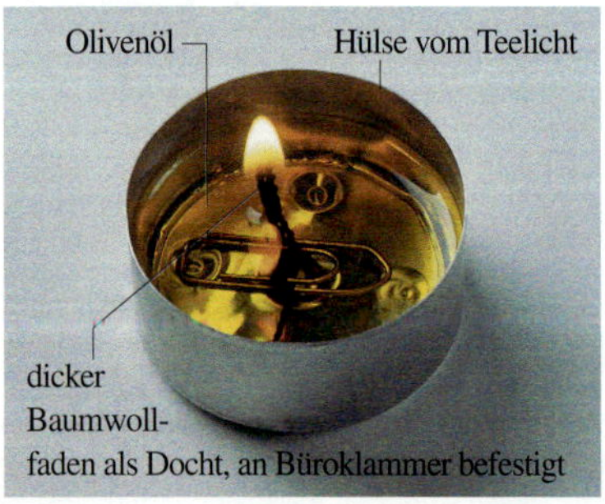

2

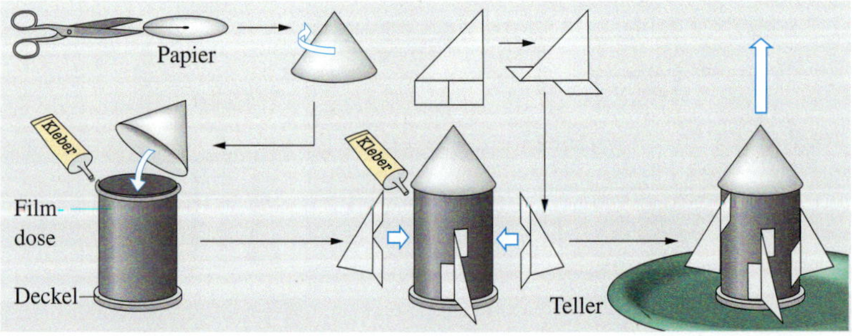

3

3
Energie zum Heben

In einem Eimer befindet sich heißes Wasser.
Wie lässt sich mit der Wärmeenergie dieses Wassers etwas hochheben? ↑**B4**

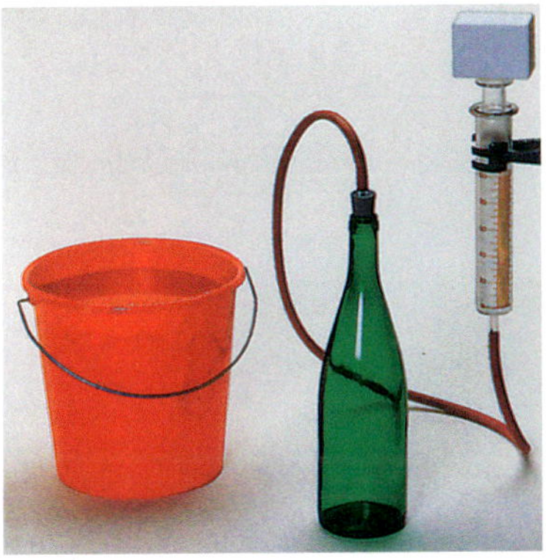

4

4
Energie zum Springen

Stülpe einen Popper um und lege ihn auf den Boden. ↑**B5** Du kannst ihn auch aus 50 cm Höhe auf den Boden fallen lassen.

a Lass den umgestülpten Popper aus 0,5 m (1 m; 1,5 m) Höhe fallen und bestimme die Sprunghöhe.

b Woher nimmt er seine Energie zum Springen?

5

5
Sonnenenergie nutzen

Baue ein Modellauto, das mit Sonnenenergie fährt. Das Bild zeigt ein Musterauto. ↑**B6**
Wenn das Auto fährt, findet eine mehrfache Energieumwandlung statt. Beschreibe sie.

6

6
Windenergie nutzen*

a Baue dein eigenes Windkraftwerk" nach der Abbildung auf. ↑**B7**
Zum Einbau der Leuchtdiode (LED): Das längere „Beinchen" (Pluspol) muss mit dem Pluspol des Generators verbunden werden (rotes Kabel). Markiere das Beinchen mit einem roten Filzstift.

b Blase das „Windkraftwerk" mit einem Haartrockner (Kaltluft!) oder mit dem Mund an.

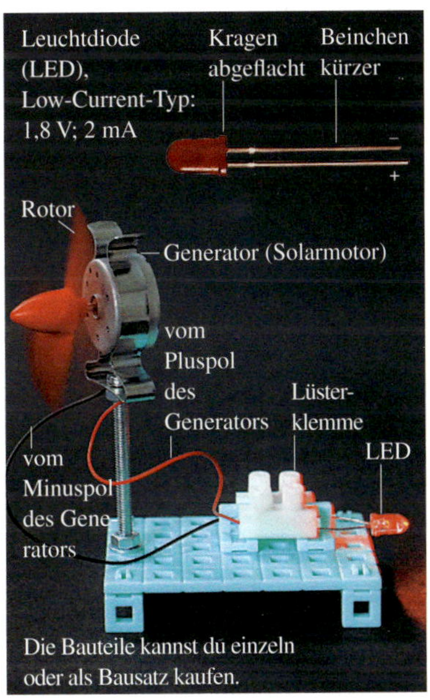

7

7
Cool bleiben!

Tom hat eine Idee für heiße Tage. ↑**B8**
Baue sie im Versuch nach. Als Ventilator kannst du den Motor aus dem Bild nutzen.
Schalte – wenn nötig – mehrere Solarzellen hintereinander.
Hinweis: Der Pluspol der ersten Zelle wird mit dem Minuspol der zweiten verbunden.

8

Aktion

Aus Spannenergie wird Bewegung[Z]

1

2

Manche Spielzeugautos haben als Antrieb eine Spiralfeder: Man zieht sie auf, indem man das Auto leicht auf den Fußboden drückt und einige Zentimeter rückwärtszieht. Die Feder bekommt dadurch Spannenergie; sie reicht für einen weiten Fahrweg aus.

Bekommt das Auto durch den doppelten Rückzugsweg auch die Spannenergie für einen doppelten Fahrweg?

1

Welcher Zusammenhang besteht zwischen dem „Rückzugsweg" und dem „Fahrweg"?

Material: Auto mit Rückzugfeder-Antrieb, Lineal als Startschiene, Metermaß, wasserlöslicher Folienstift, Papier, Schreibzeug, Taschenrechner, Klebeband …

Versuchsvorbereitung: Raum mit glattem Fußboden suchen, Probefahrten durchführen, ein Papier mit den Rückzugsstrecken markieren (2, 3, 4, 6 cm), Startschiene und Papier evtl. auf dem Boden festkleben.

Versuchsdurchführung:

a Auto auf die 2-cm-Markierung stellen, bis zur Startschiene zurückziehen und starten.

b Fahrweite auf dem Boden markieren und Versuch mit gleichen Startbedingungen sofort fünf- bis zehnmal wiederholen.

c Alle Fahrwege messen und protokollieren (gerundet auf ganze Zentimeter).

d Markierungen auf dem Boden löschen und die nächste Versuchsreihe mit 3 cm (4 cm, 6 cm) Rückzugsweg durchführen.

Versuchsauswertung:

a Berechne aus den jeweiligen Fahrwegen die Durchschnittswerte (wieder gerundet) für die vier Messreihen und trage sie in eine solche Tabelle ein:

Rückzugsweg der Feder in cm	*Durchschnittlicher Fahrweg in cm*
2	*75*
3	*131*
4	*184*
6	*324*

b Überprüfe, ob der doppelte (dreifache) Rückzugsweg auch einen doppelten (dreifachen) Fahrweg bewirkt.

c Übertrage die Durchschnittswerte in eine Grafik. ↑**B3**

d Verbinde die Messpunkte in der Grafik mit dem Lineal. Welchen Fahrweg erwartest du bei 5 cm Rückzugsweg? Überprüfe deine Vermutung mit Versuchen.

Versuchsergebnis:
Wenn der Rückzugsweg doppelt (dreimal) so lang ist, ist der Fahrweg …

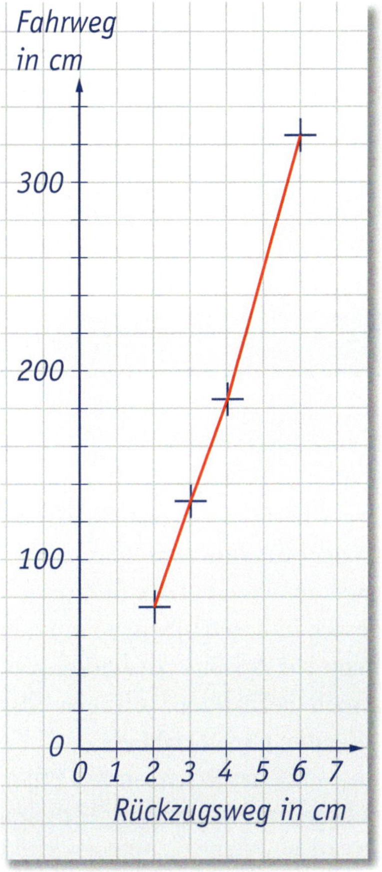

3

2
Sprunghöhen

Wie hoch springt ein Flummi nach dem Fall aus 1 m Höhe zurück – beim ersten, zweiten, dritten Rücksprung? ↑**B4**
Stelle auch hier die Versuchsergebnisse grafisch dar. Versuche einen weiteren Messwert vorherzusagen. Überprüfe ihn dann im Experiment.

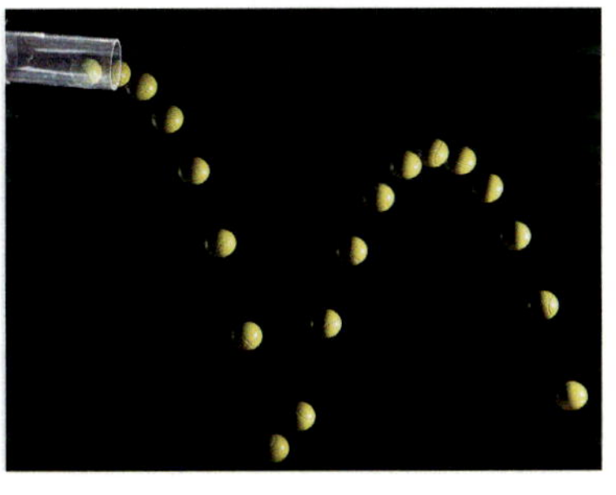
4

3
Federschwingungen

So bestimmen wir die Schwingungsweite (Amplitude) einer langen, weichen Schraubenfeder. ↑**B5**

a Miss die Amplitude jeweils am unteren Umkehrpunkt nach 5, 10, 15 … Schwingungen.

b Wie lange dauert eine Schwingung?

c Beschwere das Federende und werte neue Messreihen zur Schwingungsdauer und Amplitude aus.

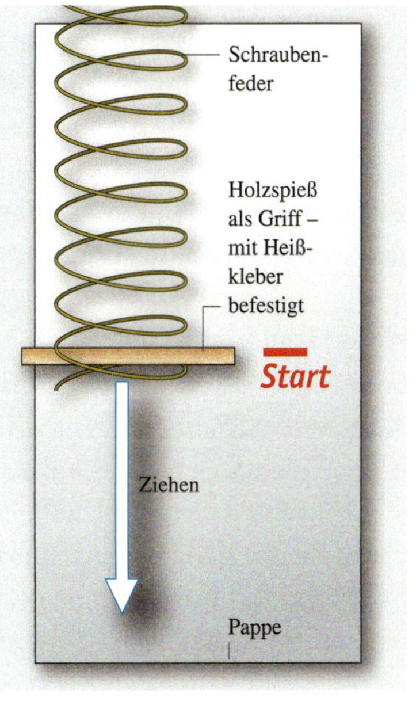

5

Aufgaben

1 Erstelle von deinen eigenen Messreihen ein Versuchsprotokoll.

2 Warum darfst du während der Versuche ↑**B1** das Fahrzeug nicht wechseln?

3 Warum musst du jeden einzelnen Messversuch wenigstens fünfmal durchführen?

4 Nenne Sportgeräte, bei denen die Spannenergie eine Rolle spielt.

5 Außer bei Stahlfedern kannst du auch bei anderen Körpern beobachten, dass die Spannenergie sehr stark ansteigt, wenn man das Material immer mehr dehnt. Nenne Beispiele.

Fakten

Energieformen und Energieumwandlungen

1

Was ist Energie? Leicht lässt sich aufzählen, wofür Energie benötigt wird: zum Wärmen und Beleuchten von Wohnungen, zum Antreiben von Autos und Motoren, für die Übertragung von Gesprächen per Handy … Auch unser Körper braucht Energie zum Wärmen des Blutes, zum Antrieb der Muskeln und zum Arbeiten des Gehirns.
Aber was ist „Energie"? Das ist schwer zu beschreiben, denn Energie selbst ist unsichtbar. Sehen können wir nur ihre Auswirkungen: Mit Energie kann man Dinge erwärmen, beleuchten, bewegen oder verändern sowie Informationen verarbeiten und übertragen.
Energie ist der „Treibstoff" für alles – für das Wachsen der Pflanzen und die Bewegung aller Lebewesen und Maschinen, für Lampen, Heizungen und Motoren.

Woher kommt die Energie? Unsere wichtigste Energiequelle ist die Sonne. Sie liefert uns nicht nur Licht und Wärme; auch in Brennstoffen steckt *Sonnenenergie*, z. B. im Holz: Ohne Sonne könnten die Bäume nicht wachsen. Sie wandeln Strahlungsenergie bei der Fotosynthese um. In den Holzzellen ist später Energie der Sonne gespeichert. Sie wird frei, wenn man Holz im Ofen verbrennt. Auch in Gas, Erdöl und Kohle ist Energie gespeichert. Die Energie für Wind- und Wasserkraftwerke stammt ebenfalls von der Sonne. ↑**B1**

Energieformen und -umwandlungen Es gibt noch andere Energieformen. Manche nutzte schon der Neandertaler: ↑**B2** Brennendes Holz brachte ein bisschen Wärme und Licht in seine Höhle. Dass ein Apfel am Baum *Höhenenergie* besaß, merkte er wahrscheinlich erst, wenn die Frucht ihm auf den Kopf fiel. Bestimmt aß der Mensch den Apfel anschließend auf und nutzte so dessen *chemische Energie*. Nach der Verdauung gewann sein Körper daraus *Wärmeenergie* und die Fähigkeit, mit den Armmuskeln einen Bogen zu spannen. Der Bogen erhielt dadurch *Spannenergie* und konnte einen Pfeil blitzschnell von 0 auf 100 $\frac{km}{h}$ beschleunigen. Die *Bewegungsenergie* des Pfeils bekam manches Kaninchen schmerzlich zu spüren.

2

Energie
Energieformen
Energieumwandlungen
Energieentwertung

Du hast sicher gemerkt, dass in der Fantasiegeschichte ↑B2 Energie immer in andere Formen umgewandelt wird – durch die *Energiewandler* Pflanze, Tier, Mensch sowie Pfeil und Bogen.
Eine *Energieumwandlungskette* siehst du auch in der folgenden Zeichnung. ↑B3

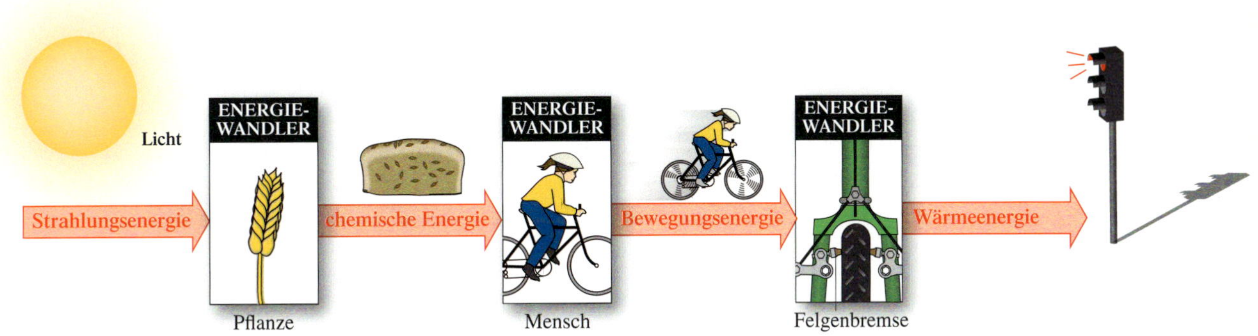

3

Erst viel später entdeckten die Menschen eine weitere Energieform, die sich bequem durch Drähte transportieren und leicht in verschiedenen Geräten umwandeln lässt: die *elektrische Energie*.
Leider können wir elektrische Energie nicht direkt aus der Natur gewinnen, etwa aus den Blitzen beim Gewitter. Wir erhalten sie nur durch Umwandlung aus anderen Energieformen. Der größte Teil der elektrischen Energie wird heute noch in Kohle- und Kernkraftwerken aus der Wärmeenergie im Wasserdampf gewonnen. Turbinen und Generatoren sind dabei die Energiewandler.

Wertlose Energie Wenn ein Fahrzeug bremst, wird alle Bewegungsenergie in Wärme umgewandelt und an die Umwelt abgegeben. ↑B4
Oft spricht man in solchen Fällen von „Energieverlust".
Tatsächlich ist die Energie dann aber genauso wenig verschwunden wie ein Geldstück, das man verloren hat. Dem Verlierer fehlt es zwar – dafür hat es aber später der Finder.
Die beim Bremsen erzeugte Wärme steckt nachher in der Umwelt und lässt sich nicht mehr nutzen. Sie ist für uns wertlos geworden, denn die „Abwärme" lässt sich nicht zurückgewinnen, um damit erneut etwas anzutreiben.
Bei allen Energieumwandlungen bleibt die Energiemenge erhalten. Nichts geht verloren, aber die Energie wird immer wertloser. Zuletzt heizt sie als Abwärme die Umwelt.

4 Erhitzte Bremsscheibe

Aufgaben

1 Nenne zu jeder Energieform einige Beispiele.
2 Beschreibe, weshalb auch in Kohle, Gas und Erdöl Sonnenenergie steckt.
3 Zeichne zu den Versuchen auf S. 48–51 die Energieumwandlungsketten.

Ausblick

1

Wie viel Energie braucht dein Körper?[Z]

Dein Körper braucht Energie Ohne Energie bewegt sich nichts, auch nicht dein eigenes Herz. Deshalb brauchst du selbst dann Energie, wenn du schläfst. Diese Energiemenge bezeichnet man als den „Grundumsatz“ deines Körpers.

Dein Körper gewinnt seine Energie aus der Nahrung. Sie wird im Darm für die „Verbrennung“ in den Muskelzellen vorbereitet.

Die Energie nutzt der Körper für seine Bewegungen. Er benötigt sie auch, um die erforderliche Temperatur von 37 °C zu halten. Zusätzliche Energie verlangt dein Körper, wenn du körperlich schwer arbeitest oder Sport treibst. ↑**B2**

Manchmal erhält dein Körper mehr Nahrung, als er für seinen Energiebedarf benötigt. Dann speichert er die überflüssige Nahrung als Fett und du nimmst zu.

Übergewicht ist aber für unsere Gesundheit schädlich. Wir sollten daher wissen, wie viel Energie die einzelnen Nahrungsmittel enthalten und wie viel Energie wir für unsere Tätigkeiten benötigen.

2

Energiemengen von Nahrungsmitteln Auf vielen von ihnen ist die Energiemenge angegeben:

Schokolade (100 g)	*2400 kJ*
Chips (100 g)	*2200 kJ*
Popcorn (100 g)	*1500 kJ*
Pommes frites (100 g)	*1200 kJ*
Hamburger (100 g)	*1000 kJ*
Softeis (100 g)	*550 kJ*
Energy-Drink (1 Glas)	*380 kJ*
Cola (1 Glas)	*360 kJ*
Limo-Bier-Mix (1 Glas)	*310 kJ*
kleiner Apfel (100 g)	*220 kJ*
Cola light (1 Glas)	*1 kJ*
Mineralwasser	*0 kJ*

So viel Energie brauchst du durchschnittlich pro Stunde für folgende Tätigkeiten:

Bergsteigen	*4800 kJ*
Skilaufen (Langlauf)	*3800 kJ*
Fußballspielen	*3000 kJ*
Jogging (9 km)	*2500 kJ*
Schwimmen	*1800 kJ*
Tanzen	*1800 kJ*
Tennisspielen	*1500 kJ*
Gymnastik	*1200 kJ*
Radfahren (20 km, flach, Windstille)	*1200 kJ*
Spazierengehen, Bügeln	*430 kJ*
Stehen	*120 kJ*
Sitzen	*60 kJ*

Einheiten der Energie In den Tabellen oben siehst du die Angabe „kJ". Dabei handelt es sich um die Abkürzung von Kilojoule (sprich: kilo-dschul). Damit wird die jeweilige Energiemenge angegeben.
Als Einheit der Energie wurde 1 Joule (1 J) vereinbart:
1000 J = 1 Kilojoule (1 kJ).
Elektrische Energie misst man in Kilowattstunden (kWh):
1 kWh = 3600 kJ.
Mit 1 kJ Energie kann man:
- einen 50 kg schweren Körper 2 m hochheben, ↑**B3**
- einen Eimer mit 10 l Wasser aus einem 10 m tiefen Brunnen hochziehen,
- den Tee in einer Tasse um 1 °C wärmer machen.

Mit 1 kWh elektrischer Energie kann man:
- eine 10-W-Sparlampe 100 Stunden lang leuchten lassen,
- eine Stunde lang mit einem Staubsauger Staub saugen.

3

Aufgaben

1 Informiere dich über den Energiegehalt einer Portion deiner Lieblingsspeisen.

2 Früher wurde in „Nährwerttabellen" die Energie statt in der Einheit Kilojoule (kJ) in Kilokalorien (kcal) angegeben (1 kcal = 4,2 kJ). Katja isst eine kleine Pizza (550 kcal) und Leon einen Doppel-Hamburger (2070 kJ). Beide Portionen sind gleich schwer (200 g). Vergleiche ihren Energiegehalt.

3 Was ist mit dem „Grundumsatz" deines Körpers gemeint? Berechne ihn für 24 Stunden (= ca. 4 kJ pro Stunde pro kg Gewicht).

4 Was geschieht, wenn dein Körper mehr Energie erhält, als er braucht?

5 Warum muss die Nahrung der Eskimos mehr Fett enthalten als die eines Afrikaners?

6 Nimm an, der Junge oben isst einen Apfel. ↑**B3**

a Wie viel Energie nimmt sein Körper jetzt auf?

b Wie hoch müsste der Junge klettern, um diese Energiemenge vollständig zu nutzen?

7 Ali hat eine halbe Tafel Schokolade gegessen. Er sagt: „Ich fahre mit dem Rad 5 km zur Schule – da verbrauche ich die Energie wieder." Was meinst du dazu?

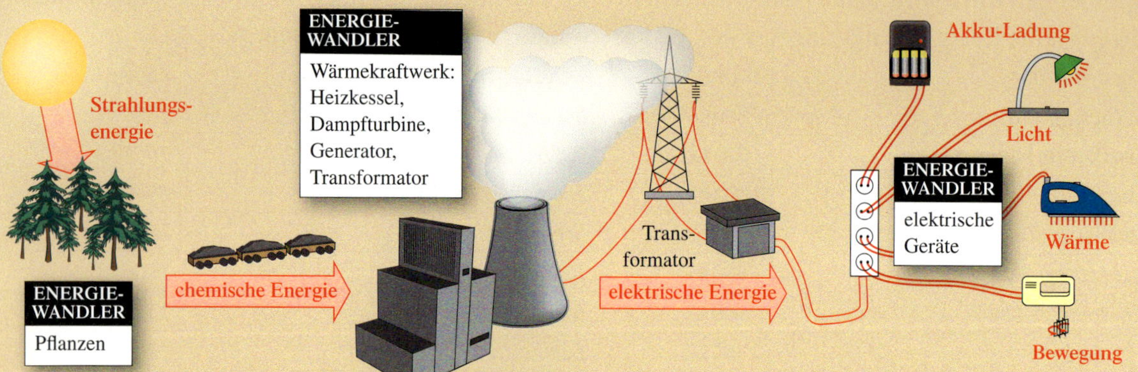

→ „Energie" nennt man den Treibstoff, ohne den nichts auf der Welt wächst oder sich verändert, bewegt oder erwärmt. Es gibt verschiedene Energieformen: Strahlungsenergie (Licht, Funkwellen, Röntgenstrahlung), Höhenenergie, Spannenergie, Bewegungsenergie, chemische Energie, elektrische Energie, Wärmeenergie (thermische Energie), Atomenergie … ↑S. 52

Energie und Energieumwandlungen auf einen Blick

↓ Die Energieformen können in Geräten (Energiewandlern) umgewandelt werden. Ein Dynamo wandelt z. B. Bewegungsenergie in elektrische Energie um und eine Lampe elektrische Energie in Strahlungsenergie (Licht) – außerdem in nicht erwünschte Wärmeenergie. ↑S. 52 f.

→ Wärme als unerwünschtes „Nebenprodukt" entsteht bei vielen Energieumwandlungen. Solche Abwärme ist wertlose Energie, denn sie kann nicht mehr genutzt werden.

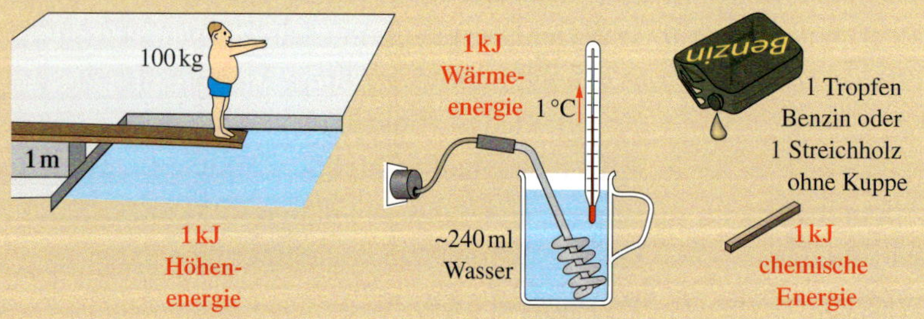

↓ Die Energie wird in der Einheit 1 Joule (1 J) oder in Kilojoule angegeben:
1 kJ = 1000 J,
3600 kJ = 1 kWh (Kilowattstunde). ↑S. 55

Alles klar?

1 Nenne verschiedene Energieformen und gib jeweils ein Beispiel an.

2 Eine gespannte Feder besitzt Energie. Beschreibe einen Vorgang, an dem das deutlich wird.

3 „In Lebensmitteln steckt Energie der Sonne." Erkläre an Beispielen (Kartoffeln, Milch, Wurst …), was mit diesem Satz gemeint ist.

4 Unten auf dieser Seite sind die Bewegungsabschnitte einer Trampolinspringerin dargestellt. ↑**B1**
Ordne ihnen die folgenden Sätze zu:
„Die Höhenenergie ist am größten bei …"
„Die Spannenergie ist am größten bei …"
„Die Bewegungsenergie nimmt zu bei …"

5 Ein Auto steht mit laufendem Motor vor einer roten Ampel. Der Motor wandelt dabei ständig chemische Energie um, die im Benzin steckt.
a In welche Energieformen wird umgewandelt?
b Schreibe die Energieumwandlungsketten auf.

6 Die Sonne ist unsere wichtigste Energiequelle.
Durch Umwandlung ihrer Strahlungsenergie haben auch Holz, Kohle, Erdöl und Erdgas ihre chemische Energie erhalten.
a Erkläre den Zusammenhang.
b Welche unserer Energiequellen stehen in keinem Zusammenhang mit der Sonne?

7* Herr Witzig hat eine „Apfelerntemaschine" konstruiert: ↑**B2**
a Wie soll wohl diese Maschine funktionieren?
b Wo steckt die Energie für die Maschine?
c Wann arbeitet diese „Apfelerntemaschine"?

8* Schüler haben Zeitungsberichte gesammelt, in denen der Begriff „Energie" vorkommt. Da ist die Rede von diesen Energieformen: Solarenergie, Windenergie, kriminelle Energie, Biogas, Energie aus Atomkernen, Pyramiden-Energie, Energie in Lebensmitteln, Edelstein-Energie, Schallenergie, Lichtenergie, Mondenergie, Biodiesel, Willensenergie, Energie in Meereswellen, Erdwärme …
a Welche Begriffe gehören wohl nicht in den Bereich der Naturwissenschaften?
b Ordne die anderen den Energieformen zu, die auf der Buchseite links genannt sind.

9 Nenne Geräte, die elektrische Energie in andere Energieformen umwandeln.

10 Ein Tauchsieder gibt in einer Stunde 3 600 000 J Energie ab.
Schreibe die Angabe kürzer.

2

1

Aktion

Elektrische Energie kann vielfältig verwendet werden. ↑B1–4

1 Elektrischer Styroporschneider

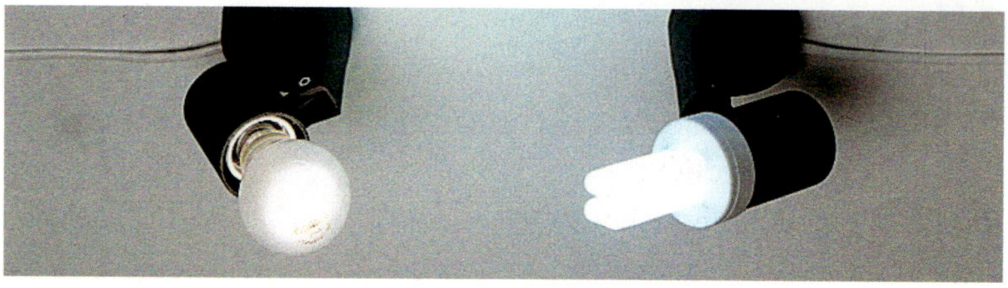
2

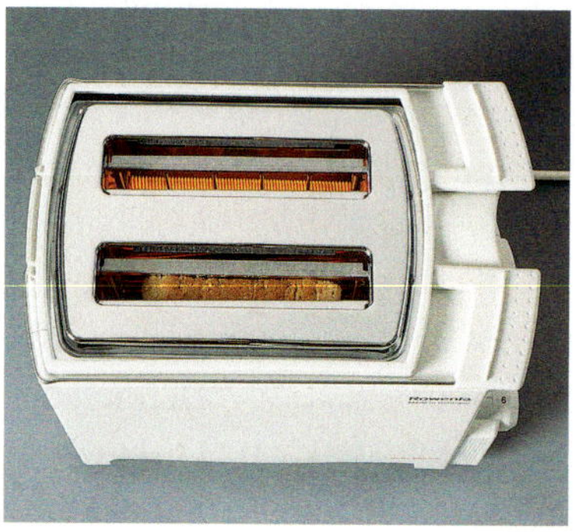
3

4

Wirkungen der elektrischen Energie

Elektrische Energie für Wärme und Licht

1

Der Styroporschneider

Am besten lässt sich Styropor mit einem Draht schneiden. Spanne 25 cm Konstantandraht (0,2 mm dick) zwischen zwei Isolatoren.

- **a** Prüfe, ob Styropor mit dem kalten Draht zu schneiden ist.
- **b** Schließe den Draht an das Netzgerät an. Schalte es ein und regle es hoch, bis sich das Styroporstück schneiden lässt. ↑B5
- **c** Baue ein Schneidegerät, wie du es im Bild oben siehst. ↑B1

2

Elektrische Energie und Brandgefahr

Spanne 25 cm Konstantandraht (0,2 mm dick) zwischen zwei Isolatoren. Lege ein Stück gefaltetes Papier auf den Draht. ↑B6

- **a** Schließe den Draht an ein Netzgerät an. Schalte das Gerät ein und regle es hoch, bis der Draht glüht. Beobachte, was passiert.
- **b** Nenne Geräte, die elektrische Energie in Wärme umwandeln.

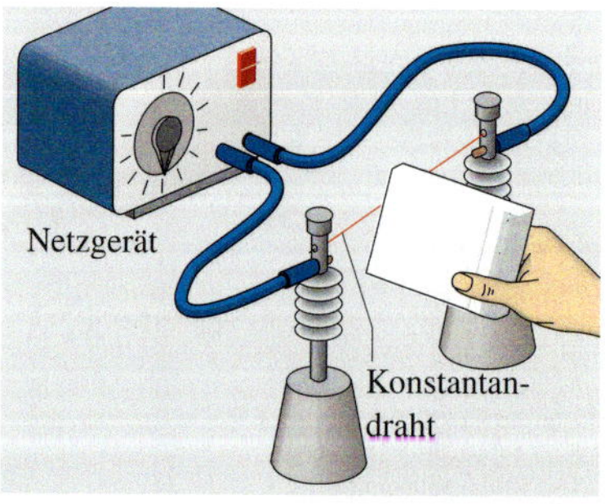

5

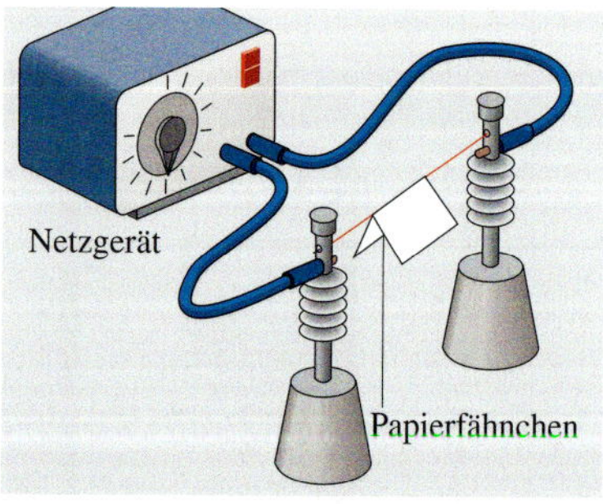

6

3
Licht durch elektrische Energie

a Baue das Modell einer Glühlampe nach. Als Glühdraht nimmst du 25 cm Konstantandraht (0,2 mm dick). Den Draht wickelst du eng um eine Stricknadel oder Kugelschreibermine. Ziehe die Nadel heraus – und fertig ist die Glühwendel. ↑**B7**
Schließe die Wendel an ein Netzgerät an und schalte es ein. ↑**B8** Drehe den Regler, bis die Glühwendel leuchtet.

b Sieh dir die Glühwendel einer Halogenlampe mit einer Lupe an. ↑**B9**

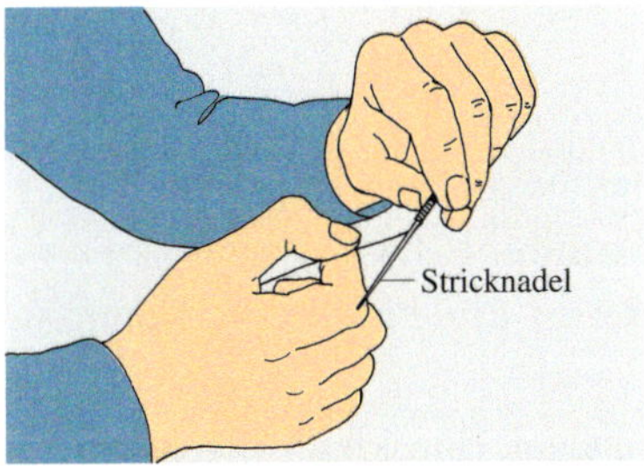

7 Herstellen einer Wendel

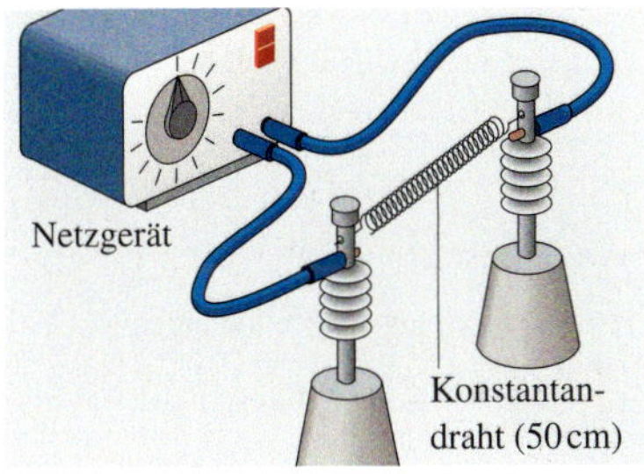

8

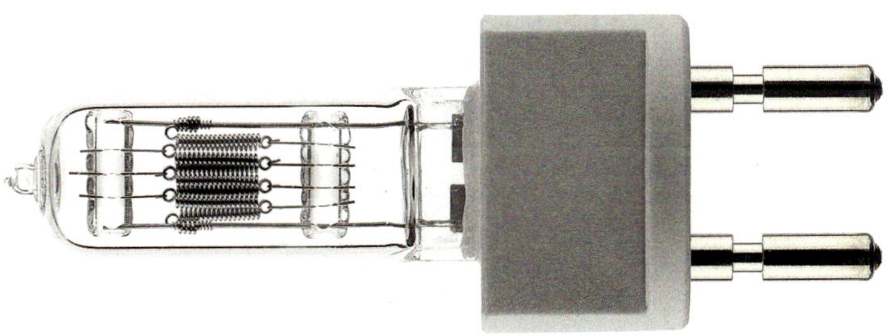
9

4
Ein einfacher Toaster

a Baue das Modell eines Toasters nach. ↑**B10** Als Glühdraht nimmst du 50 cm Konstantandraht (0,4 mm dick).
Der Draht wird einmal um jeden Nagel gewickelt.
Schließe die Drahtenden mit Krokodilklemmen und Kabel an ein Netzgerät an. Regle es langsam hoch, bis der Draht zu glühen beginnt. Lege einen Toast auf und warte 2 Minuten.

b Nenne Unterschiede zu einem Toaster im Haushalt.

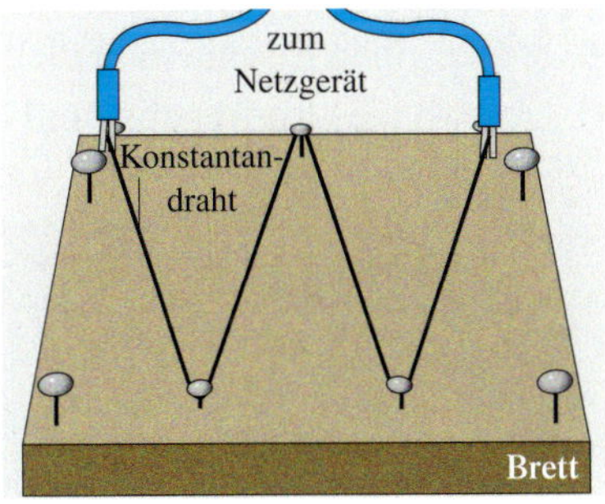

10 Selbst gebauter Toaster

5
Elektrischer Wasserwärmer*

50 ml Wasser sollen mithilfe elektrischer Energie um 10 °C erwärmt werden.

a Plane und baue ein Gerät, mit dem dies möglich ist. Welche Hilfsmittel benötigst du?

b Teste deinen Wasserwärmer und stoppe die Zeit zum Erwärmen. Ermittelt das beste Gerät der Klasse.

c Vergleicht eure Erfindungen mit den Leistungen eines Wasserkochers. ↑**B11**

11

Aktion

1

2

3

Elektrische Energie kann noch mehr

1

Ein selbst gebauter Magnet

Du brauchst einen dicken Eisennagel, 1 m dünnen, lackierten Kupferdraht und eine Batterie.

a Baue das Gerät zusammen. Der Lack muss an beiden Enden des Kupferdrahts abgekratzt werden. ↑B4

b Untersuche mit diesem Elektromagneten, welche Stoffe er anzieht.

c Probiere aus, wie dein Elektromagnet auf einen Kompass wirkt: Nähere ihn langsam der Nadel und beobachte diese.

d In welchen elektrischen Haushaltsgeräten könnten Elektromagnete verborgen sein?

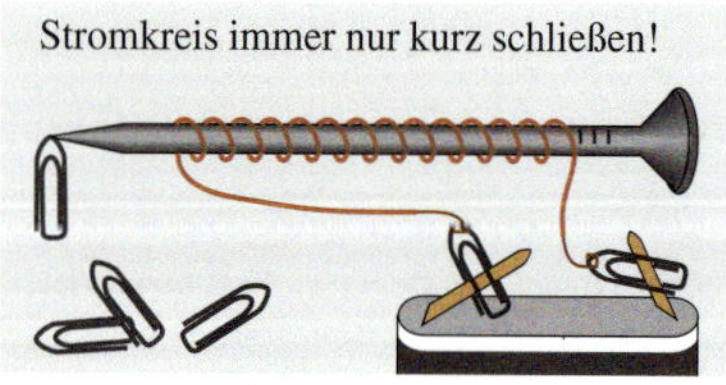

4

2

Eine Spule als Lasthebemagnet

Eine Spule besteht wie dein Selbstbaumagnet aus Kupferdraht, der jedoch viele hundert Mal gewickelt wurde.

a Schließe eine Spule an ein Netzgerät an. Prüfe mit einem Kompass die Wirkung.

b Versuche mit der Spule einen Eisennagel, Büroklammern oder Reißzwecken anzuheben.

c Stecke einen Eisenkern in die Spule und wiederhole den Versuch.

d Über welche Entfernung wird der Nagel angezogen? ↑B5

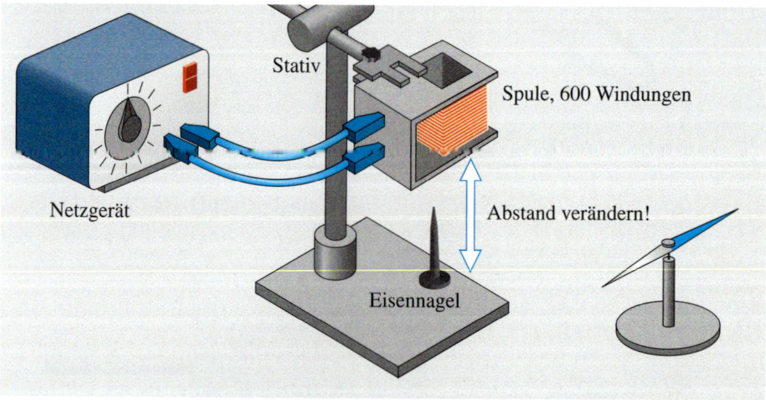

5

3

Bewegung durch elektrische Energie

In einem Motor wird die magnetische Wirkung genutzt, um mit elektrischer Energie z. B. einen Propeller zu bewegen. Experimentiere mit mehreren Batterien und einem Motor. ↑B6

- **a** Kannst du die Geschwindigkeit des Motors verändern?
- **b** Wie kannst du die Drehrichtung des Motors ändern?
- **c** Baue aus einem Umschalter, dem Motor und zwei Batterien einen Zweistufen-Mixer.
- **d** Nenne Haushaltsgeräte, deren Motoren man für unterschiedliche Geschwindigkeiten einstellen kann.

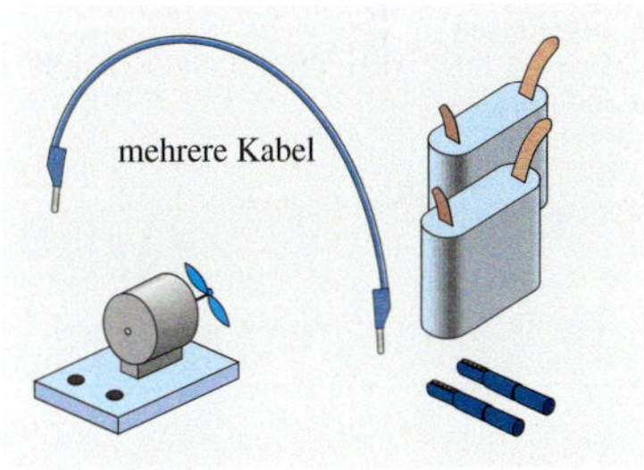

6

4

Metalle – elektrisch veredelt*

Versuchsmaterialien:

Becherglas mit blaugrüner Flüssigkeit (von der Lehrkraft vorbereitet), 2 Nägel, 2 Grafitstäbe (Bleistiftminen), Krokodilklemmen, ein Netzgerät und Experimentierkabel

Versuchsdurchführung:

- **a** Baue den Versuch nach der Abbildung auf. ↑B7
- **b** Schalte das Netzgerät ein und warte ca. 15 Minuten. Beobachte dabei die Flüssigkeit und die Nägel.
- **c** Funktioniert der Versuch auch, wenn du statt der Nägel Kohlestäbe oder Bleistiftminen verwendest?

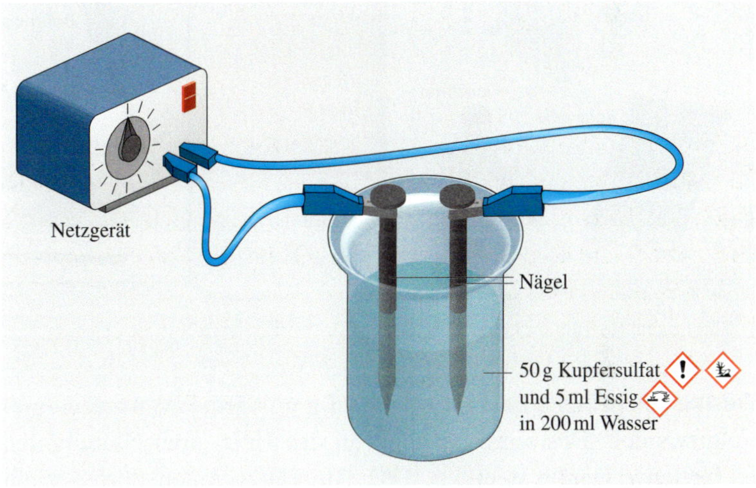

7

8

5

Wie werden Speisen in der Mikrowelle warm?*

Eine abgewaschene, dicke Kartoffel wird auf einem Teller in die Mikrowelle gelegt. ↑B8 Stelle die höchste Stufe für eine Minute ein.

- **a** Ist die Kartoffel außen oder innen wärmer?
  Miss mit einem Digitalthermometer die Temperatur direkt unter der Kartoffelschale und tief im Innern der Kartoffel. Wie erklärst du dein Messergebnis?
- **b** Erwärme eine Kartoffel mit einer Rotlichtlampe und vergleiche das Ergebnis mit dem von Versuchsteil a.

Elektrische Energie zeigt Wirkungen

Der Stromkreis zur Energieübertragung Mit elektrischer Energie können wir Wasser kochen, Kuchenteig rühren oder ein Zimmer beleuchten. Damit wir die gewünschte Wirkung der elektrischen Energie nutzen können, bauen wir Stromkreise auf, die immer aus

- einer elektrischen Energiequelle (meistens mit Schalter),
- Drähten zum Übertragen der elektrischen Energie und
- einem Elektrogerät als Energiewandler bestehen.

Die Energie aus Batterien, Akkus, Dynamos, Netzgeräten oder Solarzellen kann vielseitig eingesetzt werden.

Elektrische Energie kann verschiedene Wirkungen zeigen: Wärme, Licht und Strahlung, Magnetismus und Bewegung, Stoffumwandlung. ↑**B1**

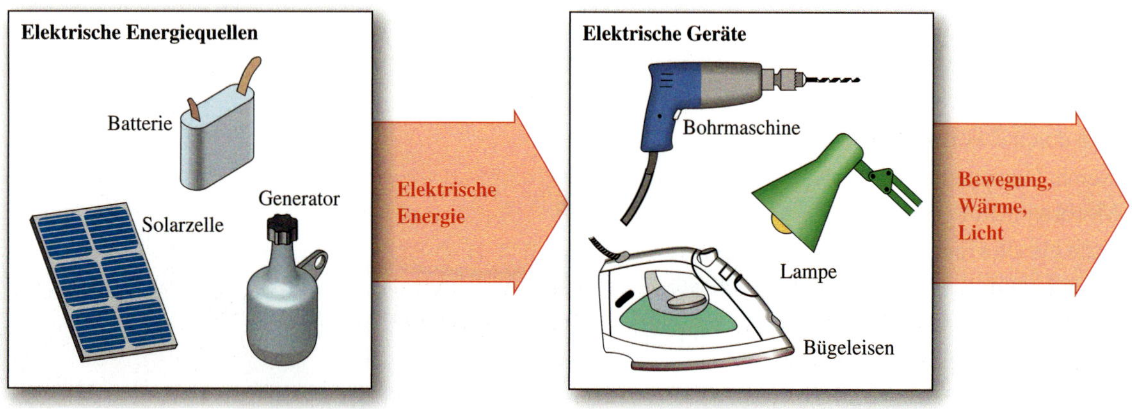

1 Elektrische Energie und ihre Wirkungen

Wärme Elektrische Energie wird häufig in Wärme (Wärmeenergie) umgewandelt. Das wird vor allem in den Heiz- oder Glühdrähten elektrischer Geräte deutlich. ↑**B2** Die Heizspiralen dürfen nicht berührt werden. Sie sind deshalb in Keramik eingebettet oder von einem schützenden Gehäuse umgeben.

In Toastern und Haartrocknern kann man die Heizspiralen sogar sehen.

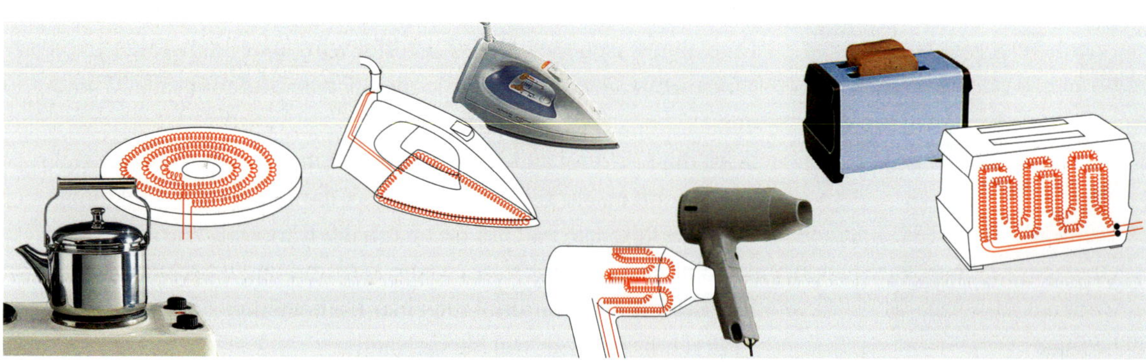

2 Mit elektrischer Energie heizen

Licht und Strahlung Glüh- und Halogenlampen enthalten einen Glühdraht. ↑**B3** Er hat die Form einer Wendel. Diese wird bis zur Weißglut erhitzt und strahlt dann weißgelbliches Licht ab (Strahlungsenergie). Der Glühdraht wird aus einem hitzebeständigen Metall (Wolfram) gefertigt.
In Spar- und LED-Lampen entsteht das Licht, ohne dass viel Wärme abgestrahlt wird.
Auch der Mikrowellenherd macht aus der elektrischen Energie Strahlungsenergie. Diese Strahlung können wir – im Gegensatz zum Licht – nicht sehen. Mikrowellen sind verwandt mit den Funkwellen, wie sie dein Handy abstrahlt.

3

Magnetismus und Bewegung Wenn ein aufgewickelter Kupferdraht an eine elektrische Energiequelle angeschlossen wird, entsteht eine magnetische Wirkung. Eine Spule wird dadurch zum Elektromagneten. Die magnetische Wirkung nutzt man im Elektromotor, um eine Drehbewegung hervorzurufen. Elektromotoren kommen im Haushalt vielfältig zum Einsatz. ↑**B4**

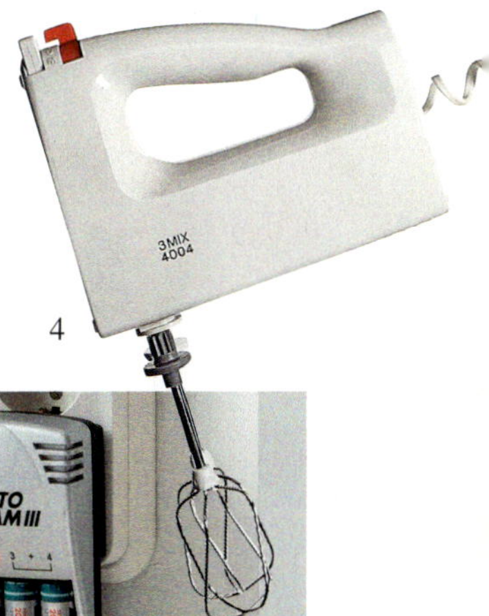

4

Stoffumwandlung Mithilfe von elektrischer Energie kann man Metalle mit dünnen Schichten anderer Metalle überziehen *(galvanisieren)*. Elektrische Energie kann auch Stoffe umwandeln. So wird z. B. Aluminium aus Aluminiumoxid gewonnen. Dazu sind riesige Mengen elektrischer Energie nötig.
Auch beim Aufladen von Akkus wird durch die elektrische Energie ein Stoff im Akku chemisch umgewandelt. Er kann später die elektrische Energie wieder abgeben. ↑**B5**

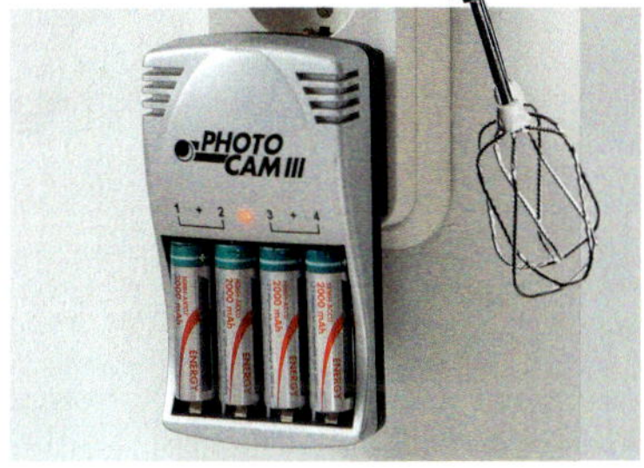

5

Aufgaben

1 Nenne jeweils zwei Haushaltsgeräte, mit denen Wärme, Licht oder Bewegung erzeugt werden. Zeichne für zwei der Geräte eine Energieumwandlungskette wie in Bild 1.
2 Normale Glühlampen werden sehr heiß. Welche Nachteile bringt das mit sich?
3 Nenne elektrische Geräte, die beim Betrieb warm werden und deren Wärme wir nicht nutzen.
4 Auch Ohrhörer und Lautsprecher sind Energiewandler.
Nenne die Energieformen, die sie abgeben.
5* Überzeuge deinen Nachbarn in einem kurzen Brief davon, seinen MP3-Player mit Akkus zu betreiben.

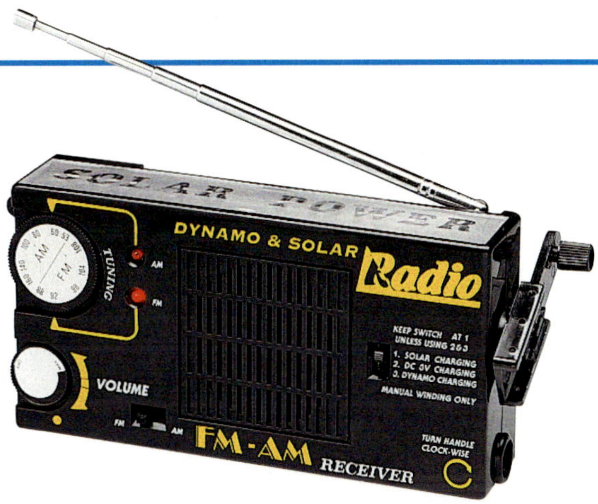

6

6* Dieses Radio kann mit drei verschiedenen Energiequellen betrieben werden. ↑**B6**
Welche sind es?

Methode

Energietransport – ein Modell hilft verstehen

Wie kommt die Energie zu dem Ort, wo sie gebraucht wird? Erkennt ihr Gemeinsamkeiten? ↑B2–4

1

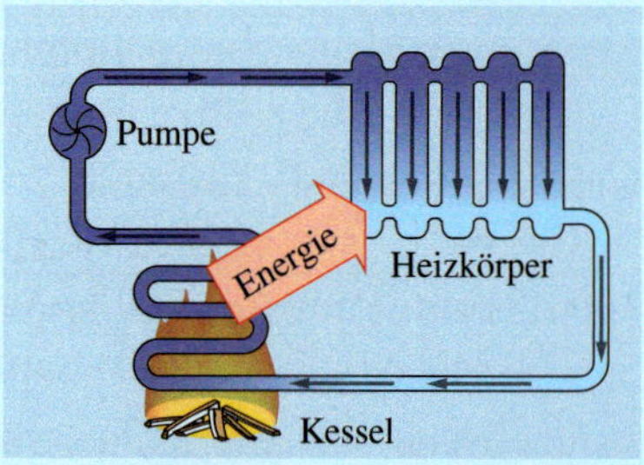

2

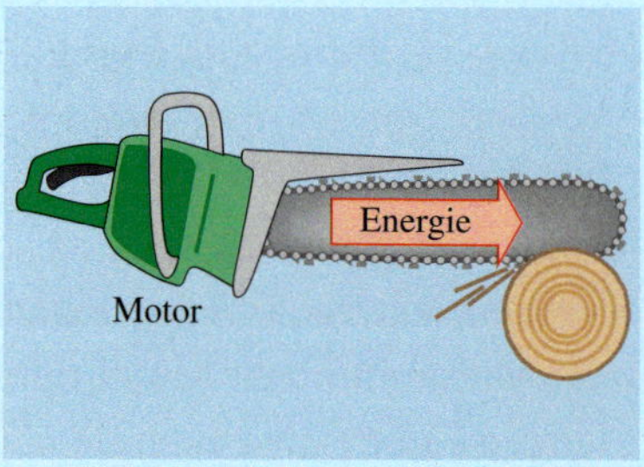

3

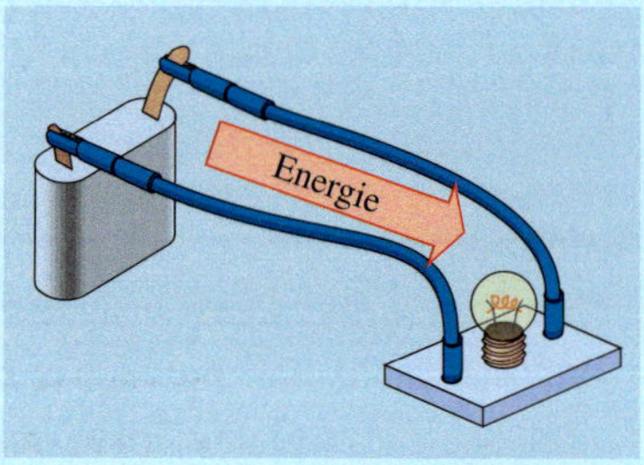

4

Modelle Wissenschaftler wollen Beobachtungen verstehen und erklären, auch wenn die Ursachen unsichtbar sind: Zu diesem Zweck entwickeln sie *Modelle*. Mit ihnen können wir uns bildhaft vorstellen, wie etwas funktionieren könnte.

Ein Modell ist immer nur ein Bild und nicht die Wirklichkeit.

Energiekreisläufe ↑B1 Die chemische Energie in den Muskeln des Radfahrers wird in Bewegung umgewandelt und auf die Pedale übertragen. Mithilfe der Kette wird die Energie dann zum Hinterrad transportiert.

Auf ähnliche Weise erfolgt der Energietransport bei den anderen Beispielen. ↑B2–4

Energie wird immer von einer Energiequelle zum Energiewandler transportiert.

Das Transportmittel (Wasser, Ketten …) bewegt sich dabei „im Kreis" und kommt wieder zur Energiequelle zurück. ↑B5

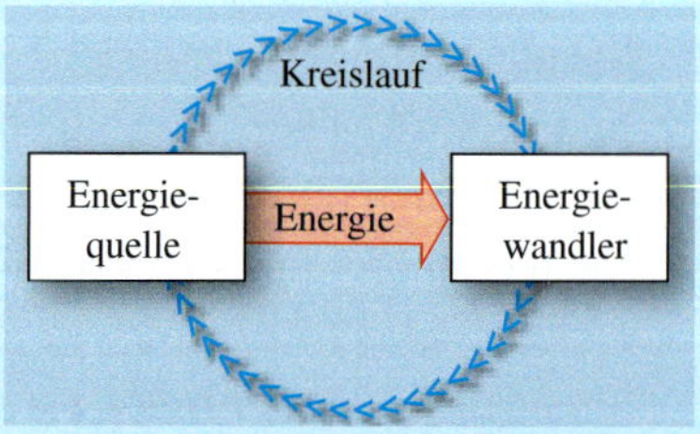

5 Energietransport von der Energiequelle zum Energiewandler. Das Transportmittel bewegt sich dabei im Kreis.

Energietransport im elektrischen Stromkreis Auch hier wird die Energie von der Energiequelle zum Energiewandler, dem Elektrogerät, transportiert. Dazu sind die Kabel wichtig. Bewegt sich in ihnen etwas? Das ist nicht zu sehen. Wir erklären es mithilfe eines *Modells*:
Für den elektrischen Stromkreis haben Wissenschaftler ein Modell erfunden. Es hilft uns zu verstehen, wie elektrische Energie transportiert wird. In unserer Vorstellung bewegt sich in den Drähten etwas im Kreis. In Metallen sind das die *Elektronen*. Sie sind Bausteine der *Atome*. ↑**B6** Im Leiter sitzen die Atome stets am gleichen Platz, angeordnet in einer Art Gitter. Frei bewegen kann sich im Leiter von jedem Atom meist nur ein einziges Elektron; es kann so Energie transportieren.
Elektronen werden von der elektrischen Energiequelle in eine Richtung getrieben. ↑B7 Durch die Bewegung transportieren sie Energie von der Energiequelle hin zum Elektrogerät.

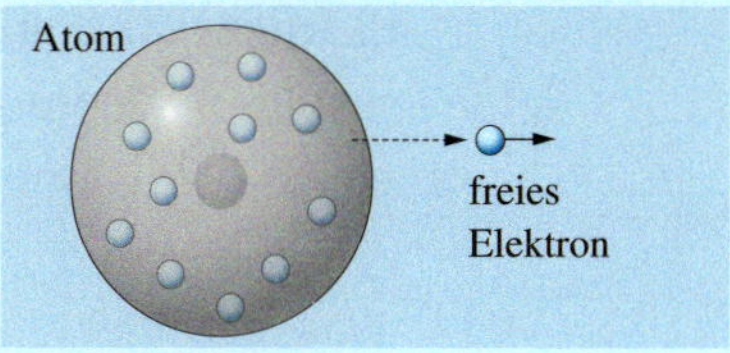

6 Atom

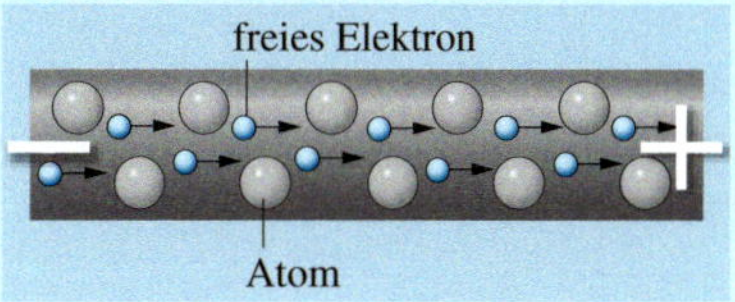

7 Modell eines Metalldrahts

Stromkreismodell – Wassermodell Wenn Wasser von einer Pumpe in Rohren im Kreis bewegt wird, kann es ein Schaufelrad in Drehung versetzen. ↑**B8** Genauso bewegt eine Batterie oder ein Dynamo die Elektronen in den Drähten. Dadurch dreht sich der Motor. ↑**B9**

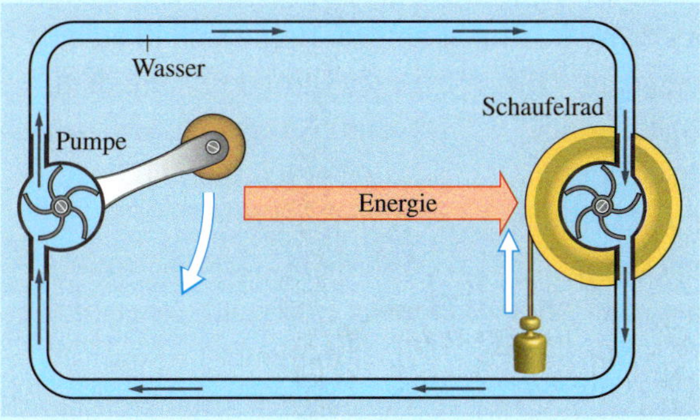

8 Wasserkreislauf

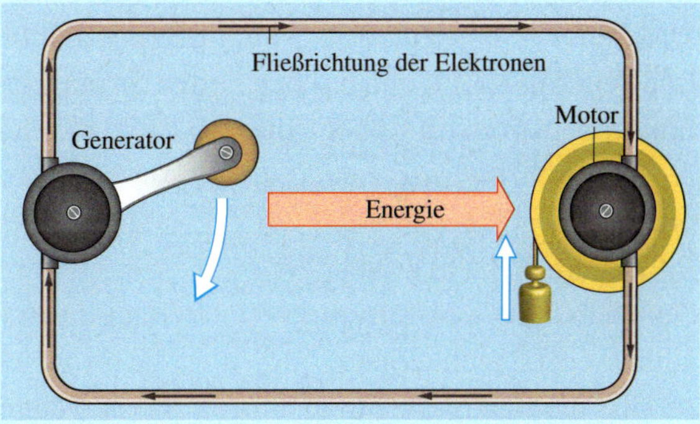

9 Elektrischer Stromkreis: Kreislauf von Elektronen

Aufgaben

1 Die Wärmeenergie der Heizungsanlage wird in dein Zimmer transportiert. ↑**B2** Beschreibe!
2 Nenne Bestandteile eines Stromkreises, mit dem elektrische Energie von einer Batterie zu einer Lampe befördert wird.
a Zeichne dazu eine Energieübertragungskette.
b Stelle die Teile des Stromkreises denen des Wasserkreislaufs ↑**B8–9** gegenüber.
3 Man spricht von einem Strom-„Kreis“.
a Was strömt im Kreis herum?
b Wozu dient der Kreislauf?
4 Beim Fahrrad wird die Energie mithilfe einer Kette von den Pedalen zum Hinterrad transportiert. ↑**B1**
Übetrage das auf den elektrischen Stromkreis: Was entspricht hier der Batterie, dem Kabel, den Elektronen und dem Motor?
5 Modelle helfen verstehen. Du hast das Modell der bewegten Elektronen zum Energietransport kennengelernt.
Welche anderen Modelle in der Physik kennst du? Was erklären sie?

Aktion

Unterschiedlich helle Lampen von Scheinwerfer und Rücklicht, obwohl beide am selben Dynamo angeschlossen sind.

Was ist anders in den beiden Stromkreisen?

1

2

Stromstärke und Spannung

Wir messen Elektronenströme

1

Verschiedene Lampen – verschiedene Elektronenströme?

Baue mit der Lampe des Fahrradscheinwerfers einen Stromkreis auf.

Baue ein Messgerät ein, das den Elektronenstrom im Kabel – die *elektrische Stromstärke* – misst. ↑**B3**

Informiere dich zuvor über die Handhabung dieses Stromstärkemessers (s. rechte Seite).

a Miss die elektrische Stromstärke im Scheinwerferstromkreis.

b Bestimme sie in gleicher Weise für den Rücklichtstromkreis.

2

Fließen vor der Lampe mehr Elektronen als dahinter?

Ein Stromstärkemesser (Amperemeter) wird vor und dann hinter einer Glühlampe *in Reihe* in den Stromkreis eingebaut. ↑**B4**

a Wird die elektrische Stromstärke an den verschiedenen Messpunkten unterschiedlich sein? Was vermutest du?

b Baue die Schaltung auf. Miss die Stromstärke bei Messpunkt (1) und dann bei (2).

c Wie ist es bei *zwei* Lampen? Miss auch *zwischen* ihnen (3).

d Erkläre die Messergebnisse mit der Vorstellung vom Elektronenstrom. Denke dabei an das Fahrradkettenmodell.

3

Elektronenströme bei der Fahrradbeleuchtung

Für Scheinwerfer und Rücklicht benutzt man unterschiedliche Lampen. Beide sind in einem eigenen Stromkreis mit dem Dynamo verbunden; sie sind *parallel geschaltet*. ↑**B5**

a Baue den Stromkreis einer Fahrradbeleuchtung auf.

b Miss an verschiedenen Stellen im Stromkreis die Stromstärke.

c Ergänze den Stromkreis um eine dritte Lampe (zweites Rücklicht), die parallel geschaltet wird. Wiederhole dann deine Messungen.

d Finde eine Erklärung für die unterschiedlichen Werte.

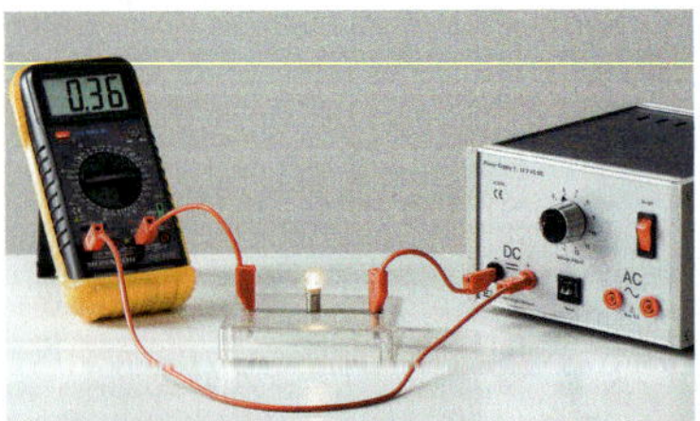

3

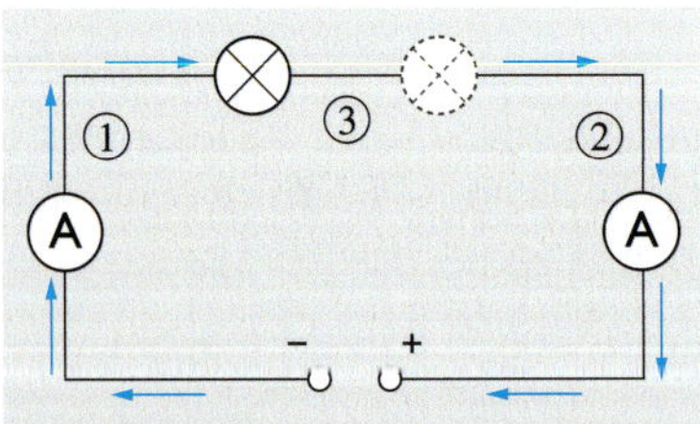

4 Reihenschaltung (Pfeile = Strömungsrichtung der Elektronen)

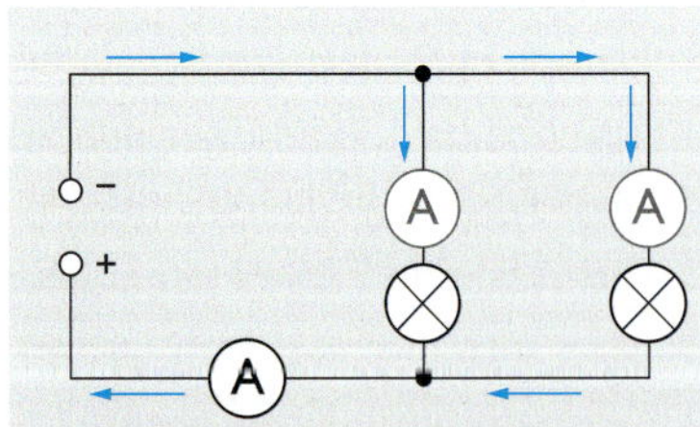

5 Parallelschaltung (Pfeile = Strömungsrichtung der Elektronen)

6

4

Ein Spiel zum Strommessen*

Die Klasse stellt sich im Kreis auf, jeder erhält einen Tennisball. ↑**B6** Ihr seid ein Modell des Stromkreises und stellt die Atome dar. Jeder Tennisball steht für ein frei bewegliches Elektron. Eine Person wird als Energiequelle bestimmt. Sie „schiebt" die Elektronen an, indem sie ihren Ball an den Nachbarn weitergibt. Alle geben die Bälle gleichzeitig weiter. Eine zweite Person spielt einen Summer und gibt einen Ton von sich, wenn ein „Elektron" vorbeikommt. Ihr könnt das Modell erweitern: Eine Person spielt „Messgerät" und ermittelt, wie groß der Elektronenstrom ist. Ihr könnt große und kleine Ströme darstellen …

Bedienungsanleitung: Stromstärkemesser (Amperemeter)

Schritt 1 Schalte dein Messgerät auf Stromstärkemessung (A– bzw. A=). Wenn ein Dynamo als Energiequelle genutzt wird, musst du A~ oder AC einstellen. Wähle den größten Messbereich (die größte „Amperezahl").

Schritt 2 Alle Elektronen müssen *durch* das Messgerät hindurchfließen. Unterbrich daher den Stromkreis an der Stelle, an der du misst.

Schritt 3 Das (rote) Pluskabel muss bei der Messung in der Buchse A (oder mA) stecken. Es wird mit der Seite des Stromkreises verbunden, die zum Pluspol der Energiequelle führt. Vom Minusanschluss muss es zum Minuspol weitergehen. Der Minusanschluss ist oft mit COM gekennzeichnet (engl. *common:* gemeinsam). Im Stromkreis muss immer ein elektrisches Gerät, z. B. eine Lampe, eingebaut sein.

Schritt 4 Beachte bei Zeigermessgeräten die Skaleneinteilung. Die Amperezahl des eingestellten Messbereichs ist bei Vollausschlag erreicht. Im Bild unten werden 205 mA angezeigt.↑**B8**

Schritt 5 Stelle nun fest, ob der Ausschlag kleiner ist als der Endwert des nächstkleineren Messbereichs. Wenn ja, dann unterbrich den Stromkreis und schalte auf diesen Messbereich um.

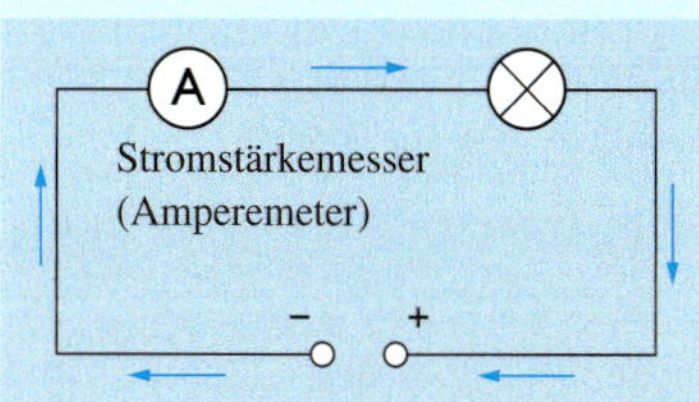

7

8

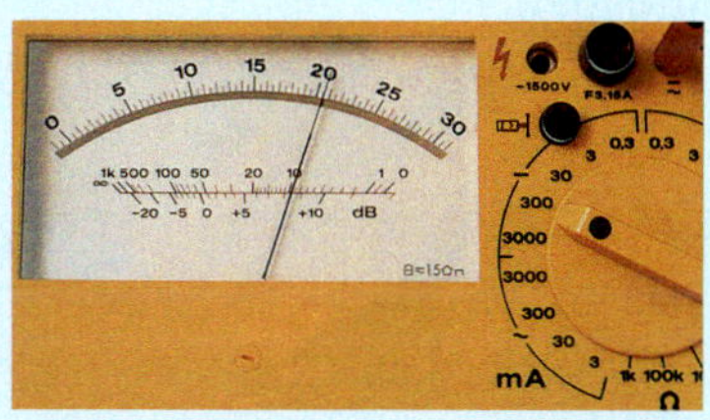

9

Die elektrische Stromstärke

Was bedeutet „Stromstärke"? In unserem Modell vom Stromkreis stellen wir uns Folgendes vor: Viele Elektronen bewegen sich durch die Metalldrähte von der Energiequelle zum elektrischen Gerät und zurück zur Energiequelle. Dabei übertragen sie elektrische Energie.

Wie viele Elektronen durch die Drähte strömen, wird durch die *elektrische Stromstärke* angegeben.

Die elektrische Stromstärke ist ein Maß für die *Anzahl der Elektronen*, die in jeder Sekunde an einer Stelle im Stromkreis vorbeifließen.

1 Ein „Autostrom": Hier wird gezählt, wie viele Autos in einer bestimmten Zeit an einer Stelle vorbeikommen.

Der Begriff *Stromstärke* ist leider missverständlich. Bei diesem Wort darfst du nämlich nicht an „Stärke" im Sinne von Kraft denken, sondern an *„Elektronenanzahl pro Sekunde"*.

Die elektrische Stromstärke wird mit einem speziellen Messgerät ermittelt: dem *Stromstärkemesser* (meistens *Amperemeter* genannt; Bilder 7 u. 8 der Vorseite).

Formelzeichen und Einheit Die elektrische Stromstärke hat das *Formelzeichen I.* Sie wird in der *Einheit Ampere (1 A)* gemessen. Die Einheit ist nach dem französischen Physiker und Mathematiker *André Marie Ampère* benannt. ↑**B2**

Kleinere Stromstärken gibt man in Milliampere (mA) an:

1 A = 1000 mA.

So schreibt man z. B. statt 0,02 A meist 20 mA.

Je nachdem, ob die „Amperezahl" groß oder klein ist, spricht man von einem großen oder kleinen Elektronenstrom.

Das Formelzeichen für die Stromstärke ist *I*.

Die Stromstärke wird in der Einheit 1 Ampere (1 A) gemessen.

2 André Marie Ampère (1775–1836)

Aufgaben

1 Rechne in mA um: 1,2 A; 0,85 A; 0,04 A und 0,002 A.

2 Messungen der Stromstärke zeigen 0,05 A und dann 0,0375 A an.
Wie notierst du diese Messungen im Versuchsprotokoll?

3 Gib die Stromstärke der Energiesparlampe und des Taschenrechners in mA an. ↑**B3**

4* Beschreibe in einem kurzen Text, was du dir unter „Stromstärke" vorstellst.
(Beachte dabei auch, wie man den „Strom" im Bild oben ermittelt. ↑**B1**)

3 Elektrische Stromstärken im Vergleich

Aktion

Gleiche Stromstärke und doch verschieden hell ...

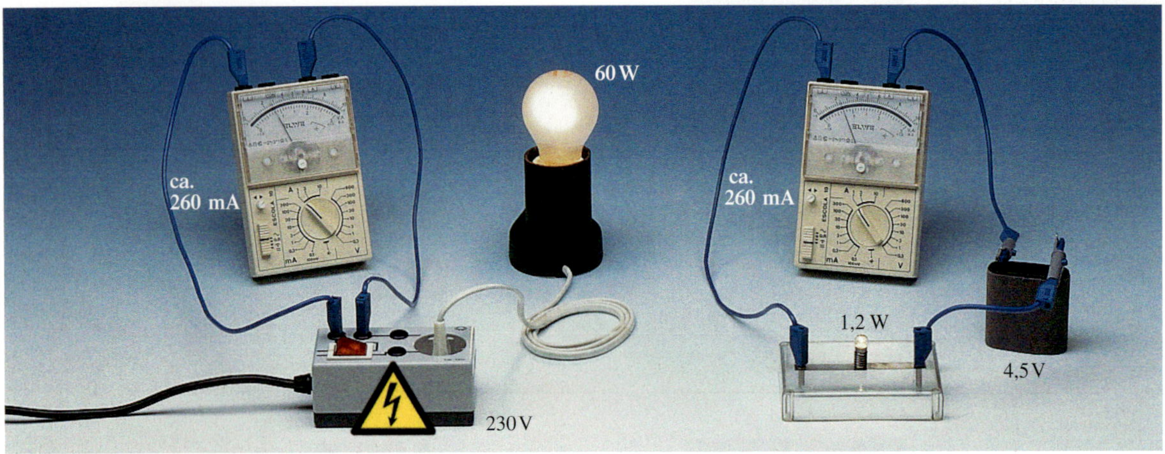

1

Elektronen werden angetrieben – die elektrische Spannung

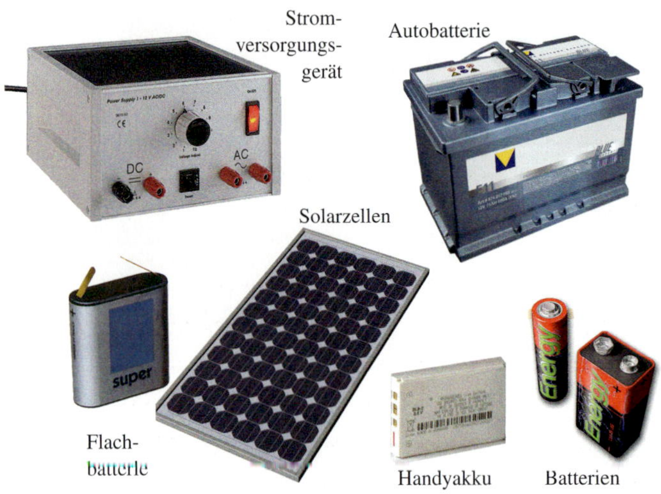

2 Verschiedene elektrische Energiequellen

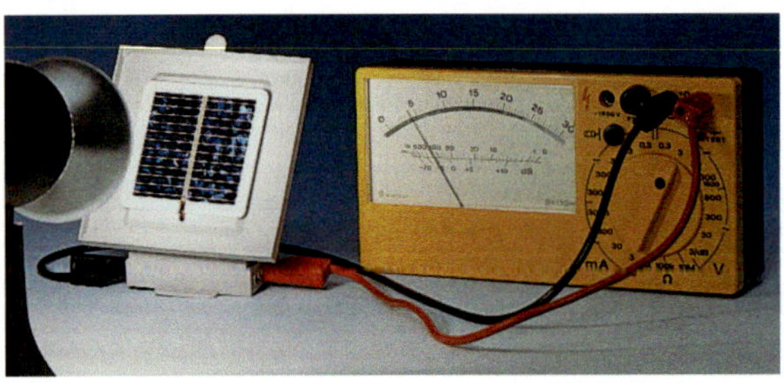

3 Messung an einer Solarzelle

1

Spannungen von Energiequellen messen

Energiequellen treiben die Elektronen im Stromkreis unterschiedlich stark an. ↑B2

Tragt eure Messwerte jeweils in eine Tabelle ein (s. u.).

a Miss nach, ob Batterien und Akkus wirklich die angegebenen Spannungen haben.

b Schalte mehrere Batterien in Reihe und miss die Spannung.

c Schließe den Spannungsmesser (das Voltmeter) an ein Netzgerät an und überprüfe die Spannungsangabe auf dem Gerät.

d Miss die Spannung einer beleuchteten Solarzelle an verschiedenen Stellen im Klassenraum. ↑B3 Wie kannst du die Spannung erhöhen?

e Miss die Spannung an einem Fahrraddynamo.

Energiequelle	*Spannung*
?	?
?	?

2

Spannungen an der Partybeleuchtung

Hier leuchten 40 bunte Lampen, die an der Steckdose an 230 V angeschlossen sind. ↑B4
Es sind lauter gleiche Lämpchen für eine Spannung von 6 V.

- **a** Finde heraus, wie die Lämpchen zusammengeschaltet sind. (Vorher den Stecker ziehen!) Was passiert, wenn du eines aus der Fassung löst?
- **b** Zeichne einen Schaltplan mit mehreren Lämpchen, der die Partybeleuchtung darstellt.
- **c** Baue die Schaltung auf. Stelle am Netzgerät die Spannung ein, die auf dem Lämpchensockel angegeben ist. Verhält sich die Schaltung so wie die Partylichterkette?
- **d** Stelle das Netzgerät so ein, dass alle Lämpchen hell leuchten. Miss die Spannung an jeder Lampe und am Netzgerät.
- **e** Formuliere eine Regel, wie sich die elektrische Spannung verteilt.

4 Lichterkette

Bedienungsanleitung: Spannungsmesser (Voltmeter)

Schritt 1 Schalte dein Messgerät auf Spannungsmessung (V– oder V=). Stelle den größten Messbereich – die größte „Voltzahl" – ein. Bei der Messung kannst du dann bei Bedarf schrittweise kleinere Messbereiche wählen.

Schritt 2 Das Messkabel für den Pluspol gehört in den Anschluss mit der Bezeichnung V. Das Minuskabel steckst du in den COM-Anschluss.

5

Schritt 3 Die Messkabel des Spannungsmessers werden an den beiden Punkten im Stromkreis angeschlossen, zwischen denen man die Spannung feststellen will, z. B. an den Polen einer Batterie.

Schritt 4 Das Gerät misst dann, wie stark die Elektronen zwischen den beiden Messpunkten angetrieben werden. Dazu müssen nur wenige Elektronen durch den Spannungsmesser umgeleitet werden. Deshalb wird der Stromkreis bei der Messung der elektrischen Spannung *nicht unterbrochen*.

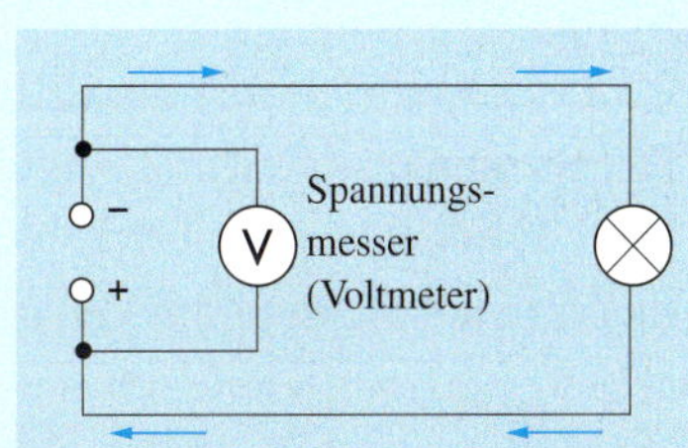

6

Fakten

Die elektrische Spannung

In unserem Modell vom Stromkreis stellen wir uns vor, dass die Elektronen in den Metalldrähten von der elektrischen Energiequelle in Bewegung gesetzt werden. Dabei treiben unterschiedliche Energiequellen die Elektronen unterschiedlich stark an.
Eine 9-Volt-Blockbatterie treibt sie 6-mal so stark an wie eine 1,5-Volt-Monozelle. Du kennst etwas Ähnliches von der Fahrradkette: Wenn du bergauf fährst, werden die Kettenglieder stärker angetrieben und übertragen mehr Energie zum Hinterrad.
Die elektrische Spannung gibt an, *wie stark* die Elektronen von der Energiequelle angetrieben werden.

Spannung an Geräten Man kann elektrische Spannungen nicht nur an elektrischen Energiequellen, sondern auch an den Anschlüssen von Geräten messen. Die Spannung zeigt dann an, wie stark die Elektronen angetrieben werden, damit sie durch das Gerät fließen.

Formelzeichen und Einheit Die elektrische Spannung hat das Formelzeichen U.
Die Einheit der elektrischen Spannung ist das Volt (1 V) – benannt nach dem italienischen Physiker *Alessandro Volta*. ↑**B1**
Größere Spannungen gibt man in Kilovolt (kV) an:
1 kV = 1000 V.
Kleinere Spannungen gibt man in Millivolt (mV) an:
1 V = 1000 mV.
Die elektrische Spannung wird mit dem Spannungsmesser (meist Voltmeter genannt) gemessen.
Das Formelzeichen für die elektrische Spannung ist U.
Die Spannung wird in der Einheit Volt (1 V) gemessen.
Man schreibt z. B. in einem Versuchsprotokoll: $U = 9$ V.

1 Alessandro Volta (1747–1827)

Aufgaben

1 Rechne in V um:
2,5 kV; 200 mV; 380 kV und 80 mV.

2 Der Spannungsmessgerät zeigt bei einer Messung 70 mV und danach 1,25 V an. Wie notierst du dir deine Messung im Versuchsprotokoll?

3 Gib die Spannung der Gewitterwolke und der Zündspule in Volt an. ↑**B2**

4* Beschreibe in einem kurzen Text, was du dir unter der elektrischen Spannung vorstellst.

2 Verschiedene Spannungen

→ Ein Stromkreis besteht aus einer Energiequelle, Kabeln und einem Elektrogerät. In unterschiedlichen Geräten (Energiewandlern) wird die Energie in andere Energieformen umgewandelt, z. B. in Wärme, Licht, Bewegung, Strahlung und chemische Energie.
Elektrische Energie wird durch Strömung von Elektronen in Metalldrähten transportiert.
↑ S. 65 f.

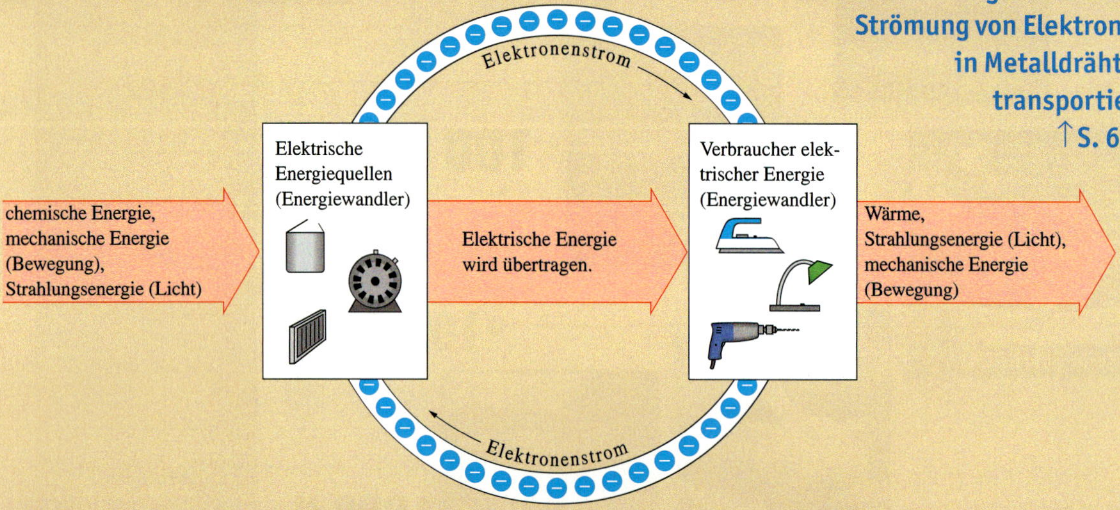

Stromstärke und Spannung auf einen Blick

→ Die elektrische Stromstärke *I* gibt an, wie viele Elektronen pro Sekunde an der Messstelle vorbeifließen. Je mehr Elektronen fließen, desto größer ist die Stromstärke.
Die Stromstärke wird in der Einheit 1 Ampere (1 A) angegeben. Der Stromstärkemesser wird in den Stromkreis eingebaut.
↑ S. 68

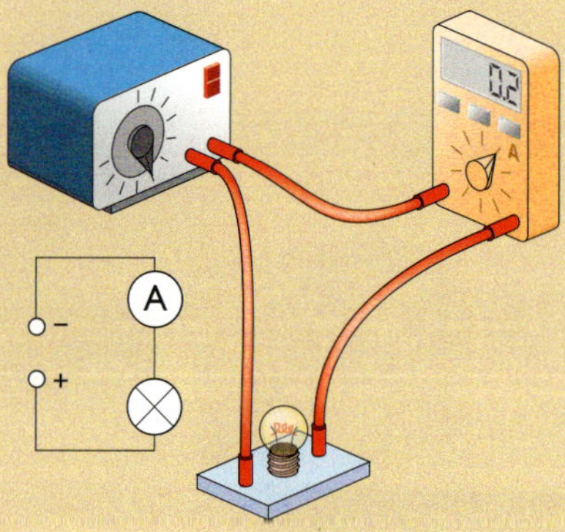

→ Die elektrische Spannung *U* gibt an, wie stark die Elektronen von der Energiequelle angetrieben werden. Je stärker die Elektronen angetrieben werden, desto höher ist die Spannung.
Die Spannung wird in der Einheit 1 Volt (1 V) angegeben. Das Spannungsmessgerät wird parallel zur Energiequelle oder zum Elektrogerät angeschlossen.
↑ S. 72

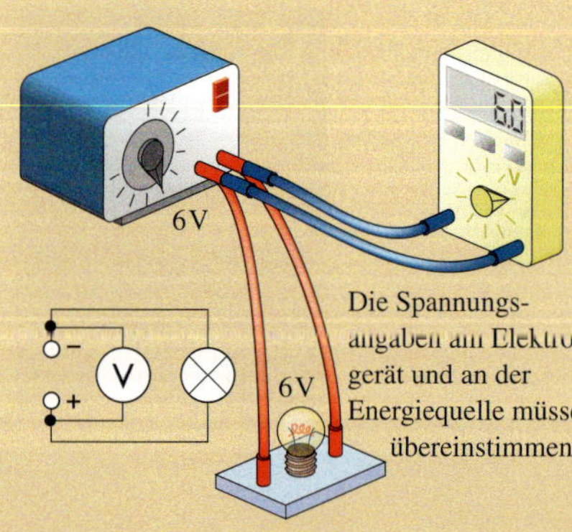

Die Spannungsangaben am Elektrogerät und an der Energiequelle müssen übereinstimmen.

→ Die Energieübertragung im elektrischen Stromkreis hängt von Stromstärke und Spannung ab.

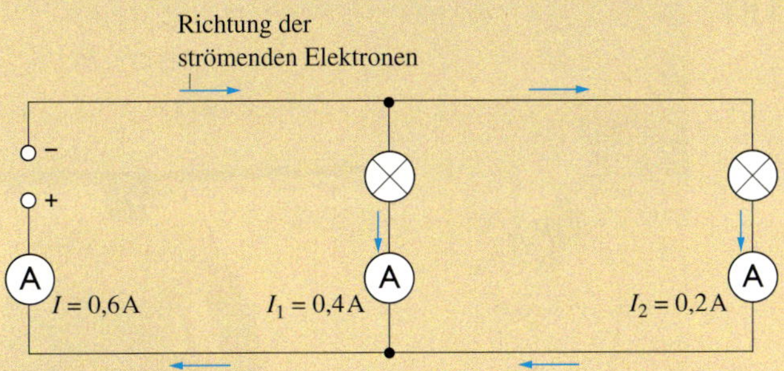

Gesamtstromstärke = Summe der Teilstromstärken

$I = I_1 + I_2$

Die Fahrradbeleuchtung – eine *Parallelschaltung*:

Jede Lampe hat einen eigenen Stromkreis. Die Lampen sind parallel geschaltet. Wenn eine Lampe ausfällt, leuchten die anderen weiter.

Die Stromstärken in den einzelnen Stromkreisen addieren sich zur Gesamtstromstärke.

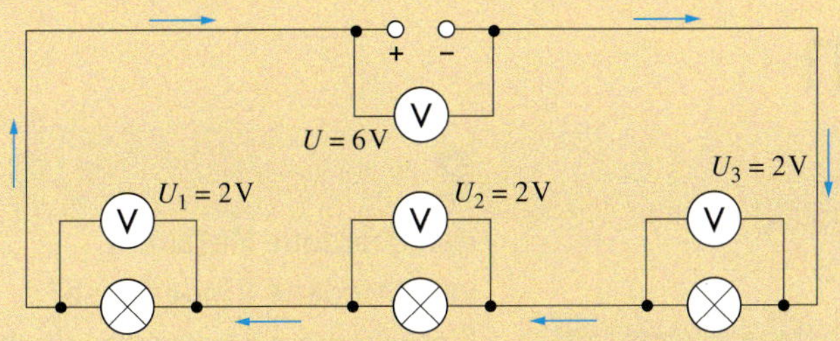

Gesamtspannung = Summe der Teilspannungen

$U = U_1 + U_2 + U_3$

Die Partybeleuchtung – eine *Reihenschaltung*:

Alle Lampen sind in einem einzigen Stromkreis in einer Reihe geschaltet. Wenn eine Lampe ausfällt, gehen alle anderen auch aus. Der Stromkreis ist dann unterbrochen.

Die Spannung der Energiequelle verteilt sich auf die Lampen.

Die Spannungen an den Geräten addieren sich zur Gesamtspannung der elektrischen Energiequelle.

Alles klar?

1 Nenne eine Anwendung, wo Lampen parallel geschaltet sind.

2 Nenne eine Anwendung, wo Lampen in Reihe geschaltet sind.

3 Du möchtest die elektrische Stromstärke eines Elektromagneten messen. Fertige dafür eine Schaltskizze an.

4 Drei gleiche Lampen werden parallel angeschlossen. An der Zuleitung misst du eine Stromstärke von 1,2 A. Welche Stromstärke ist in jedem Lampenstromkreis zu erwarten?

5 Drei Lampen (4 V) sind in Reihe geschaltet. Welche Spannung muss die Energiequelle haben, damit sie alle hell leuchten?

6 Eine Partybeleuchtung wird mit unserer Netzspannung (230 V) betrieben.

a Wie viele Glühlampen (3 V) können angeschlossen werden?

b Muss man die Lampen in Reihe oder parallel anschließen?

Aktion

Ein Dimmer
schafft gemütliches Licht …
↑B1

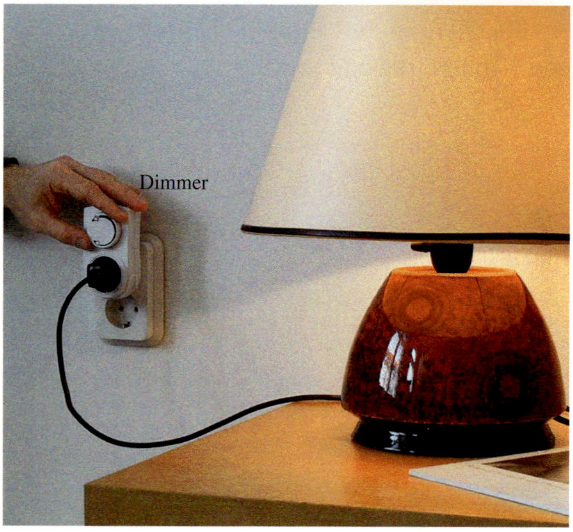

1

Widerstand und Schutzmaßnahmen

Elektronenfluss mit Hindernissen

1

Ein einfacher Lichtregler

Ein Konstantandraht soll das Licht einer Glühlampe dimmen. Baue dazu den Versuch auf. ↑B2

a Klemme die Krokodilklemme an verschiedene Stellen des Drahts und beobachte das Lämpchen. Formuliere für deine Beobachtung einen Ergebnissatz.

b Baue ein Stromstärkemessgerät in den Stromkreis ein und wiederhole den Versuch. Protokolliere die Messwerte in einer Tabelle.

c Werte die Tabelle aus und schreibe das Ergebnis allgemein auf: „Je länger …“

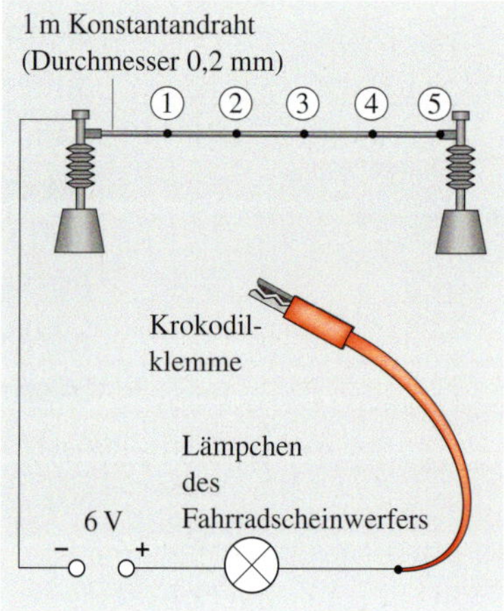

2

Messpunkt	*Helligkeit der Lampe*	*Stromstärke in mA*
1	*?*	*?*
2	*?*	*?*
3	*?*	*?*
4	*?*	*?*

2

Verschiedene Metalle – verschiedene Hindernisse?

Untersuche, ob unterschiedliche Metalle dem Elektronenfluss verschiedene Hindernisse bieten.

a Miss die elektrische Stromstärken bei Kupfer-, Eisen- und Konstantandraht. Verwende immer 0,5 m lange Drähte gleichen Durchmessers.

b Verwende unterschiedlich dicke Drähte (Durchmesser 0,2 und 0,4 mm). Du kannst die Drähte dazu auch doppelt legen.

c Protokolliere deine Messungen und triff eine Aussage über gute und schlechte Leiter.

Leitermaterial	*Stromstärke in mA*
Kupfer 0,2 mm Ø	*?*
Eisen 0,2 mm Ø	*?*
Konstantan 0,2 mm Ø	*?*
Kupfer 0,4 mm Ø	*?*
Eisen 0,4 mm Ø	*?*

3

Spannungen am Glühdraht

Die Glühwendeln von Lampen können den Elektronenfluss verschieden stark behindern. Baue den Stromkreis mit einem Stromstärkemesser auf. ↑**B3**

Überlege zunächst, was du über die Stromstärke im einfachen elektrischen Stromkreis weißt.

- **a** Welche Lampe stellt deiner Meinung nach ein größeres Hindernis dar? Begründe!
- **b** Miss an jeder Lampe die Spannung. Schließe vom Spannungswert auf die Größe des Hindernisses (Widerstand). *Tipp:* Die Spannung gibt an, wie stark die Elektronen angetrieben werden.
- **c** Formuliere dein Ergebnis: „Je größer der Widerstand, desto …"

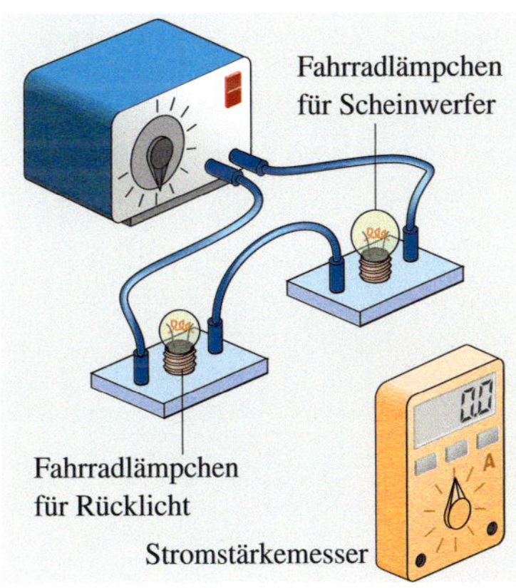

3

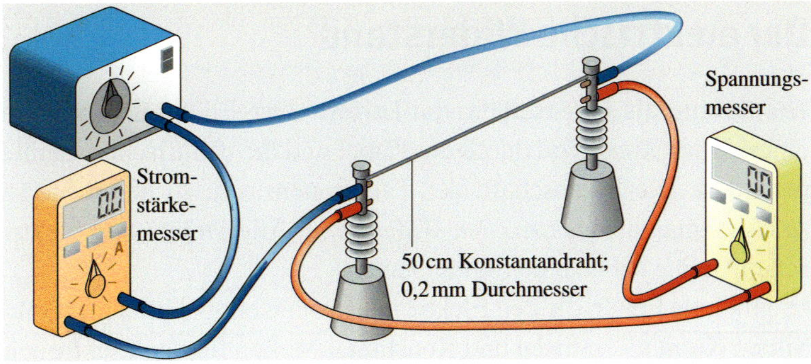

4

4

Wie hängen Stromstärke und Spannung zusammen?

Der Physiker *Georg Simon Ohm* vermutete, dass es einen einfachen Zusammenhang zwischen Stromstärke *I* und Spannung *U* in Stromkreisen gibt.

Finde ihn heraus. ↑**B4**

- **a** Welchen Zusammenhang erwartest du? Stelle eine Vermutung auf.
- **b** Erhöhe die Spannung am Netzgerät schrittweise von 0 V bis 6 V in Abständen von 0,5 V. Miss jeweils die Stromstärke und protokolliere deine Ergebnisse in einer Tabelle. Welchen Messwert erwartest du bei 3,5 V und bei 4,0 V? Anstelle des Drahts kannst du auch ein Widerstandsbauteil verwenden, z. B. $R = 1\,k\Omega$.

Spannung U	Stromstärke I	$\frac{U}{I}$
0,0 V	?	
0,5 V		
1,0 V		
1,5 V		
2,0 V		
2,5 V		
3,0 V		
…		

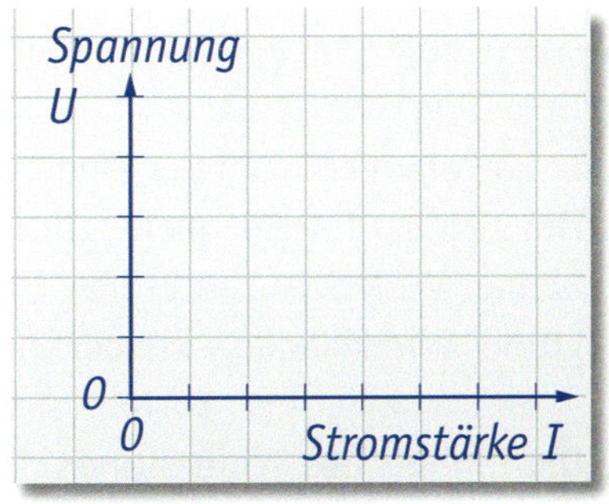

5

- **c** Werte die Messwerte aus und formuliere Ergebnissätze: „Je höher …, desto …" „Doppelte … → …" „Dreifache … → …"
- **d** Erstellt aus den Werten jeder Messtabelle ein Diagramm. ↑**B5**
- **e** Vergleicht die Diagramme miteinander. Besprecht in Gruppen, wie ihr eure Ergebnissätze aus Teil c in den Diagrammen erkennen könnt.
- **f** Ergänzt eure Messtabellen um eine Spalte $\frac{U}{I}$ und berechnet die Werte. Was fällt euch auf?

5

Eine Glühlampe als Widerstand*

Nimm nun anstelle des Drahts eine Glühlampe (Fahrradscheinwerfer 6 V; 2,4 W). Gehe genauso vor wie im Versuch 4. Was ist hier anders?

Der elektrische Widerstand

Widerstand als Eigenschaft von Leitern Der Elektronenstrom in einem Stromkreis wird durch die Kabel und die elektrischen Geräte behindert. Die Eigenschaft, den Elektronenstrom zu hemmen, bezeichnet man als *elektrischen Widerstand*. Alle Drähte und elektrischen Geräte haben einen Widerstand.

Es gibt gute Leiter, die den Elektronenstrom wenig behindern (Gold, Silber, Kupfer …). Eisen und Konstantan stellen für den Elektronenstrom ein größeres Hindernis dar.

Der Widerstand eines Drahts hemmt den Elektronenfluss.

Der Widerstand des Drahts hängt vom Material, der Länge und dem Querschnitt ab.

Je länger und dünner der Draht ist, desto größer ist sein Widerstand.
Bei gleicher Energiequelle gilt für einen Leiter oder ein Gerät:
kleiner Widerstand → großer Elektronenstrom (große Stromstärke)
großer Widerstand → kleiner Elektronenstrom (kleine Stromstärke)

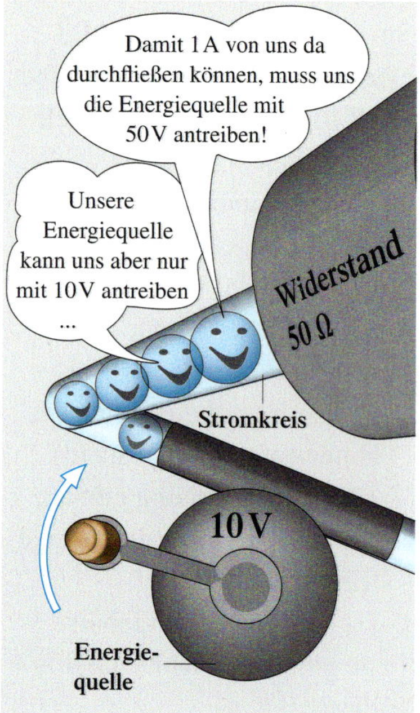

1

Die Einheit des Widerstands Der Widerstand (Formelzeichen: *R*) wird in der Einheit 1 Ohm (1 Ω) gemessen. Sie ist nach dem deutschen Physiker und Mathematiker *Georg Simon Ohm* (1789–1854) benannt.

Ein Gerät hat den Widerstand 1 Ohm, wenn eine Spannung von 1 V erforderlich ist, um einen Strom von 1 A hervorzurufen. ↑B1

Große Widerstandswerte gibt man in Kiloohm (kΩ) und Megaohm (MΩ) an:
1 kΩ = 1000 Ω und 1 MΩ = 1000 kΩ = 1 000 000 Ω.

Das Formelzeichen für den elektrischen Widerstand ist *R*.

Der Widerstand wird in der Einheit 1 Ohm (1 Ω) angegeben.

Widerstand und Temperatur Glühwendeln in Lampen oder Heizgeräten haben je nach Temperatur unterschiedliche Widerstände. Je heißer der Draht wird, desto größere Hindernisse stellt er dem Elektronenstrom entgegen. Heiße Drähte haben nämlich einen größeren Widerstand als kalte, weil die Atome der heißen Drähte an ihren Plätzen heftig „herumzappeln". ↑B2 Dadurch behindern sie stark das Hindurchströmen der Elektronen.

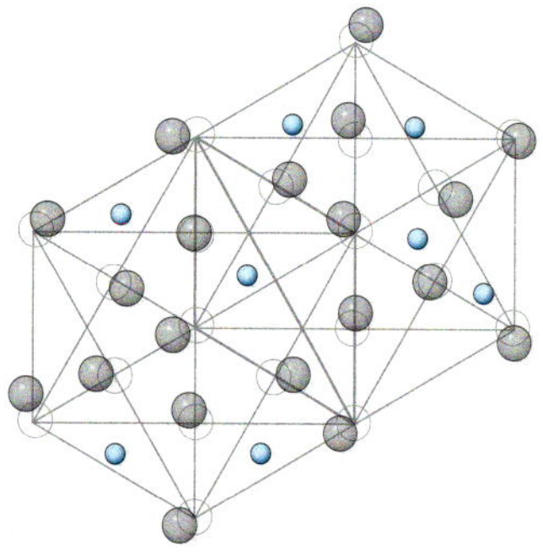

2

Berechnung des Widerstands Zur Bestimmung des Widerstands muss man an einem Draht oder einem elektrischen Gerät die Stromstärke *I* und die Spannung *U* messen.

Der Widerstand eines Drahts, eines Bauteils oder Geräts wird so berechnet:

$$\textit{Widerstand} = \frac{\textit{Spannung}}{\textit{Stromstärke}}; \quad R = \frac{U}{I}.$$

Elektrischer Widerstand

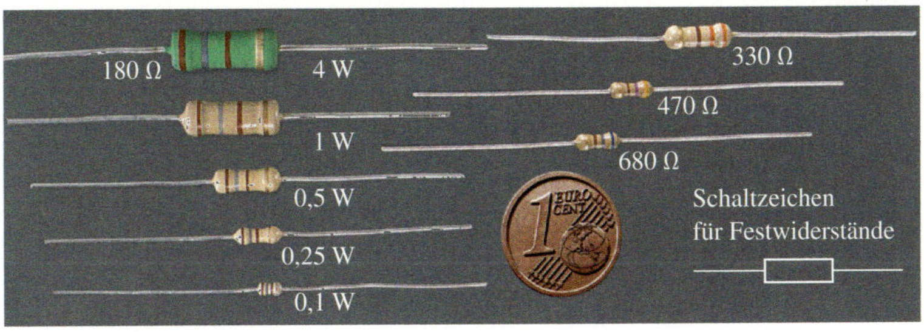

3 Festwiderstände

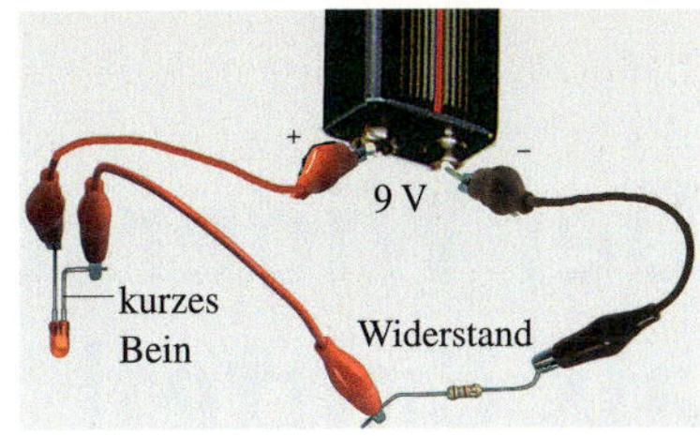

4

Das Bauteil Widerstand In der Elektronik meint man mit dem Wort „Widerstand" meist nicht die Eigenschaft eines Leiters, den Elektronenstrom zu hemmen. Vielmehr bezeichnet man damit ein Bauteil mit dieser Eigenschaft. Solche Widerstandsbauteile haben einen festen Widerstandswert, z. B. 180 Ω oder 3,3 kΩ. ↑**B3**

Beispiel:

Eine Leuchtdiode (LED) wird immer zusammen mit einem Vorwiderstand in einen Stromkreis eingebaut. ↑**B4** Er hat die Aufgabe, die Stromstärke zu begrenzen.

Einfache LEDs werden mit einer Stromstärke von $I = 20$ mA betrieben. ↑**B5** Wenn du die LED an eine Batterie anschließen willst, die die Elektronen mit der Spannung $U = 9$ V antreibt, musst du den

Vorwiderstand berechnen: $\frac{U}{I} = \frac{9\,\text{V}}{0{,}02\,\text{A}} = 450\,\Omega.$

Da die LED selbst einen Widerstand von 90 Ω hat, muss man zusätzlich noch einen Widerstand von 360 Ω einbauen.

Bei LED-Lampen ist der Widerstand *(Schutzwiderstand)* gleich mit eingebaut. ↑**B6**

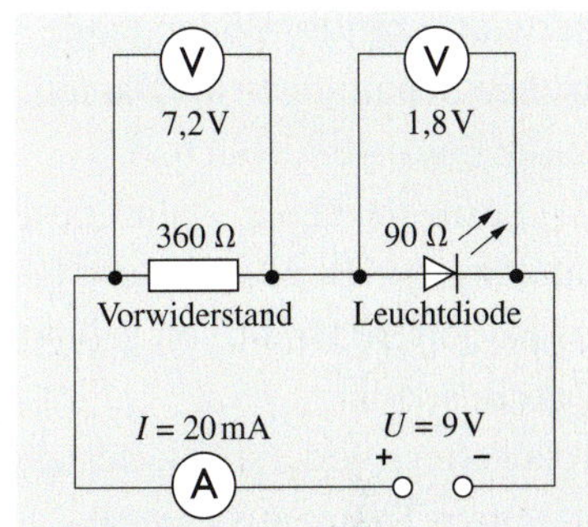

5

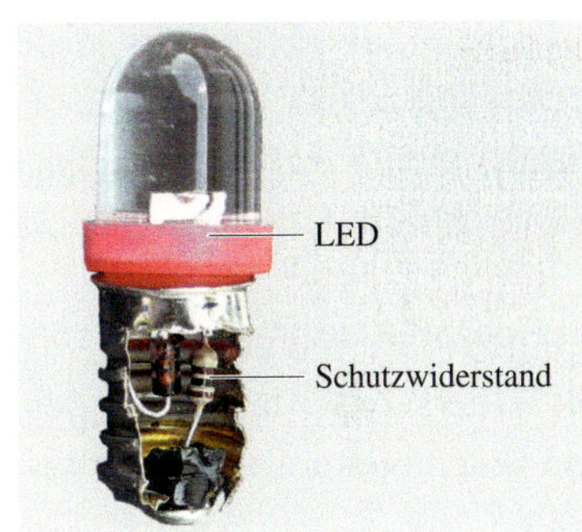

6

Aufgaben

1 Dir stehen Drähte aus Kupfer, Eisen und Konstantan zur Verfügung. Aus welchem Material stellst du eine Heizspirale her? Begründe deine Wahl.

2 Rechne in Ohm um: 2,2 kΩ; 3,3 MΩ; 0,68 kΩ; 0,47 MΩ.

3 Eine Mini-LED (zulässige Stromstärke: 2 mA) soll an einer 4,5-V-Batterie betrieben werden. Welchen Vorwiderstand musst du in den Stromkreis einbauen?

4* In einem Stromkreis sind zwei Lampen in Reihe geschaltet. Sie tragen die Aufschrift 4 V; 0,2 A und 4 V; 20 mA. Als Energiequelle dient eine 9-V-Batterie. Das eine Lämpchen leuchtet hell, das andere bleibt dunkel.

a Kann die Batterie verbraucht sein? Begründe!

b Warum kann das nicht leuchtende Lämpchen nicht defekt sein?

c Welches der beiden Lämpchen bleibt dunkel? Versuche es vorherzusagen.

d Finde eine Erklärung. Denke dabei an den Widerstand.

Ausblick

Der Widerstand als Bauteil

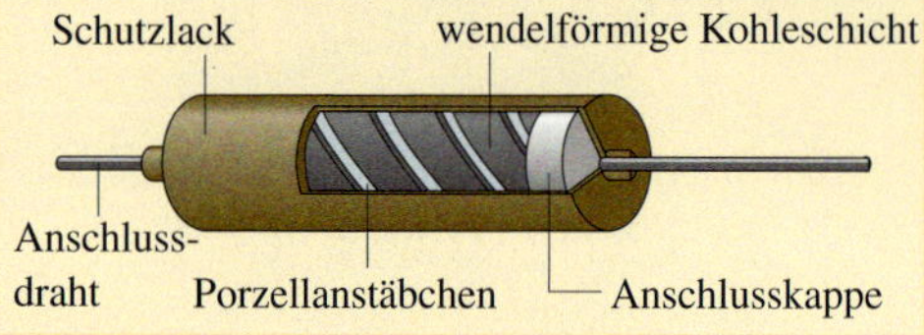

1 Kohleschicht-Widerstand

Festwiderstände Widerstände sind in allen elektronischen Schaltungen als Bauteile vorhanden. Meist haben sie die Form von Röllchen.
Sie besitzen einen ganz bestimmten (festen) Widerstandswert, z. B. 22 Ω. Solche Festwiderstände werden oft aus isoliertem Draht von schlecht leitendem Material gewickelt.
Preiswertere Widerstände bestehen aus einer Kohleschicht auf einem Träger aus Porzellan. ↑**B1**
Beim Bremsen des Elektronenflusses werden die Widerstände heiß. Bei zu starker Belastung können sie sogar verbrennen. Je dicker ein Widerstandsbauteil ist, desto belastbarer ist es.
Durch einen *Farbcode* wird angegeben, wie groß der Widerstandswert des Bauteils ist. ↑**B2**

Veränderbare Widerstände Oft braucht man in der Technik Widerstände, deren Wert der Benutzer einstellen kann. ↑**B3** Solche Bauteile werden aus Metall oder Kohle hergestellt.
Diese veränderbaren Widerstände (Drehwiderstände, Potentiometer) werden benötigt, um z. B. die Helligkeit von Lampen oder die Lautstärke zu verringern.

	1. Ring	*2. Ring*	*3. Ring*	*4. Ring*
schwarz	*0*	*0*		
braun	*1*	*1*	*0*	*±1 %*
rot	*2*	*2*	*00*	*±2 %*
orange	*3*	*3*	*000*	
gelb	*4*	*4*	*0000*	
grün	*5*	*5*	*00000*	
blau	*6*	*6*	*000000*	
violett	*7*	*7*	*0000000*	
grau	*8*	*8*		
weiß	*9*	*9*		
golden				*±5 %*
silbrig			*±10 %*	

Fehlt der 4. Ring: ±20 %.
Beispiel: *Der unten abgebildete Festwiderstand hat R = 1000 Ω ± 5 % Fertigungsgenauigkeit (4. Ring). Sein Widerstandswert R liegt zwischen 950 Ω und 1050 Ω.*

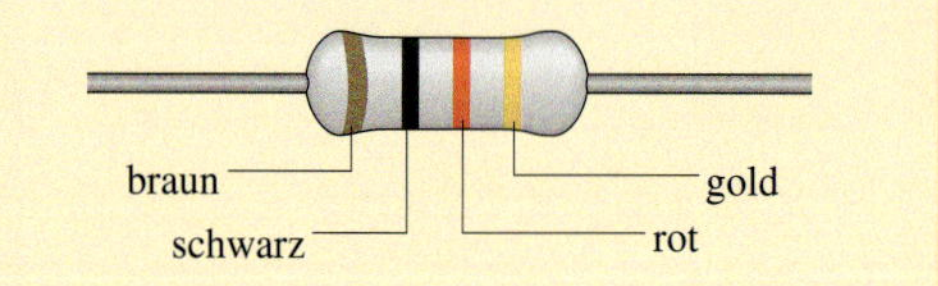

2

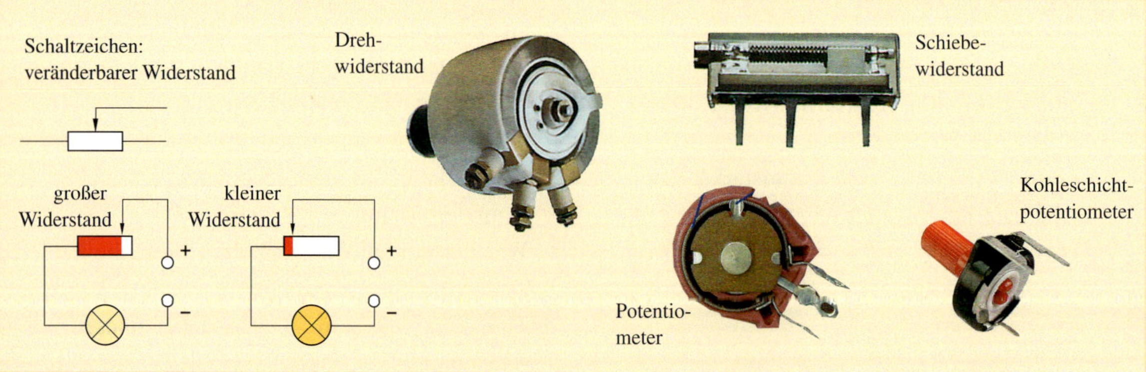

3 Veränderbare Widerstände

Ohm – ein Lehrer als Forscher

Georg Simon Ohm wird 1789 als Sohn eines Schlossermeisters in Erlangen geboren. Er studiert Mathematik, Physik und Philosophie an der Universität. Für seine Arbeit über „Licht und Farben" bekommt er den Doktortitel. Mit 28 Jahren erhält er eine Stelle als Lehrer für Mathematik und Physik an einem Kölner Gymnasium; er unterrichtet dort die längste Zeit seines Lebens.
Zwischen 1822 und 1825 untersucht er die Leitfähigkeit von Flüssigkeiten und Metallen. „Stromstärke" und „Spannung" sind noch unklare Begriffe. Ohm vermutet, dass z. B. bei doppelter Spannung auch die Stromstärke doppelt so groß ist. In seinen Experimenten kann er diese Vermutung lange Zeit nicht bestätigen. Er hat mit großen Schwierigkeiten zu kämpfen: Die Spannung seiner Energiequelle sinkt während der Messungen. Die Messwerte schwanken, wenn sich die Leiter erwärmen oder abkühlen. Es gibt weder regelbare Energiequellen noch Konstantandraht.
Trotzdem gibt Ohm nicht auf. Nach vielen Jahren kann er 1826 zeigen, dass die von ihm vermutete Gesetzmäßigkeit gilt:
Stromstärke und Spannung ändern sich in gleichem Maße: Wenn die Spannung verdoppelt (verdreifacht) wird, verdoppelt (verdreifacht) sich auch die Stromstärke – aber nur, wenn die Temperatur des Leiters gleich bleibt („ohmsches Gesetz").
Die Anerkennung seiner Arbeit durch die Wissenschaft lässt lange auf sich warten: Erst 13 Jahre später ernennt ihn die Preußische Akademie der Wissenschaften zu ihrem Mitglied. Nach weiteren 10 Jahren erfüllt sich sein lang gehegter Wunsch:
Er erhält eine Anstellung an einer bayerischen Forschungseinrichtung. 1852 wird er Professor an der Universität in München. Zwei Jahre später stirbt er.

4 Georg Simon Ohm (1789–1854)

Aufgaben

1 Erläutere die doppelte Bedeutung des Begriffs „Widerstand".

2 In welche zwei Gruppen unterteilt man die Widerstände in der Technik? Nenne jeweils Beispiele.

3 In einen Stromkreis mit einer Glühlampe wurden verschiedene Widerstände eingebaut:

Eingebauter Widerstand	*Beobachtungen an der Glühlampe*
Widerstand 1	*leuchtet nicht*
Widerstand 2	*leuchtet hell*
Widerstand 3	*leuchtet schwach*

a Bei welchem Widerstand war die *Stromstärke* am größten und bei welchem am kleinsten?

b Wo war der *Widerstand* am größten, wo am kleinsten? Begründe deine Antworten.

4 Entschlüssle den Widerstandswert des gezeichneten Festwiderstands. ↑B5

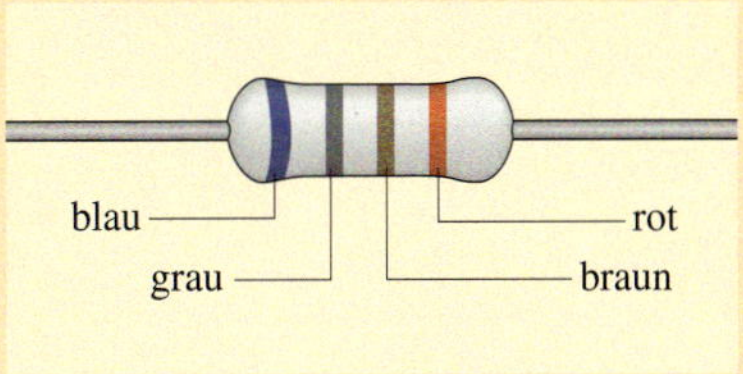

5

5 Stelle die wichtigsten Informationen zum Leben *Georg Simon Ohms* für einen kurzen Vortrag zusammen. Welche anderen Physiker und Mathematiker lebten in seiner Zeit?

6 Informiere dich über das Leben von *André Marie Ampère* und *Alessandro Volta*. Stelle die beiden auf einem Plakat deiner Klasse vor.

Aktion

1

Sicherungen – wozu?

1

Welche Aufgaben haben Sicherungen?

Als Sicherung verwenden wir in diesem Versuch einen dünnen Alustreifen (Haushaltsfolie). ↑B2

Wenn die Lampe leuchtet, wird für kurze Zeit der Kurzschluss hergestellt. Beschreibe deine Beobachtung und beantworte die Versuchsfrage.

2

Die Sicherung brennt durch

Statt der Alufolie wird ein Stück Kupferdraht mit einer „Papierfahne“ aus Seidenpapier als Sicherung verwendet. ↑B3 Baue auch einen Stromstärkemesser ein und schalte ihn auf den höchsten Messbereich (höchste Amperezahl). Stelle einen Kurzschluss her. Achte auf die Anzeige des Stromstärkemessers.

3

Kurzschluss trotz eines längeren Wegs?

Bei dem Begriff „Kurzschluss“ könnte man an einen „kurzen Weg“ denken, den der Strom zurücklegen musste. Ob die Kabellänge eine Rolle spielt? Erzeuge einen Kurzschluss mit einem 2 m langen Kabel. ↑B4 Achte auf den Stromstärkemesser. Warum schmilzt die Alufolie trotz des langen Kabels?

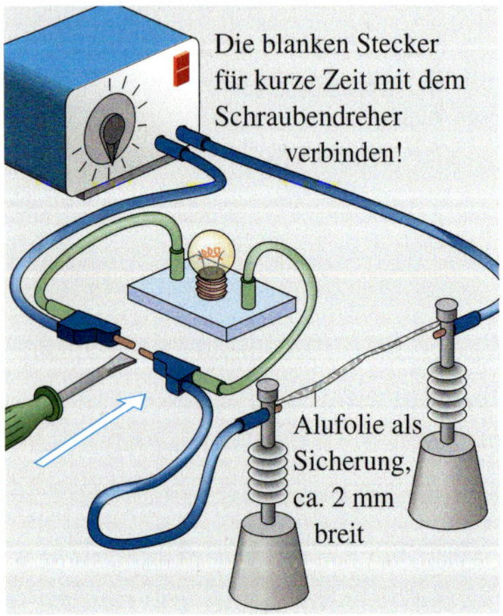

2

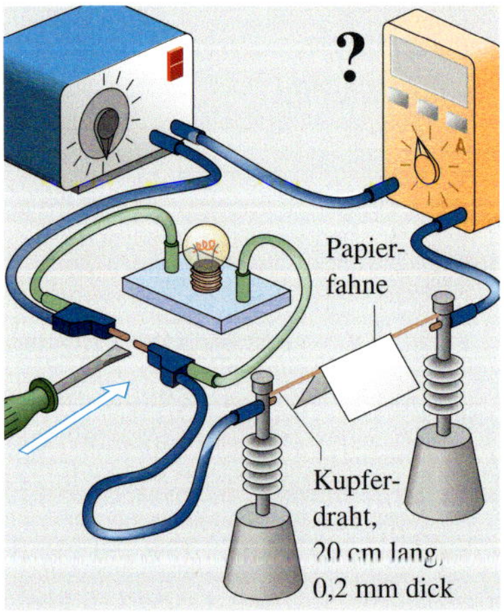

3

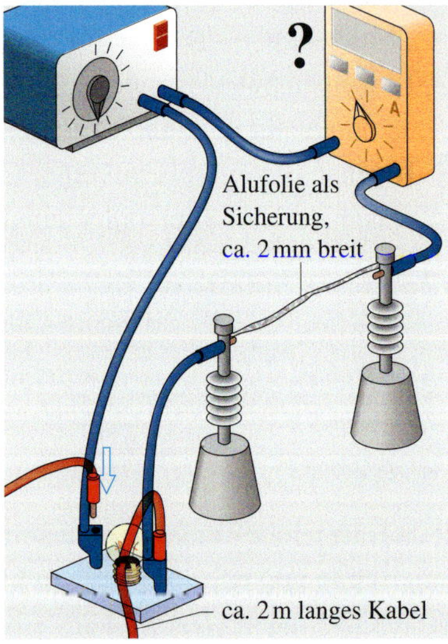

4

4

Was geschieht bei Überlastung?

a Schließe eine Lampe an ein Netzgerät an. Baue einen Stromstärkemesser in den Stromkreis ein. Beobachte die Anzeige, wenn weitere Lampen parallel geschaltet werden. ↑**B5**

b Schalte noch ein Stück Konstantandraht (7 cm, 0,4 mm Durchmesser) parallel zu den Lampen. Beobachte wieder die Anzeige des Messgeräts.

c Ersetze das Messgerät durch einen Alustreifen wie in V 1 und schließe den Stromkreis. Was passiert, wenn der Stromkreis geschlossen ist? Finde eine Erklärung.

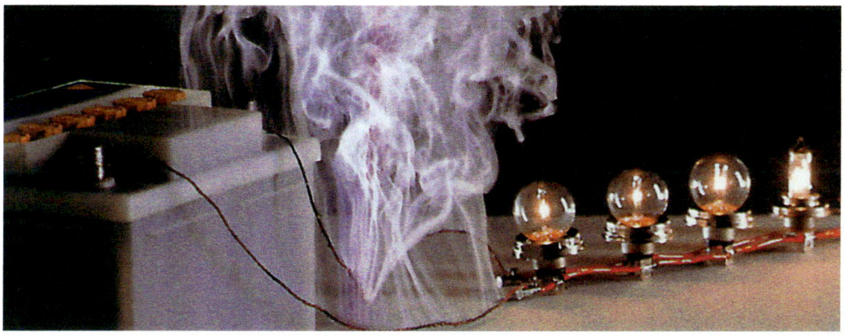

5 Überlastung

5

Der menschliche Körper leitet elektrischen Strom!

Mit diesem *Lehrerversuch* lässt sich gefahrlos beweisen, dass dein Körper den elektrischen Strom leitet. ↑**B6** Die verwendete 9-V-Batterie treibt die Elektronen nicht so stark an, dass der Strom dem Menschen gefährlich werden kann.

a Beschreibe den Weg, den der Elektronenstrom nimmt.

b Der Versuch sollte erst mit trockenen und dann mit feuchten Fingern durchgeführt werden.

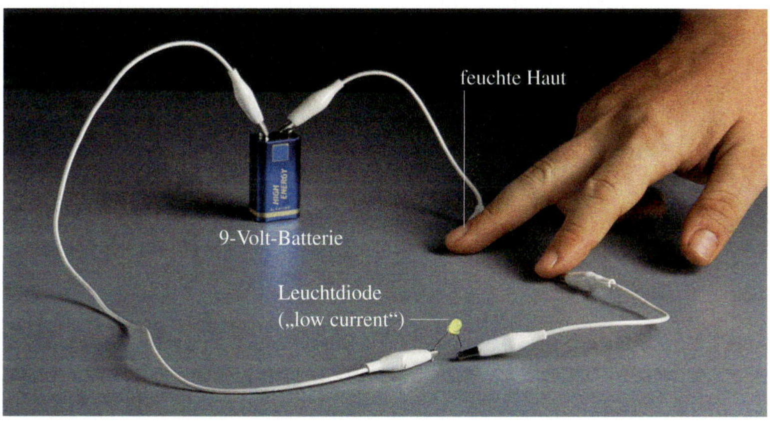

6 Der Mensch ist ein elektrischer Leiter!

6

Fließt elektrischer Strom durch die Erde? (Lehrerversuch)

Bei Elektrounfällen spielt oft die *Erdung* eine Rolle.

a Der Pluspol einer 12-V-Batterie wird über einen empfindlichen Stromstärkemesser und den menschlichen Körper mit einer Wasserleitung verbunden. ↑**B7** Sie stellt eine leitende Verbindung zum Erdreich her. Fließt ein elektrischer Strom „zur Erde ab“?

b Der vom Stromstärkemesser kommende Draht wird direkt an die nahe Wasserleitung gehalten.

c Dann wird der Minuspol der Batterie über eine in den Erdboden gesteckte Metallstange geerdet.
Fließt ein Elektronenstrom über den Menschen zur Erde? Gibt es einen geschlossenen Stromkreis?

d Fließt ein Strom, wenn anstelle der Wasserleitung nur der Erdboden mit der Hand berührt wird?

e Gibt es Unterschiede bei verschiedenen Untergründen (Gummimatte, Steinboden, feuchte Erde)?

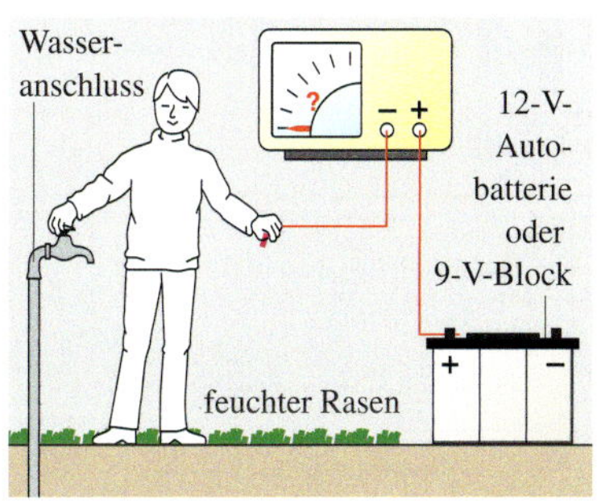

7

Ausblick

Schutzmaßnahmen sind nötig

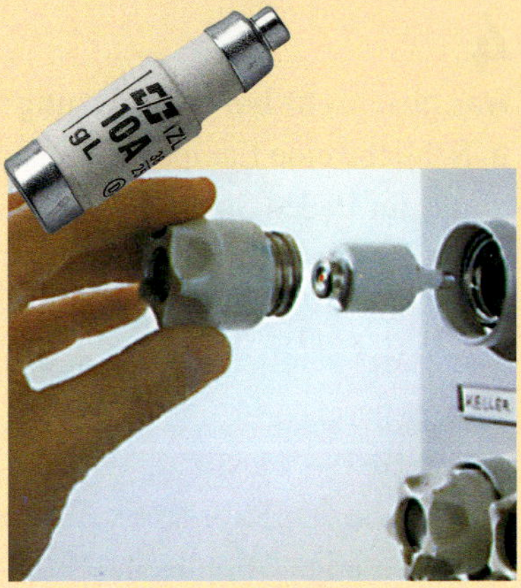
1 Schmelzsicherung

Schmelzsicherungen Im Haus sind die Stromkreise mit Sicherungen geschützt, z. B. mit Schmelzsicherungen. Bevor sich die Leitungen bei Kurzschluss oder Überlastung überhitzen, schmilzt in ihnen der Schmelzdraht. Sicherungen schützen also vor Bränden im Haus. Die durchgebrannten Sicherungen müssen ausgewechselt werden ↑**B1** – aber erst dann, wenn der Schaden behoben ist; sonst brennen sie gleich wieder durch.
Gerätesicherungen sind ebenfalls Schmelzsicherungen und schützen wertvolle Bauteile von Elektrogeräten. ↑**B2** Sie unterbrechen den Stromkreis, bevor die teuren Teile zerstört werden. Autosicherungen sind ganz besonders wichtig. ↑**B3** Durch einen Kurzschluss könnte nämlich der leicht entzündliche Treibstoff in Brand geraten.

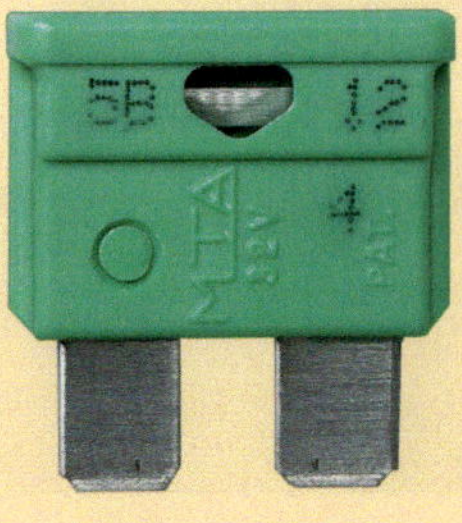

3 Autosicherung

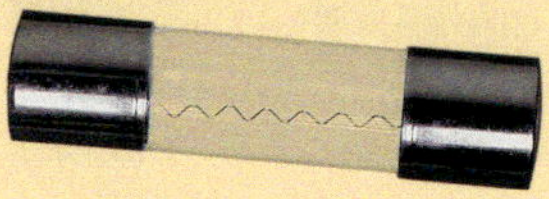
2 Gerätesicherung

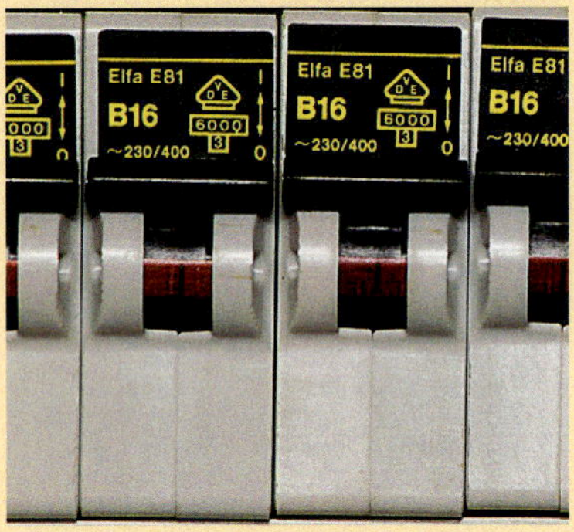

4 Automatiksicherungen

Automatiksicherungen In Wohnungen und Häusern werden heute meistens Automatiksicherungen verwendet. ↑**B4**
Sobald die Stromstärke den darauf angegebenen Wert übersteigt, unterbricht ein elektromagnetischer Schalter den Stromkreis.
Auch Automatiksicherungen können erst wieder eingeschaltet werden, wenn der Fehler im Stromkreis behoben ist.

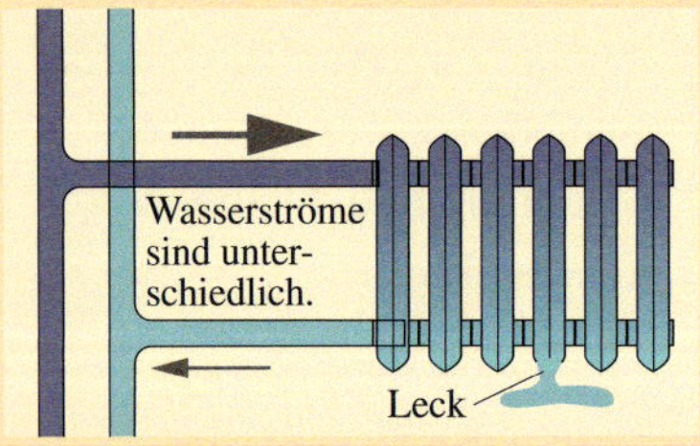

5 Modell für Fehlerstrom

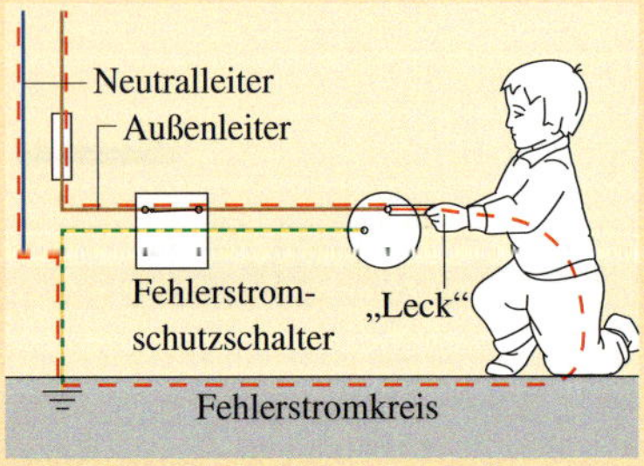

6 FI-Schutzschalter

Der FI-Schalter Fehlerstromschutzschalter helfen, Elektrounfälle zu verhindern.
Du weißt, dass die Stromstärke in einem einfachen Stromkreis überall gleich ist. Ein FI-Schalter prüft ständig, ob die Stromstärke auf dem Hin- und Rückweg gleich groß ist.
Wenn ein Mensch einen Metallgegenstand in die Steckdose steckt, dann fließt ein Teil des Elektronenstroms durch den Körper und die Erde. Es entsteht ein paralleler Stromkreis. Im Hauptstromkreis fehlt also ein Teil des Elektronenstroms. Das ist so ähnlich wie bei einem Leck im Heizungskreislauf. ↑**B5**
Der sehr empfindliche Fehlerstromschutzschalter „merkt“ diesen Verlust. ↑**B6** Er unterbricht den Stromkreis sofort. Die Unterbrechung geschieht so schnell, dass der fehlgeleitete Elektronenstrom den Menschen nicht schädigt.

Schutzleiter Bei elektrischen Anlagen im Haushalt werden drei Leitungen verwendet – obwohl nur zwei für einen Stromkreis nötig sind. ↑B7

Ein Leiter des Stromkreises ist am Hausanschluss mit der Erde verbunden; er heißt *Neutralleiter*. Der andere Leiter heißt *Außenleiter*. Der dritte Leiter, der *Schutzleiter*, ist ebenfalls geerdet. Wie kann uns ein Schutzleiter vor Stromschlägen schützen?

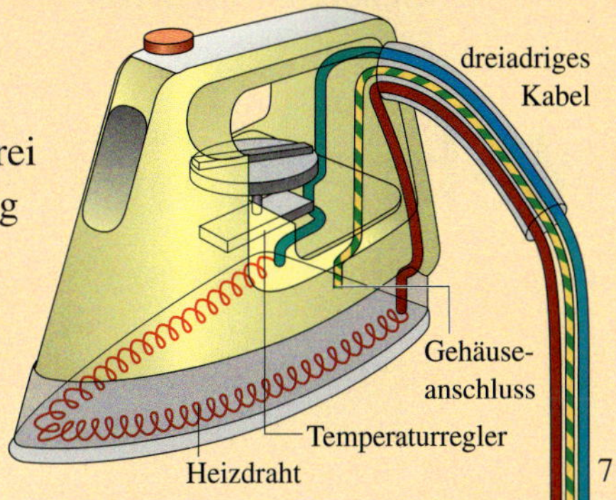

Fall 1: Ohne Schutzleiter

Ulis Mutter will bügeln. Da ihr Bügeleisen kaputt ist, nimmt sie das alte, das sie von ihrer Oma hat. Sie prüft mit dem feuchten Finger, ob es sich schon erwärmt hat – und schreit laut auf; erschrocken lässt sie das Bügeleisen fallen, obwohl es noch gar nicht heiß ist. Michael rennt herbei und zieht den Stecker aus der Steckdose.

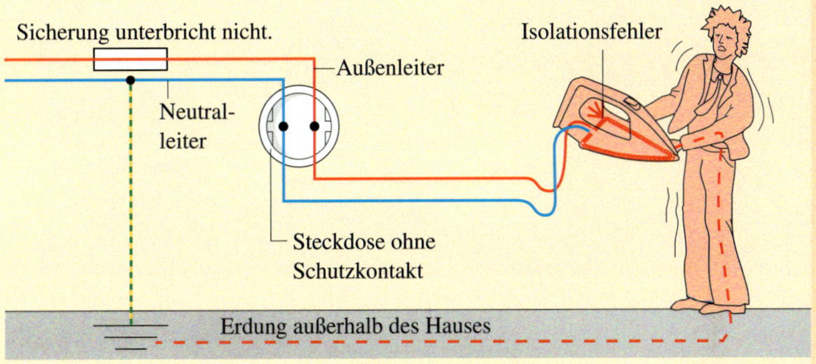

8

Zum Glück hat Ulis Mutter Schuhe mit Gummisohlen an. Außerdem liegt auf dem Boden ein Teppich. Dadurch ist der Widerstand groß und der Elektronenstrom klein. Sie überlebt den Unfall.

Erklärung: ↑B8 In dem Augenblick, in dem Ulis Mutter das Bügeleisen berührt, ist sie Teil des Stromkreises: Der Elektronenstrom fließt also durch ihren Körper und die Erde.

Fall 2: Mit Schutzleiter

Auch Sarahs Mutter will bügeln und schaltet das Bügeleisen ein. Sofort gehen das eingeschaltete Licht und das Radio aus. Offenbar hat die Sicherung den Stromkreis unterbrochen – zum Glück, sonst hätte die Frau wahrscheinlich einen gefährlichen Stromschlag erhalten!

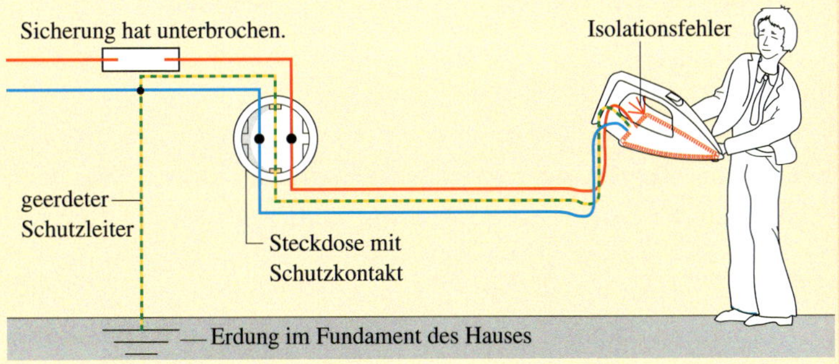

9

Erklärung: ↑B9 Die Isolierung des Heizdrahts im Bügeleisen ist defekt; der blanke Draht berührt das Metallgehäuse. Da aber am Gehäuse der Schutzleiter befestigt ist, fließt der Elektronenstrom durch den Schutzleiter zur Erde. Es liegt ein Kurzschluss vor. Die Sicherung unterbricht daraufhin den Stromkreis sofort.

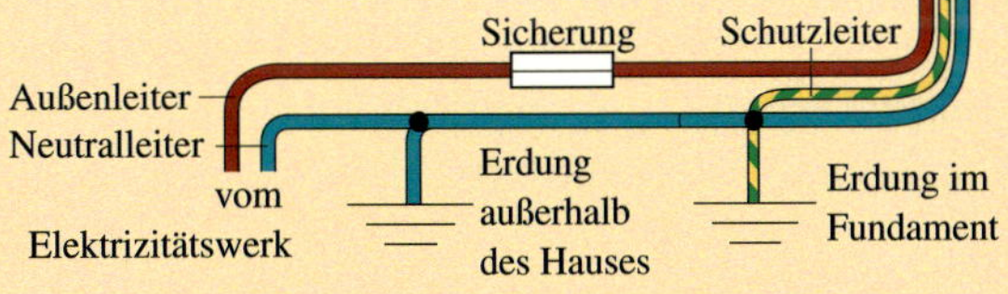

7

Mehrere Geräte an *einer* Steckdose

1

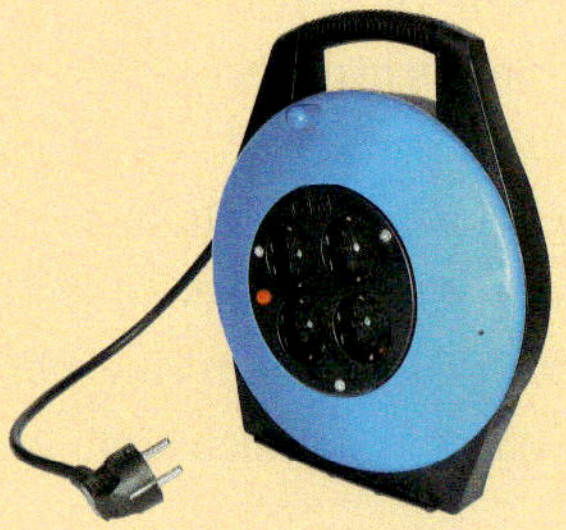

2 Kabeltrommel mit rotem Thermosicherungsknopf (16 A)

Parallelschaltung und Sicherung Heute können in jedem Raum eines Haushalts viele Elektrogeräte gleichzeitig angeschlossen werden, z. B. in einer Küche. ↑**B1** Alle diese Geräte sind *parallel* geschaltet. In der gemeinsamen Zuleitung für die Geräte fließt der gesamte Elektronenstrom. Das kennst du schon von der Fahrradbeleuchtung. Der Elektronenstrom – und damit die Stromstärke – ist umso größer, je mehr Geräte in Betrieb sind. Eine große Stromstärke kann aber die Zuleitungsdrähte stark erwärmen.

In Haushalten werden meist 1,4 mm dicke Kupferdrähte verlegt. Bei diesen Leitern darf die Stromstärke höchstens 16 A betragen. Bei größeren Stromstärken unterbricht die Sicherung den Stromkreis – sonst besteht Brandgefahr. ↑**B2**

Schaltet man z. B. alle Geräte ein ↑**B3**, ergibt das eine Gesamtstromstärke von 5,3 A. Wenn an die freie Steckdose zusätzlich eine Waschmaschine angeschlossen wird, brennt die Sicherung durch. Beim Erwärmen der Waschlauge und gleichzeitigem Drehen der Trommel beträgt die Stromstärke nämlich 11,8 A. Diese kommt noch zu den 5,3 A für die anderen Geräte hinzu. Dadurch ist nun der zulässige Wert von 16 A überschritten.

Die Waschmaschine muss also ihre eigene Zuleitung haben. Sie wird deshalb über einen *eigenen Stromkreis mit einer zusätzlichen Sicherung* angeschlossen. ↑**B6**

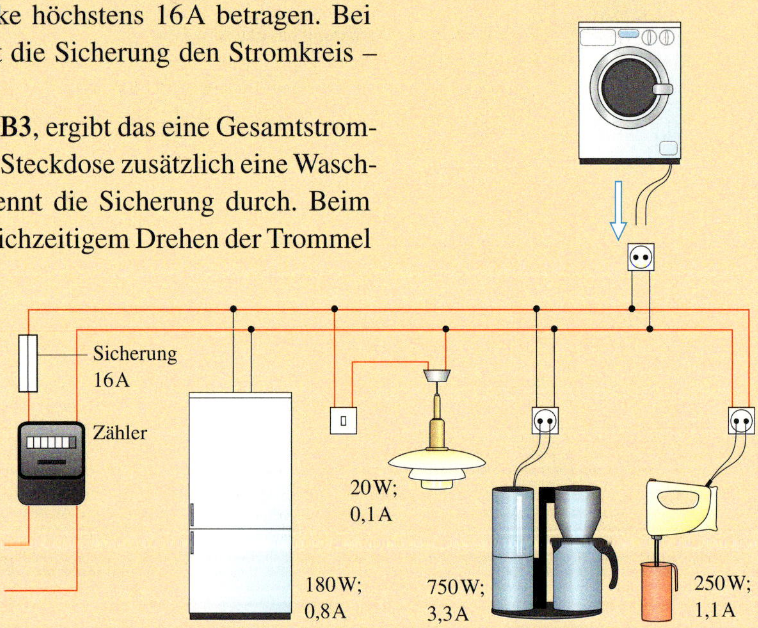

3

Lehrerversuch zu den Bildern 3 u. 4:
In die Leitung einer Mehrfachsteckdose wird ein Stromstärkemesser geschaltet. ↑**B3** Nacheinander werden unterschiedliche Elektrogeräte einzeln an die Steckdose angeschlossen.
a Notiere die jeweilige Stromstärke.
b Schalte alle Elektrogeräte gleichzeitig an.
c Vergleiche die Gesamtstromstärke mit den einzelnen Stromstärken.

4

Nicht immer schützt die Sicherung Wenn an den Steckdosen der Kabeltrommel ↑**B5** Geräte mit großen Stromstärken (großen Wattzahlen) betrieben werden, kommt es bei aufgewickeltem Kabel zu hohen Temperaturen. Die Trommel schmilzt sogar, wenn sie keine eingebaute Sicherung (Thermosicherung) besitzt.
Bei abgewickeltem Kabel wird die entstehende Wärme an die Luft abgegeben. Der Betrieb von Kabeltrommeln sollte daher stets bei abgewickeltem Kabel vorgenommen werden.
Wenn man nur einen Mehrfachstecker braucht, sollte man keine Kabeltrommel, sondern eine Steckerleiste nehmen.

5

Aufgaben

1 Ein wichtiger Teil der elektrischen Hausinstallation sind immer die Sicherungen. ↑**B6** Begründe, weshalb es *mehrere* sein müssen.

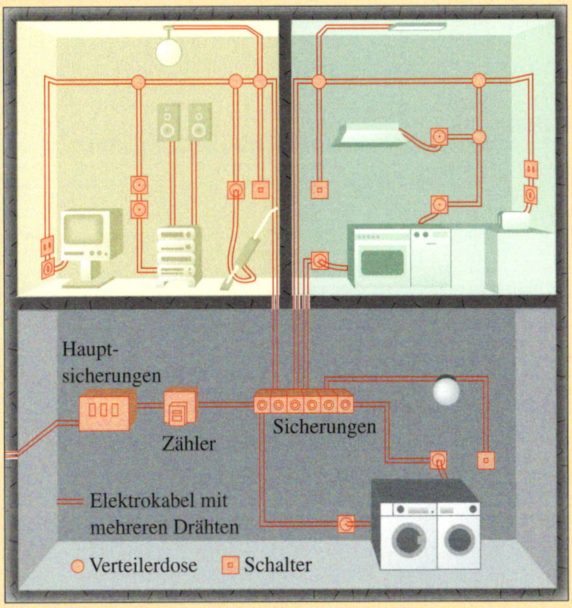

6 Elektrische Hausinstallation

2 Sieh bei euch zu Hause im Sicherungskasten nach, für welche Räume und Geräte es Sicherungen gibt.
a Wie viele Stromkreise gibt es demnach in eurem Haushalt?
b Warum kann man trotzdem mehr Elektrogeräte gleichzeitig anschließen, als Sicherungen vorhanden sind?

3 Zwei Elektromotoren und eine Glühlampe sind parallel geschaltet. ↑**B7**
a Für welche Geräte der Schaltskizze wirkt die Sicherung?
b Zeichne die Schaltskizze so, dass alle Geräte abgesichert sind.

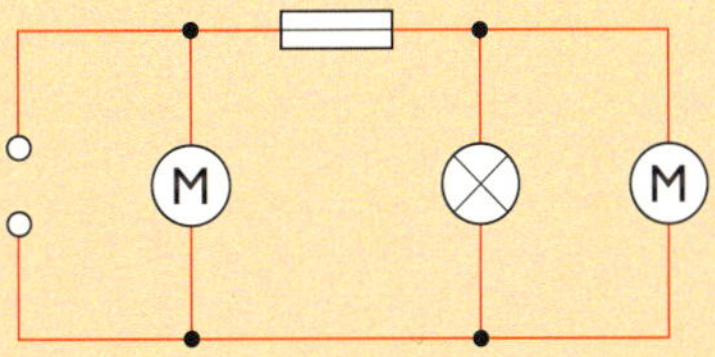

7

→ Das Material in den Leitern der Geräte behindert die Elektronen beim Strömen. Diese Behinderung nennt man *Widerstand*. Bei Drähten hängt der Widerstand ab von deren Länge, Querschnitt, Material und Temperatur.

Bei jeweils gleicher Energiequelle gilt:
Großer Widerstand → kleiner Elektronenstrom → kleine Stromstärke.
Kleiner Widerstand → großer Elektronenstrom → große Stromstärke.
↑S. 78

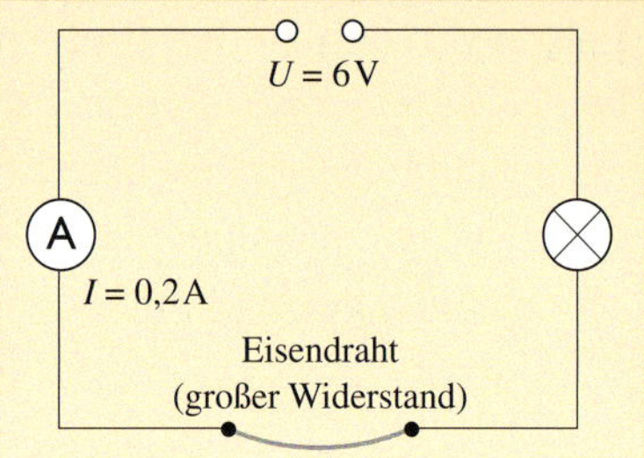

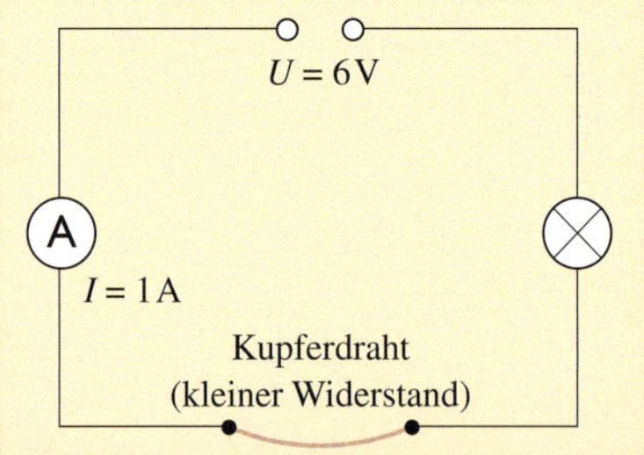

Widerstand und Schutzmaßnahmen auf einen Blick

→ Der elektrische Widerstand *R* wird in der Einheit 1 Ohm (1 Ω) gemessen. Ein Leiter hat einen Widerstand von 1 Ω, wenn eine Energiequelle mit der Spannung 1 V nötig ist, damit ein Strom von 1 A fließen kann.

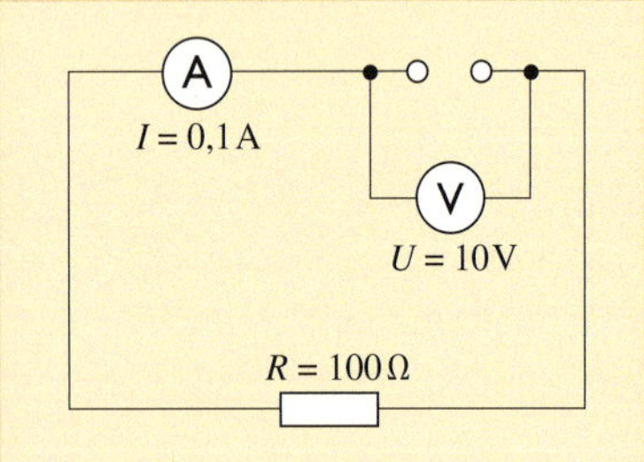

↓

An einem festen, gleichbleibenden Widerstand gilt: Wenn die Spannung der Energiequelle steigt, nimmt auch die Stromstärke in gleichem Maße zu. Das Verhältnis aus Spannung und Stromstärke gibt an, wie groß der Widerstand im Stromkreis ist:

$$\text{Widerstand} = \frac{\text{Spannung}}{\text{Stromstärke}}, \qquad R = \frac{U}{I}.$$

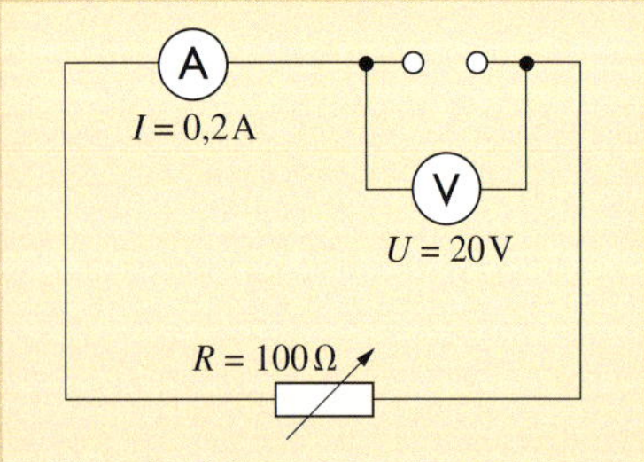

↓

In Elektrogeräte werden häufig *Festwiderstände* eingebaut, um die Stromstärke im Gerät zu begrenzen. Mit veränderbaren Widerständen kann man elektrische Geräte „stark" oder „schwach" einstellen.
↑S. 79

Spannungen über 25 V sind für uns gefährlich. Unser Körper leitet den elektrischen Strom. Deshalb kann es zu Atemlähmung und Herzversagen kommen, wenn wir Teil eines Stromkreises werden. Schon bei kurzer Berührung einer defekten Leitung wird der Stromkreis über die Erde geschlossen. Schutzleiter und FI-Schalter dienen dazu, die Gefahren für Menschen zu verringern. ↑S.84 f.

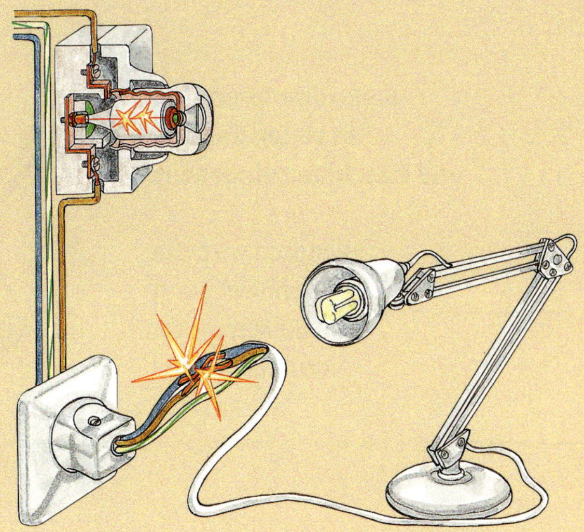

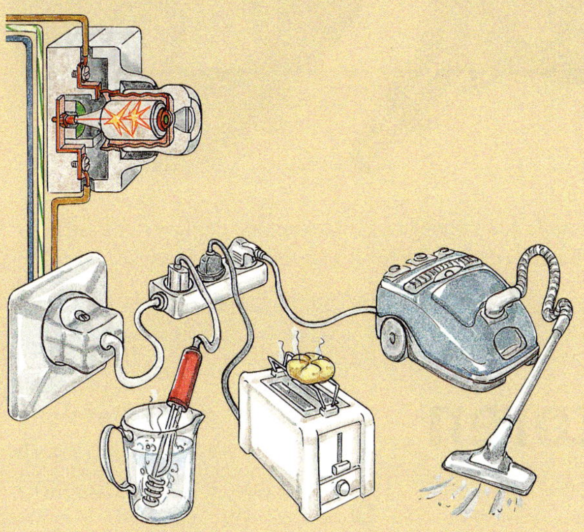

Beim *Kurzschluss* sind beide Anschlüsse der Energiequelle direkt miteinander verbunden. Bei *Überlastung* sind zu viele Elektrogeräte parallel an die Energiequelle angeschlossen. In beiden Fällen ist der Elektronenstrom groß; die Leiter werden heiß. Um die Brandgefahr durch Kurzschluss oder Überlastung abzuwenden, wird der Stromkreis rechtzeitig durch eine Sicherung unterbrochen.

Alles klar?

1 Ergänze die folgenden Sätze: „Starke Behinderung des Elektronenstroms → … Widerstand → … Stromstärke.“
„… → große Stromstärke → … Widerstand.“

2 Jeweils einer der folgenden Festwiderstände ist in einem einfachen Stromkreis eingebaut: 100 Ω, 1 MΩ, 500 Ω, 2 kΩ. Du misst die Stromstärken. Ordne die Widerstände von „großer Stromstärke“ bis zu „kleiner Stromstärke“ an.

3 Wie groß ist die elektrische Stromstärke in einem Stromkreis mit einem 100-Ω-Widerstand, wenn die Energiequelle die Elektronen mit 1 V (10 V) antreibt?
Wie groß wird sie sein, wenn der Widerstand 1 kΩ beträgt und die Energiequelle eine Spannung von 5 V (50 V) hat?

4 Eine Leuchtdiode ($I = 20\,\text{mA}$) soll an eine Autobatterie ($U = 12\,\text{V}$) angeschlossen werden. Wie groß muss der Schutzwiderstand sein? Zeichne ihn mit farbigen Ringen.

5 Erkläre die Zeichen auf dem Etikett der Kabeltrommel. ↑**B1**

6 Erkläre deinem Tischnachbarn, wozu ein FI-Schalter dient und wodurch er ausgelöst wird.

7 Fertige ein Plakat an, das über die Gefahren und Sicherungsmaßnahmen beim Umgang mit elektrischem Strom informiert.

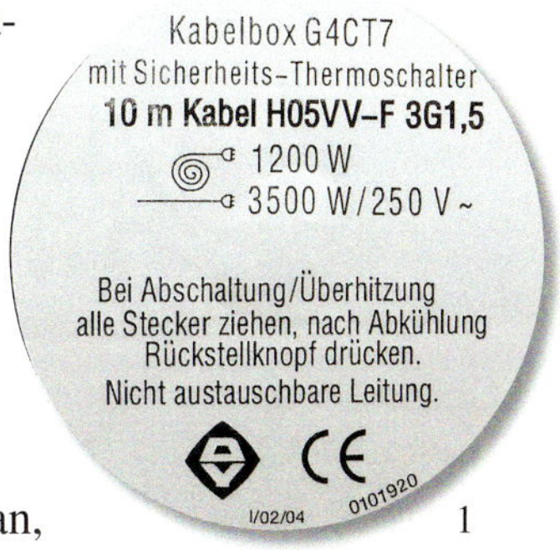

1

Aktion

Elektromotoren sind in vielen Geräten und Maschinen eingebaut.

Wodurch wird die Drehbewegung im Elektromotor verursacht? ↑B1

1 Die wichtigsten Bauteile eines zerlegten Elektromotors: der *Rotor* (das sich drehende, rotierende Bauteil) und der *Stator* (das feststehende Bauteil)

Magnete in Motoren

Überall Elektromotoren

1

Wir bauen einen einfachen „Elektromotor"

Als Rotor dient eine Kompassnadel oder ein selbst gebauter, drehbarer Stabmagnet. ↑**B2** Als Stator verwenden wir eine Spule mit Eisenkern.

a Wie schaffst du es, den Rotor zum Drehen zu bringen? Erkläre deine Vorgehensweise.

b Vergleiche diesen Motor mit dem oben abgebildeten.

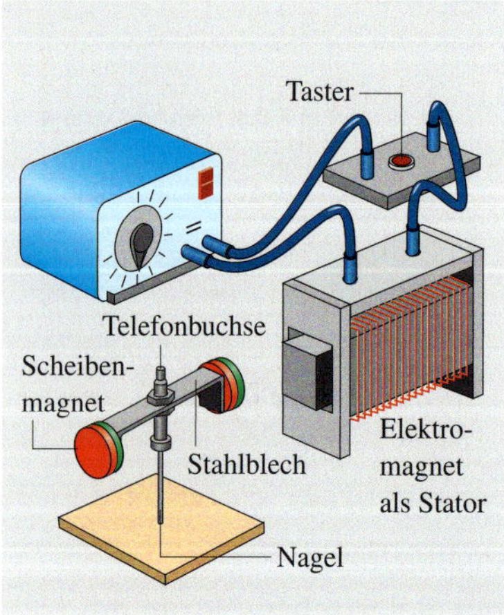

2

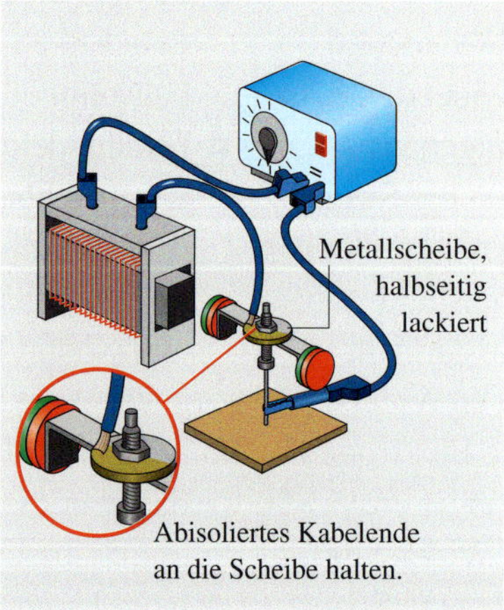

3

2

Ein verbessertes Modell

Es geht auch, ohne dass du schalten musst.

Verfolge den Stromkreis ↑**B3** und zeichne einen Schaltplan dazu.

Versuche herauszufinden, warum der Rotor sich „von alleine" dreht.

(*Tipp:* Schau dir den Rotor genau an. Welche Aufgabe könnte die Lackschicht haben?)

3

Ein Spielzeugmotor in Betrieb

Schließe einen Spielzeugmotor an eine Energiequelle (4,5 V) an.

4

Der „EMW" – der einfachste Motor der Welt (Bauanleitung)*

Besitzt du schon einen EMW? Wenn nicht, kann sich das sehr schnell ändern.
Ein EMW ist der „Einfachste Motor der Welt".

Du brauchst:
80 cm Kupferlackdraht (0,8 mm Ø), 1 Scheibenmagneten (etwa 15 mm Ø), 1 Monozelle und 1 Batteriehalterung mit Lötösen, 2 Stück Kupferdraht (etwa 1,5 mm Ø und je 10 cm lang – die Drähte gibt es als Abfall beim Elektriker geschenkt).

So wird der Rotor gebaut:

a Wickle den Kupferlackdraht um ein Stück Besenstiel (25 mm Ø) zu einer Spule auf. Nur deren Enden (etwa 5 cm) bleiben gerade und müssen einander gegenüberstehen. ↑**B4** Sie bilden die Rotorwelle (die „Achsen").

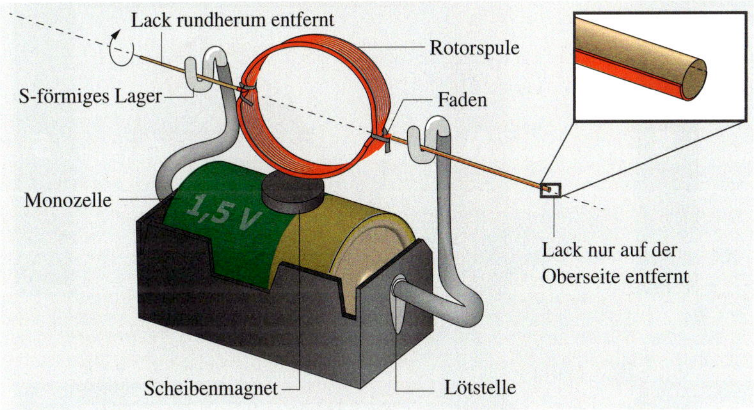

4

b Drücke die Spulenwicklungen eng aneinander; lass sie von einem Helfer in der Nähe der Achsen mit einem dünnen Faden verknoten. Schmiere etwas Alleskleber zwischen die Spulenwicklungen.

c Lege eine Achse des Rotors auf die Kante eines Brettchens. Schabe mit einem Messer an dieser Achse die Lackierung (d. h. die Isolierung) des Drahts rundherum ab.

d Und nun kommt der Trick beim EMW:
Schabe an der anderen Achse (wie im Bild gezeigt) die Isolierung nur auf der Oberseite ab.

e Erster Probelauf zwischen den Fingerspitzen: Der Rotor darf nicht „eiern". Biege die Achsen eventuell nach.

So wird der Ständer gebaut:

f Entferne bei dem dicken Kupferdraht an den Enden jeweils 2 cm der Isolierung. Der Draht selbst ist „blank", also nicht lackiert wie der Lackdraht des Rotors.
Biege bei jedem Draht ein Ende zu einer S-förmigen Lagerung für die Rotorachsen.

g Löte das andere Ende an die Kontakte der Batteriehalterung. Knicke die Drähte so, dass die Achsen des eingelegten Rotors genau waagerecht liegen.

h Setze deine Batterie ein und hefte obendrauf den Scheibenmagneten. Zwischen der rotierenden Spule und dem Magneten soll nur ein ganz kleiner Abstand sein.

i Nach leichtem Anstoßen muss der Motor laufen. Womöglich darfst du anschließend die Achsenenden noch etwas kürzen.

j Hoffentlich kannst du anderen auch erklären, wie dein EMW funktioniert. Versuche es.

Fakten

So funktioniert ein Elektromotor

Die wichtigsten Teile eines Elektromotors

– *Rotor:* Er „rotiert" (dreht sich) und treibt das Elektrogerät an.
– *Stator:* Der Stator „steht fest". In ihm dreht sich der Rotor.
– *Stromwender:* Er polt den Elektronenstrom um, der durch den Rotor fließt.

Bei unserem Motor ist der *Stator* ein *Dauermagnet*, der seine Pole nicht ändert. Der *Rotor* ist ein *Elektromagnet*, der seine magnetischen Pole ändern kann.

So entsteht die Drehbewegung des Rotors

Gleichnamige Pole von Rotor und Stator stehen einander gegenüber. ↑**B1** Deshalb stoßen sie sich gegenseitig ab. Die Folge: Der Rotor dreht sich.

→

Der Rotor dreht sich weiter, denn nun ziehen sich ungleichnamige Pole von Rotor und Stator gegenseitig an. ↑**B2**

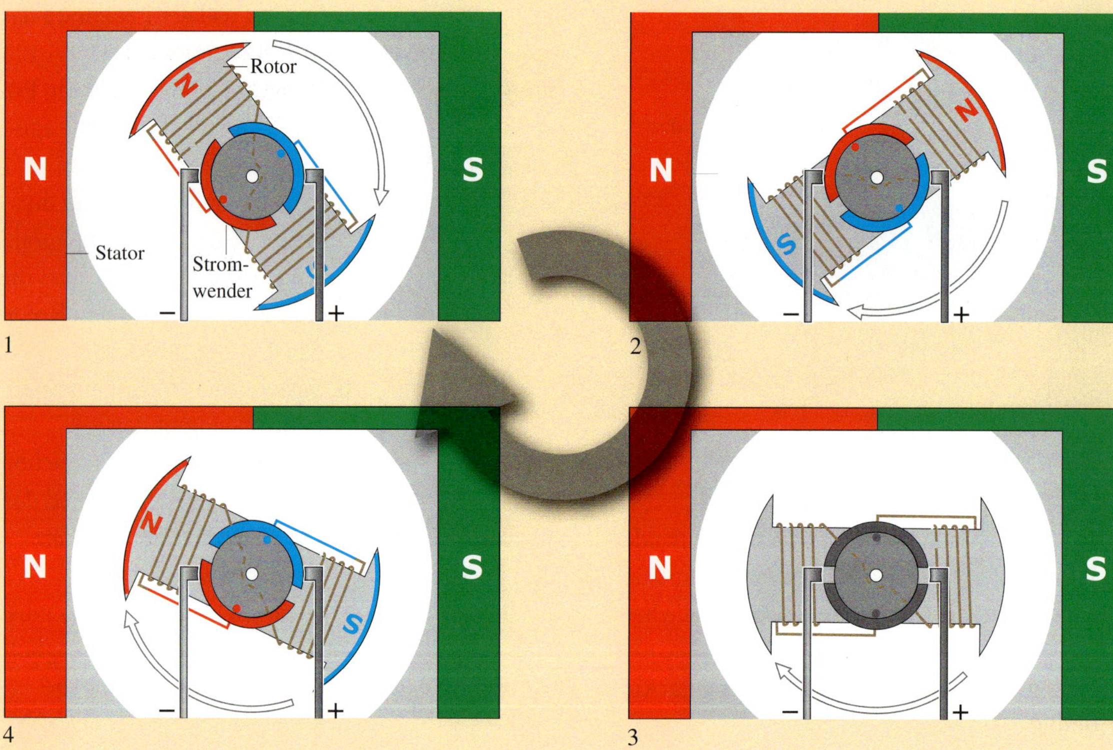

Der Stromwender unterbricht nun den Stromkreis – der Rotor wird unmagnetisch. ↑**B3**

←

Durch den Schwung läuft er weiter und „wendet" die Richtung des Elektronenstroms. So wird aus dem Nordpol des Rotors ein Südpol und aus dem Südpol ein Nordpol. ↑**B4**

Elektromotor
Magnetismus
Elektromagnetismus

Dauermagnet – Elektromagnet Beim Elektromotor spielen *Dauermagnete* und *Elektromagnete* eine wichtige Rolle. Hier einige wichtige Informationen zum Auffrischen eurer Kenntnisse.

Gemeinsamkeiten:

1. Nur Gegenstände aus *Eisen (Nickel, Cobalt)* werden von den Magneten angezogen. ↑**B5**

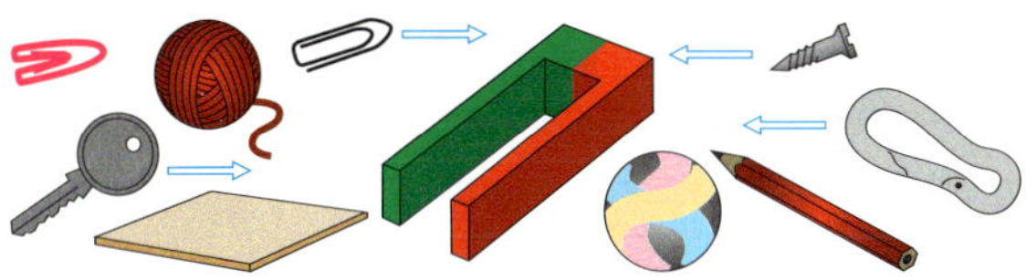

5

2. Es gilt die *Polregel*: Gleiche Pole stoßen sich ab, ungleichnamige ziehen sich an. ↑**B6–7**

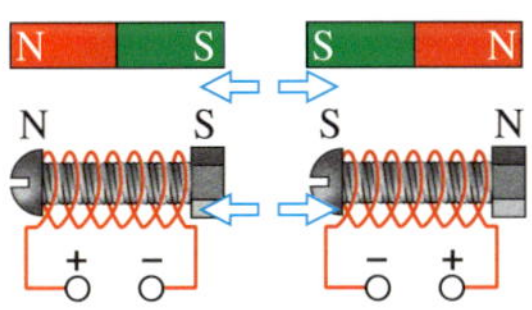

6

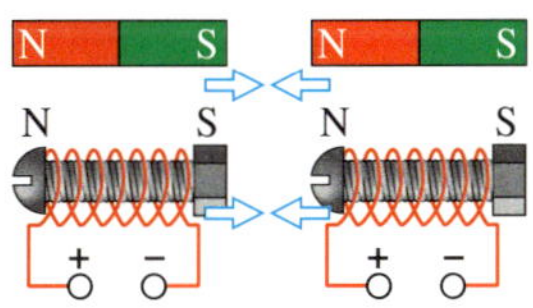

7

3. Auch im Raum um die Magneten herum lassen sich magnetische Kräfte nachweisen. Man spricht von einem *magnetischen Feld.* ↑**B8–9**

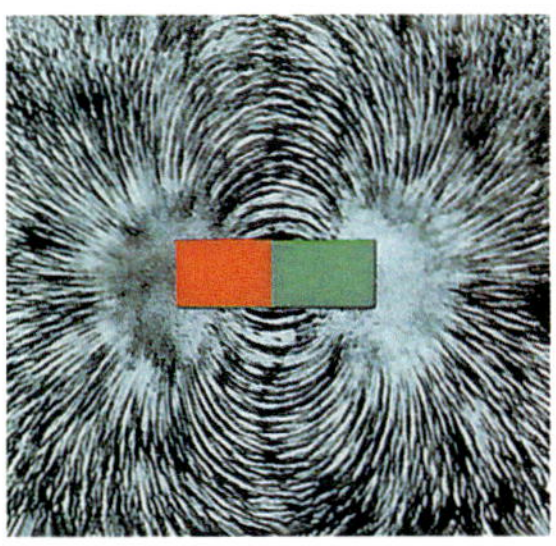

8 Eisenfeilspäne …

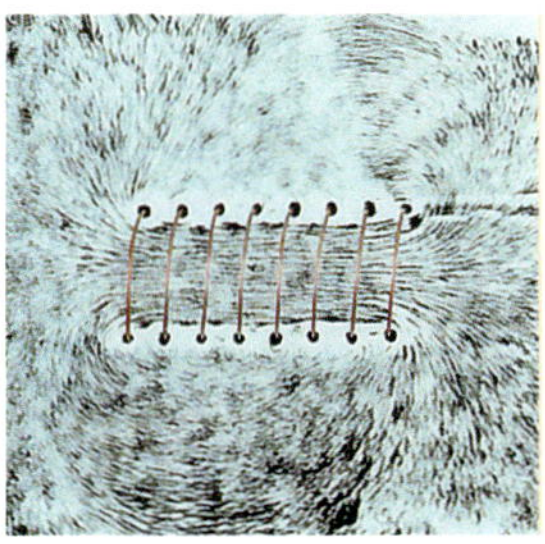

9 … stellen Feldlinien dar.

Unterschiede:

1. *Dauermagnete* kann man *nicht abschalten. Elektromagnete* werden *unmagnetisch*, wenn der Stromkreis unterbrochen wird. ↑**B10–11**

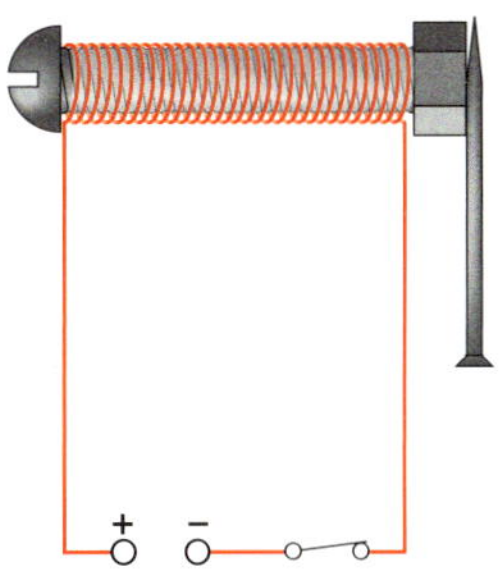

10

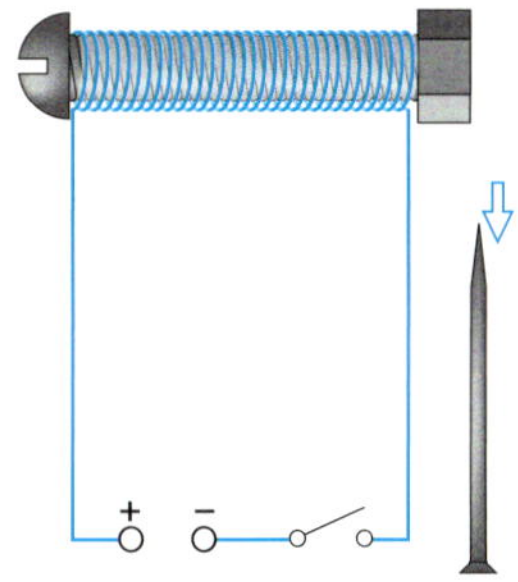

11

2. *Dauermagnete* können *nicht umgepolt* werden. *Elektromagnete* dagegen lassen sich leicht *umpolen*, indem man die Stromrichtung ändert. ↑**B12–13**

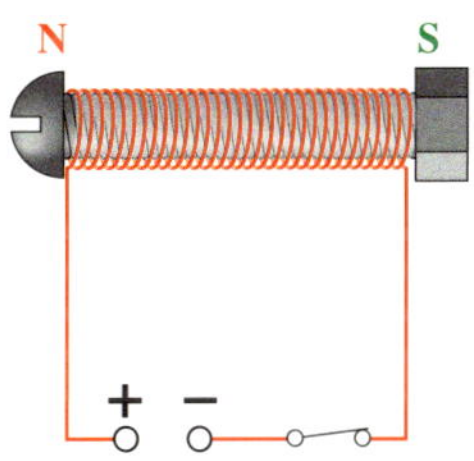

12

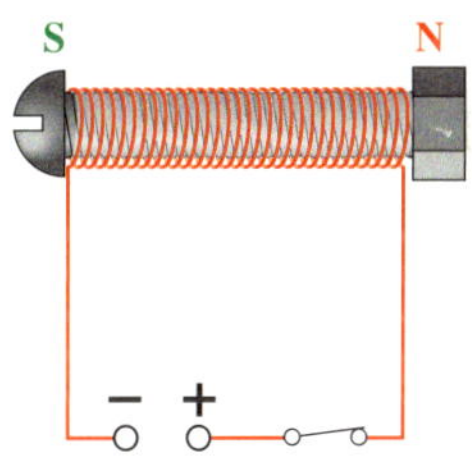

13

3. Die *Stärke* eines *Dauermagneten* bleibt *gleich*, die eines *Elektromagneten* kann man mithilfe der Spannung *verändern*.

Aufgaben

1 Versuche die Wirkung im Raum um einen Magneten mit Eisenfeilspänen zu zeigen. ↑**B14**

2 Beschreibe Versuche, mit denen du Gemeinsamkeiten und Unterschiede von Dauer- und Elektromagnet zeigen kannst. Führe sie möglichst durch.

3 Die Stärke eines Elektromagneten kann man verändern. Plane dazu einen Versuch.

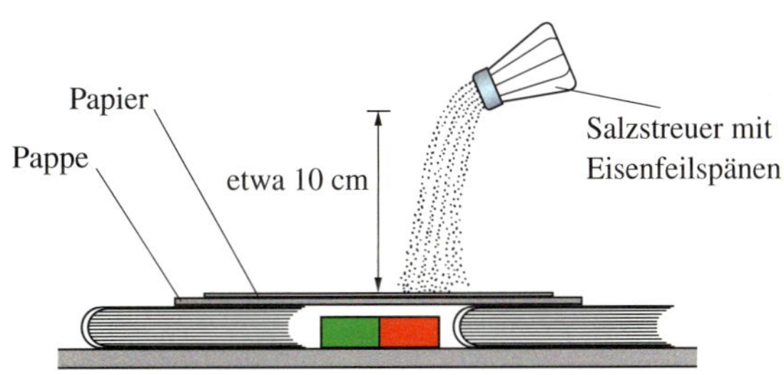

14

In vielen deutschen Städten dürfen heute nur noch Autos mit grünen Umweltplaketten fahren. Nur Autos, deren Motor wenig Schadstoffe ausstößt, erhalten sie. ↑B1
Warum baut man nicht endlich Elektroautos, deren Motor keine Schadstoffe in die Luft bläst?!

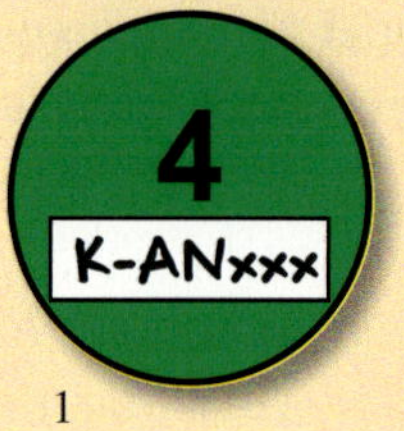

1

Elektroautos – früher und heute

2

Von den Anfängen Elektroautos gibt es schon seit mehr als 100 Jahren. Tatsächlich fuhren um das Jahr 1900 z. B. in Berlin fast alle Taxis mit Elektromotoren. ↑B2
Schon bald wurden die umweltfreundlichen Elektromotoren von „stinkenden und lärmenden" Benzin- und Dieselmotoren verdrängt. Die Batterien der Elektromotoren waren schnell „leer" und mussten aufgeladen werden. Das war nur an wenigen Orten möglich und dauerte auch sehr lange. Außerdem waren die Batterien sehr schwer, sodass die Elektroautos bei Steigungen große Mühe hatten. Benzin und Diesel gab es dagegen bald überall.
Die Umweltbelastung durch Abgase wurde von den Menschen kaum wahrgenommen. „Stinkende Pferdeäpfel" auf den Straßen waren für sie unangenehmer; der Personen- und Lastverkehr wurde damals noch mit Pferden durchgeführt.

Elektroautos heute Je teurer der Treibstoff wird und je strenger die Gesetze zur Begrenzung der Schadstoffe werden, desto mehr steigen die Chancen für Elektroautos. Seit einigen Jahren gibt es z. B. den dreirädrigen „CityEL". ↑B3 Mit nur einer Batterieladung kann er bei Geschwindigkeiten von bis zu 65 $\frac{km}{h}$ ca. 60 km weit fahren. Die Kosten für die notwendige Energie sind erheblich niedriger.
Möglicherweise verhilft aber ein neu entwickelter Akku – „Lithium-Ionen-Batterie" genannt – dem Elektroauto zum Durchbruch. Er ist viel leichter, lässt sich schneller wieder aufladen und soll längere Fahrstrecken ermöglichen.
Deutlich umweltfreundlicher als Autos mit Verbrennungsmotoren werden aber auch Elektroautos erst dann, wenn die elektrische Energie nicht mehr überwiegend in Wärmekraftwerken, sondern mithilfe von alternativen Energien (z. B. Sonne, Wind) erzeugt wird.
In Israel ist zurzeit ein neues Elektroauto in Planung; es soll in einem „Netz" von Tankstellen betankt werden, das die elektrische Energie ausschließlich mithilfe von Sonnenenergie erzeugt.

3

Hybridautos Hybridautos sind mit zweierlei Motoren ausgerüstet: einem *Verbrennungsmotor* (Benzin oder Diesel) und einem *Elektromotor*. ↑**B4** Es gibt unterschiedliche technische Möglichkeiten für ihren Einsatz, z. B.

- *Typ 1:* Je nach Bedarf fährt das Auto mit Elektromotor *oder* Verbrennungsmotor.
- *Typ 2:* Das Auto fährt *immer* mit Elektromotor. Ein kleiner Benzin- oder Dieselmotor lädt von Zeit zu Zeit den Akku wieder auf (über einen Generator).

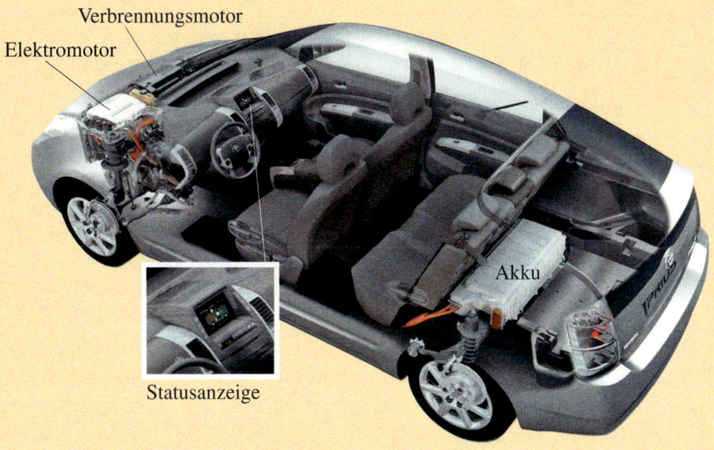

4 Hybridauto

Durch die Zeichnungen wird erklärt, wie *Typ 1* arbeitet: ↑**B5–7**

- Beim Anfahren und langsamen Fahren bis 50 $\frac{\text{km}}{\text{h}}$ (Stadtverkehr) ↑**B5** *treibt nur der Elektromotor das Auto an*: keine Schadstoffbelastung und Lärmbelästigung.
- Bei schnellem Fahren (Landstraße, Autobahn) ↑**B6** *treibt der Verbrennungsmotor das Auto und den Motor, der jetzt als Generator wirkt, an* (s. S. 101); der Akku wird wieder geladen.
- Beim Bremsen wird die Energie zum Antrieb des Generators genutzt; der Akku wird wieder geladen. ↑**B7**

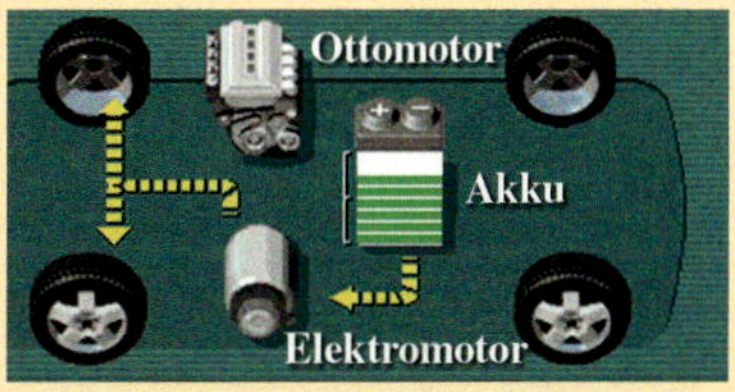

5 Energiefluss beim Anfahren

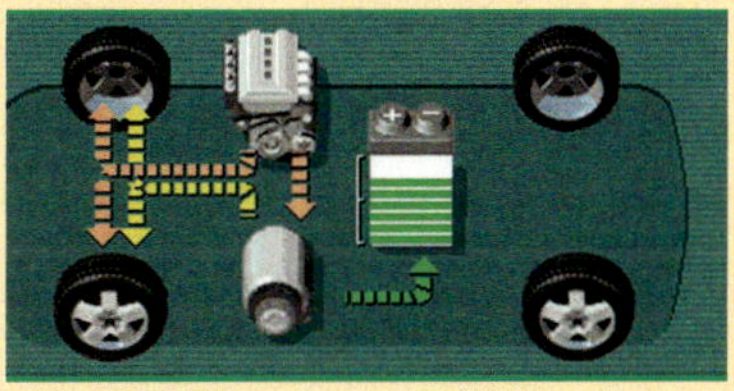
6 Energiefluss bei schneller Fahrt

Die *Vorteile* von Autos mit Hybridmotor liegen in einem etwas geringeren Kraftstoffverbrauch, vor allem aber in der erheblich geringeren Schadstoffbelastung und Lärmbelästigung bei Stadtfahrten. *Nachteile* sind der höhere Preis der Autos und ihr höheres Gewicht, das sich ungünstig auf den Kraftstoffverbrauch auswirkt.

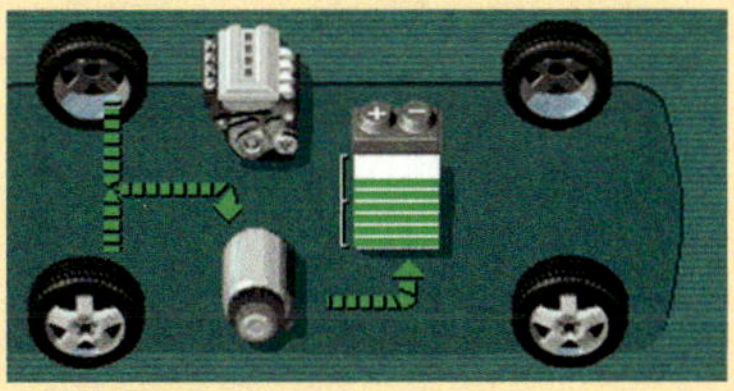
7 Energiefluss beim Bremsen

Arbeitsaufträge

1 Sammelt Informationen über Hybridautos, Elektroautos und Elektromopeds. Stellt Unterschiede, Vor- und Nachteile gegenüber Autos mit Verbrennungsmotoren einander gegenüber. www 95-1

2 Elektroautos – schadstofffrei?

a Auf den ersten Blick scheint das zu stimmen. Das ist aber – beim derzeitigen Stand der Technik – nicht richtig. Versuche das zu begründen?

b Auf welche Weise könnte dieses Ziel erreicht werden?

c Ähnliche Pläne wie in Israel werden auch in den skandinavischen Ländern Dänemark und Norwegen diskutiert.
Welche alternativen Energien könnten dort vermutlich zur Stromerzeugung genutzt werden?

Ausblick

Berufsinformation: Zahlreiche Elektroberufe[Z]

Unterschiedlicher Ausbildungsberufe Hier sind einige davon:

- *Elektroanlagenmonteur/-in*
- *Elektroniker/-in – Betriebstechnik*
- *Elektroniker/-in – Energie- und Gebäudetechnik*
- *Elektroniker/-in – Gebäude- und Infrastruktursysteme*
- *Elektroniker/-in – Maschinen, Antriebstechnik*
- *Elektroniker/-in – Geräte und Systeme*
- *Industrieelektriker/-in – Betriebstechnik*
- *Elektroniker/-in – Informations- und Telekommunikationstechnik*
- *Elektroniker/-in – Automatisierungstechnik*

Für die meisten dieser Berufe solltest du möglichst einen mittleren Schulabschluss (z. B. HS-Typ B) besitzen.

Außerdem solltest du Interesse an Mathematik, Physik und Technik haben – mit möglichst guten Leistungen in diesen Fächern.

In einigen Berufen hast du auch als Hauptschüler mit guten Zensuren in den genannten Fächern gute Chancen – z. B. als Elektroanlagenmonteur/-in, als Elektroniker/-in für Energie- und Gebäudetechnik oder als **Elektroniker/-in für Maschinen und Antriebstechnik.**

Über den zuletzt genannten Beruf kannst du gleich etwas mehr erfahren.

Meister Ehlert erzählt:

Ich arbeite in einem Handwerksbetrieb mit 10 Beschäftigten. Alle in unserer Werkstatt sind gelernte Elektromaschinenbauer oder -monteure. Aber diese Berufe gibt es nicht mehr. Wir bilden heute nur noch Elektroniker aus.

Meine tägliche Arbeit ist das Reparieren von Elektromaschinen, also Generatoren oder Elektromotoren, zusammen mit Getrieben, Lüftern, Pumpen … Die neue Berufsbezeichnung verrät bereits die Arbeitsaufteilung in Elektrik, Elektronik und Mechanik.

Letztens hatten wir aus einer Mühle einen Motor mit einer Leistung von 200 000 Watt. Wir demontierten zuerst das 1500 kg schwere Teil – eine schmutzige Arbeit, denn der Motor war völlig verdreckt. Einige Statorwicklungen waren durchgebrannt und Kugellager defekt.

Die Spulen wurden neu gewickelt und Temperatursensoren ergänzt. Nachdem die Spulen wieder montiert waren, kam der Stator auf den Messplatz, um den Widerstand und die Isolierung der Wicklungen zu testen. Dann tauchten wir das Teil in Isolierlack und ließen den Lack anschließend im Ofen aushärten. Inzwischen waren die Kugellager ausgetauscht, die Rotorwelle abgedreht, der Rotor ausgewuchtet. Nach der Montage des kompletten Motors erfolgten weitere Prüfungen und Testläufe, deren Messwerte und -kurven sorgfältig protokolliert wurden. Auch die elektronische Steuerung des Motors wurde getestet.

Nach fünf Tagen war die große Elektromaschine wieder einsatzbereit. Die Reparatur war 50 % billiger als ein neuer Motor. Dieser Preisvorteil und unser schneller Service verschaffen uns viele Aufträge und zufriedene Kunden.

Neue Motoren stammen oft aus dem Ausland, aber schnell repariert wird nur bei uns – wohl auch in Zukunft. Deshalb haben wir Elektroniker einen krisenfesten Beruf. Nur leider mangelt es an Nachwuchs. Ob das daran liegt, dass sich viele nicht mehr die Hände schmutzig machen wollen?

Wir suchen dringend neue Mitarbeiter und bilden auch selbst welche aus.

Mein Neffe will sein Schülerbetriebspraktikum bei uns machen. Dann werde ich ihm unseren Ausbildungsplan zeigen, damit er sieht, was einen Azubi nach $3\frac{1}{2}$ Jahren in der Prüfung erwartet. Die Kenntnis des ohmschen Gesetzes allein reicht nämlich noch lange nicht aus …

Berufsbild Elektroniker/-innen bauen, montieren, prüfen, warten und reparieren elektrische Maschinen, Geräte und Anlagen, also Elektromotoren, Generatoren, Transformatoren, Antriebe für Elektrofahrzeuge, Förderbänder, Aufzüge, Tore, Krananlagen, Werkzeugmaschinen, Roboter usw.

1 Monteur am Messplatz

Arbeitssituation

- Arbeit in der Werkstatt oder direkt beim Kunden
- häufiger Wechsel von stehender, sitzender, kniender und hockender Tätigkeit
- gelegentlich schwere körperliche Tätigkeiten

Anforderungen und Voraussetzungen

- technisches Verständnis
- logisches Denken
- Beachtung der Sicherheitsbestimmungen
- gute Noten in Physik, Mathematik, Technik
- Haupt- oder Realschulabschluss
- keine Bewegungs- und Belastungseinschränkung
- keine Allergie auf Metalle, Öle, Fette, Isolierlacke, Reinigungslösungen
- keine Erkrankung der Atemwege
- keine Farbsehstörung
- keine Angst vor dem Umgang mit Strom
- keine Angst vor schmutzigen Händen

2 Einlegen der Wicklung in den Stator

Weiterbildungsmöglichkeiten

- Fortbildungskurse in Pneumatik, Hydraulik, Mess-, Steuer- und Regeltechnik, Elektronik, Digitaltechnik, Automatisierungs- und Robotertechnik
- Meister/-in, Techniker/-in

3 Aufspritzen einer Metallschicht

Noch mehr Informationen über Elektroberufe erhältst du z. B. im Internet unter folgender Adresse: http://berufenet.arbeitsagentur.de/berufe
Unter „Suche nach Berufsfeldern“ findest du auch das Berufsfeld „Elektro“. Von da aus ist es nicht mehr weit zu deinem Wunschberuf und vielen interessanten Informationen dazu.

Arbeitsauftrag

Fertige für deine Mitschüler/-innen ein Plakat oder eine Informationsseite über den von dir gewählten Beruf an. Du kannst z. B. die oben aufgeführten Punkte als Hilfe benutzen (Berufsbild, Arbeitssituation …), aber auch noch andere wählen (z. B. Ausbildung, Interessen und Fähigkeiten …).

Aktion

Elektromagnetische Induktion

Aus Spulen werden Energiequellen

1

Eine Taschenlampe ganz ohne Batterie – und die soll funktionieren …? ↑B1–2

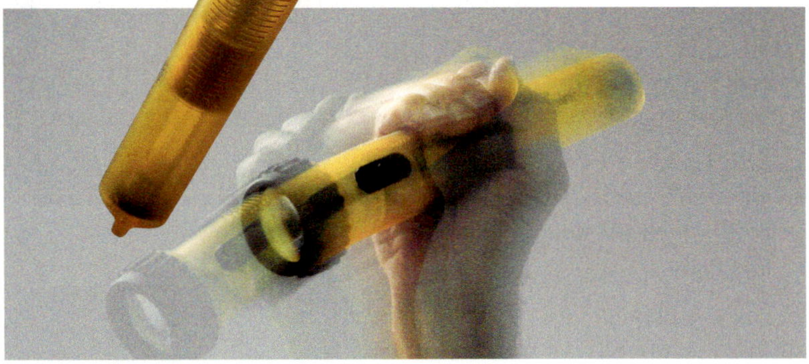

2 Licht einfach durch Schütteln – die Schüttellampe

1

Spule und Magnet als Energiequelle

a Schließe die Spule an einen Spannungsmesser (Voltmeter) an. Probiere aus, ob es dir gelingt, mit Magnet und Spule eine Spannung zu erzeugen. ↑**B3** Merke dir, wie du den größten Zeigerausschlag erreicht hast.

b Muss man die Spule und den Magneten aneinanderreiben?

c Erreichst du auch eine Spannung ganz ohne Reibung und Berührung? Versuche es.

d Beschreibe und zeichne deinen besten Versuch.

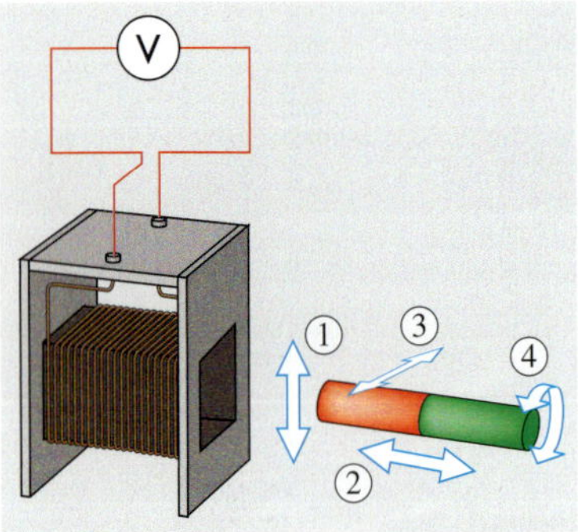

3

2

Wir untersuchen die entstehende Spannung

a Als Spannungsmesser wird ein Zeigerinstrument mit Mittelstellung verwendet.
Führe einen Pol des Magneten langsam in die Spule hinein und wieder heraus; beobachte den Zeiger. Wiederhole den Versuch mit dem anderen Pol des Magneten. Beschreibe deine Beobachtungen möglichst genau.

b Man nennt die Spannung, die man auf diese Weise erzeugt, *Wechselspannung*. Suche eine Erklärung für diesen Namen.

3

Das Modell einer Schüttellampe (Bauanleitung)*

Du kannst dir ein Modell einer Schüttellampe selber bauen. ↑**B4**

a Versuche zu erklären, warum die Lampen abwechselnd aufleuchten.

b Schließe die beiden LED-Lampen an eine Batterie (4–6 V) an. Vertausche anschließend die Pole.

c Schließe die LEDs auch an 6 V~ Wechselspannung an.

d Versuche die unterschiedlichen Beobachtungen zu erklären.

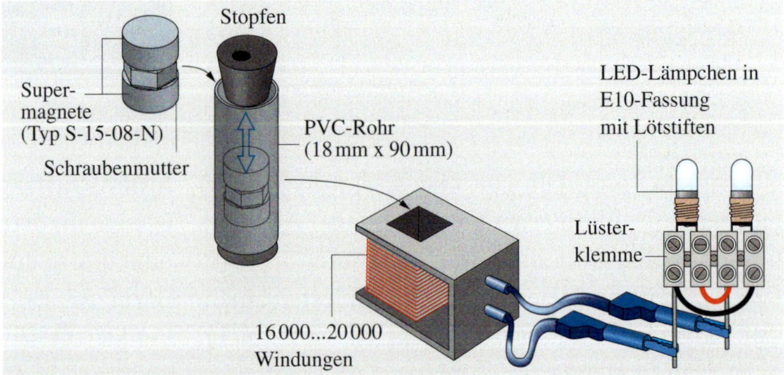

4 Bauanleitung für deine eigene Schüttellampe

4

Wie erreicht man eine möglichst hohe Spannung?

Überlege dir verschiedene Möglichkeiten.
Überprüfe sie jeweils. ↑**B5** Eine Möglichkeit dafür zeigt das Bild unten. ↑**B6**
Beschreibe deine Ergebnisse folgendermaßen: „Die Spannung ist umso höher, je …“

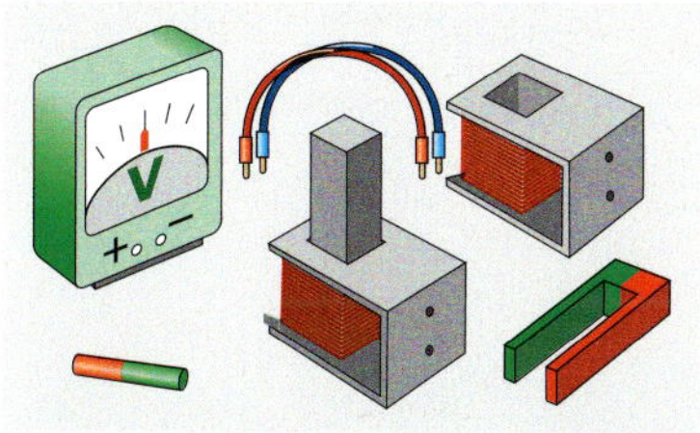

5

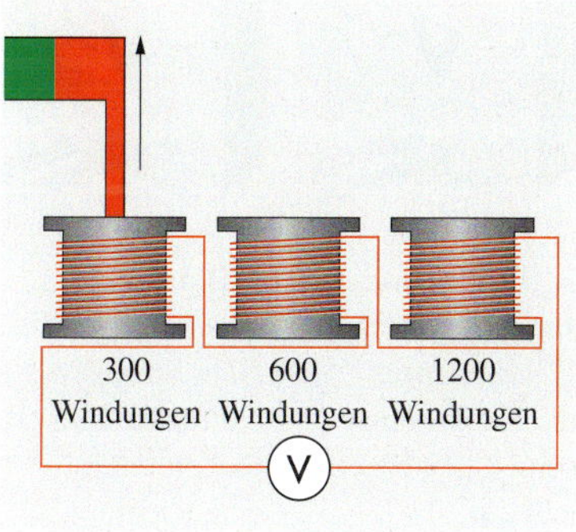

6

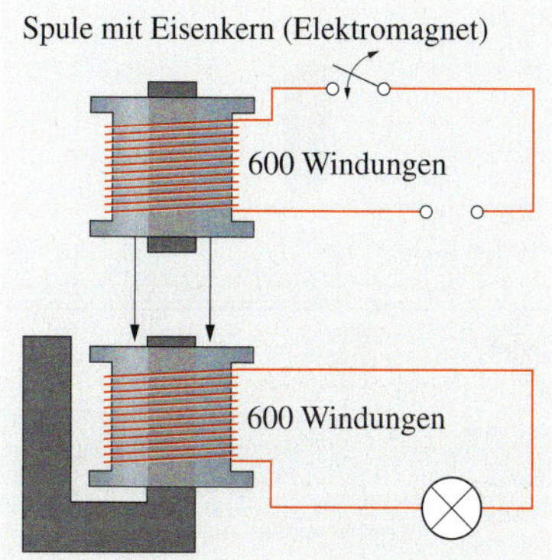

7

5

Wir erzeugen die Spannung mit einem Elektromagneten

Schließe eine Spule mit 600 Windungen und einem Eisenkern an ein Netzgerät an (Gleichspannung). Sie wird zu einem Elektromagneten. ↑**B7**

- **a** Den Elektromagneten nähern wir rasch einer 2. Spule, die auf einem U-Kern sitzt. An diese ist ein Glühlämpchen angeschlossen.
- **b** Der Elektromagnet wird auf den U-Kern gesetzt und schnell ein- und ausgeschaltet.

6

Ein Dynamo wird zum Motor

- **a** Ein Fahrraddynamo ist eine Energiequelle, die *Wechselspannung* erzeugt. Um den Dynamo in einen Motor umzuwandeln, benötigst du ein Netzgerät mit Wechselspannung.
  Zwei Tipps: Stelle eine Spannung von 6–8 V ein. Du musst den Motor per Hand anwerfen.
- **b** Verbinde einen „Dynamot“ mit einem zweiten. Ersetze in diesem die Kurbel durch eine Rolle mit Band, an der eine Last (2 kg) hängt. ↑**B8**

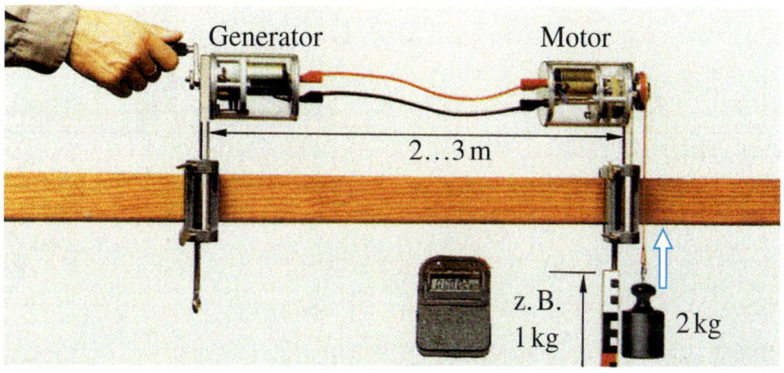

8

7

Energie durch Bremsen?*

- **a** Ein Spielzeugmotor treibt ein beschwertes Schwungrad an, wenn er mit elektrischer Energie versorgt wird (Schalterstellung 1). ↑**B9–10**
- **b** Was beobachtest du, wenn du den Schalter bei laufendem Rotor in Stellung 2 bringst? Erkläre deine Beobachtung.
- **c** Verändere den Aufbau durch eine Kurzschlussleitung und schalte (wie bei b) bei laufendem Rotor in Stellung 2.
- **d** Diese Art der Energiegewinnung wird heute schon eingesetzt (s. 104 f.).

9

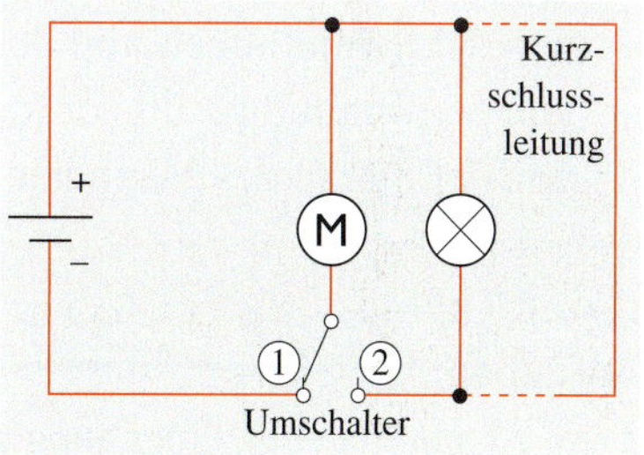

10

Fakten

Spannungserzeugung durch Induktion

Eine Spule wird zur elektrischen Energiequelle Das geschieht, wenn man die Spule gegenüber einem Dauermagneten bewegt (oder den Dauermagneten gegenüber der Spule). ↑B1 Dadurch *ändert sich immer wieder das Magnetfeld in der Spule*; das bewirkt, dass die *Elektronen* im Draht angetrieben werden.
An den Spulenenden kann man die entstehende Spannung messen. Ein angeschlossenes Lämpchen leuchtet auf.
Das Magnetfeld in der Spule ändert sich auch, wenn man einen Elektromagneten immer wieder ein- und ausschaltet. ↑B2

Wenn sich das Magnetfeld in einer Spule ändert, entsteht eine elektrische Spannung. Der Vorgang heißt *elektromagnetische Induktion*, die entstehende Spannung *Induktionsspannung*. Weil das Magnetfeld dauernd seine Richtung wechselt, werden die Elektronen in unterschiedlicher Richtung angetrieben. Es entsteht damit eine *Wechselspannung*. ↑B3–4

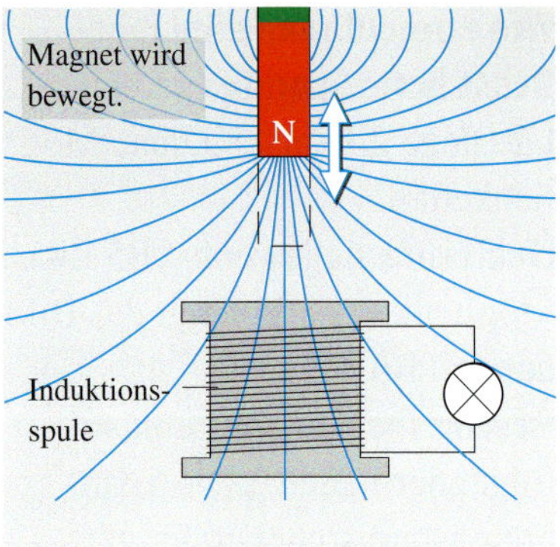

1

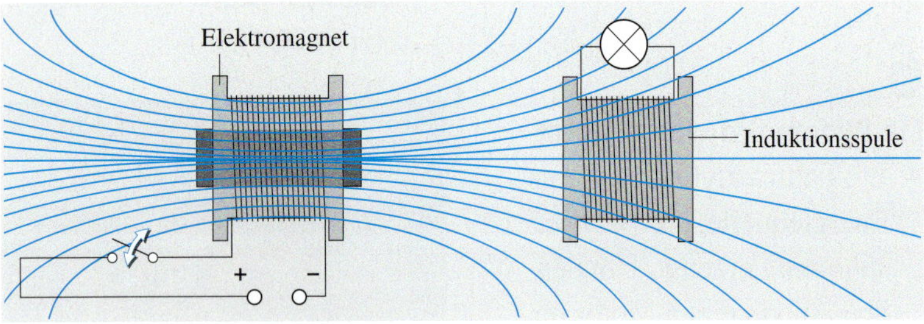

2

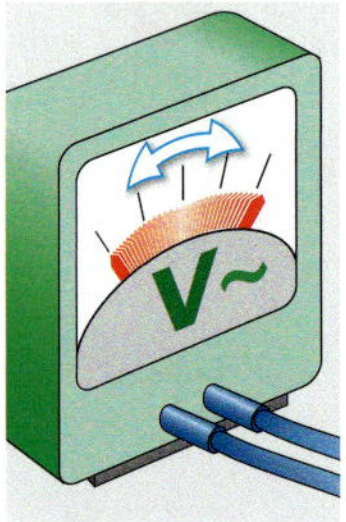

3 Bei *Wechselspannung* fließt *Wechselstrom*; die Elektronen schwingen hin und her (s. Versuch 2).

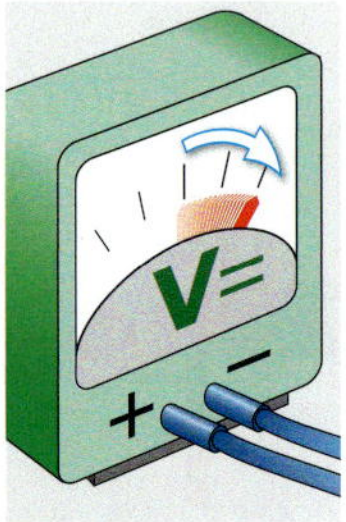

4 Bei *Gleichspannung* fließt *Gleichstrom*; die Elektronen fließen nur in eine Richtung.

Die Induktionsspannung in einer Spule hängt ab
- von der Schnelligkeit, mit der sich das Magnetfeld ändert,
- von der Windungszahl der Induktionsspule und
- von der Stärke des Magneten.

Aufgaben

1 Wie kann man eine Spannung erzeugen, ohne Spule oder Magnet zu bewegen?

2 Wovon hängt die Höhe der Induktionsspannung ab?

3 Bei einer Versuchsanordnung mit Spule und Stabmagnet ist der Stabmagnet drehbar gelagert. ↑B5 Was wirst du am Messgerät beobachten können?

4* Welches Ergebnis erwartest du, wenn sich Spule und Magnet parallel und gleich schnell bewegen? Begründe deine Antwort.

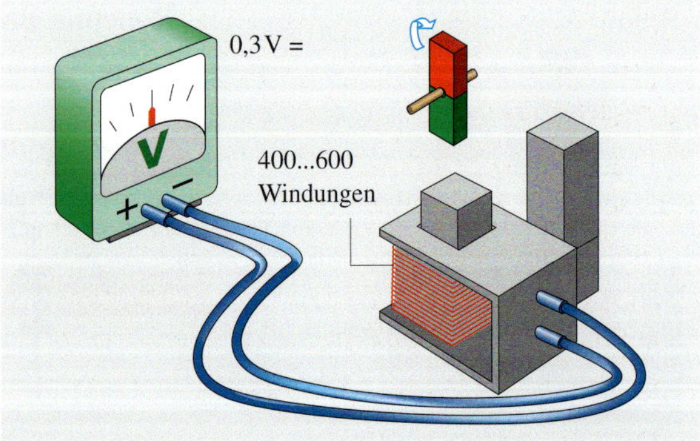

5

Induktion
Wechselspannung
Motor – Generator

Motor oder Generator? Elektromotoren und Generatoren (Dynamos) sind aus gleichen Bauteilen aufgebaut: *Magnet* und *Spule*. ↑B6 Deshalb kann man auch einen Elektromotor in einen Generator umwandeln und einen Generator in einen Elektromotor.

Elektrische Energie —Energiewandler *Elektromotor*→ **Bewegungsenergie**

Bewegungsenergie —Energiewandler *Generator*→ **elektrische Energie**

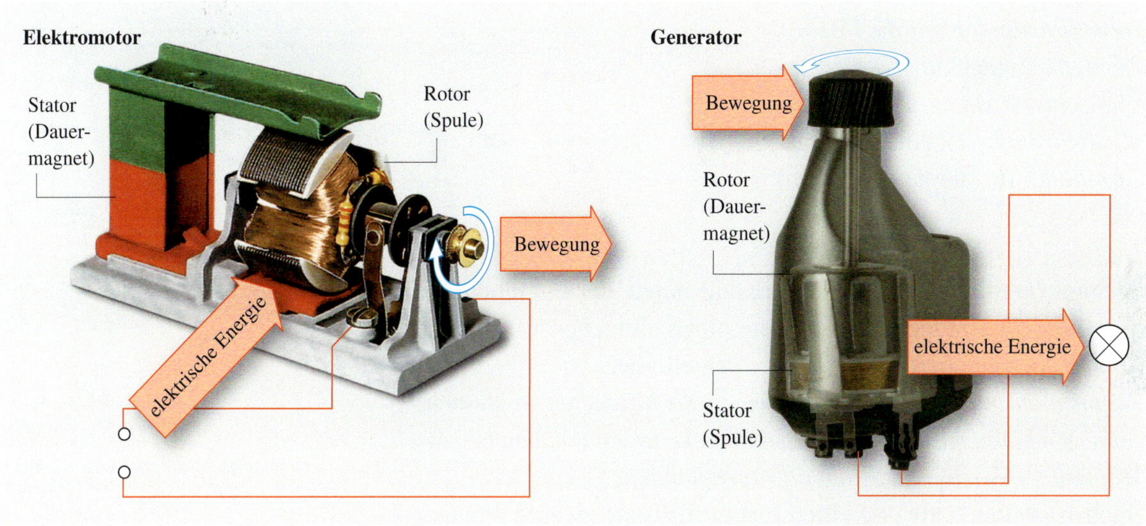

6

Aufgaben

5* Zerlege einen alten Dynamo.

a Fertige zu dem Dynamo ein Plakat mit Zeichnungen und erklärenden Texten an.

b Erkläre anderen Personen, wie ein Dynamo funktioniert.

c Führe der Klasse vor, wie aus einem Dynamo ein Motor wird. Gib Erklärungen dazu.

6* Das Bild nebenan zeigt, dass man mit einem Dynamo auch ein Rad antreiben kann. ↑B7

a Beschreibe, wie und warum das geht.

b Markus hat dazu eine Idee: „Wenn ich am Vorderrad einen zweiten Dynamo einbauen lasse und ihn mit dem Dynamo des Hinterrads verbinde, müsste das Fahrrad doch nach dem Anfahren von selbst weiterfahren.“
Was meinst du dazu?

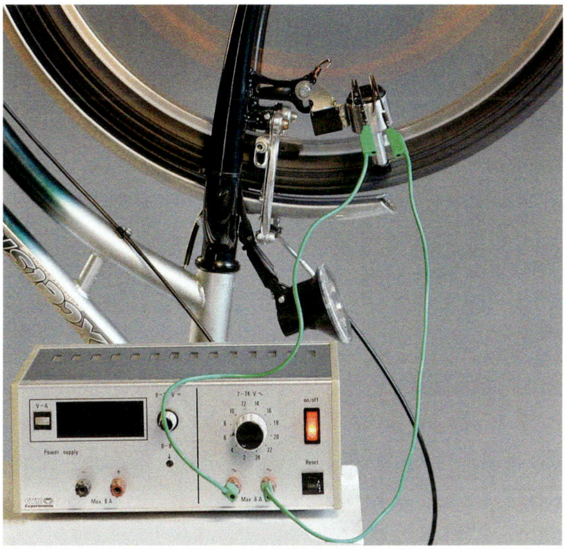

7

Ausblick

Die Entdeckung der Induktion^Z

Hans Christian Oersted Im Jahr 1820 entdeckte der Däne *Oersted* die magnetische Wirkung des elektrischen Stroms:
Eine Kompassnadel, die sich in der Nähe eines elektrischen Leiters befand, wurde aus ihrer Nord-Süd-Richtung abgelenkt – und zwar immer dann, wenn der Stromkreis geschlossen wurde. ↑B1–2
Oersteds Entdeckung – die *magnetische Wirkung des elektrischen Stroms* – ist eine wichtige Grundlage für die heutige Technik.

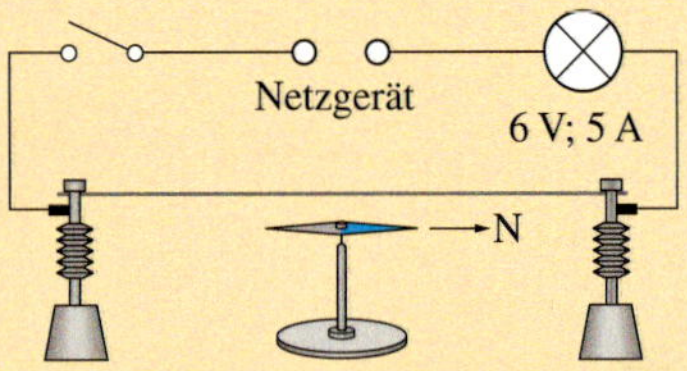

1

2

Michael Faraday Schon ein Jahr darauf nutzte der Engländer *Faraday* Oersteds Entdeckung: Er baute einen einfachen Elektromotor. Beim Experimentieren hatte er eine geniale Idee:
„Wenn man mit elektrischem Strom einen Magneten in Bewegung versetzen kann, müsste man auch – umgekehrt – mit einem bewegten Magneten elektrischen Strom erzeugen können."
Nach 10 Jahren hatte er endlich Erfolg: Er fügte zwei Stabmagnete zu einem Bügelmagneten zusammen und näherte sie einer Spule aus Kupferdraht. ↑B3 Tatsächlich schlug sein Strommesser – ein einfacher Kompass – aus. Faraday hatte die elektromagnetische Induktion entdeckt und damit eine neue elektrische Energiequelle!

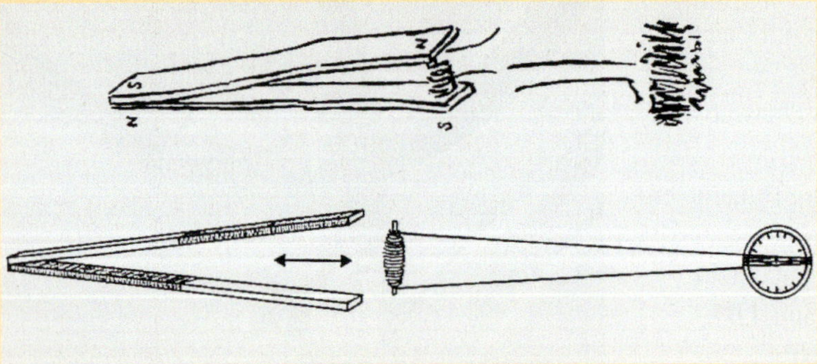

3 Faradays Skizze

4 Dynamomaschine

Werner von Siemens Über 30 Jahre später – nämlich 1867 – stellte der Deutsche *Werner von Siemens* eine „Dynamomaschine" vor, weitere folgten. ↑B4
Der Siegeszug der Elektrizität konnte beginnen.

Verschiedene Generatoren[Z]

Der Nabendynamo beim Fahrrad Der Nabendynamo ist ähnlich aufgebaut wie der Dynamo auf der vorherigen Doppelseite. Hier ist der Rotor jedoch eine Spule und das Gehäuse ist mit vielen kleinen Dauermagneten besetzt. ↑**B5** Die erzeugte Spannung beträgt 6 V.
Vorteil: Der Dynamo funktioniert einwandfrei auch bei Regen und schlechten Straßenverhältnissen.
Nachteil: Der Magnet wird dauernd angetrieben – auch wenn das Licht nicht eingeschaltet ist. Dadurch wird etwas mehr Energie beim Treten benötigt.

Notstromgeneratoren Für Camping oder bei Stromausfall – immer wenn kein Stromnetz zur Verfügung steht, helfen Generatoren, die leicht transportiert werden können. Bei ihnen wird der Rotor (heute meist ein Elektromagnet) durch einen Benzin- oder Dieselmotor angetrieben. ↑**B6** Die erzeugte Spannung beträgt 230 V.

Generatoren in Kraftwerken Im Prinzip sind auch diese riesigen Generatoren so aufgebaut wie ein Fahrraddynamo: ↑**B7–8** Ein Magnet als Rotor wird in einer Spule gedreht. In dieser Spule wird die Spannung erzeugt. Der Rotor ist hier ein Elektromagnet, der z. B. mithilfe von Dampfturbinen angetrieben wird. Die so erzeugte Spannung beträgt 27 000 V.

5

6 Notstromaggregat

7 Generator (im Vordergrund) und Turbinen

8 Turbinenrad

Arbeitsaufträge

1 „Wenn beim Fahrradfahren das Licht eingeschaltet wird, braucht man mehr Energie." Wie könntest du das überprüfen?

2 Ein Fahrraddynamo unterscheidet sich von einem Generator im Kraftwerk nicht nur in der Größe. Nimm zu dieser Aussage Stellung.

3 Ein kleiner Teil der elektrischen Energie, die ein Generator im Kraftwerk erzeugt, wird von ihm selbst verbraucht.
Wozu benötigt er diese Energie?

4 Nenne Beispiele für den Einsatz von transportablen Generatoren.

Ausblick

Energierückgewinnung und Bremsen ohne Reibung[Z]

Nutzbremsung Der gut besetzte ICE 3 wird durch 16 Elektromotoren beschleunigt. ↑**B1** Wenn der ICE dann mit 300 $\frac{\text{km}}{\text{h}}$ über die Schnellfahrstrecke rast, besitzt der 200 m lange und 450 t schwere Zug eine riesige Bewegungsenergie von ungefähr 1600 MJ.
Beim Abbremsen vor dem nächsten Bahnhof würde diese Energie völlig wertlos werden. „Schade um die teure Energie", dachten sich die Ingenieure und fanden eine Möglichkeit, einen Teil dieser Energie zurückzugewinnen:
Beim Bremsen laufen die Antriebsmotoren als Generatoren. Sie speisen elektrische Energie zurück in das Oberleitungsnetz. Dieses Verfahren bezeichnet man als *Nutzbremsung*. Bei einer Geschwindigkeit von 300 $\frac{\text{km}}{\text{h}}$ ist der Bremsweg 15 km lang. Der Zugführer wird im Normalfall immer auf diese Art bremsen, denn sie dient nicht nur der Rückgewinnung von Energie: Die Nutzbremsung erfolgt ohne Verschleiß!

1

Wirbelstrombremsen Wenn die Bremskraft nicht ausreichend ist, wird der zweite Bremsentyp zugeschaltet: Bis auf 7 mm Abstand zu den Schienen senken sich starke Elektromagnete herab.
Ihre Magnetfelder erzeugen in den Schienen Wirbelströme (infolge von Induktion). Durch diese Magnetfelder werden die Schienen selbst magnetisch. Es kommt zu einer starken Anziehung zwischen den Elektromagneten der Bremsen und den magnetisch gewordenen Schienen.
Auch die *Wirbelstrombremse* arbeitet verschleißfrei. Sie berührt ja die Schienen nicht – sie erhitzt sie nur durch den Wirbelstrom. Sie erhöht allerdings die Belastung der Bremsen.
Doch die Wirbelstrombremse benötigt elektrische Energie. Im Fall eines Stromausfalls erhält sie diese Energie aus der Nutzbremsung.

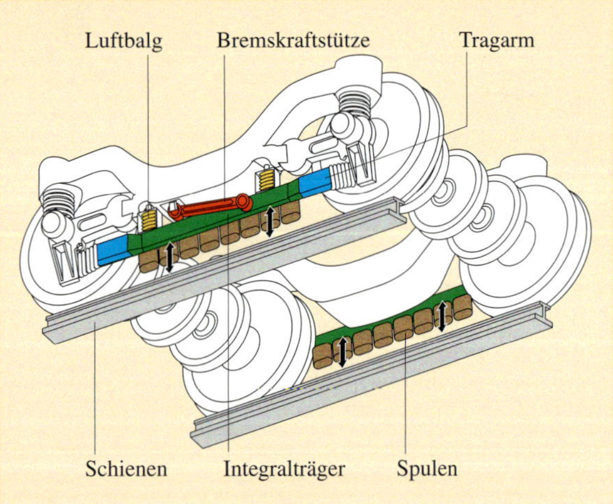

2

Scheibenbremsen Für eine Notbremsung bei Höchstgeschwindigkeit reichen aber selbst diese beiden Bremssysteme nicht. Deshalb hat der ICE auch noch Scheibenbremsen an allen Achsen – ähnlich wie ein Auto.
Beim Einsatz aller drei Bremssysteme verkürzt sich der Bremsweg auf 2,6 km.

Aufgaben

1 Es gibt drei Möglichkeiten, einen ICE 3 zu bremsen.
a Nenne die Unterschiede.
b Welchen Nachteil hat die Benutzung der Scheibenbremsen?

2 Bei 300 $\frac{\text{km}}{\text{h}}$ hat ein Formel-1-Rennwagen 2,4 MJ Bewegungsenergie.
a Vergleiche sie mit der des ICE.
b Woher kommt dieser Unterschied?
c Wo bleibt die Bewegungsenergie, wenn das Auto bremst?

3 Bei einem Spielzeugauto wurde ein Teil der Innenausstattung herausgeschnitten, damit ein Supermagnet hineinpasst. ↑B3
a Lass das Auto aus kleiner Starthöhe auf einer Kunststofffahrbahn ausrollen.
Überprüfe, wie sich die Rollweite ändert, wenn unter der Fahrbahn ein Aluminiumschiene (Eisenschiene) liegt.
b Wiederhole den Versuch ohne das Fahrzeug: Lass nur den Supermagneten auf der 45° schrägen Fahrbahn bergab rutschen – mit und ohne das Aluprofil – oder nur auf dem Aluminium.
Können sich Magnet und Aluminium gegenseitig anziehen?
Prüfe das auch durch schnelles Verschieben des Magneten auf dem Metall. Suche nach einer Erklärung für deine Beobachtung.

4 Lass einen Supermagneten senkrecht durch ein passendes Rohr aus Kunststoff, Aluminium oder Kupfer fallen.
a Mit einer aufgeklebten Folie, die Magnetfelder anzeigen kann, wird das Vorbeifallen des Magneten im Innern des Rohrs sogar von außen sichtbar. ↑B4 Bestimme die Fallzeiten.
b Die Bremswirkung beruht auf elektrischen „Wirbelströmen“. Beschreibe die Ursache für den Strom, wo doch nirgends ein Dynamo zu sehen ist …

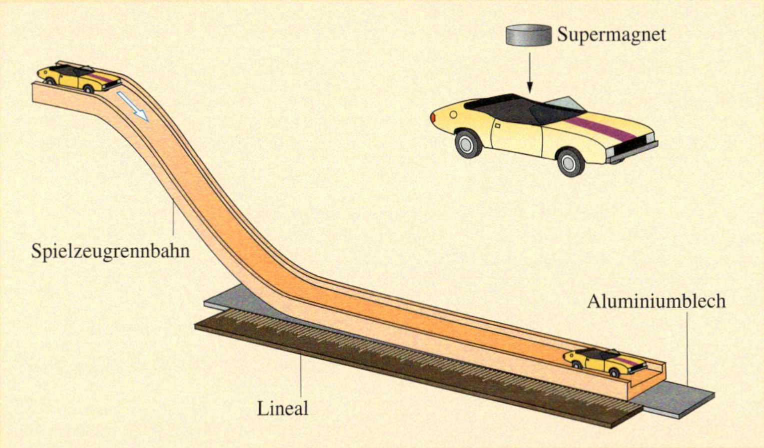

3

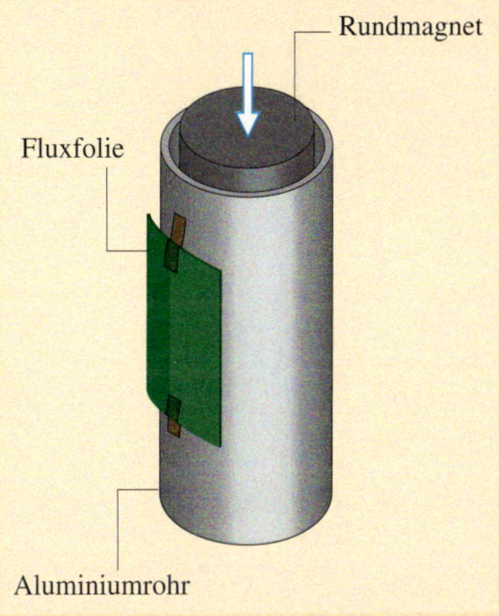

4

Aktion

1

Steffi (14) liest noch lange im Bett und hört Musik. Sie vergisst das Ausschalten. ↑B1 Lars (16) sitzt abends noch lange am Computer. Auch er vergisst oft das Ausschalten. Ihr Argument: *„Das bisschen Strom kann doch nicht so teuer sein."*

Energiekosten

Was kostet elektrische Energie?

1

Wir messen elektrische Energie (Lehrerversuch)

Elektrogeräte (100-Watt-Lampe, Heizstrahler, Bügeleisen, Computer …) werden über ein Energiemessgerät nacheinander an eine Steckdose angeschlossen. ↑B2 Gleichzeitig wird eine Stoppuhr gestartet. Tragt die Messwerte in eine Tabelle ein. Wovon hängt es ab, ob viel oder wenig Energie verbraucht wird?

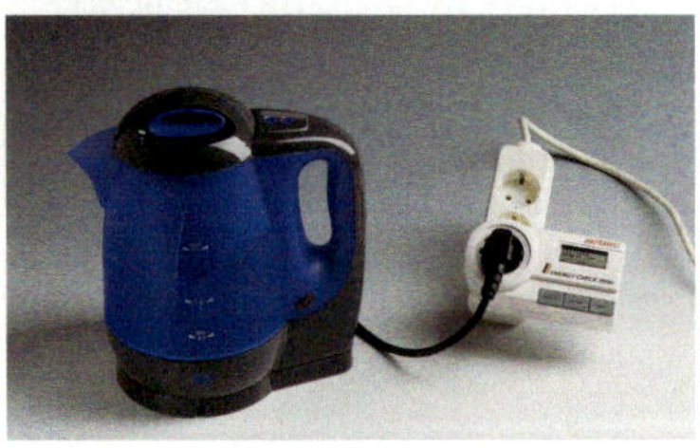

2

Mustertabelle zu V1: Verbrauch an elektrischer Energie

	nach 1 min	*nach 2 min*	*nach 3 min*	*nach 4 min*	…
Heizstrahler (1500 W)					
Wasserkocher (1000 W)					
…					

2

Wir messen elektrische Energie zu Hause

Mit einem *Energiemessgerät* könnt ihr den Energieverbrauch eurer elektrischen Geräte messen (in kWh). Mit ihm könnt ihr auch die elektrische Leistung (in Watt), die Stromstärke (in A) und die Spannung (in V) feststellen.

a Untersucht damit verschiedene Elektrogeräte. Messt jeweils die Leistung (in Watt) und berechnet, wie viel Energie sie in 1 Stunde (1 Tag …) verbrauchen. Welche Geräte benötigen besonders viel Energie?

b Manche Geräte (z. B. der Kühlschrank) schalten sich je nach Bedarf automatisch ein und wieder aus. Messt die Energie, die sie innerhalb von 24 Stunden benötigen.

c Stellt in einer Liste zusammen, wie viel Energie die Geräte ungefähr im Jahr verbrauchen. Berechnet auch die Kosten.

d Viele Geräte besitzen eine „Stand-by"-Schaltung. Messt ihre Leistung und berechnet, wie viel Energie sie zusammen in einem Jahr benötigen. Überlegt, wodurch ihr diese Energiekosten einsparen könntet.

e Geräte, die über ein Netzgerät an die Steckdose angeschlossen werden, verbrauchen oft auch dann Energie, wenn sie ausgeschaltet sind (auch ohne Stand-by-Schaltung). Überprüft das an Tisch- oder Stehlampen mit 12-V-Halogenleuchten, elektrischen Zahnbürsten usw.

3

Energiesparen in der Küche

Wie kann man mit möglichst wenig elektrischer Energie 1 Liter Wasser zum Kochen bringen?

a Untersuche das mit diesen Geräten: Tauchsieder, Mikrowelle, Herdplatte, Wasserkocher. ↑**B2**
Bei der Herdplatte kannst du auch untersuchen, ob der von dir verwendete Topf eine Rolle spielt.
Überlege dir genau, was du bei der Versuchsdurchführung beachten musst, wenn du Ergebnisse vergleichen willst.

b Die benötigte Energie lässt sich auch ohne Energiemessgerät feststellen: Du musst nur die Wattzahl des Geräts kennen und eine Stoppuhr haben.

4

Wie hängen Spannung, Stromstärke und elektrische Leistung zusammen?

a *Schülerversuch*
Welche *Leistung* haben ein Glühlämpchen, ein kleiner Motor, ein Summer …?
- Plane einen Versuch, mit dem man gleichzeitig Spannung und Stromstärke eines der Geräte messen kann. ↑**B3**
- Fertige eine Schaltskizze an.
- Berechne nun aus den Messergebnissen die Leistungen der Geräte (s. nächste Seite).

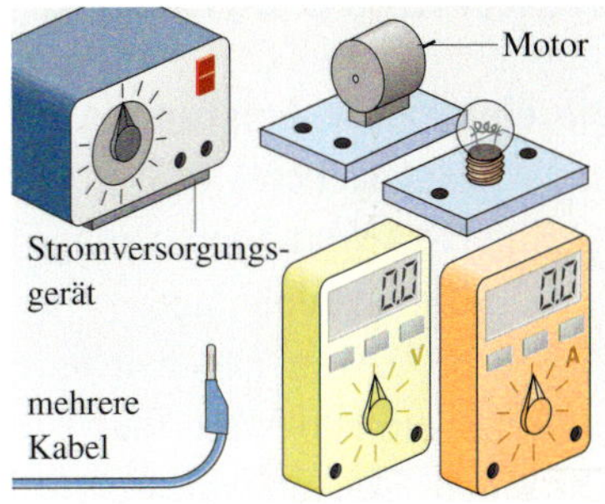

3 Geräte für Versuch 4 a

b *Lehrerversuch*
Auf Elektrogeräten ist die *Leistung in Watt* angegeben, z. B. Halogenlampen (12 V): 20 W, 50 W … und Tauchsieder (230 V): 300 W, 1000 W.
Diese Angaben sollen überprüft werden. ↑**B4** Wenn ihr kein Gerät zur Leistungsmessung habt, könnt ihr die Leistung auch berechnen (s. die folgende Seite).
- Beschreibt die jeweilige Wirkung (Tabelle!).
- Wie heiß ist ein halber Liter Wasser nach 5 Minuten?
- Beschreibt das Ergebnis so: „Je höher die Wattzahl des Elektrogeräts, desto …“
- „Je größer die Stromstärke des Elektrogeräts (bei gleicher Spannung), desto …“

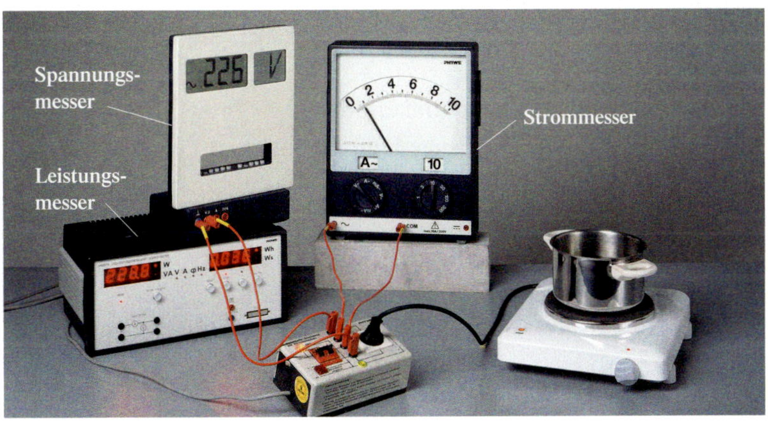

4 Aufbau von Versuch 4 b

Mustertabelle zu Versuch 4 b: Zusammenhang zwischen Spannung, Stromstärke und Leistung

Elektrogerät	*Leistung*	*Spannung*	*Wirkung (beobachtet)*	*Spannung (gemessen)*	*Stromstärke (gemessen)*	*Elektrische Leistung (errechnet)*
Glühlampe	*25 W*	*230 V*	*leuchtet schwach*	*… V*	*… A*	*… W*
…	…	…	…	…	…	…

Elektrische Leistung – elektrische Energie

Die elektrische Leistung Auf Elektrogeräten ist die *Leistung P (power)* angegeben – in Watt (W) oder Kilowatt (kW).

– Eine 100-Watt-Stereoanlage hat mehr „Power“ als eine 20-Watt-Stereoanlage.
– Ein 1000-Watt-Tauchsieder erwärmt einen Liter Wasser schneller als ein 300-Watt-Tauchsieder.

Mit einem Leistungsmessgerät kann man die elektrische Leistung direkt messen.

Man kann die Leistung auch aus den Größen *Spannung* und *Stromstärke* berechnen. ↑**B1**

Leistung = Spannung · Stromstärke

$P = U \cdot I$

Die elektrische Energie Die *elektrische Leistung* gibt Auskunft darüber, wie viel *elektrische Energie* das Elektrogerät benötigt:

– Heizgerät (1500 W) – viel Energie ↑**B2**
– Energiesparlampe (8 W) – wenig Energie ↑**B3**

Auch die *Zeit* spielt eine Rolle: Je länger die Einschaltzeit – desto mehr Energie wird verbraucht. Daraus folgt:

Die elektrische *Energie E* ist also abhängig von der *Leistung P* und der *Einschaltzeit t*.

$E = P \cdot t$

Statt des Begriffs „elektrische Energie“ wird meistens der Begriff „Strom“ benutzt. Man spricht z. B. von der „*Strom*rechnung“ und meint die Rechnung für die Kosten der „elektrischen *Energie*“.

Die Einheiten von Leistung und Energie

Einheit der Leistung: Die Einheit der Leistung ist 1 Watt (1 W).
1 Watt (1 W) = 1000 mW (Milliwatt)
1 Kilowatt (1 kW) = 1000 W
1 Megawatt (1 MW) = 1000 kW
Einheit der Energie: 1 Wattsekunde (1 Ws) = 1 Joule (1 J)
Bekannter ist die Einheit 1 Kilowattstunde (1 kWh): ↑**B4**
1 kWh = 3 600 000 Ws = 3 600 000 J.

BEISPIELRECHNUNG
Eine Lampe ist an die Steckdose (U = 230 V) angeschlossen. Die Stromstärke beträgt I = 0,44 A.

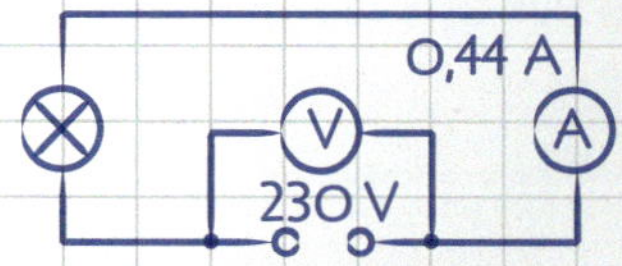

Als Leistung ergibt sich:
$P = U \cdot I = 230\,V \cdot 0{,}44\,A = 101\,W$

1

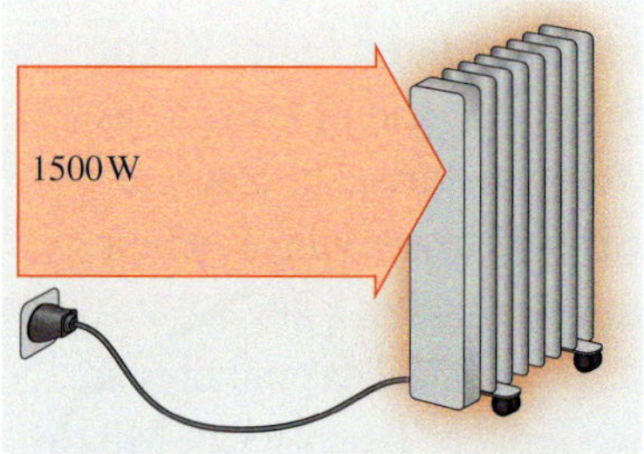

2 Ölradiator

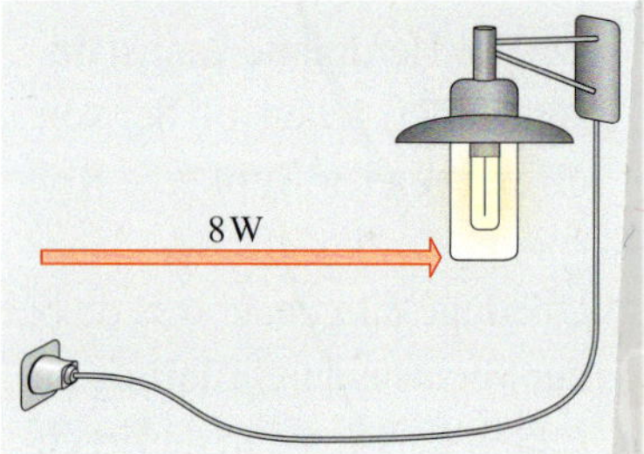

3 Energiesparlampe

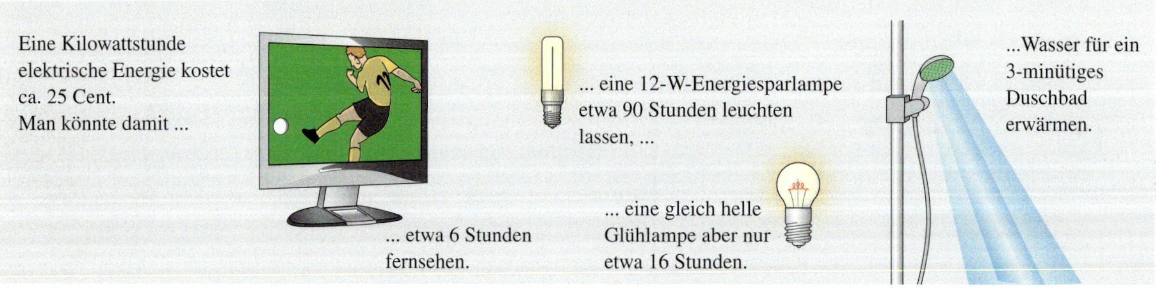

4

Die Kosten für elektrische Energie Wie teuer die elektrische Energie ist, zeigt das folgende Beispiel. Es bezieht sich auf die Situation von Steffi und Lars (s. Beginn der vorhergehenden Doppelseite).

So berechnet man elektrische Energiekosten:
Leistung (in kWh) · Zeit (in h) · Strompreis (in € je kWh). ↑B5

BEISPIELRECHNUNG	Lars (Computer mit Drucker)	Stefanie (Musikanlage)
Berechnung der Energie (je Tag)	Leistung: 150 W; Einschaltzeit: 6 h $E = 150\,W \cdot 6\,h = 900\,Wh = 0{,}9\,kWh$	Leistung: 100 W; Einschaltzeit: 10 h $E = 100\,W \cdot 10\,h = 1000\,Wh = 1\,kWh$
Berechnung d. Energiekosten Kosten je 1 kWh: 0,25 €	Kosten (je Tag): $0{,}9 \cdot 0{,}25\,€ = 0{,}22\,€$	Kosten (je Tag): $1{,}0 \cdot 0{,}25\,€ = 0{,}25\,€$

5

Aufgaben

1 „Mit Halogenlampen spart man Energie, weil sie schon mit 12 V hell leuchten.“ Ob diese Erklärung stimmt?

a Welche Lampe hat die größere Leistung *P* – eine Halogenlampe (12 V; 50 W) oder eine Glühlampe (230 V; 50 W)?

b Errechne die jeweilige Stromstärke.

c Wie viel Energie ist jeweils für zehn Stunden Brenndauer nötig?

2 Im Jahr 2008 betrugen die Stromkosten für Familie S. (vier Personen) 904,02 € (einschließlich aller Nebenkosten). Die Familie hatte einen Verbrauch an elektrischer Energie von 4636 kWh.

a Wie teuer war also im Jahr 2008 eine kWh?

b Informiere dich über die Entwicklung der Strompreise von 1995 bis heute.
Stelle die Veränderungen grafisch dar.

Gerät (Leistung)	*Einschaltzeit*	*Benötigte Energie*	*Stromkosten*
Glühlampe (100 W)	*5 h*	*… kWh*	*… €*
Backofen (1200 W)	*90 min*	*… kWh*	*… €*
Fernsehgerät (100 W)	*5 h*	*… kWh*	*… €*
Computer mit Monitor und Drucker (100 W)	*4 h*	*… kWh*	*… €*

3* Siehe dir die Tabelle (unten links) an.

a Wie viel Energie verbrauchen die Geräte jeweils bei der angegebenen Einschaltdauer? Wie teuer ist das?
Trage die Ergebnisse in eine Tabelle nach dem angegebenen Muster ein.

b Wie hoch sind die Stromkosten für die Geräte, die Lars und Stefanie (s. oben) nicht ausgeschaltet haben? Nimm an, dass die Geräte an 200 Tagen jeweils 10 h eingeschaltet sind.

4 Sieh dir die Grafik unten an. ↑B6

a Errechne die jährlichen Stromkosten für jedes Gerät.

b Sehr „energiefressend“ sind Plasmafernseher (bis 400 W). Wie hoch sind die jährlichen Energiekosten, wenn der Fernseher an 300 Tagen 5 h lang läuft?

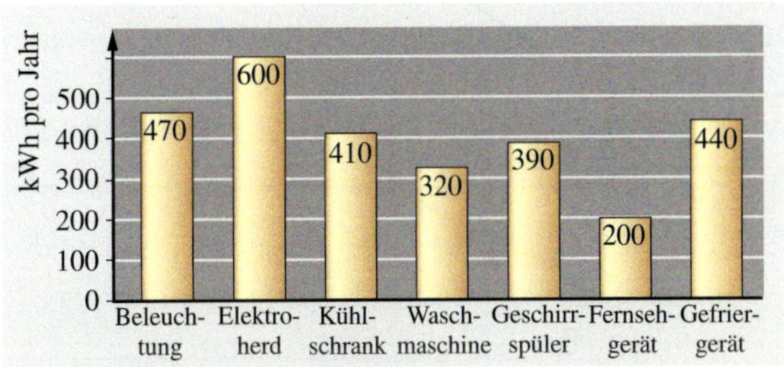

6 Stromverbrauch von Haushaltsgeräten in einem Vier-Personen-Haushalt (gerundet)

Ausblick

Tipps zum Energiesparen

Augen auf beim Gerätekauf Je größer die Leistungsangabe auf dem Typenschild des Elektrogeräts, desto teurer seine Benutzung! Die Energie-Information zeigt, ob die Kosten bei diesen Geräten hoch oder niedrig sind. ↑B1

Kühler Ort fürs Kühlgerät Kühlschränke sollte man nicht neben den Elektroherd stellen. Gefrierschränke oder -fächer gehören eigentlich in den Keller und nicht in die warme Küche (Spareffekt: ca. 30 %).

Geräte vollpacken Wer den Geschirrspüler oder die Waschmaschine zweimal nur halb vollpackt, zahlt doppelt. Aufgepasst bei Sparprogrammen: Zwei „Sparwäschen" sind oft teurer als ein einziger normaler Waschgang.

Kühler Tipp für heiße Wäsche Viele meinen: „Wäsche muss gekocht werden, sonst wird sie nicht ganz sauber." Für nur leicht verschmutzte Kochwäsche reicht oftmals eine Waschtemperatur von 60 °C aus (Spareffekt: ca. 40 %).

Zieh lieber Leine Auf der Wäscheleine trocknet die Wäsche kostenlos. ↑B2 Das zählt – da mag ein elektrischer Wäschetrockner noch so bequem sein (Spareffekt: 100 %).

Der Sparkochtopf Im Schnellkochtopf steigt die Temperatur auf über 100 °C. Das Essen wird dadurch schneller gar. Hier gilt wirklich: „Zeit ist Geld" (Spareffekt: über 50 %). Nicht jeder Topf ist übrigens für jede Kochplatte geeignet. ↑B3

Die Nachwärme nutzen Bei Speisen, die länger als 30 min im Backofen bleiben, kann man auf das Vorheizen verzichten. Die Nachwärme kann man aber immer nutzen: 6 Minuten vor Ende der Backzeit abschalten (Spareffekt: bis zu 20 %).

Mal richtig abschalten Fernsehgeräte, Hi-Fi-Anlagen, Satellitenempfänger, Computer, Drucker usw. benötigen auch im Stand-by-Betrieb Energie. Viele ältere Geräte (z. B. mit Bildröhren) sind auch im Stand-by-Betrieb wahre „Energiefresser".

Kostenlose Energiemessgeräte Bei vielen Energieunternehmen kann man Energiemessgeräte ausleihen und dann zu Hause den Stromverbrauch von Elektrogeräten überprüfen. So kann man beurteilen, ob nicht lieber ein „Energiefresser" ersetzt werden sollte.

1 Energieverbrauch (Geschirrspüler)

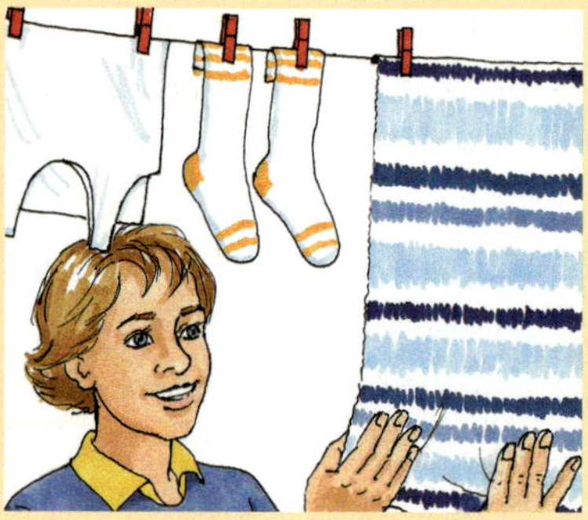

2 100 % gespart!

3 „Das darf doch nicht wahr sein!?"

Aufgaben

1 Unter dem Stichwort „Energiesparen" findest du im Internet viele weitere Tipps (z. B. unter der Adresse: www.energie.richtig.sparen.de). Stelle die für dich wichtigsten auf einem Plakat zusammen (möglichst mit Bildern).

2 Welche Geräte laufen bei euch zu Hause im Stand-by-Betrieb? Bei welchen ist es sinnvoll?

3 Warum lohnt sich ein Akku nur, wenn das Gerät häufig benutzt wird?

Elektrische Energie für unterwegs

Batterie oder Akku? Es gibt viele elektrische Geräte, die man mit Batterien oder Akkus betreiben kann. Das ist einfach und sehr bequem: Unabhängig von einer Steckdose und einem lästigen Kabel kann man so überall telefonieren, Musik hören, Schrauben eindrehen, mit dem Notebook (Laptop) arbeiten.
Diese Bequemlichkeit ist aber teuer, denn 1 Kilowattstunde kostet:
- aus der Steckdose ca. 0,25 €
- aus Batterien bis 50,00 €
- aus Akkus bis 20,00 €

Aus dieser Aufstellung sollte man folgende Schlüsse ziehen: Wenn möglich Strom aus der Steckdose nutzen und möglichst Batterien durch Akkus ersetzen! Dadurch wird Geld gespart und weniger Abfall produziert.

Vom Umgang mit Akkus Im Gegensatz zu einer Batterie kann man Akkus mit einem Ladegerät wiederaufladen. Man nennt sie deshalb auch „wiederaufladbare Batterien". ↑B4 Leider sind Akkus aber nicht unbegrenzt haltbar:
- Akkus „altern", d.h., nach einigen Jahren liefern sie, obwohl sie aufgeladen werden, keine elektrische Energie mehr.
- Akkus lassen sich nicht unbegrenzt oft aufladen (je nach Bauart nur 300- bis 1000-mal).
- Akkus entladen sich langsam von selbst, auch ohne Gebrauch.

Um Akkus möglichst lange benutzen zu können, solltest du einige Regeln zur Akkupflege beachten (siehe dazu den Kasten rechts).
Da es sehr unterschiedliche Akkutypen gibt, solltest du die Gebrauchshinweise des jeweiligen Herstellers befolgen!

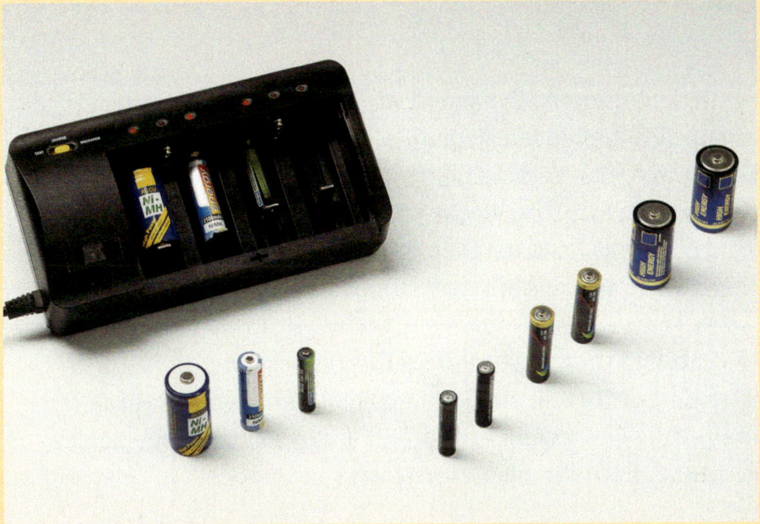

4

Regeln für alle Akkus

1. Gute Ladegeräte benutzen! Der richtige Ladevorgang ist nämlich entscheidend für die Lebensdauer des Akkus.

2. Nur Aufladen, wenn nötig! Jeder Ladevorgang verkürzt die Lebensdauer des Akkus. Vermeiden sollte man auch ein „Tiefentladen" (ein vollständiges Entladen des Akkus). *Beispiel:* Wenn man ein schnurloses Telefon immer sofort in die Ladestation zurücklegt, wird es jedes Mal aufgeladen – jedes Laden „zählt". Bevor es aber ganz entladen ist (das zeigt ein Symbol an), muss es in die Ladestation zurückgelegt werden, um ein Tiefentladen zu vermeiden.

3. Vor zu starker Erwärmung schützen! Eine starke Erwärmung verkürzt die Lebensdauer erheblich. *Beispiel:* Wer ein Notebook zu Hause benutzt, sollte es unbedingt an die Steckdose anschließen, den Akku herausnehmen und kühl lagern. Er darf weder ganz entladen noch völlig aufgeladen sein. Das Notebook erwärmt sich nämlich stark und heizt sonst auch den Akku auf. Außerdem wird dieser immer nutzlos aufgeladen.

Elektromotor, Induktion und Energiekosten auf einen Blick

→ *Elektromotoren:* Wichtige Teile eines Elektromotors sind
- der *Stator*, ein fest stehender Dauer- oder Elektromagnet,
- der *Rotor*, ein drehbarer Elektromagnet,
- der *Stromwender*, der bei jeder Rotordrehung die Stromrichtung in der Rotorspule umdreht.

So werden immer wieder Nord- und Südpol des Rotors vertauscht. ↑ S. 92

Der Elektromotor ist ein Energiewandler:
Elektrische Energie $\xrightarrow{\text{Elektromotor}}$ Bewegungsenergie.

↓

Elektromagnetische Induktion: In einer Spule entsteht eine Spannung (wird eine Spannung *induziert*), solange sich das Feld eines Dauer- oder Elektromagneten innerhalb der Spule *ändert*. ↑ S. 100

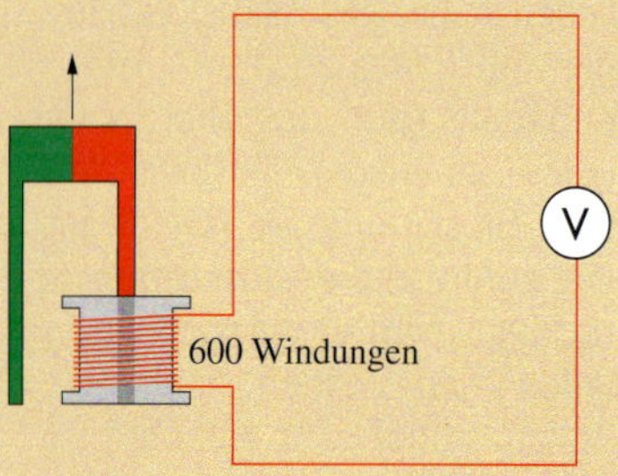

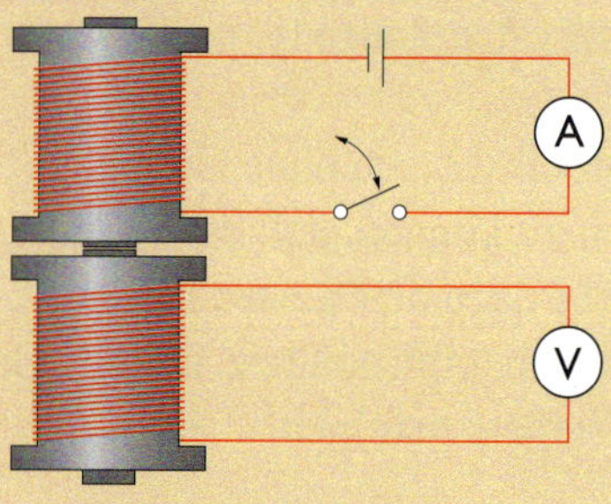

Das Magnetfeld in der Spule kann man ändern
- durch Hin- und Herbewegen von Dauermagnet oder Spule,
- durch Ein- und Ausschalten des Elektromagneten.

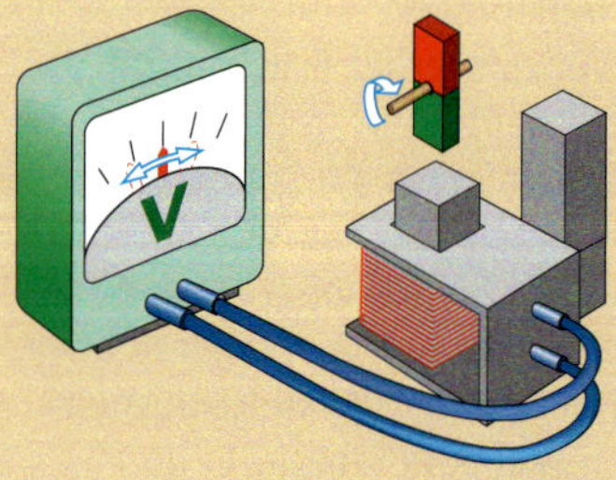

→ In Generatoren (Dynamos) wird das Magnetfeld mit einem sich drehenden Magneten erzeugt.
Es entsteht eine *Wechselspannung*, bei der die Elektronen dauernd die Richtung wechseln.
Wird ein Gerät (z. B. ein Glühlämpchen) angeschlossen, so fließt im Stromkreis ein *Wechselstrom*. ↑ S. 100

→ Batterien und Akkus liefern *Gleichspannung*.
Wird ein Gerät (z. B. ein Glühlämpchen) angeschlossen, so fließen die Elektronen – je nach Polung – immer in die gleiche Richtung. Es fließt ein *Gleichstrom*.

↓

Ein Elektromotor kann als Generator eingesetzt werden: ↑S. 101

Generator:

Spule und Magnet —Bewegung→ elektr. Energie

Elektromotor:

Spule und Magnet —elektr. Energie→ Bewegung

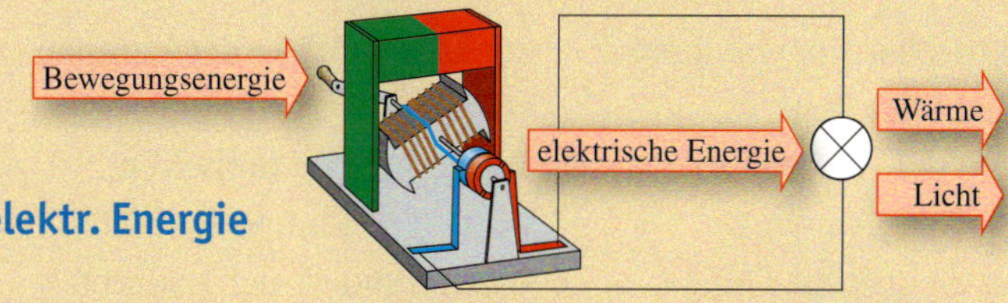

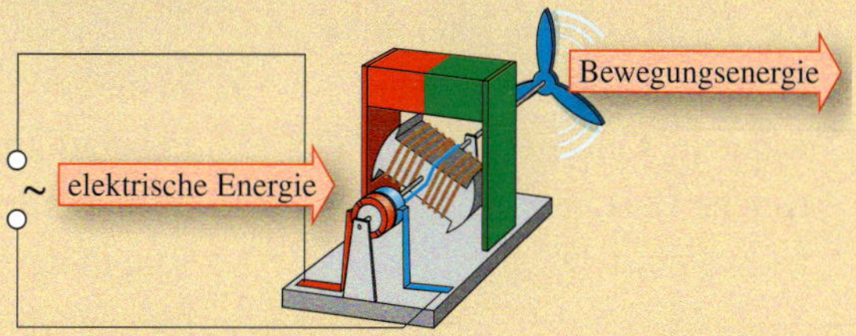

↓

Die Einheit der Energie:

1 Joule oder 1 Wattsekunde

1 J = 1 Ws

Meistens verwendet man die größere Einheit Kilowattstunde (1 kWh)

3 600 000 Ws = 1 kWh.

→ ***Berechnung der elektrischen Energie:***

Je höher die „Wattzahl" (die Leistung *P*) des Elektrogeräts und je größer die Einschaltzeit *t* des Geräts, desto mehr Energie *E* wird verbraucht:

Energie = Leistung · Zeit

E = P · t ↑S. 109

BEISPIELRECHNUNG

Wie hoch sind die jährlichen Energiekosten für ein Fernsehgerät?
(Leistung = 150 W; tägliche Einschaltzeit = 5 Stunden)

1. Eingeschaltetes Gerät
je Tag: 0,150 kW · 5 h · 0,25 $\frac{€}{kWh}$ = 0,19 €
im Jahr: 0,19 € · 365 Tage = 69,35 €

2. im Standbybetrieb
0,008 kW · 19 h · 0,25 $\frac{€}{kWh}$ = 0,04 € · 365 Tage = 14,60 €
·24h · 0,20

Jährliche Gesamtkosten an Energie für das Fernsehen: 83,95 €

Berechnung der Energiekosten (Stromkosten):

Leistung P (in kW) · Zeit t (in h) · Preis (pro kWh) ↑S. 108

Alles klar?

1 Dauermagnete und Elektromagnete haben Gemeinsamkeiten und Unterschiede. Nenne je drei.

2 „Jeder Draht, der Teil eines Stromkreises ist, hat eine magnetische Wirkung."
Wie könntest du diese Behauptung beweisen oder widerlegen? Lege eine Schaltskizze an.

3 Nenne die Namen der wichtigsten Teile eines Elektromotors. Welche Aufgaben haben sie?

4 Eine Spule soll zu einer Energiequelle werden. Was brauchst du dafür? Was ist zu tun?

5 Batterien liefern Gleichspannung, Dynamos Wechselspannung.
Erkläre den Unterschied.

6 Auch ohne ein Energiemessgerät ist es möglich, die „Stromfresser" unter den Elektrogeräten zu finden.

a Wovon ist es abhängig, ob ein Gerät viel oder wenig Stromkosten im Jahr verursacht?

b Nenne mindestens drei Möglichkeiten, wie ihr zu Hause die Stromkosten senken könntet.

Teste dich!

1 „Mit elektrischer Energie kann ich nur Licht machen!“

a Stimmst du der Aussage zu? Begründe deine Antwort.

b Finde vier elektrische Geräte, die die elektrische Energie in etwas anderes als Licht umwandeln. Gib jeweils an, welche Energie aus der Elektrizität entsteht.

2 Deine Fahrradbeleuchtung soll untersucht werden. ↑**B1**

a Zeichne den Schaltplan mit Scheinwerfer und Rücklicht.

b Gib an, an welchen Stellen dieser Schaltung du die Stromstärke messen kannst.

c Welche Vorhersagen für die Messergebnisse kannst du treffen?

1

3 Eine Partybeleuchtungskette aus 10 Lampen wird mit Netzspannung betrieben.

a Welcher Spannungswert steht wohl auf den Fassungen?

b Zeichne eine Schaltskizze mit drei Lampen und Messgeräten zur Überprüfung der Lampenspannung.

c Wie kannst du dir helfen, wenn eine Lampe ausfällt? Was verändert sich dadurch?

4 In einem Stromkreis mit einer Fahrradlampe und einer Batterie werden 300 mA gemessen, in dem einer 75-W-Lampe, die an der Steckdose angeschlossen ist, ebenfalls.

a Ist so etwas möglich?

b Zeichne die beiden Stromkreise mit den Messinstrumenten als Schaltskizze.

c Beschreibe mit einem Modell, was in den beiden Stromkreisen passiert. Was ist gleich, wo liegen die Unterschiede?

5 Drei Haushaltsgeräte sind an einer Steckdose (230 V) angeschlossen. Im Betrieb kann man an den Geräten folgende Stromstärken messen: Bügeleisen 5,2 A, Kaffeemaschine 2,6 A und am Toaster 4,3 A.

a Die Geräte sind parallel zueinander geschaltet. Zeichne eine Schaltskizze mit den Messgeräten.

b Erkläre, wie diese Geräte elektrische Energie in Wärme umwandeln.

c Berechne den elektrischen Widerstand der Heizspiralen für jedes Gerät.

d Die Steckdose ist mit einer 10-A-Sicherung gesichert. Was wird geschehen?

6 Im Auto soll eine LED als Kontrolllampe eingebaut werden. Sie hat einen Widerstand von 90 Ω.

a Wie kann die Stromstärke auf 20 mA begrenzt werden? Fertige dazu einen Schaltplan.

b Berechne die Größe des Bauteils, das zum Einsatz kommt.

c Was kann passieren, wenn wenn die LED ohne Schutzwiderstand betrieben wird?

7 Überall Elektromotoren

a Benenne die drei Teile. ↑**B2**

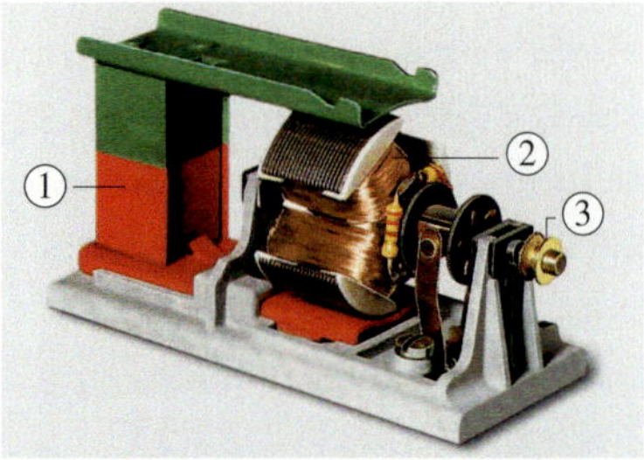

2

b Elektromotoren bestehen aus Dauer- und Elektromagneten. Nenne je zwei Gemeinsamkeiten und Unterschiede.

c Welche Eigenschaften des Elektromagneten sind für den Motor entscheidend?

d Wovon ist die Richtung, in der sich der Rotor dreht, abhängig? ↑**B2** Begründe deine Antwort.

e Nenne sechs Haushaltsgeräte mit Elektromotoren.

f Es gibt Autos und Mopeds, die durch Elektromotoren angetrieben werden. Beschreibe und bewerte ihre Vor- und Nachteile gegenüber Fahrzeugen mit Verbrennungsmotoren.

8 Aus Spulen werden elektrische Energiequellen.

a Zeichne und beschreibe, wie man mit Spule und Magnet eine Spannung erzeugen kann.

b Berichtige den folgenden Satz: „Es wird eine Spannung in einer Spule induziert (erzeugt), wenn die Spule von einem Magnetfeld umgeben ist.“

c Beschreibe drei Experimente, mit denen man nachweisen kann, wovon die Größer der induzierten Spannung abhängt.

9 Was kostet die elektrische Energie?

a Mit einem Energiemessgerät kann man den Stromverbrauch eines Elektrogeräts messen. Man kann das aber auch ohne Messgerät *berechnen*. Von welchen beiden Größen ist der Energieverbrauch abhängig?

b Als Beleuchtung benutzt man oft Halogenlampen. Sie arbeiten meist mit einer Spannung von 12 V. Ob die Halogenlampen deshalb weniger Energie als normale Glühlampen verbrauchen? ↑**B3**
Berechne die Leistung *P* der beiden Lampen.

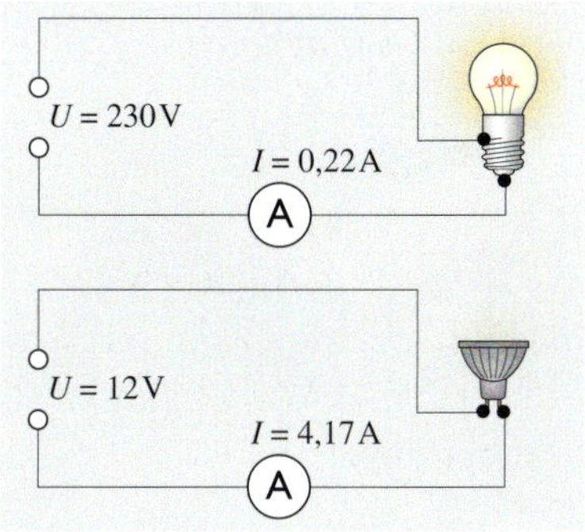

3

c Berechne, wie viel elektrische Energie sie in 10 h verbrauchen würden, und beantworte die Frage oben.

d Bewerte die bei vielen Geräten übliche „Stand-bySchaltung“. Denke dabei auch an Energiekosten und Umweltbelastung. Beschreibe eine sinnvolle Lösung zum Stromsparen. Nenne weitere Möglichkeiten, Strom zu sparen.

10 Nimm an, dass 1 kWh elektrische Energie 25 Cent kostet. Ermittle, wie lange damit folgende Geräte versorgt werden könnten: Bügeleisen (1000 W), Heizlüfter (2000 W), Fernseher (160 W), Glühlampe (60 W), Energiesparlampe gleicher Helligkeit (11 W).

Die Lösungen findest du im Anhang.

Ordne dazu deiner Lösung im Heft ein Smiley zu:
☺ Ich habe die Aufgabe richtig lösen können.
😐 Ich habe die Aufgabe nicht komplett lösen können.
☹ Ich habe die Aufgabe nicht lösen können.

Schätze deine Kenntnisse und Fähigkeiten ein.

Aufgabe	Ich kann …	Hilfe findest du auf Seite …
1	… die Energieumwandlung in Elektrogeräten beschreiben.	62 f.
2	… Schaltpläne zeichnen und Stromstärken messen.	67
3, 5	… mein Wissen über Reihen- und Parallelschaltung anwenden.	75
4	… erläutern, was man unter Spannung versteht.	72
5	… Widerstände berechnen und für Haushaltsstromkreise ausrechnen, ob zu viele Geräte angeschlossen sind.	78 f.
7	… Schaltungen mit Schutzwiderständen planen und Widerstandswerte berechnen.	79
8	… die wichtigsten Bauteile eines Elektromotors nennen.	92
8	… erklären, wie die Drehbewegung entsteht.	
	… mithilfe von Spule und Magnet elektrische Spannung erzeugen.	100
9, 10	… die Größen nennen, die die den Stromverbrauch beeinflussen.	108
9	… den Stromverbrauch von Elektrogeräten berechnen.	109
9	… Möglichkeiten nennen, wie man Strom zu sparen kann.	110

Kräfte und einfache Maschinen

In diesem Kapitel erfährst du etwas über *physikalische Kräfte* und Geräte *(einfache Maschinen)*, die im täglichen Leben vielfach eingesetzt werden und uns viele Arbeiten erleichtern können.

Sieh dir die Bilder genau an und beschreibe,

- welche Kräfte du erkennen kannst und was sie bewirken
- welche Geräte und einfache Maschinen du entdeckst und wozu sie eingesetzt werden.

1

2

3

4

5

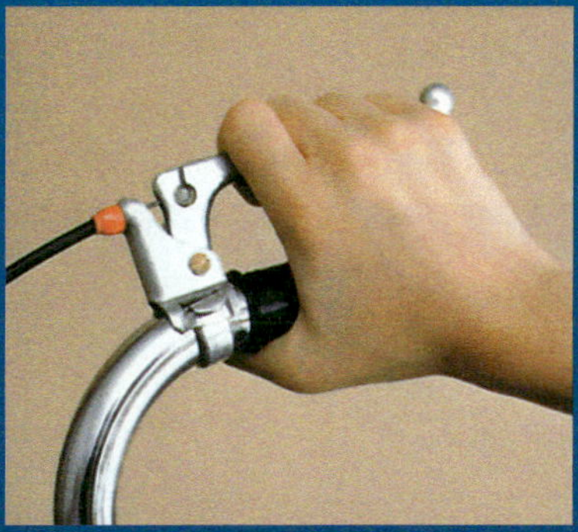

6

7

8

9

10

Aktion

1 „Oje, kein Sprit mehr!“ Jetzt ist Schieben angesagt.

2 Auf dem Weg in den Raum – ohne Antrieb!

Kraft und Masse

Experimentieren mit Kräften

Warum bleibt das Auto schon nach kurzer Zeit stehen, wenn der Tank leer ist? ↑B1
Warum aber fliegt die Raumsonde immer weiter – ganz ohne Antrieb? ↑B2

1

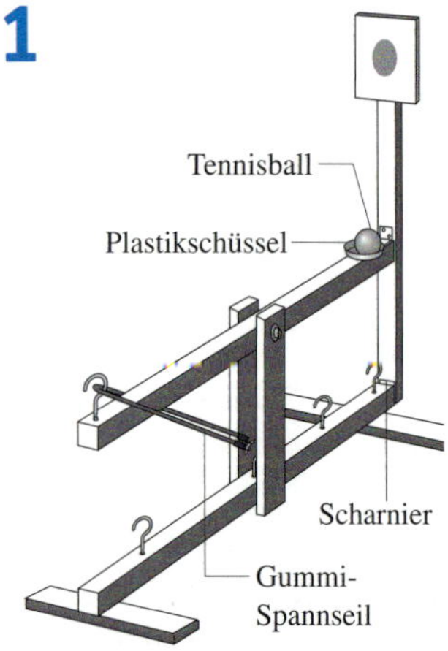

Tipp: Diese selbst gebaute Wurfmaschine ist gut geeignet als „Mohrenkopf-Wurfmaschine“ auf dem nächsten Schulfest.

Experimente mit Wurfmaschine und Bällen*

Materialien: Wurfmaschine, unterschiedlich schwere Bälle (z. B. Tennisbälle, Schlagbälle)

Versuchsdurchführung: Die Experimente können auf dem Schulhof, in der Turnhalle oder in einem großen Flur durchgeführt werden. Mit der Wurfmaschine kann man Bälle hochschießen – ähnlich wie Satelliten mit Raketen.

a Schießt unterschiedlich schwere Bälle hoch. Messt jeweils, wie weit sie fliegen. Warum fliegen sie unterschiedlich weit?

b Wie erreicht ihr, dass ein und derselbe Ball einmal weit und einmal weniger weit fliegt? Probiert es aus und messt die Unterschiede.

Versuchsauswertung:

a Welche Kraft schleudert die Bälle hoch, beschleunigt sie? Warum fliegen sie unterschiedlich weit?

b Durch welche Kräfte werden die Bälle gebremst, sodass sie bald wieder auf dem Boden landen?

2 Wie weit rollt eine Kugel?

Materialien: Regenrinne (2 m, als Rampe), Klotz, Kugelstoß- oder Bocciakugel

Versuchsdurchführung:

a Lasst eure Kugel die Rampe herunterrollen und messt, wie weit die Kugel nach der Rampe rollt.

b Verändert den Versuchsaufbau so, dass die Kugel weiterrollt. Messt wieder den Weg.

c Lasst die Kugel aus gleicher Höhe einmal über den glatten Boden und einmal über einen Teppich rollen. Messt die Rollwege.

Versuchsauswertung:

a Beschreibt genau die Bewegungsänderungen der Kugel vom Start bis zum Stillstand.

b Welche Kraft beschleunigt die Kugel? Welche bremst sie?

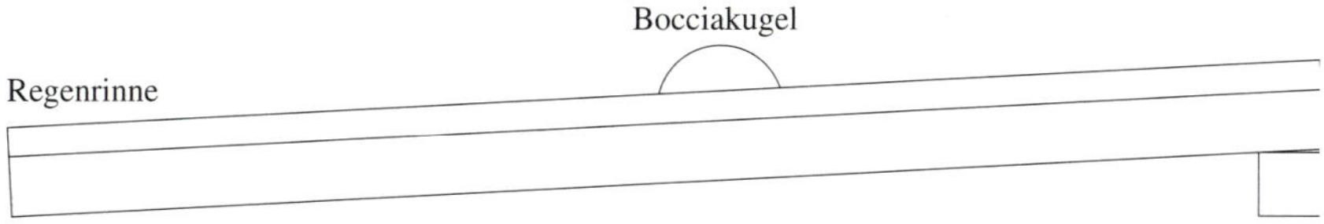

3 Mit Luft bremsen?

Materialien: 2 Regenschirme, 3 Stoppuhren

Versuchsdurchführung: Der Versuch wird auf dem Schulhof oder dem Sportplatz durchgeführt.
3 Personen, die möglichst gleich schnell laufen können, führen den Wettkampf durch: Person 1 mit aufgespanntem Schirm, Person 2 mit aufgespanntem und gedrehtem Schirm, Person 3 ohne Schirm. Die 100-m-Zeiten werden gestoppt.

Versuchsauswertung:
Erklärt die unterschiedlichen Laufzeiten.

4 Wer ist stärker?

Materialien: Fahrradschlauch als „Expander“ *(Vorsicht, Verletzungsgefahr! Das Ventil herausschneiden!)*

Versuchsdurchführung: Der Fahrradschlauch ist auf einer Seite fest eingespannt. An der freien Seite zieht eine Person mit einer Hand.

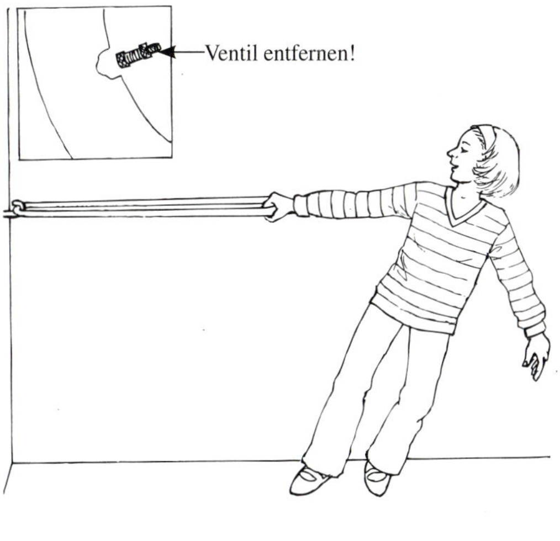

Versuchsauswertung:

a Beschreibt die Wirkung eurer Kraft. Formuliert den Zusammenhang von Kraft und Ausdehnung in einem Je-desto-Satz.

b Beim Ziehen spürt ihr eine Gegenkraft. Wer übt sie aus?

Fakten

Überall Kräfte – doch unterschiedliche Wirkungen

1 *Kraft:* Muskelkraft
Wirkung: Die Kugel wird weggestoßen, sie *ändert ihre Geschwindigkeit.*

2 *Kraft:* Reibungskraft (Luft, Straßenbelag)
Wirkung: Das fahrende Auto wird langsamer, es *ändert die Geschwindigkeit.*

3 *Kraft:* Muskelkraft, Reibungskraft
Wirkung: Der Skifahrer fährt in die Kurve; das heißt, er *ändert seine Richtung.*

Was bedeutet „Kraft"? Der Begriff „Kraft" wird in der Umgangssprache anders als in der Physik gebraucht.
In der Umgangssprache spricht man z. B. von „Urteilskraft" oder von „Waschkraft". Was man in der Physik unter „Kraft" versteht, ist in den Bildern auf dieser Seite dargestellt. ↑**B1–4**
Auf einen Körper wirkt eine Kraft, wenn sich sein *Bewegungszustand* (seine Geschwindigkeit oder seine Bewegungsrichtung) *ändert*. Auch wenn sich die *Form* eines Körpers verändert, wirken auf ihn Kräfte.
Für die physikalische Größe *Kraft* benutzt man das Formelzeichen F (engl. *force*).
Hier wirken verschiedene Kräfte:
Muskelkraft ↑**B1** ↑**B3** ↑**B4**, *Gewichtskraft* ↑**B4**, *Federkraft* ↑**B4** und *Reibungskraft* ↑**B2** ↑**B3**.

4 *Kraft:* Gewichtskraft, Federkraft
Wirkung: Die Gewichtskraft *verformt* den Stab, die Federkraft schleudert den Springer nach oben.

Das Kräftegleichgewicht* Der Gewichtheber hält die Hantel. ↑**B5**
Wirken hier überhaupt Kräfte? Es wird doch nichts verformt und auch der Bewegungszustand bleibt gleich …
In dieser Situation wirken *zwei Kräfte*: Gewichtskraft und Muskelkraft. Die Hantel ruht, weil *Kräftegleichgewicht* herrscht:
Gewichtskraft = Muskelkraft.

5

Aufgaben

1 In welcher der folgenden Situationen spielen physikalische Kräfte eine Rolle? Begründe!
a Die Sehkraft lässt nach.
b Ein Fahrer gibt Gas und überholt den Lkw.
c Ein Schlitten fährt hinunter und kommt zum Stehen.
d Das Waschmittel hat eine starke Waschkraft.
e Ein Apfel fällt vom Baum.
f Du ziehst einen Nagel heraus.
g Nina bläst einen Ballon auf.
h Ein Affe lässt eine Kokosnuss vom Baum fallen, um sie auf diese Weise zu knacken.

Kräfte messen Kräfte (F) misst man in Newton (N) – nach dem englischen Physiker *Isaac Newton* (1643–1727).
1 Newton (1 N) ist die Kraft, die du brauchst, um eine 100-g-Tafel Schokolade hochzuheben. ↑**B6**
1000 Newton (1000 N) = 1 Kilonewton (1 kN)
1000 Kilonewton (1000 kN) = 1 Meganewton (1 MN) = 1 000 000 N
Die Kraft misst man in der Einheit Newton (1 N).
Kräfte werden mit Kraftmessern gemessen.

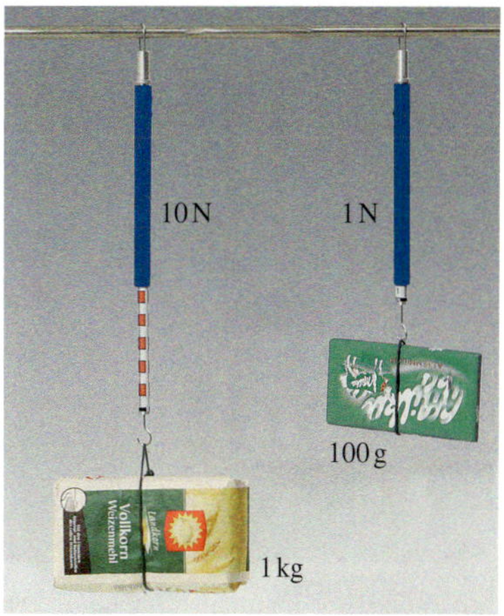

6

Das Gehäuse der Kraftmesser enthält eine Schraubenfeder, die durch die Kraft verformt wird. ↑**B7** *Messvorschriften:*

1 Achte auf den Messbereich des Kraftmessers. Zu große Kräfte können die Feder beschädigen.
2 Vor dem Messen musst du manche Kraftmesser erst noch justieren („auf null stellen"). Schiebe dazu den Nullpunktschieber des Kraftmessers auf die Null.
3 Lies den Wert, den der Kraftmesser anzeigt, in Augenhöhe ab (also nicht von schräg oben oder unten).

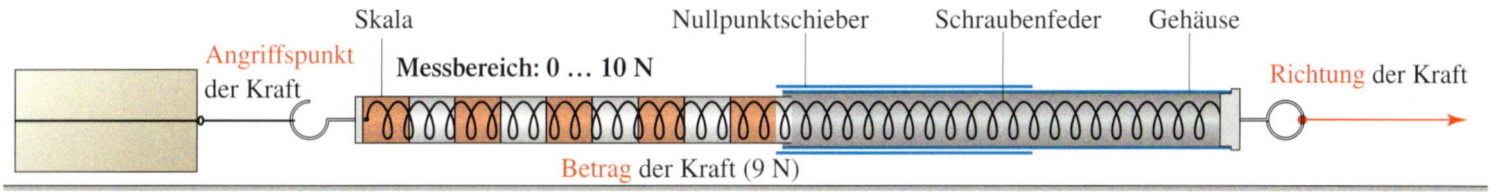

7

Aufgaben

2 Messen von Kräften:
a Miss die *Gewichtskräfte* einiger Körper, z. B. 1 Liter Milch, 1 Tafel Schokolade.
b Stelle fest, wie groß die *Reibungskraft* zwischen einem Klotz (oder einer Packung Milch) und der Unterlage ist.
Vergleiche das Ergebnis mit der *Gewichtskraft* der Milchpackung.

3 In Kraftmessern sind Stahlfedern verborgen. Plane einen Versuch, mit dem du überprüfen kannst, ob für Stahlfedern folgende Gesetzmäßigkeit gilt:
– Doppelte Kraft (Last) → doppelte Federverlängerung
– Dreifache (4-fache …) Kraft (Last) → dreifache (4-fache …) Federverlängerung
Man nennt diese Gesetzmäßigkeit das *hooksche Gesetz* – nach dem englischen Physiker *Robert Hooke* (1635–1703).

4* Wettbewerb: Wer baut aus Papier eine Brücke oder ein Gestell mit der größten Tragfähigkeit? ↑**B8** Als Material dürft ihr nur ein DIN-A4-Blatt, Klebstoff und Schere nehmen. Überlegt, wie ihr die Tragfähigkeit eurer Brücke messen könnt.

8

Fakten

Gewichtskraft und Masse auf Erde und Mond

1 Auf der Erde kaum anzuheben

2 Auf dem Mond ein Kinderspiel

Der Astronaut trägt in beiden Fällen die gleichen Ausrüstungsgegenstände – also dieselben Körper. ↑**B1–2** Die Körper sind völlig gleich. Man sagt: Ihre *Masse* ist auf der Erde und dem Mond dieselbe. Die *Kraft* aber, die er zum Heben braucht, ist auf Erde und Mond unterschiedlich groß – und zwar deshalb, weil dort jeweils unterschiedlich große Anziehungskräfte wirken. Damit ist dort auch die *Gewichtskraft* der Körper verschieden.

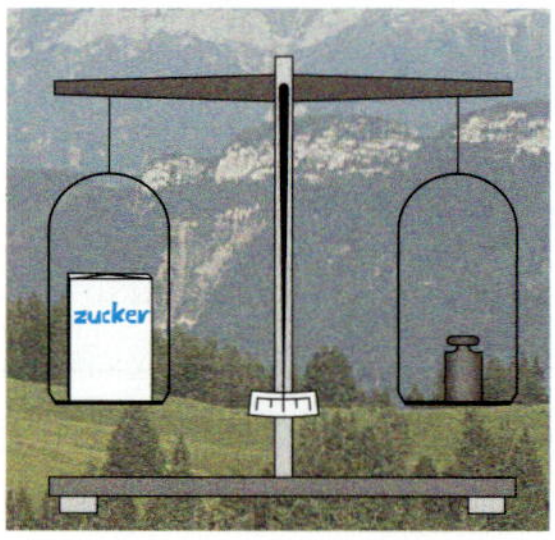

3

Die Masse Die Balkenwaagen ↑**B3–4** zeigen: Die Tüte Zucker zeigt auf der Erde und auf dem Mond dieselbe Masse an: 1 kg.

Die Masse *m* eines Körpers ist überall (an jedem Ort) gleich groß; sie ist unveränderlich.
Man misst die Masse in Kilogramm (kg).

Beispiel: Ein Liter Wasser von +4 °C hat die Masse 1 kg.

Weitere Einheiten der Masse:
1 Tonne (t) = 1000 kg
1 kg = 1000 Gramm (g)
1 g = 1000 Milligramm (mg)

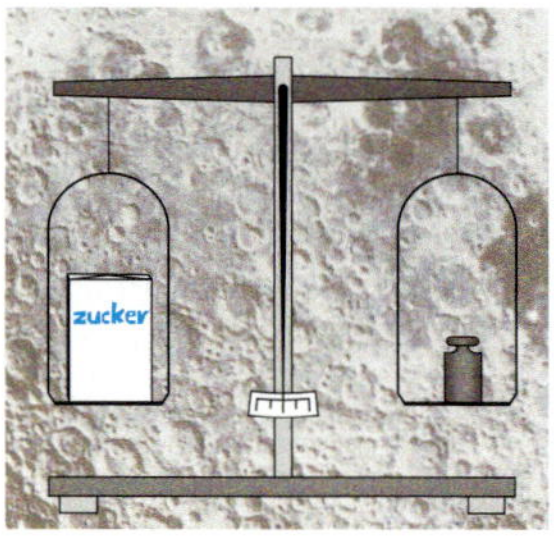

4

Die Gewichtskraft Die in den Bildern gezeichneten Kraftmesser ↑**B5–6** zeigen an:

Auf dem Mond wird (bei gleicher Masse) eine geringere Gewichtskraft gemessen als auf der Erde (nur etwa ein Sechstel).

Ursache für die Gewichtskräfte sind die Anziehungskräfte der Körper (*Gravitationskraft*; siehe Nachbarseite).

Gewichtskräfte (*F*) sind abhängig vom Ort; sie sind veränderlich. Gemessen werden die Gewichtskräfte – wie alle Kräfte – in der Einheit Newton (1 N).

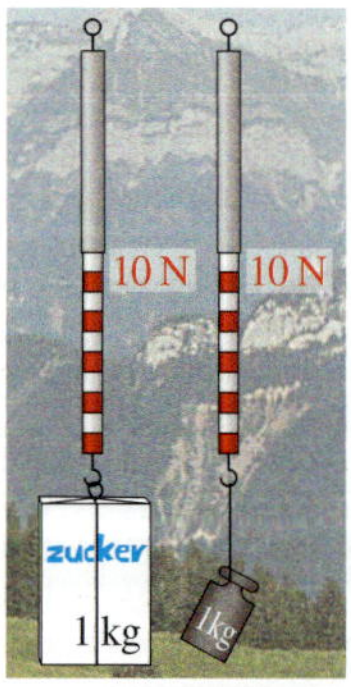

5

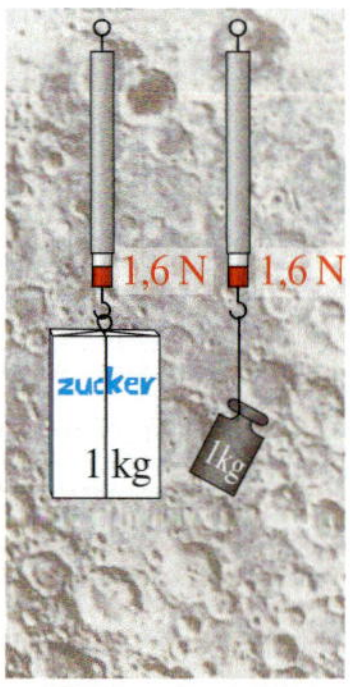

6

Gewichtskraft/Masse Gravitationskraft

Warum fällt der Mond nicht zur Erde? Von dem englische Naturforscher *Isaac Newton* (1642–1727) wird erzählt:
An einem Herbstabend sitzt Newton in seinem Garten. Der Mond leuchtet durch die Äste eines Apfelbaums. Da löst sich ein reifer Apfel vom Baum und fällt genau neben Newton ins Gras.
„Warum fällt eigentlich der Apfel zur Erde?", fragt sich Newton. „Der Mond dagegen steht doch scheinbar regungslos am Himmel. Warum fällt der nicht ebenfalls nach unten? …"

So erklärte Newton seine Beobachtungen: Der Apfel fällt zur Erde, weil zwischen ihm und der Erde eine Anziehungskraft (*Schwerkraft* oder *Gravitationskraft*) wirkt.
Auch zwischen Erde und Mond wirkt die Anziehungskraft, trotz der riesigen Entfernung zwischen den beiden Körpern. Der Mond stürzt aber nicht zur Erde, weil er diese ständig umkreist. Er fliegt nicht ins Weltall hinaus, weil die Anziehungskraft zwischen ihm und der Erde ihn auf seine Bahn „zwingt" ↑**B7** – ähnlich wie die Muskelkraft eines Hammerwerfers die Kugel auf eine Kreisbahn zwingt. ↑**B8**
Alle Körper ziehen sich gegenseitig an. Diese Kraft nennt man *Gravitationskraft*. Wie stark sie ist, hängt von der Masse der betreffenden Körper ab.
Newton fand noch eine zweite Abhängigkeit heraus:
Je weiter die Körper voneinander entfernt sind, desto schwächer ist die Wirkung der Gravitationskraft.

7

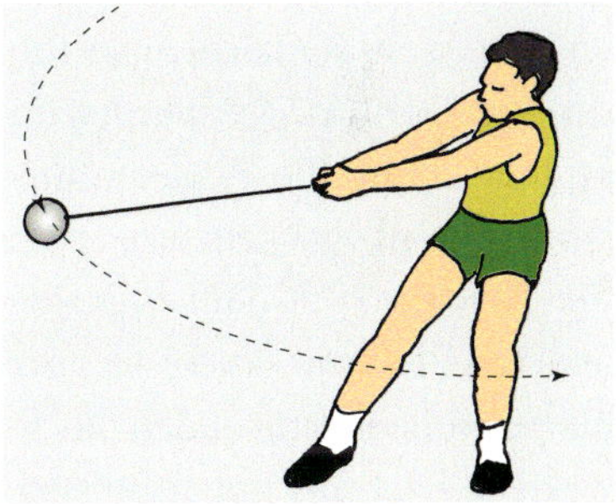
8

Aufgaben

1 Die Ausrüstung eines Astronauten hat eine Masse von 84 kg. Trotzdem scheint es ihm keine Mühe zu machen, sie zu tragen. ↑**B2** Wie erklärst du das?

2 Stell dir einmal vor, es gäbe keine Gravitationskräfte …

3 Sammelt Informationen über die Planeten und gestaltet damit eine Wandzeitung.

4 Für den Start einer Rakete ist auf dem Mond eine geringere Schubkraft nötig als auf der Erde. Suche dafür eine Erklärung.

5* Auch Ebbe und Flut haben etwas mit Gravitation zu tun. Informiere dich darüber und halte einen kleinen Vortrag.

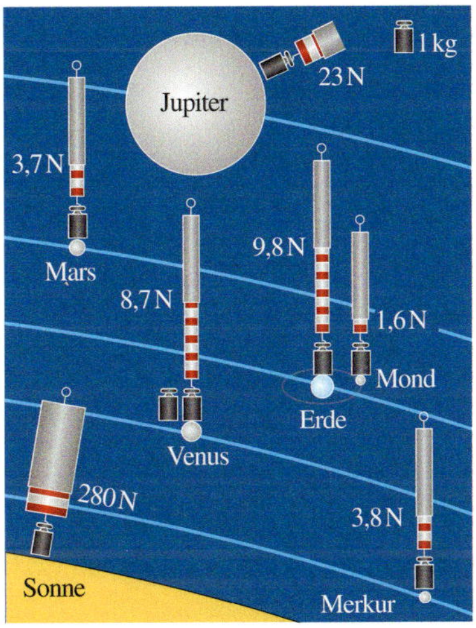

9

6* So wirken die Gravitationskräfte auf ein 1-kg-Wägestück an der Oberfläche verschiedener Himmelskörper. ↑**B9**

a Ordne die Himmelskörper nach der Größe der dortigen Gravitationskräfte.

b Wo ist die Gravitationskraft etwa so groß wie auf der Erde?

c Woran könnte es liegen, dass auf den Himmelskörpern unterschiedlich große Gravitationskräfte wirken?

7* Warum fallen Satelliten, die die Erde umkreisen, nicht auf die Erde herunter?

www 123-1

Ausblick

Im Juli 1969 ging ein Traum der Menschheit in Erfüllung – die Mondlandung. Eine Rakete hatte das Raumschiff Apollo zunächst in eine Erdumlaufbahn befördert. Um es anschließend auf Kurs zum Mond zu bringen, wurde die letzte Raketenstufe noch einmal kurz gezündet. Den Weg von der Erdumlaufbahn zum Mond (fast 400 000 km) legte das Raumschiff dann ohne jeden Antrieb zurück!

1 Die erste Mondlandung

Flüge ins Weltall

Viele unbemannte Raumfahrzeuge erforschen unser Sonnensystem und den Weltraum. Mit am erfolgreichsten sind die beiden Raumsonden *Voyager*. ↑**B2** Sie wurden im Sommer 1977 gestartet. Ihr Auftrag bestand darin, die Planeten unseres Sonnensystems bei ihrem Vorbeiflug möglichst genau zu erforschen. 12 Jahre nach ihrem Start flog die *Voyager 1* an dem Planeten *Neptun* vorbei. Von ihm und von anderen Planeten sandte sie großartige Bilder zur Erde. Mittlerweile haben beide Raumsonden das Sonnensystem verlassen.

Voyager 1 ist das am weitesten von der Erde entfernte künstliche Objekt: Heute ist es schon ca. 17 Milliarden Kilometer entfernt. Es bewegt sich mit rasender Geschwindigkeit immer weiter. Man hofft, dass es noch bis zum Jahr 2020 Daten zur Erde sendet. Dann wird es etwa 22 Milliarden Kilometer entfernt sein (150-mal der Abstand Erde–Sonne). An Bord befindet sich eine Schallplatte („Sound of the Earth") mit Grußbotschaften an eventuelle „Außerirdische".

Wie schon die Mondfähre von 1969 bewegen sich alle Raumfahrzeuge praktisch ohne Antriebsenergie – also ohne Treibstoff – durch den Weltraum. Energie ist nur zur Versorgung der Messgeräte, Kameras und Sender nötig oder wenn eine Richtungs- oder Geschwindigkeitsänderung eingeleitet wird.

Im luftleeren Weltraum gibt es praktisch keine Reibungskräfte, deshalb gilt hier: Einmal in Bewegung – immer in Bewegung.

2 *Voyager 2*

Aufgaben

1 Warum fliegen Raumschiffe ohne Treibstoff mit unverminderter Geschwindigkeit im Weltraum?

2 Warum gilt „Einmal in Bewegung – immer in Bewegung" nicht für Fahrzeuge auf der Erde und auch nicht für Flugzeuge?

3 Sammle weitere Informationen über die Erforschung des Weltraums und über die Voyager-Mission (z. B. im Internet). www 124-1

Große Kräfte – kleine Kräfte^Z

3
Mit einem Spezialtransporter werden die Aufbauten einer Bohrinsel gefahren. ↑**B3** Die Bohrinsel wiegt 11 500 t. Ihre Gewichtskraft beträgt also 115 000 000 N (115 MN). Sie verteilt sich auf 1704 Räder.

4
Ameisen ↑**B4** können Lasten transportieren, die das 30-Fache ihres Körpergewichts betragen. Eine Rote Waldameise wiegt z. B. ca. 0,010 g (10 mg).

5
Die 2141 m lange Hängebrücke *Pont de Normandie* wird von 184 Seilen getragen. ↑**B5** Jedes Tragseil ist aus über 30 dicken Stahlseilen geflochten und mit 270 kN belastbar.

6
Spinnenfäden übertreffen in ihrer Reißfestigkeit Kunstfasern und Drähte. ↑**B6** Wäre der Faden so dick wie ein Menschenhaar, könnte er einen Eimer voll Wasser tragen.

7
Die europäische Trägerrakete *Ariane 5* transportiert Satelliten ins All. ↑**B7** Beim Start entwickeln ihre Triebwerke eine enorme Schubkraft.

8
Gewichtheber können mehr als das Doppelte ihrer Körpermasse nach oben zu stoßen. ↑**B8**

Aktion

1

Unsere Kräfte reichen oft nicht aus.
Einfache Maschinen **– so nennt man die Geräte dieser Bilder – können uns oft helfen.**
↑**B1–2**

Einfache Maschinen

Geringe Kräfte – große Wirkungen?

2

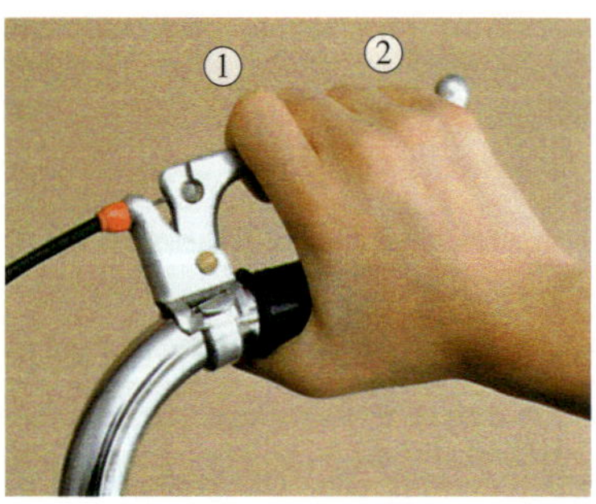

3

1

Wie wirkt dieser Hebel?

Im Bild ziehst du die Handbremse eines Fahrrads. ↑**B3**
Mit ihr kannst du einfache Hebelversuche durchführen.
Wie wirkt die Bremse, wenn du erst bei 1 und dann bei 2 am Bremshebel ziehst?

2

Wie groß sind die benötigten Kräfte?

So kann man einen Nagel mit einer Zange durchkneifen. ↑**B4** Dabei kann man messen, wie groß die Kraft ist, die dafür benötigt wird.

a Überlege: Wo wird die größte und wo die kleinste Kraft benötigt – bei A, B oder C?

b Ergänze: „Je länger die Griffe einer Zange (einer Schere) sind, desto …“

c Führt den Versuch durch und messt die jeweiligen Kräfte.

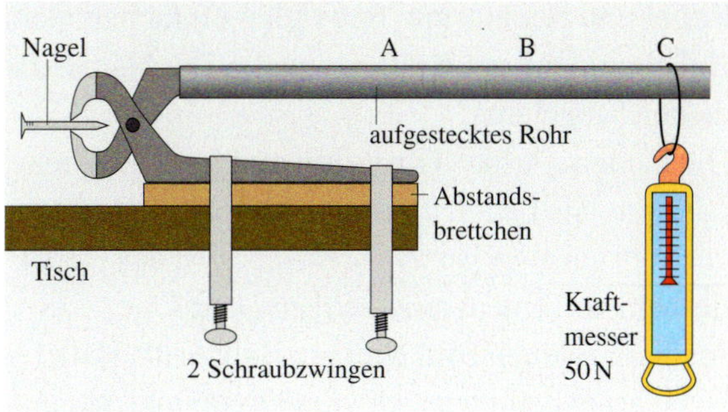

4

3

Wie wirken *feste* und *lose Rollen*?

Untersucht, wie man mit Rollen und Seilen Kräfte sparen kann. ↑**B5–7**

Schätzt, wie groß die Zugkraft ist, *bevor* ihr die Versuche durchführt. Tragt eure Vermutungen und Beobachtungen in eine Tabelle ein. ↑**B8**

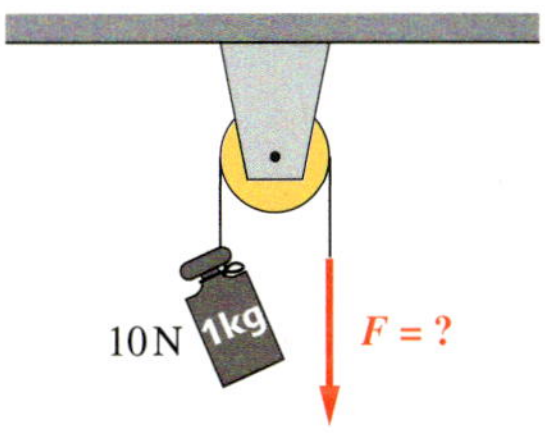

5 Feste Rolle

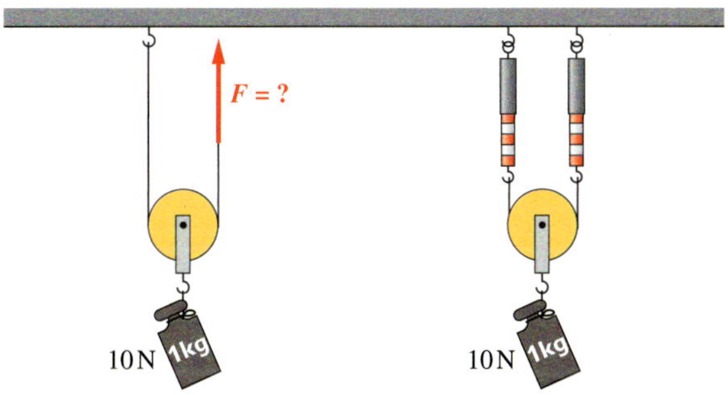

6 Lose Rollen bewegen sich mit der Last auf und ab.

Versuch	*Rollen*	*Gewichtskraft*	*Zugkraft (geschätzt)*	*Zugkraft (gemessen)*	*Zahl der tragenden Seilstücke*
Bild 5	*feste Rolle*	*10 N*	*?*	*?*	*?*
Bild 6	*lose Rolle*	*10 N*	*?*	*?*	*?*
…	…	…	…	…	…

8 Mustertabelle zu Versuch 3

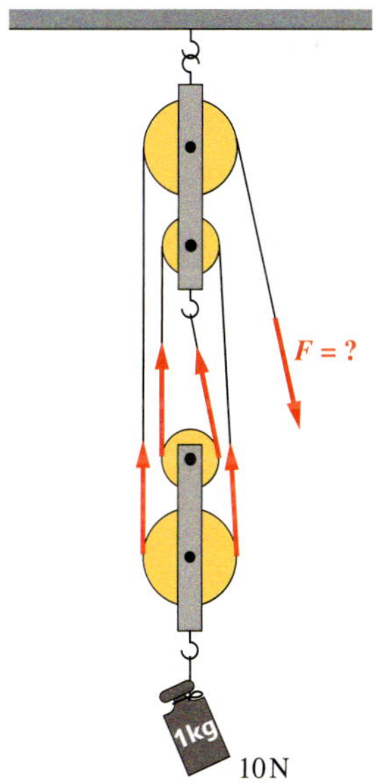

7 Flaschenzug

4

Kraft sparen an der schiefen Ebene?

Plant einen Versuch, mit dem ihr prüfen könnt, ob man auch an einer schiefen Ebene Kraft sparen kann. ↑**B9**

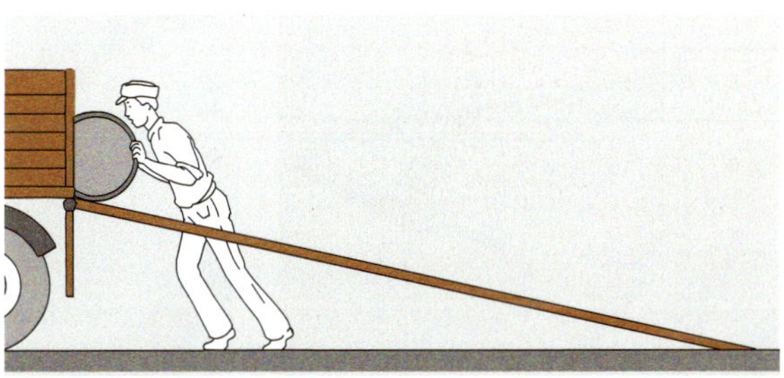
9 Schiefe Ebene

Fakten

Einfache Maschinen und wie sie wirken

Hebel und Hebelarme Bei vielen einfachen Geräten nutzt man die Hebelwirkung, um Kraft zu sparen. Der Name „Hebel" ist vom Wort „heben" abgeleitet.
Die beiden „Arme" (*Kraftarm* und *Lastarm*) bezeichnet man als *Hebelarme*. Sie liegen im ersten der beiden Bilder vom Drehpunkt aus gesehen auf *zwei verschiedenen Seiten* des Hebels. ↑**B1** Man spricht deshalb von einem *zweiseitigen Hebel*.
Auch im zweiten Bild wird ein Balken als Hebel benutzt. ↑**B2** Beide Hebelarme befinden sich vom Drehpunkt aus auf *einer Seite*. Es ist deshalb ein *einseitiger Hebel*.

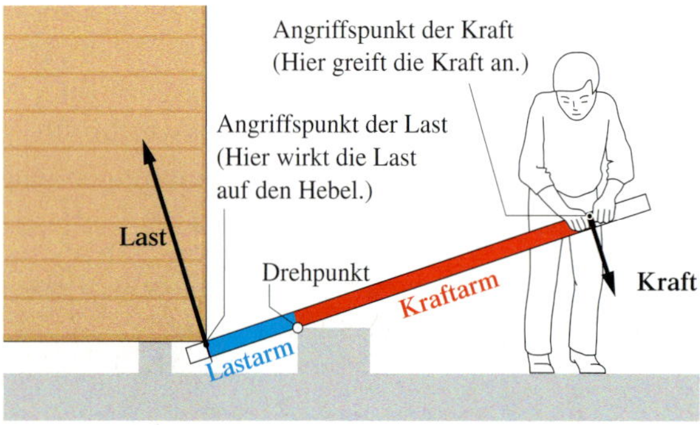

1 Zweiseitiger Hebel

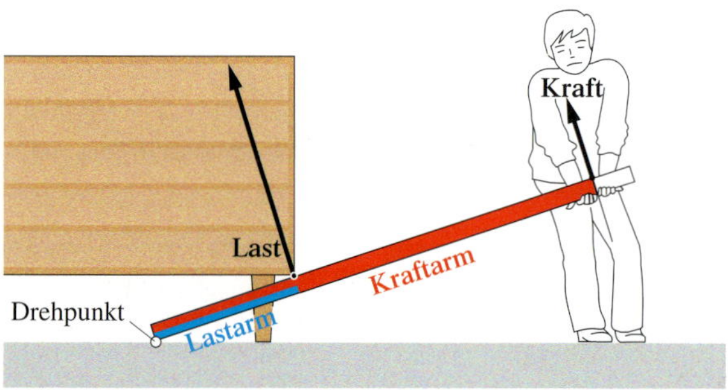

2 Einseitiger Hebel

Ein Hebel ist im einfachsten Fall eine Stange, die um einen Drehpunkt gedreht werden kann. Mit Hebeln kann man Kräfte verstärken. Je länger der Kraftarm, desto größer die Verstärkung.

Aufgaben

1 In den Bildern unten sind verschiedene Hebel zu erkennen. ↑**B3–5**

a Gib jeweils an, ob es sich um ein- oder zweiseitige Hebel handelt.

b Erkläre, warum man mit diesen Hebeln Kräfte sparen kann.

c Suche in deiner Umgebung nach weiteren Hebeln.

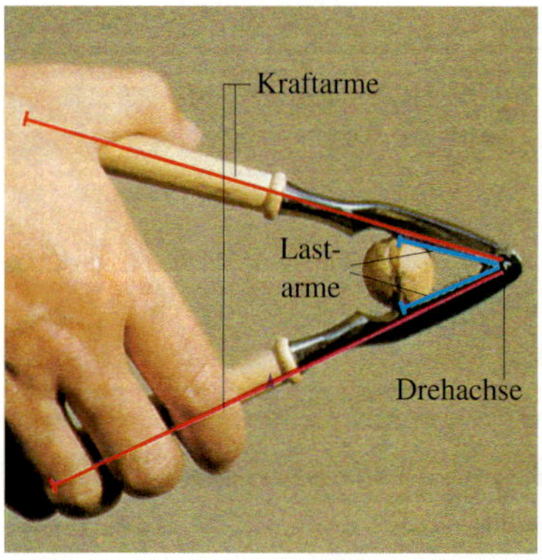

3 Nussknacker

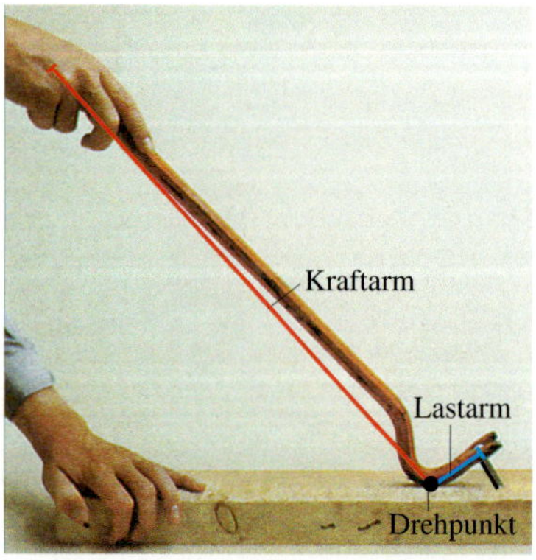

4 Winkelhebel

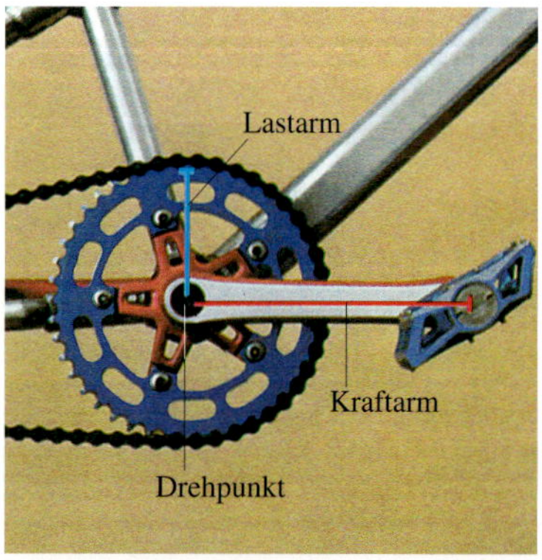

5 Tretkurbel und Kettenrad

Einfache Maschinen
Hebel
Rollen
Flaschenzug

Rollen und Flaschenzüge

Feste Rolle: Mit der festen Rolle kann man keine Kraft sparen:
Zugkraft F_Z = *Gewichtskraft* F_G.
Ihr Vorteil ist, dass sie die Richtung der Zugkraft ändert. Man kann so einen Eimer nach oben ziehen und trotzdem unten stehen. ↑**B6**

Lose Rolle: Mit ihr kann man Kraft sparen. Das liegt daran, dass sich bei ihr die Last auf zwei Seilstücke verteilt:
Zugkraft F_Z = *halbe Gewichtskraft* F_G.
Nachteilig ist aber, dass man die Rolle zusätzlich zur eigentlichen Last tragen muss. ↑**B7–8**

Flaschenzug: Beim Flaschenzug wird die Gewichtskraft der Last auf noch mehr Seilstücke verteilt als bei der losen Rolle. ↑**B9**

Die zum Heben erforderliche Kraft hängt davon ab, auf wie viele Seilstücke sich die Last verteilt.

$$\text{Zugkraft} = \frac{\text{Gewichtskraft (Last)}}{\text{Anzahl der tragenden Seilstücke}}$$

129-1

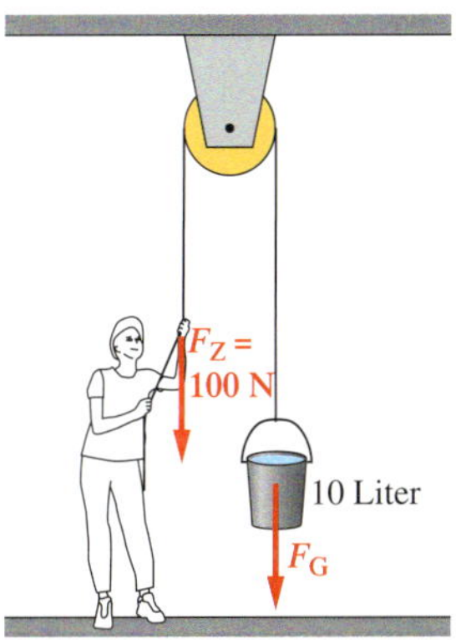

6

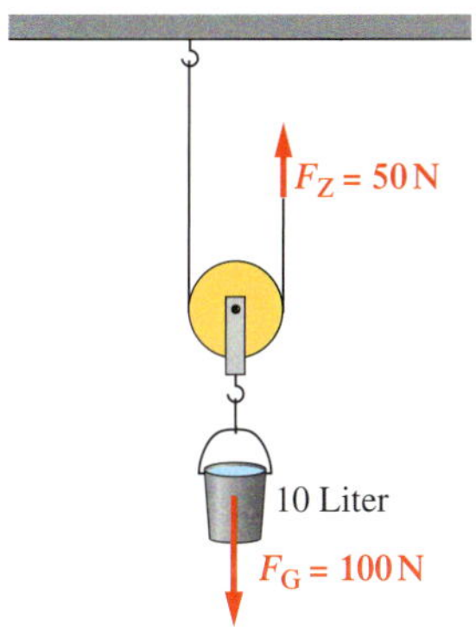

7

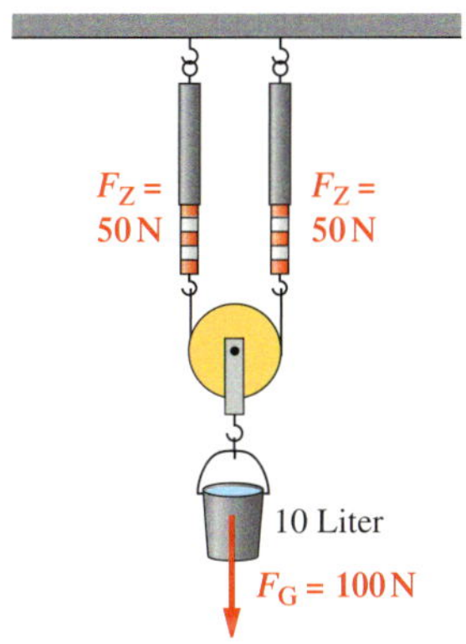

8

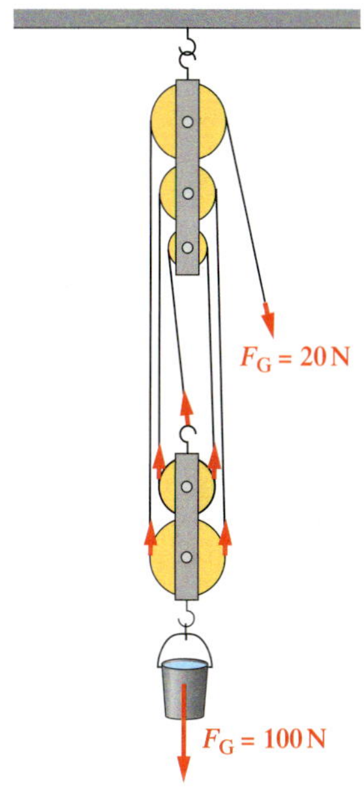

9

Aufgaben

2 Wo wird hier Kraft gespart und wo nicht? ↑**B10**
a Begründe deine Antwort.
b Welche einfachen Maschinen sind hier zu sehen?

3 Der Lehrer (85 kg) von Bild 2 auf Seite 126 wurde von 5 Seilstücken getragen.
Wie groß war die Kraft, die das Mädchen aufbringen musste?

4* Warum wird Anja so gegen ihren Sportlehrer gewinnen? ↑**B11**

10 Einfache Maschinen im Einsatz

11 Hier ist eine lose Rolle im Spiel.

Methode

Sitzverteilung auf der Wippe – das Hebelgesetz

1

Die Wippe soll im Gleichgewicht sein. ↑B1

Kann man *berechnen*, wo sich Mutter und Kind hinsetzen müssen, damit das klappt?

Wir brauchen Geräte, bei denen wir die *Abstände und Kräfte möglichst genau messen* können. ↑B2

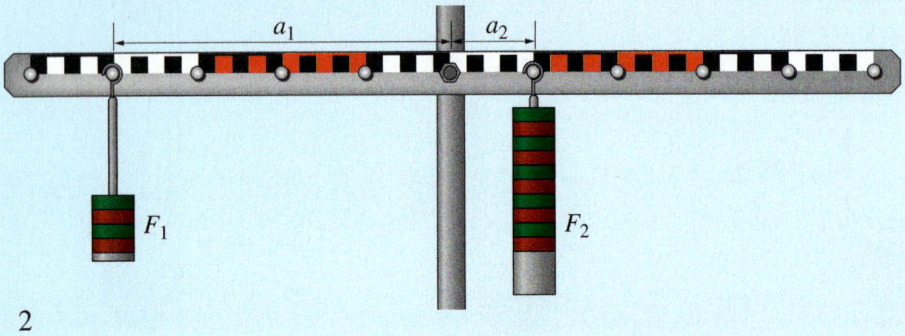

2

1

Das Hebelgesetz am Beispiel „Wippe"

Legt euch eine Tabelle an: ↑B3

linke Hebelseite			rechte Hebelseite		
Massestücke	Kraft F_1	Abstand a_1	Massestücke	Kraft F_2	Abstand a_2
50 g	0,5 N	20 cm	...	...	5 cm
...	...	...	...	...	...

3

Durchführung:

a Hängt links ein Massestück ein. Wo müsste man rechts ein doppelt so schweres einhängen, um Gleichgewicht zu haben?

b Führt weitere Versuche mit den *gleichen Massestücken* wie in Versuchsteil a, aber mit *unterschiedlichen Abständen* durch.
Versucht *vor der Durchführung* vorherzusagen, wo ihr das zweite Massestück einhängen musst.

c Macht jetzt Versuche mit *festen Abständen*, z. B.: links 1 Einheit; rechts den doppelten/dreifachen Abstand. Überlegt jeweils *vorher*, mit welchen Massestücken ihr Gleichgewicht erhalten könnt.

Auswertung:

d Seht euch die Messwerte in eurer Tabelle an. Vergleicht die rechte und die linke Seite. Sucht nach Zusammenhängen.

e Schreibt eure Beobachtungen z. B. so auf:
„Je länger der *Hebelarm* a_1, desto … *Kraft* ist nötig …"

f Vielleicht findet ihr dazu eine mathematische Gesetzmäßigkeit – das *Hebelgesetz*? …

Vom Problem zur mathematischen Gesetzmäßigkeit (am Beispiel der Wippe)

Schritt 1 Problemstellung

Sie ergibt sich aus Beobachtungen in der Natur oder an technischen Geräten. ↑**B4**

4

Schritt 2 Vermutungen

Sie ergeben sich aus der genauen Beobachtung.

Schritt 3 Messversuche

Sie sind nötig, um die Vermutungen zu überprüfen. ↑**B2** Die Messergebnisse werden in geeignete Tabellen eingetragen.

5

Schritt 4 Auswertung

Die Messergebnisse werden zueinander in Beziehung gesetzt. Die Gesetzmäßigkeiten werden beschrieben. ↑**B5**

Schritt 5 Überprüfung und Anwendung

Das Gesetz wird überprüft und angewandt, z. B. Versuch zum einseitigen Hebel und Lösen von Aufgaben (siehe unten).

2

Gleichgewicht am *einseitigen* Hebel*

a Hängt Massestücke in verschiedene Löcher des Balkens (rechts) ein. Messt jeweils die Kraft, die nötig ist, um den Hebel im Gleichgewicht zu halten. ↑**B6** Haltet die Ergebnisse in einer Tabelle fest.

b Hängt ein Massestück in eines der Löcher des Balkens (rechte Seite). Zieht dann mit dem Kraftmesser an verschiedenen Stellen der rechten Seite. Versucht die Ergebnisse vorherzusagen.

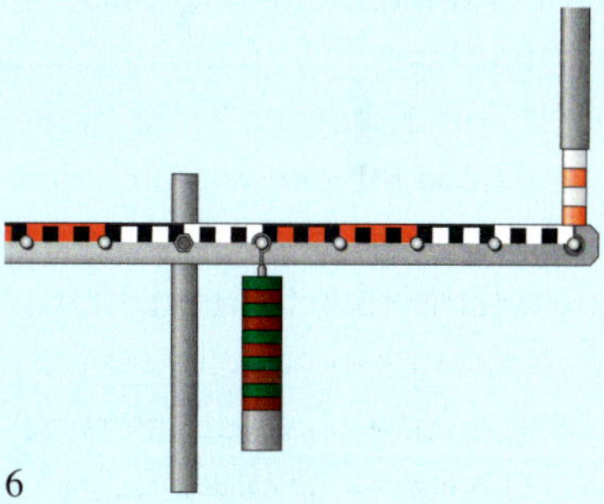

6

Aufgaben

1 Danielas Mutter wiegt 50 kg (das entspricht 500 N). Auf einer Wippe sitzt sie 1,2 m vom Drehpunkt entfernt. Wo muss die Tochter (25 kg) sitzen, damit die Wippe im Gleichgewicht ist?

2 Kräfte und Abstände am zweiseitigen Hebel:
- 3 N, 2 N / 6 cm, 4 cm
- 5 N, 3 N / 3 cm, 5 cm
- 10 N, 6 N / 5 cm, 3 cm

a Welche Kraft *F* gehört jeweils zu welchem Kraftarm *a*?

b Tragt eure Messwerte anschließend in eine solche Tabelle ein.

F_1	a_1	a_2	F_2
...	...	...	...

Fakten

Die goldene Regel der Mechanik

Für alle einfachen Maschinen (Hebel, Rollen, Getriebe, schiefe Ebenen …) gilt die *goldene Regel der Mechanik*:
**Wenn man bei der Kraft spart, muss man beim Weg zulegen.
Energie kann man aber mit einfachen Maschinen nicht sparen.**

Beispiel 1: Die Wippe
*„Gewaltig ist des Winzlings Kraft,
wenn er am richt' gen Hebel schafft."*
Das ist aber nur die halbe Wahrheit … ↑**B1–2**

1

2

Beispiel 2: Die Gangschaltung
Welchen Sinn haben die vielen Zahnräder der Gangschaltung beim Fahrrad? Dazu zwei Beispiele: Auf ebener Strecke schaltest du den „Schnellgang" ein und auf ansteigender Strecke den „Berggang".
– Beim „Schnellgang" ↑**B3–4** musst du *weniger treten*; du benötigst aber *mehr Kraft* und schaffst damit einen *längeren Weg*.
– Beim „Berggang" ↑**B5–6** *sparst du Kraft*; du musst aber (für die gleiche Strecke wie im Schnellgang) *häufiger treten*.

Auch mit der Gangschaltung kann man keine Energie sparen; sie ist in beiden Fällen gleich.

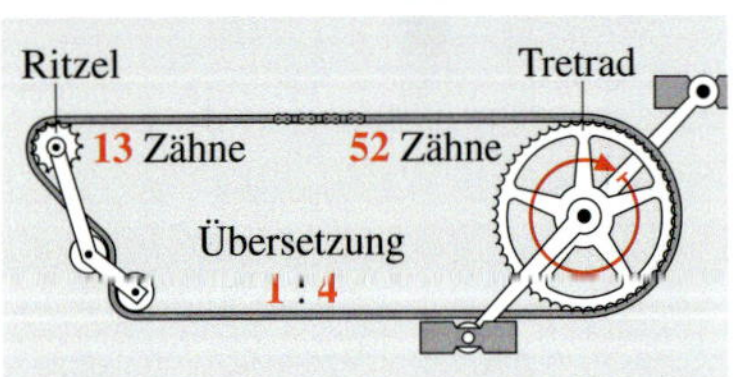

3 Schnellgang

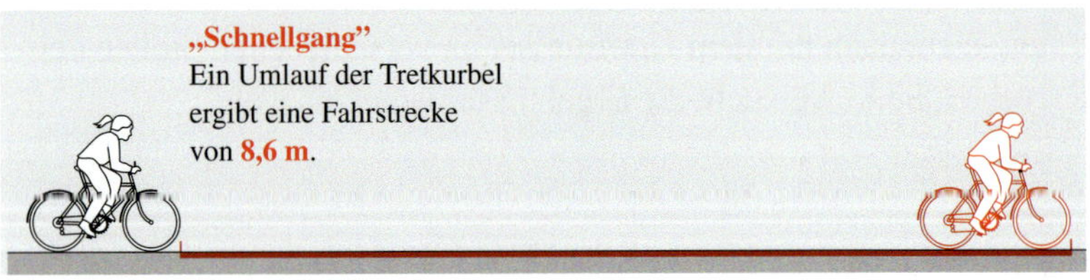

4 Zurückgelegter Weg bei einer Tretrunde im Schnellgang

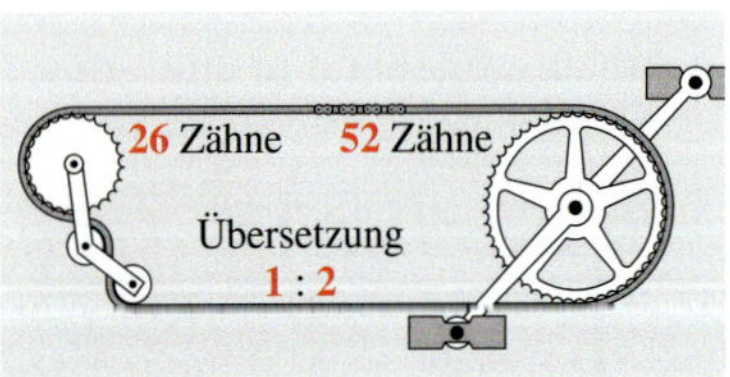

5 Berggang

6 Zurückgelegter Weg bei einer Tretrunde im Berggang

Goldene Regel der Mechanik

Beispiel 3: Gartenscheren
Rosenscheren kann man mit einer Hand bedienen; der Kraftweg ist kurz. ↑**B7** Man kann nur dünne Zweige schneiden, denn die Kraft wird durch die kurzen „Arme“ kaum verstärkt.
Astscheren haben lange Griffe. ↑**B8** Man muss sie mit zwei Händen bedienen, weil der Kraftweg so lang ist.

7

8

Aufgaben

So kannst du die goldene Regel der Mechanik überprüfen:

1 Die goldene Regel: bei *Rollen*?
Gilt auch hier die Regel *„Wenn man bei der Kraft spart, muss man beim Weg zulegen“*? Führe dazu eine Versuchsreihe durch mit
- einer festen Rolle,
- einer losen Rolle und
- einem Flaschenzug (4 Rollen).

Versuchsvorbereitung und Versuchsplanung:
- Lege eine Tabelle für deine Messwerte an (Gewichtskraft, Zugkraft, Hubweg, Zugweg).
- Sieh dir das unten stehende Bild an; es zeigt den Versuchsaufbau. ↑**B9**
- Wähle für alle Versuche die gleiche Hubhöhe (z. B. 10 cm).
- Markiere den Seilanfang mit einer Büroklammer.

Auswertung:

a Ergänze die folgenden Aussagen:
- Je geringer die Zugkraft, desto … der Zugweg.
- Halbe Zugkraft → ungefähr … Zugweg.
- Vierfacher Zugweg → ungefähr … Zugkraft.

b Woran könnte es liegen, wenn deine Ergebnisse von diesen Angaben abweichen?

c Formuliere jetzt die goldene Regel der Mechanik für Rollen und Flaschenzüge.

2 Die goldene Regel: bei der *schiefen Ebene*?
Die Bilder unten zeigen mögliche Versuche. ↑**B10–13** Wähle die beiden aus, mit denen du die goldene Regel überprüfen kannst.
Führe die Versuche möglichst auch durch.

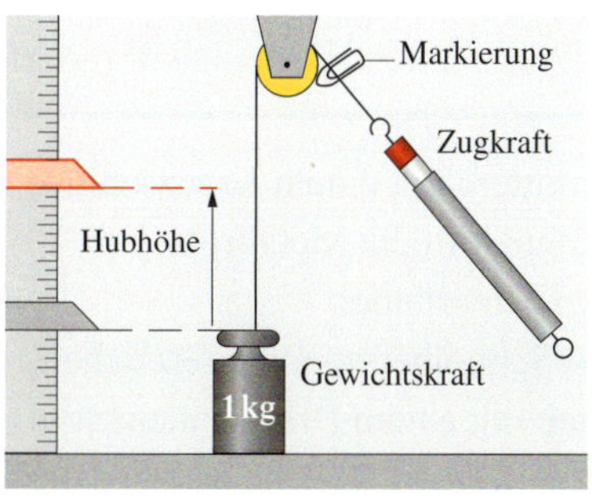

9

10

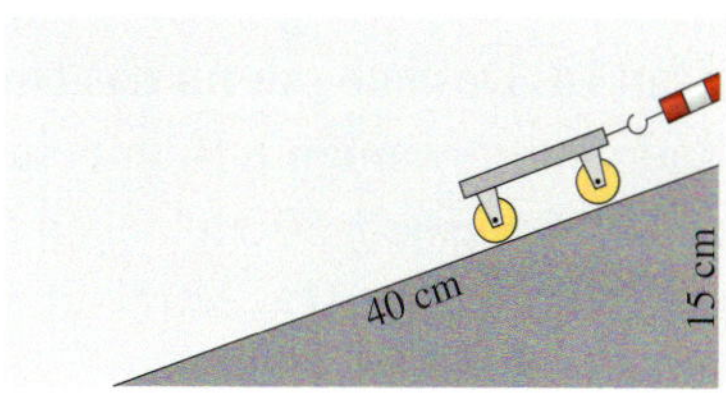

11

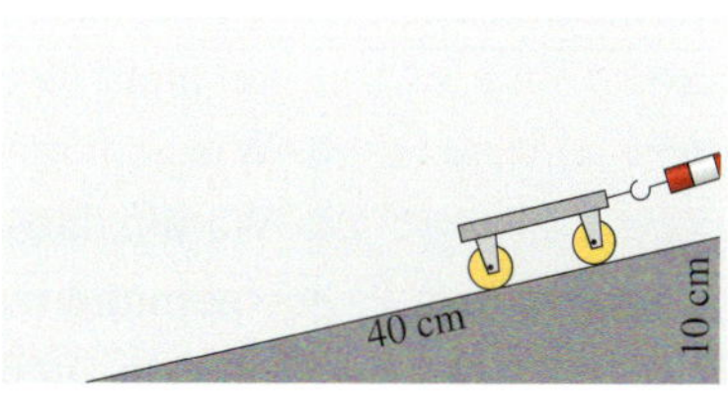

12

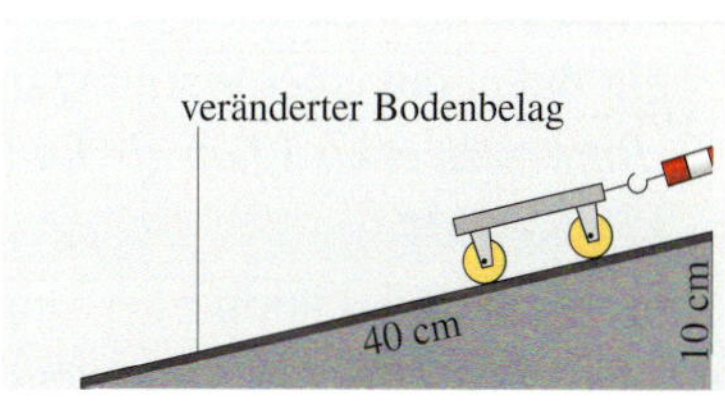

13

Ausblick

Hebel und Rollen überall

Hebel beim Menschen Beim Heben eines Gegenstands ↑**B1** wirkt dein Unterarm wie ein *einseitiger Hebel.* Die Kraft, die der Beuger (Bizeps) ausübt, und die Last greifen auf derselben Seite vom Drehpunkt, dem Ellenbogengelenk, an.
Der Lastarm ist etwa fünfmal so lang wie der Kraftarm. Deshalb muss dein Beuger zum Heben einer 10-kg-Last (100 N Gewichtskraft) die fünffache Kraft aufbringen, nämlich 500 N.
Der Hebel „Unterarm" ist also kein „Kraftverstärker". Er bringt aber einen anderen Vorteil mit sich: Während sich der Beuger nur ein ganz kurzes Stück bewegt, wird die Last über eine viel größere Strecke gehoben. Deshalb gilt für diesen Hebel: Mit ihm kann man keine Kraft sparen, man kann aber Weg gewinnen (goldene Regel).

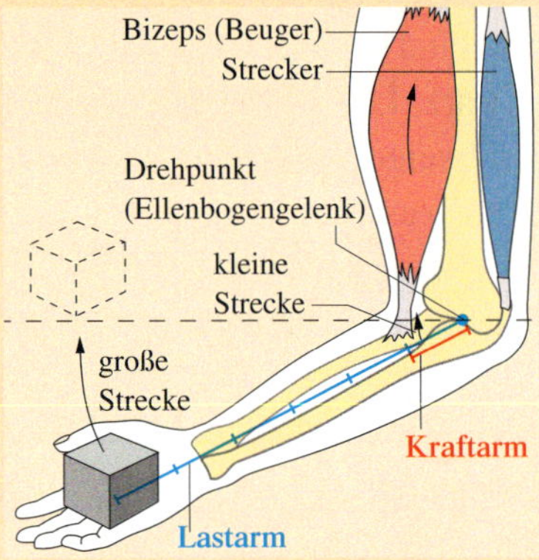

1

Der Drehmomentschlüssel Frau Merk will die Räder an ihrem Auto wechseln. Doch die Radmuttern sitzen fest. Ihre Nachbarin bringt ihr ein Rohr, das auf den Radmutternschlüssel gesteckt werden kann. „Das habe ich für alle Fälle im Kofferraum", sagt sie. Frau Merk probiert ihn aus. Und tatsächlich – die Muttern lassen sich lösen! „Sie dürfen die Muttern aber ja nicht mit dem verlängerten Schlüssel *festdrehen*!", sagt sie, bevor sie geht. „Fahren Sie doch in eine Werkstatt; dort kann man prüfen, ob die Muttern richtig sitzen."
Frau Merk tut das. Die Mechanikerin in der Werkstatt setzt bei ihrer Arbeit einen *Drehmomentschlüssel* ein. ↑**B2** An ihm kann sie für jeden Kraftfahrzeugtyp einstellen, wie stark sie die Muttern anziehen muss, damit sie nicht überdreht werden. Wenn beim Anziehen der Muttern das richtige „Drehmoment" erreicht ist, dreht der Schlüssel durch. Die Mutter kann nicht noch fester gedreht werden.
Das Drehmoment beschreibt die „Drehwirkung" einer Kraft. Beim Hebel ist sie umso größer, je länger der Hebelarm und je größer die Kraft ist. Deshalb gilt für das Drehmoment: $M = F \cdot a$.
Radmuttern werden z. B. mit einem Drehmoment von 120 Nm angezogen. Bei einem 50 cm langen Drehmomentschlüssel ist eine Kraft von 240 N nötig: $M = 240\,\text{N} \cdot 0{,}5\,\text{m} = 120\,\text{Nm}$.

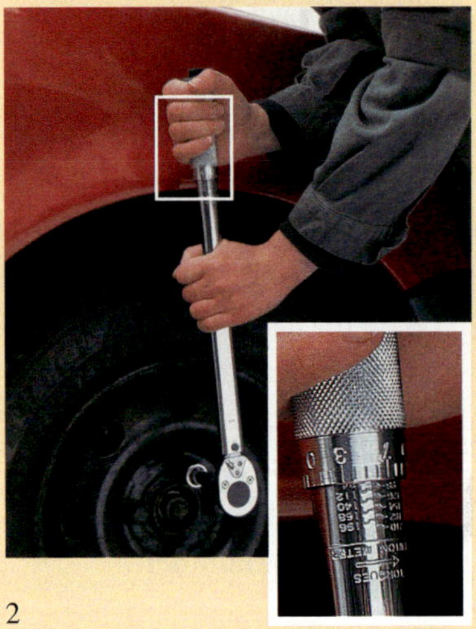
2

Aufgaben

1 Nach einem Reifenwechsel in der Werkstatt liegt ein Zettel mit einer Warnung im Auto:
„Bitte nach etwa 50 km die Radmuttern nachziehen lassen!"
a Weshalb ist das nötig?
b Warum benutzen Mechaniker dafür einen Drehmomentschlüssel?

2 Wenn man Radmuttern mit einem Kreuzschlüssel nicht lösen kann, hilft ein Metallrohr.
a Wie geht man vor? Begründe!
b Warum darf man Schrauben so nicht festziehen?

3 Radmuttern sollen mit einem Drehmoment von 140 Nm angezogen werden. Welche Kraft muss am Griff des 60 cm langen Schlüssels wirken?

Rettung aus dem Eis Gletschertouren sind gefährlich – schließlich sind ja unter dem Schnee oft Spalten im Eis verborgen.
Deshalb gehen Bergsteiger auf Gletschern am Seil. Dabei halten sie einen Abstand von über 10 m voneinander ein. So ist die Chance größer, einen Abstürzenden noch zu halten, ohne selbst mitgerissen zu werden.
Für einen Menschen allein ist es unmöglich, einen Verunglückten am Seil hochzuziehen. Dazu sind eigentlich vier Helfer nötig. Zum Körpergewicht kommt ja noch die Reibung des Seils am Gletscherrand hinzu. Es sind also große Kräfte zur Rettung erforderlich.
Wesentlich leichter wird die Rettung mit einer Rolle oder einem Karabinerhaken. ↑**B3**

3

4

Stark und genau – der Flaschenzug Klaus ist Automechaniker. Er will in der Garage sein Auto reparieren. Den ganzen Motor muss er herausnehmen. Da ist guter Rat teuer, denn der Motor wiegt 120 kg.
Er besorgt sich einen Flaschenzug und einen kräftigen Haken. Den befestigt er an einem Balken unter dem Garagendach.
Nachdem er alle Schrauben und Verbindungen des Motors gelöst hat, geht es los. Vorsichtig zieht er am Seil. Obwohl er dazu nur eine Hand benutzt, schafft er es: Millimeterweise hebt sich der schwere Motor. ↑**B4**

Aufgaben

4 Die Männer oben können den Verunglückten bergen, obwohl sie nur zu zweit sind. ↑**B3**
a Warum nur schaffen sie das?
b Welche Kraft ist mindestens nötig, wenn der Verunglückte samt Ausrüstung 100 kg wiegt?
5 Der Flaschenzug ↑**B5** hat zweimal 6 Rollen, die je nebeneinander auf einer Achse sitzen.
a Zeichne den Flaschenzug vereinfacht.
b Wie viele Seilstücke tragen?
c Wie viel Kraft ist zum Hochziehen mindestens erforderlich?
6* Mit dem Flaschenzug kann man eine Last millimetergenau herunterlassen. Erkläre, warum das möglich ist.

Ausblick

Berufsinformation: Zweiradmechaniker/-in^Z

Ein Hightechberuf stellt sich vor Am Fahrrad findest du vieles, was du in diesem Kapitel kennengelernt hast, so z. B.:
- Hebel in Bremsen, Tretkurbeln, Lenkern
- Kraftübertragung durch Pedale, Tretlager, Ketten
- Optimaler Einsatz deiner Muskelkraft durch die Gangschaltung (goldene Regel der Mechanik)

Im Gegensatz zu Rädern, wie sie deine Großeltern noch benutzten, sind die heutigen Räder hochkomplizierte Hightechmaschinen. ↑**B1–2** Das hat zwar viele Vorteile, aber auch einen gewaltigen Nachteil: Während man früher fast alles selbst reparieren konnte, heißt es heute leider oft: „Wer sein Rad liebt, der schiebt." Das musste Murat gerade am eigenen Leib erleben:

1 Militärfahrrad von 1916 mit Ersatzbereifung aus Seilen

2 Modernes Fahrrad

Murats Erfahrung

Auf einer Radtour sprang ihm die Kette ab. Sie verklemmte sich in der 21-Gang-Hightech-schaltung seines Fahrrads. Nichts ging mehr – Schieben war angesagt. Zu Hause gelang es ihm zwar, die Kette mit einer Zange wieder frei zu bekommen, aber schalten? Keine Chance! Wie in alten Zeiten konnte er nur mit einem einzigen Gang fahren. Also schnell hin zur nächsten Fahrradwerkstatt.

Ein junges Mädchen empfing ihn freundlich. Murat war etwas überrascht und unsicher – er wollte doch nichts kaufen, sondern etwas reparieren lassen. Er staunte nicht schlecht, als das Mädchen sein Fahrrad unter die Decke hängte und mit einem Schraubendreher fachgerecht an einigen Schrauben drehte. Dann probierte sie die Schaltung noch ein paar Mal aus und meinte schließlich: „So, jetzt müsste eigentlich alles wieder funktionieren."

Murat war verblüfft. Er gab sich einen Ruck und fragte, wo sie das denn alles gelernt habe.

Sie daraufhin: „Ich bin gelernte Zweiradmechanikerin. Wenn du mal wieder Probleme hast …"

Murat bedankte sich, zahlte und dachte: „Zweiradmechaniker, das wäre doch vielleicht auch was für mich, wo ich doch so gerne an allen Fahrrädern herumbastele – nur leider mit immer weniger Erfolg, weil die Dinger immer komplizierter werden."

Was dich erwartet In diesem Beruf erhältst du eine $3\frac{1}{2}$-jährige *duale* („zweigeteilte") Ausbildung: Die *Theorie* lernst du in der Berufschule und die *Praxis* in einer Fahrradwerkstatt oder in einem Industriebetrieb, der Fahrräder herstellt. ↑B3–5
Unter anderem wirst du lernen, wie man
- Fahrradrahmen aus verschiedenen Materialien (z. B. Stahl, Aluminium, Kohlenstoff) herstellt, auch nach Kundenwünschen. Dabei wirst du viele Techniken der Bearbeitung kennenlernen: Biegen, Schweißen, Löten, Kleben, Veredeln …
- Fahrräder aus unterschiedlichen Einzelteilen zusammenbaut. Du wirst dabei mit den verschiedensten Bremssystemen, Gangschaltungen, Federungen, Beleuchtungseinrichtungen umgehen, ferner die Sicherheitsbestimmungen beachten …
- Fahrräder wartet und repariert: Schaltungen wieder gängig macht, Speichen erneuert, elektrische Einrichtungen (wie Beleuchtungen und Elektrohilfsmotoren) überprüft …
- Kunden wirbt und mit ihnen umgeht: ihre Wünsche berücksichtigen; sie gut beraten, den Ausstellungsraum ansprechend und möglichst kundenfreundlich gestalten …

Wenn du die Prüfung bestanden hast, bist du staatlich geprüfte(r) Zweiradmechaniker(in), Fachrichtung Fahrradtechnik sein. Du wirst eine Arbeitsstelle in einer Werkstatt oder bei einem Fahrradhersteller finden und kannst dort deine Fähigkeiten zeigen – wie das junge Mädchen, das Murats Fahrrad so schnell repariert hat.

3 In der Werkstatt

4 Montieren einer Schaltung

5 Kundenberatung

Zusatzinformationen und alternative Berufsrichtungen Wenn du noch mehr über diesen Beruf erfahren möchtest, hilft dir die folgende Internetadresse:
www.berufenet.arbeitsagentur.de/berufe
In das Suchfeld musst du nur den gewünschten Beruf *Zweiradmechaniker* eingeben.
Unter dieser Internetadresse findest du übrigens noch andere Ausbildungsberufe für Zweiräder:
- Zweiradmechaniker/-in, Fachrichtung Motorradtechnik
- Kraftfahrzeugmechatroniker/-in, Fachrichtung Motorradtechnik
- Fahrradmonteur/-in (nur eine *zwei*jährige Ausbildung)

Tipp: Bewirb dich während deiner Schulzeit um eine Praktikumsstelle in einer Fahrradwerkstatt. Dann hast du später viel bessere Chancen, in diesem Beruf einen Ausbildungsplatz zu finden.

Aufgabe

Stelle die wichtigsten Informationen über einen dieser Berufe auf einem Plakat oder einem Informationsblatt zusammen. Informationen findest unter der oben angegebenen Adresse.

Wissen & Training

→ *Kräfte verändern Bewegungen.* Die *Reibungskraft* verringert die Geschwindigkeit des Fahrrads. Die *Muskelkraft* erhöht die Geschwindigkeit, wenn du jemanden überholst. ↑ S. 120

→ Kräfte *verformen Körper*. Die Gewichtskraft verbiegt den Stab eines Springers.

Kraft, Masse und einfache Maschinen auf einen Blick

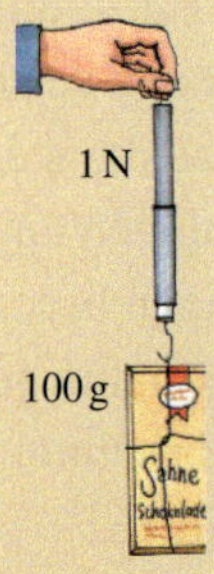

Kräfte werden in Newton (N) gemessen.
Eine Tafel Schokolade hat eine Masse (ein „Gewicht") von 100 g.
Du misst du eine Gewichtskraft von 1 Newton (1 N). ↑ S. 121

Je länger der Kraftarm eines Hebels ist, desto weniger Kraft ist nötig, um mit ihm die gleiche Last zu heben (bei jeweils gleichem Lastarm). Hebel sind also *Kraftwandler*.
Hebelgesetz:
Kraft · Kraftarm = Last · Lastarm
↑ S. 128

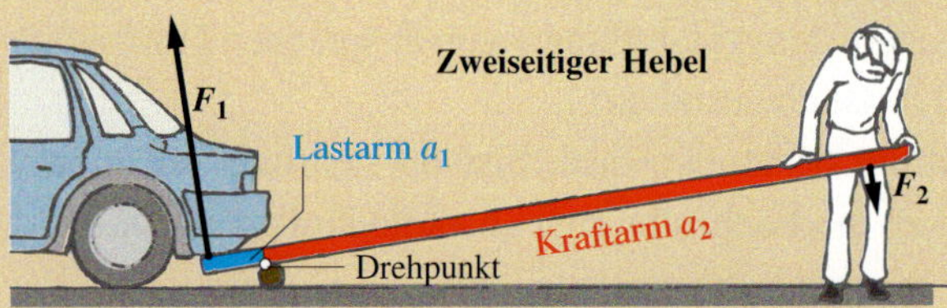

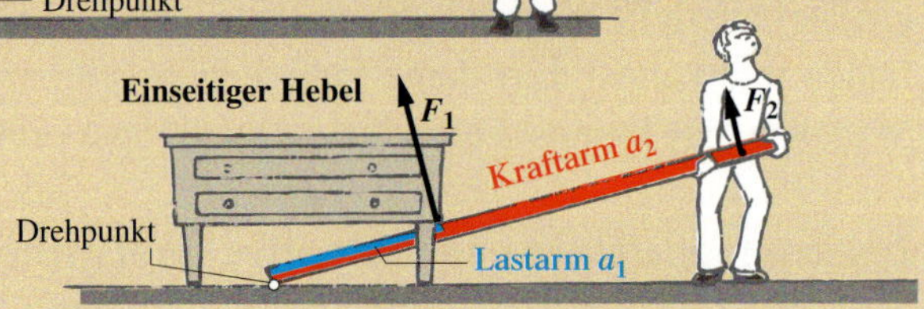

Alles klar?

1 Woran erkennt man Käfte? Nenne Beispiele.

2 Mit einem Liegefahrrad kann ein trainierter Fahrer durchschnittlich $65 \frac{km}{h}$ fahren, mit einem normalen Rennrad „nur" etwa $40 \frac{km}{h}$.

a Wie ist das zu erklären – der Fahrer setzt doch gleich große Muskelkräfte ein?

b Wenn er aufhört zu treten, bleibt er schließlich stehen. Welche Kräfte bremsen ihn?

c Im Weltraum würde sich das Fahrzeug dagegen immer weiterbewegen. Erkläre das.

1

3 Da kann Asterix nur staunen. ↑**B1**
Der Stein wiegt 120 kg.
Wie groß ist die Muskelkraft, die Obelix braucht? Wie groß müsste sie auf dem Mond sein? Erkläre!

4 Ein 2-seitiger Hebel soll im Gleichgewicht sein. Ergänze die Tabelle:

F_1	a_1	F_2	a_2
2,0 N	6,0 cm	?	6,0 cm
2,0 N	5,0 cm	?	2,0 cm
5,5 N	6,0 cm	?	5,0 cm
3,0 N	3,0 cm	1,5 N	?
0,6 N	4,0 cm	0,8 N	?

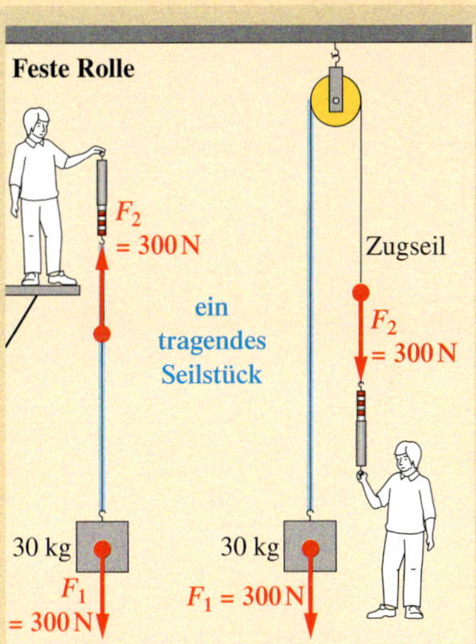

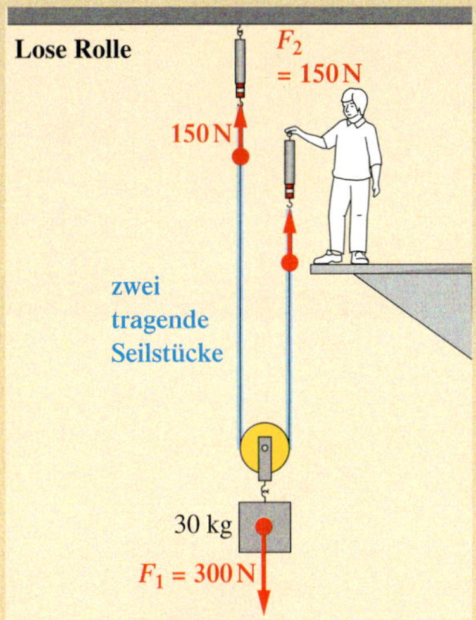

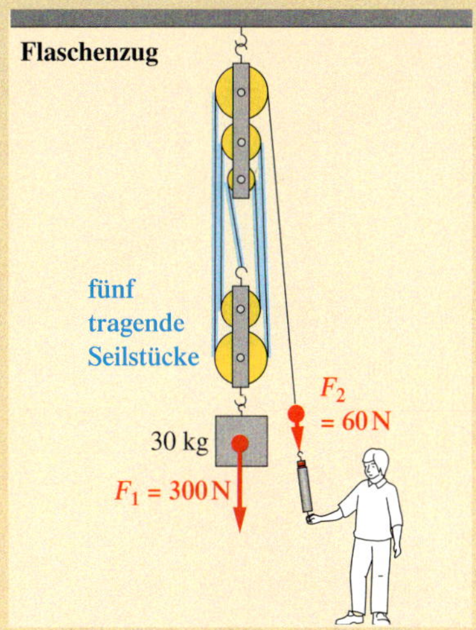

↓

Feste Rolle: **Die Last hängt an *einem* Seilstück.**
Zugkraft = Last
↑ S129

↓

Lose Rolle: **Die Last verteilt sich auf *zwei* Seilstücke (die Decke trägt die halbe Last).**
Zugkraft = $\frac{1}{2}$ Last

↓

Flaschenzug: **Die Last verteilt sich auf *fünf* Seilstücke.**
Zugkraft = $\frac{1}{5}$ Last

↓

Für einfache Maschinen (Hebel, Rollen, Flaschenzüge, Getriebe, schiefe Ebene) gilt die *goldene Regel der Mechanik*:
„Wenn man bei der Kraft spart, muss man beim Weg zulegen. Wenn man beim Weg spart, benötigt man mehr Kraft."
Mit einfachen Maschinen kann man keine Energie sparen. ↑ S. 132

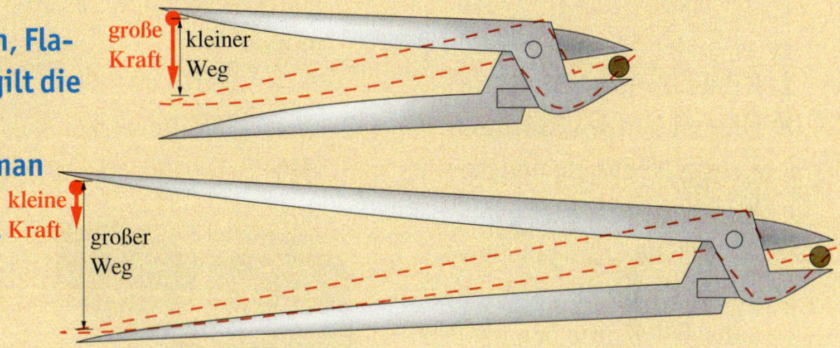

5 Einfache Maschinen helfen, die Kräfte besser einzusetzen.
a Erklären das an den drei Beispielen. ↑ **B2–4**
b Die „Arme" der Astschere ↑ **B2** kann man verlängern. Welchen Sinn / Welche Nachteile hat das?

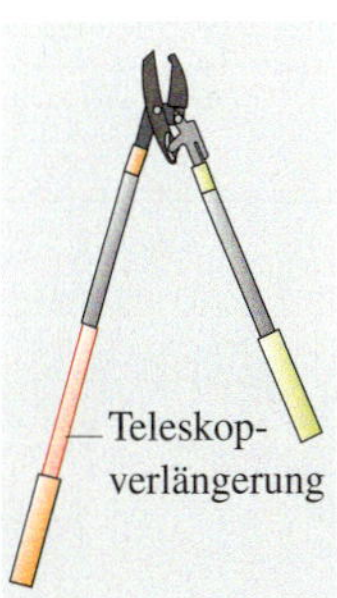

2

3

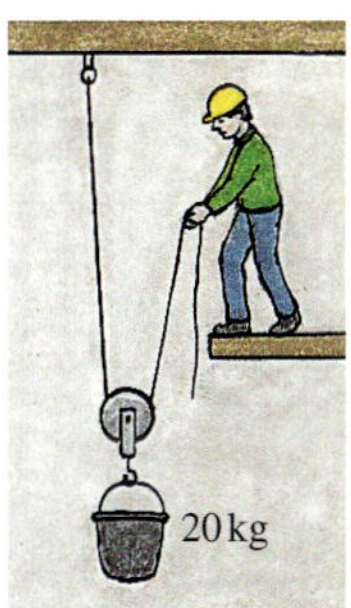

4

6a Wie groß ist jeweils die Kraft, die erforderlich ist, um die Last zu halten? ↑ **B5** (Gewicht der Rollen und Reibung bleiben unberücksichtigt.)
b Wie viel Seil muss man ziehen, um die Last 1 m anzuheben?
c Erkläre mit den Ergebnissen von a und b die goldene Regel.

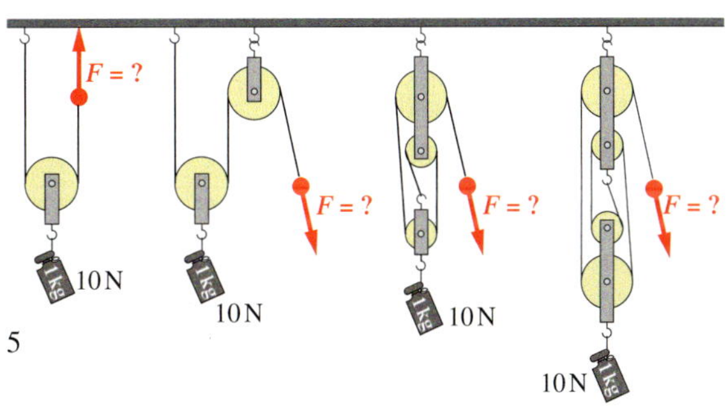

5

Teste dich!

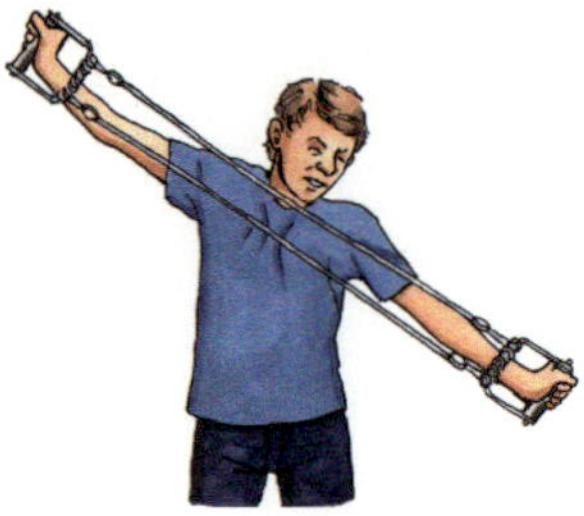

1

2

3

4

5

1 Kräfte überall ↑**B1–5**

a Hier wirken *physikalische Kräfte*. Nenne sie und ihre Wirkungen.

b In der Umgangssprache wird „Kraft“ auch für „nichtphysikalische“ Kräfte benutzt (Sehkraft). Begründe, warum das keine physikalische Kraft ist. Suche weitere Beispiele.

c Wenn ein Fahrradfahrer aufhört zu treten, wird sein Rad langsamer und kommt zum Stillstand. Ein Satellit fliegt mit gleichbleibender Geschwindigkeit ohne Antrieb immer weiter.
Welche Kräfte bremsen den Radfahrer? Warum fliegt der Satellit ohne Antrieb weiter?

d Masse – Gewichtskraft:
Lege zu diesen beiden Begriffen eine Tabelle an und trage folgende Begriffe in die jeweils richtige Spalte ein: Newton, überall gleich groß, Kilogramm, Balkenwaage, vom Ort abhängig, Kraftmesser.

2 Welche Kräfte wirken hier? ↑**B6–7**

6

7

8

3 Das ist doch unmöglich – oder? ↑**B8**

a Wie heißt diese *einfache Maschine*?

b Zeichne das Bild vereinfacht ab und trage ein: Kraft 1 (F_1), Kraft 2 (F_2), Hebelarm 1 (a_1), Hebelarm 2 (a_2).

c Wie lang müsste der Balken auf der Mausseite wirklich sein?

d Nenne einfache Maschinen.

e Es gilt die *goldene Regel der Mechanik*. Schreibe sie auf.

f Begründe, warum man mit einfachen Maschinen keine Energie sparen kann.

4 Der Anhänger ist stecken geblieben. Der Bauer holt ein Seil und eine Rolle mit Haken. Am Straßenrand steht ein Baum.
Zeichne auf, wie sich der Bauer helfen will. ↑**B9** Begründe!

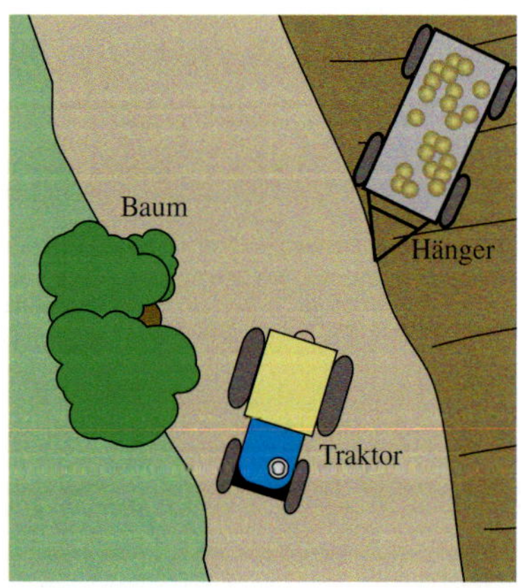

9

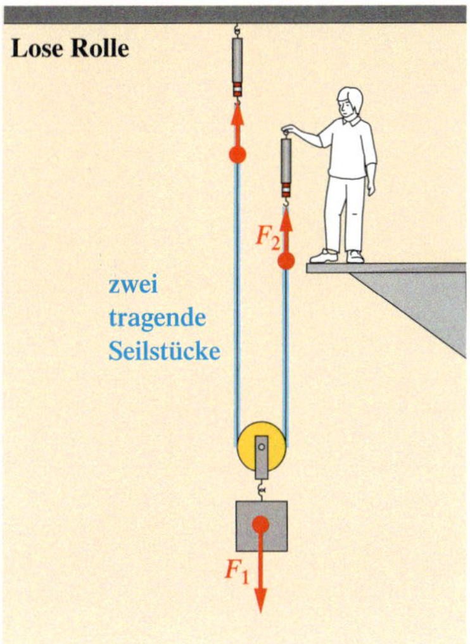

10

11

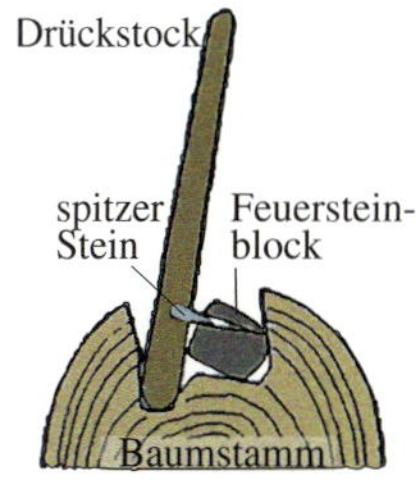

12

5 Mit Rollen kann man schwere Lasten hochbefördern. ↑**B10**
Für eine *lose Rolle* gilt:
Zugkraft = $\frac{1}{2}$ Last.

a Beschreibe in einem Satz, was das bedeutet.

b Eine Anlage mit nur *einer* losen Rolle ist sehr unpraktisch und auch gefährlich. Zeichne eine verbesserte Förderanlage.

c Nimm als Last einen Eimer mit 10 Liter Wasser. Trage Gewichtskraft und Zugkraft ein.

d „Wer“ trägt eigentlich die andere Hälfte der Last?

e Wie viel Meter Seil müsstest du ziehen, wenn der Eimer 5 m hochgezogen werden soll? Begründe deine Antwort.

6 Den Menschen gelang es schon früh, ihre Kräfte zu verstärken.

a Beschreibe, wie hier ↑**B11–12** einfache Maschinen eingesetzt werden.

b Zu ↑**B11**: Zu jeder „Hebemannschaft“ gehörte auch ein „Dirigent“ (links unten im Bild). Welche Aufgabe hatte er wahrscheinlich?

c Zu ↑**B12**: Zeichne das Bild vereinfacht ab. Trage ein: Drehpunkt, Kraftarm, Lastarm.
Wie hätte man die Kraft auf den Feuerstein noch erhöhen können? Welche Nachteile hätte das aber gehabt?

Die Lösungen findest du im Anhang.

Ordne dazu deiner Lösung im Heft ein Smiley zu:
☺ Ich habe die Aufgabe richtig lösen können.
😐 Ich habe die Aufgabe nicht komplett lösen können.
☹ Ich habe die Aufgabe nicht lösen können.

Schätze deine Kenntnisse und Fähigkeiten ein.

Aufgabe	Ich kann …	Hilfe findest du auf Seite …
1a, b	… zwischen physikalischen und nicht physikalischen Kräften unterscheiden.	120
1a, 1c, 2	… an den Wirkungen unterschiedliche Kräfte erkennen und diese benennen.	120
1d	… Unterschiede zwischen Masse und Gewichtskraft nennen.	122
3–6	… an Beispielen beschreiben, dass man mit einfachen Maschinen Kraft sparen kann. Einfache Maschinen nennen.	128 f., 130 f.
3e	… die goldene Regel der Mechanik nennen.	132 f.
3f	… wissen, dass man mit einfachen Maschinen Kraft, aber keine Energie sparen kann.	132 f.

Feuer und Verbrennung

Der Gebrauch des Feuers unterscheidet den Menschen von den Tieren. Das Feuer ist nicht nur zum Wärmen geeignet. Manchmal wirkt Feuer aber auch zerstörerisch.
Sprecht über die Bilder auf dieser Seite.
Was habt ihr zum Thema Feuer erlebt?
Fertige eine Mindmap „Erwünschte und unerwünschte Verbrennungen" an.
Erstellt eine Fragenwand zum Thema „Feuer und Verbrennung".

1

2

3

4

5

6

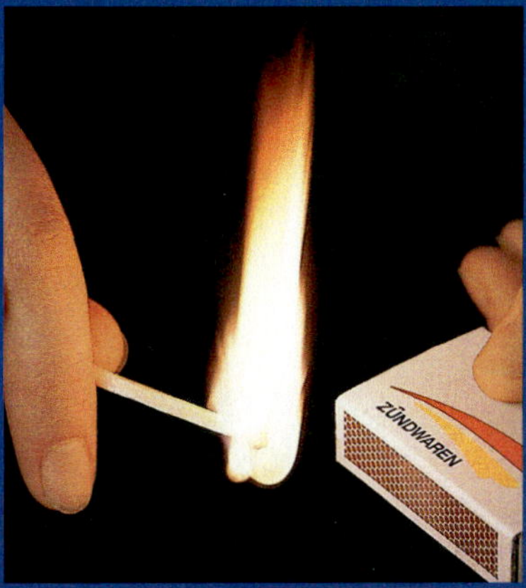

7

8

9

Das Feuer

von James Krüss

Hörst du, wie die Flammen flüstern,
Knicken, knacken, krachen, knistern,
Wie das Feuer rauscht und saust,
Brodelt, brutzelt, brennt und braust?

Siehst du, wie die Flammen lecken,
Züngeln und die Zunge blecken,
Wie das Feuer tanzt und zuckt,
Trockne Hölzer schlingt und schluckt?

Riechst du, wie die Flammen rauchen,
Brenzlig, brutzlig, brandig schmauchen,
Wie das Feuer, rot und schwarz,
Duftet, schmeckt nach Pech und Harz?

Fühlst du, wie die Flammen schwärmen,
Glut aushauchen, wohlig wärmen,
Wie das Feuer, flackrig wild,
Dich in warme Wellen hüllt?

Hörst du, wie es leiser knackt?
Siehst du, wie es matter flackt?
Riechst du, wie der Rauch verzieht?
Fühlst du, wie die Wärme flieht?

Kleiner wird der Feuersbraus:
Ein letztes Knistern,
Ein feines Flüstern,
Ein schwaches Züngeln,
Ein dünnes Ringeln –
Aus.

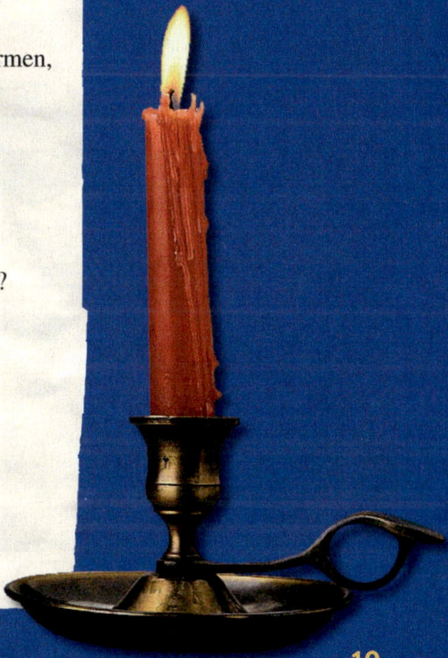
10

Aktion

Für ein Lager- oder Kaminfeuer braucht man Erfahrung, denn es ist gar nicht so leicht, ein Feuer zu entfachen …

1 Lagerfeuer

2 Kaminfeuer

Verbrennung

Feuer und Flamme

Die folgenden Versuche dürfen nur unter Anleitung und Aufsicht der Lehrkraft und unter Beachtung der Sicherheitsbestimmungen durchgeführt werden!

1

Das Streichholz

Sieh dir das Streichholz und die Schachtel genau an. Notiere, was du erkennen kannst.
Entzünde das Streichholz an der Reibefläche. ↑B3
Beschreibe das Anzünden.

3

2

Das Feuerzeug

Du brauchst ein Feuerzeug mit durchsichtigem Gastank.
Drücke den Verschlusshebel des Feuerzeugs herunter, sodass die Flüssigkeit im Tank verdampft und Gas austritt.
Erkundige dich danach, welches Gas ausströmt und wodurch es entzündet wird.

3

Feuer mit dem Gasanzünder*

Entzünde einen Gasbrenner mithilfe eines Gasanzünders mit Zündstein.
Beobachte genau und erkläre, wie das Gas entzündet wurde.

4

Das Lagerfeuer*

Überlegt euch, wie ihr am besten ein Lagerfeuer errichten könntet:
- Was braucht ihr dafür?
- Welche Schutzvorrichtungen sind sinnvoll?
- Was wäre eine geeignete Stelle dafür?
- Wie schafft man es mit möglichst wenig Streichhölzern?
- Was muss man tun, damit das Lagerfeuer möglichst lange brennt?

5
Brennbar – nicht brennbar?

a Plant Versuche, mit denen ihr herausfinden könnt, welche dieser Materialien brennen: Stein, Papier, Öl, Wasser, Pappe, Holzklotz, Holzstab, Holzwolle, Blumenerde, Sand, Watte, Kupferblech, Kupferpulver; Reinigungsbenzin, Brennspiritus …

b Stellt euren Versuch der Klasse vor und führt ihn unter der Aufsicht eurer Lehrerin oder eures Lehrers durch.

c Ergänzt den folgenden Satz: „Je zerkleinerter der Stoff, …"

6
Feuer in Luft und Sauerstoff

a Lasst euch aus der blauen Sauerstoffflasche einen Standzylinder mit *Sauerstoff* füllen. Verschließt ihn mit einem Deckel.

b Stellt daneben einen Zylinder mit *Luft*.

c Entzündet zwei Kerzen, die an Metalldrähten befestigt sind. Haltet beide Kerzen gleichzeitig in die Zylinder. ↑**B4** Was beobachtet ihr?

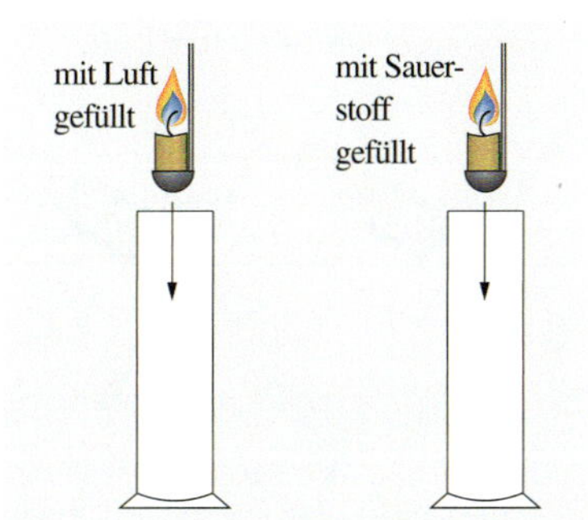

4

7
Nachweis von Sauerstoff

Füllt ein Reagenzglas mit Sauerstoff und haltet einen glimmenden Holzspan hinein.

8
Was brennt bei einem Teelicht?

a Plant einen Versuch, um die Frage zu beantworten. Ihr könnt dazu ein Teelicht in seine drei Bestandteile. zerlegen.

b Untersucht nun die Flamme des Teelichts genauer: Entzündet dazu den *Docht* des Teelichts und wartet, bis das *Wachs* rund um den Docht geschmolzen ist. Löscht das Teelicht dann mit einer feuchten Tiegelzange.
– Haltet ein brennendes Streichholz in den aufsteigenden Dampf ↑**B5** – erst 2 cm, dann 5 cm über dem Docht.

5

– Haltet das Ende eines 10 cm langen Glasröhrchens in die Mitte des Teelichts. Bringt ein brennendes Streichholz in die Nähe der Öffnung. ↑**B6** Erklärt eure Beobachtungen.

c Füllt einige Wachsstückchen des Teelichts in eine Porzellanschale und erhitzt sie auf einem Dreifuß, bis eine Flamme entsteht. ↑**B7**
– Der Brenner wird nun ausgeschaltet und das Teelicht mit einem Deckel (Eisenblech) abgedeckt. ↑**B8**
– Öffnet und schließt den Deckel mehrfach hintereinander.
– Erklärt nun eure Beobachtungen.

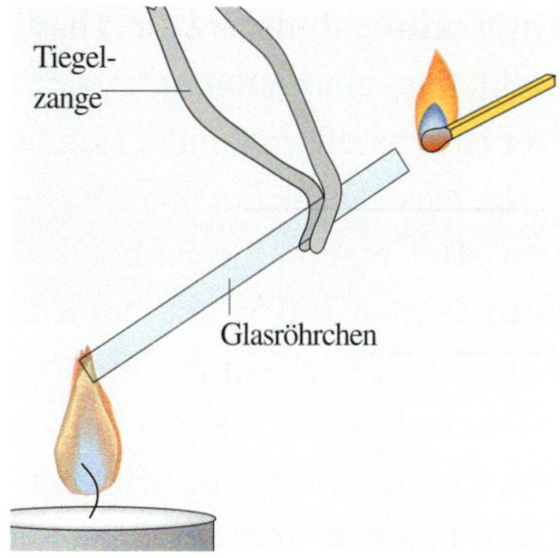

6

7

8

Voraussetzungen für die Verbrennung

Entzündungstemperatur Damit ein Feuer brennen kann, reicht es nicht, dass ein *brennbarer Stoff* vorhanden ist.
Der Brennstoff entzündet sich nur, wenn eine bestimmte Temperatur erreicht ist. Diese *Entzündungstemperatur* der Stoffe ist sehr verschieden. Bei einem Streichholzkopf reichen bereits 60 °C, bei Holz braucht man 300 °C und bei Kohle sogar 600 °C. ↑**B1** Es spielt auch eine Rolle, wie fein der brennbare Stoff „zerteilt" ist: Kleine Holzspäne lassen sich leichter entzünden als große Holzscheite.
Die meisten Stoffe entwickeln Dämpfe, bevor sie sich entzünden. Die Flammen, die wir dann sehen können, sind brennende Gase. Holzkohlen auf dem Grill verbrennen aber ohne sichtbare Flamme.
Ohne *Zufuhr von Frischluft* gibt es kein Feuer. Lässt man ein Feuer in einem abgeschlossenen Gefäß brennen, wird nur ein kleiner Teil der gesamten Luft verbraucht. Danach geht das Feuer aus.

Es beginnt zu brennen, wenn
- **ein Brennstoff vorhanden ist,**
- **Luft vorhanden ist und**
- **die Entzündungstemperatur des Brennstoffs überschritten wird.**

2 Entzündungstemperatur

www 146-1

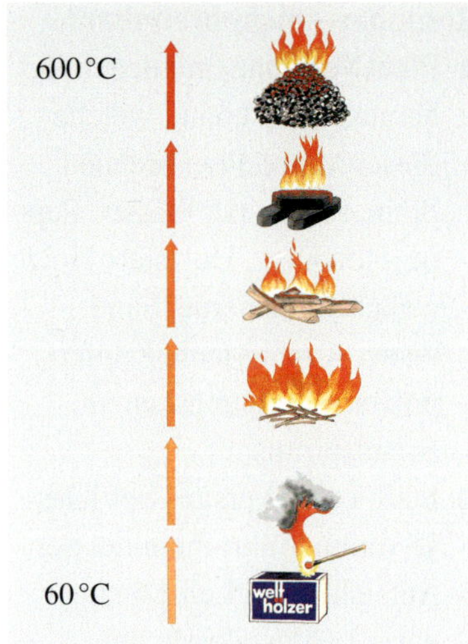

1 Stufenzündung

Zusammensetzung der Luft *Luft* ist ein Gemisch aus verschiedenen Gasen. ↑**B3** Hauptbestandteile sind Sauerstoff und Stickstoff (siehe auch S. 207).
Sauerstoff ist nötig, damit ein Stoff brennt. Mit der *Glimmspanprobe* kann man reinen Sauerstoff nachweisen: ↑**B4** Ein glimmender Span flammt in Sauerstoff wieder hell auf – in Luft glüht er nur.
Stickstoff – der Hauptbestandteil der Luft – „erstickt" Flammen. Ohne Stickstoff in der Luft würden schon kleinste Funken zu verheerenden Bränden führen.
Außerdem enthält die Luft geringe Mengen *Edelgase* (z. B. Helium) und Kohlenstoffdioxid (meistens „Kohlendioxid" oder kurz „CO_2" genannt).

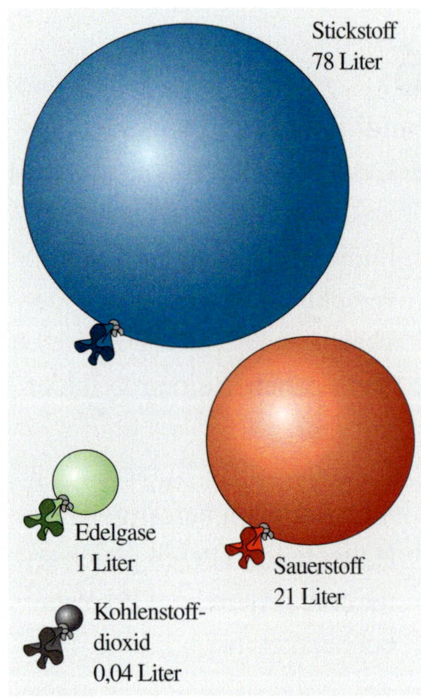

3 Das „steckt" in 100 Litern Luft.

Streichhölzer Für Streichhölzer verwendet man meist das Holz von Pappeln. Der Streichholzkopf besteht aus einer Mischung mehrerer Stoffe. Er entzündet sich nur, wenn man ihn über die Reibfläche der Schachtel streicht. Sie ist durch aufgeleimten Glasstaub schön rau, beim Darüberstreichen erwärmt sich der Streichholzkopf. Zum Entzünden würde die Temperatur aber nicht ausreichen.
Außerdem enthält die Reibfläche etwas roten Phosphor. Beim Reiben bleiben davon winzige Mengen am Streichholzkopf hängen. Das entstehende Gemisch ist leicht entzündlich – und dessen Entzündungstemperatur wird beim Reiben überschritten.

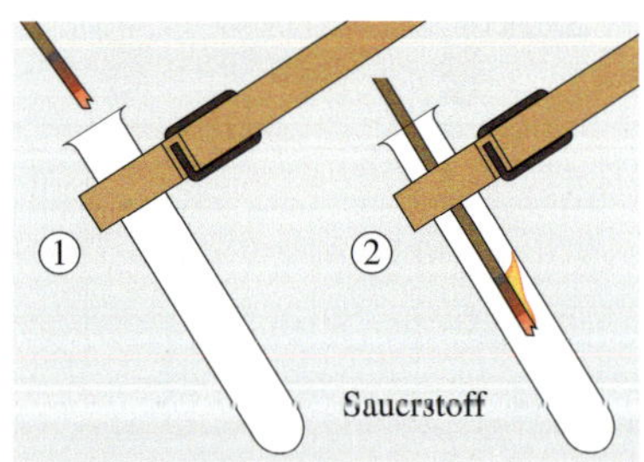

4 Sauerstoffnachweis

Verbrennung
Entzündungstemperatur
Zerteilungsgrad
Sauerstoff

Staubexplosionen und Grillbrände Zu *Staubexplosionen* kann es vor allem dann kommen, wenn sich feiner Staub (Mehl, feiner Ruß) mit Luft vermischt. ↑**B5** Jedes Staubteilchen ist dann von Luftteilchen umgeben. Je kleiner und feiner verteilt die Teilchen in der Luft sind, desto größer ist die Explosionsgefahr. Schon ein kleiner Funke (z. B. beim Ziehen eines Steckers aus der Steckdose) oder ein heißes Metallteil kann dazu führen, dass der Stoff ganz schnell verbrennt: Es kommt zu einer *Explosion*. Die Gefahr von Staubexplosionen besteht in allen Industriezweigen, in denen brennbare Stäube vorkommen: in der Nahrungsmittel-, der Holz- und der Metallindustrie.

5 Staubexplosion in einem Getreidesilo

Grillbrände entstehen immer wieder durch unsachgemäßen Umgang mit dem Grill und beim Anzünden der Grillkohle. Der Grill muss einen festen Stand haben und darf nicht in der Nähe brennbarer Materialien stehen. Zum Anzünden sollten Grillanzünder aus festen Stoffen (z. B. Grillpaste oder Zündwürfel) verwendet werden. *Auf keinen Fall darf man brennbare Flüssigkeiten wie Spiritus und Benzin einsetzen!* Das könnte zu Stichflammen oder zu einer explosionsartigen Entzündung brennbarer Dämpfe führen. ↑**B6**

6 Demonstration eines Grillbrands

Aufgaben

1 Möchtest du mehr über Streichhölzer wissen? Dann recherchiere z. B. im Internet, wie und wo heute Streichhölzer hergestellt werden.

2 Beim Gasfeuerzeug genügt der Funke des Gasanzünders, um das Gas zu entzünden. Bei einer Kerze funktioniert es nicht so. Erkläre das.

3 Holzkohlenstücke kann man mit einem Streichholz nicht so einfach entzünden. Erkläre, wie man vorgeht. Begründe das Vorgehen.

4 Ist Sauerstoff brennbar, also ein Brennstoff?

5 Man schätzt, dass es in Europa täglich eine Staubexplosion gibt.

a Recherchiere im Internet über Staubexplosionen.

b Welche Sicherheitsmaßnahmen werden getroffen, um sie zu verhindern?

6* Über drei angezündete Teelichter sollen unterschiedlich große Bechergläser gestülpt werden. Welche Kerze wird wohl zuerst ausgehen? Suche die richtige Antwort heraus und begründe:
- Alle Kerzen brennen gleich lange.
- Die Kerze unter dem 250-ml-Becherglas geht zuerst aus.
- Die Kerze unter dem 100-ml-Becherglas geht zuerst aus.
- Die Kerze unter dem 50-ml-Becherglas geht zuerst aus.

7* Was passiert wohl nach jeweils zwei Minuten? ↑**B7–9**

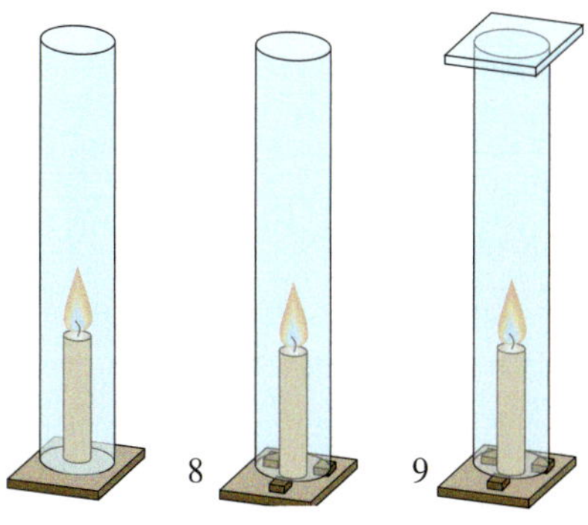
7 8 9

Beim Verbrennen von Holzkohle bleibt nicht viel übrig – nur ein paar Gramm Asche. Oder gibt es weitere „Überreste"?

1 Vorher …

2 … und nachher?

Was wird aus dem Brennstoff?

1

Verbrennung auf der Waage

In einem schwer schmelzbaren Reagenzglas liegen 2 oder 3 Streichhölzer.

a Verschließe das Glas mit einem Luftballon. Stelle mit einer empfindlichen Waage fest, wie viel diese Apparatur wiegt.

b Entzünde dann die Streichhölzer, indem du das Reagenzglas mithilfe der Brennerflamme erhitzt. ↑B3 (Das Reagenzglas dabei in ein Stativ einspannen!)

c Nach dem Abkühlen des Gases wiegst du die Apparatur erneut. Vergleiche!

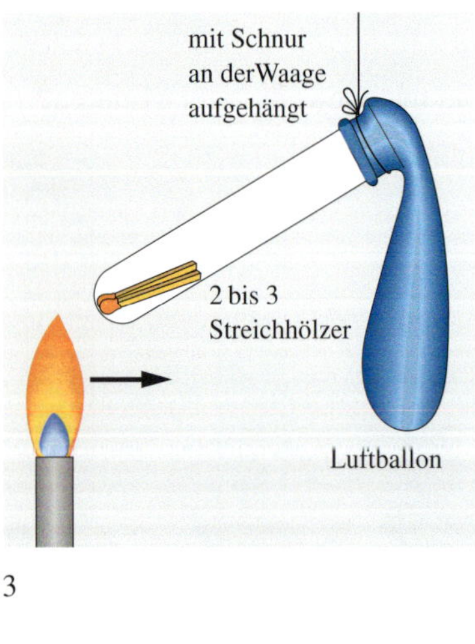

3

2

Enthalten Brennstoffe Kohlenstoff?

a Zünde eine Kerze an und warte, bis die Flamme möglichst groß ist. Halte dann eine Glasplatte oder einen Porzellanteller schräg in die Flamme. ↑B4 Welche Beobachtung machst du nach kurzer Zeit?

b Wiederhole den Versuch mit einem Feuerzeug und der leuchtenden Flamme des Gasbrenners.

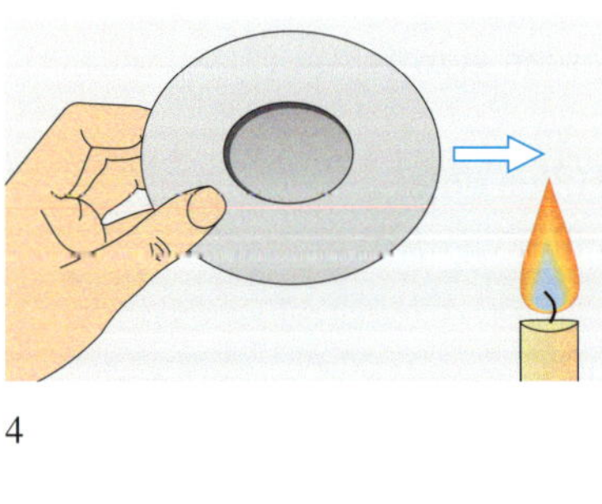

4

3

Holzstückchen werden erhitzt*

Beschreibe, was du an den Stellen 1, 2 und 3 beobachtest. ↑B5 Halte nach kurzer Zeit eine Streichholzflamme an die Öffnung des kleinen Glasröhrchens. Was wird aus dem Holz?

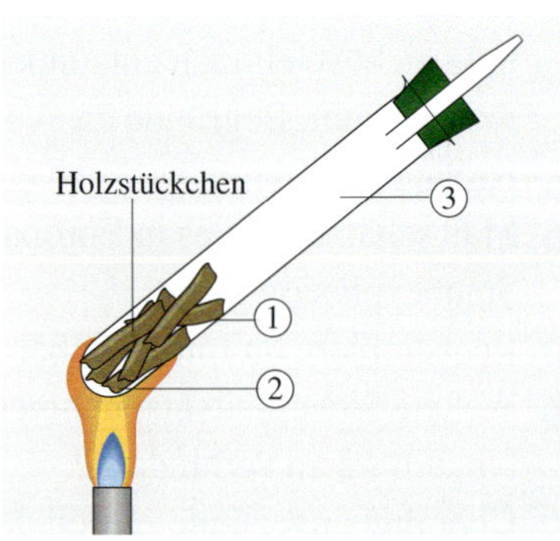

5

4
Kohlenstoffdioxidnachweis

Das Gas Kohlenstoffdioxid ist ein Bestandteil der Luft. Du kennst es auch von kohlensäurehaltigen Getränken.
Kohlenstoffdioxid wird mit Kalkwasser◇ nachgewiesen.
Vorsicht: Kalkwasser reizt die Augen und die Haut. Es darf also nicht in die Augen oder auf die Haut gelangen. Schutzbrille tragen!
Füllt für die folgenden Versuche a–d vier Waschflaschen oder Reagenzgläser mit etwas frischem Kalkwasser.

- **a** Leitet mit einem Gummigebläse frische Luft durch die erste vorbereitete Flasche. Schließt eine leere Flasche an (Rückflusssicherung). ↑**B6**
- **b** Blast Ausatemluft durch die zweite Flasche. Beobachtet!
- **c** Leitet Kohlenstoffdioxid aus der Gasflasche durch die dritte Flasche. Deine Lehrerin oder dein Lehrer hilft dir dabei.
- **d** Lasst zur Kontrolle ein anderes Gas aus einer Gasflasche durch die 4. Flasche strömen.

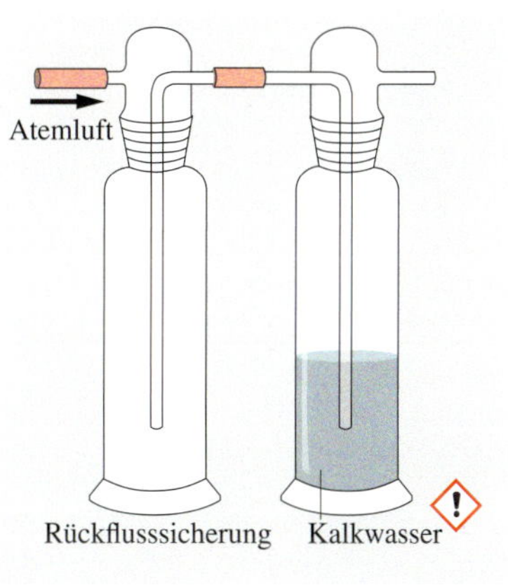

6

5
Nachweis von Kohlenstoffdioxid bei der Verbrennung

Ein Stückchen Holzkohle (z. B. Zeichenkohle) wird in einer Brennerflamme bis zum Glühen erhitzt und dann mit einer Pinzette in das Verbrennungsrohr eingeführt. ↑**B7**

- **a** Überlege nun: Kann die rechts entweichende Luft noch dieselbe sein wie die links hineingepumpte?
- **b** Prüfe das entweichende Gas mit Kalkwasser◇.
- **c** Vergleiche die Ausgangsstoffe bei der Verbrennung mit den Endprodukten.

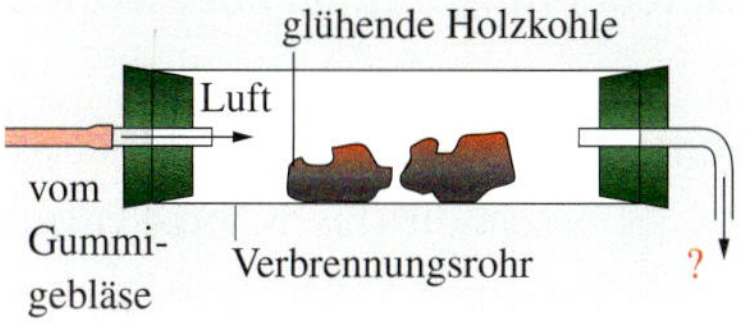

7

6
Enthalten Stoffe unserer Umgebung Kohlenstoff?*

- **a** Wir füllen ein trockenes Reagenzglas 2 cm hoch mit Zucker. Dann erhitzen wir es und entzünden das entstehende Gas. ↑**B8** (1)
  Wir spülen ein Becherglas mit Kalkwasser◇ aus und halten es umgekehrt über die Flamme (2).
  Beschreibe und erkläre deine Beobachtung.
- **b** Genauso prüfen wir weitere Stoffe, z. B. Papier, Puderzucker, Kartoffel und Sand.

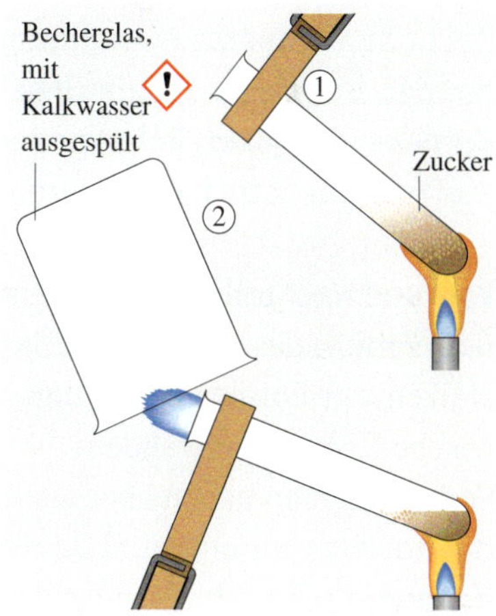

8

◇ Kalkwasser — Achtung! Gesundheitsgefährdend

Fakten

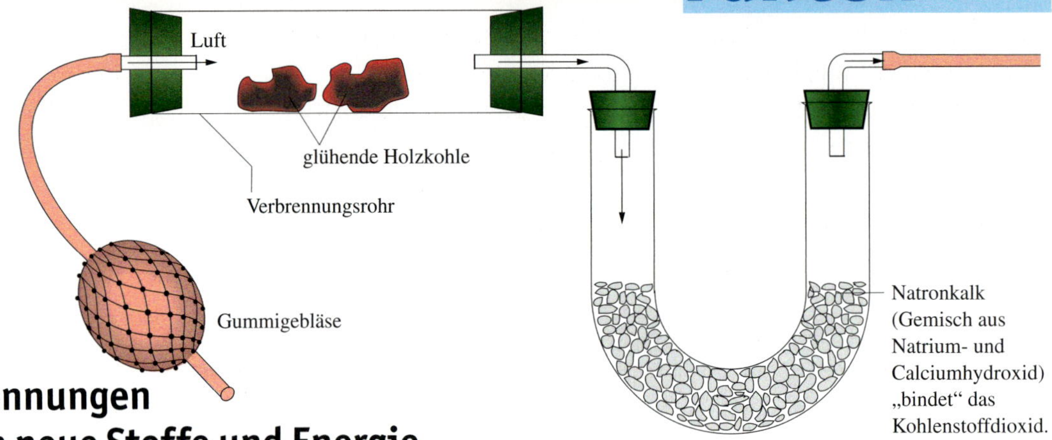

1

Verbrennungen liefern neue Stoffe und Energie

Kohlenstoffdioxid Viele Brennstoffe enthalten Kohlenstoff. Wenn Kohlenstoff verbrennt, entsteht ein Gas: Kohlenstoffdioxid. Leitet man dieses Gas durch Kalkwasser, so trübt sich das Kalkwasser. **Mit Kalkwasser kann man daher Kohlenstoffdioxid nachweisen.**

Verbrennung, eine chemische Reaktion Während Kohlenstoff verbrennt, nimmt er an Menge ab. Gleichzeitig entsteht Kohlenstoffdioxid.
Im Versuch ↑**B1** lässt sich das gasförmige Kohlenstoffdioxid „einfangen“. Es zeigt sich, dass das entstandene Kohlenstoffdioxid mehr wiegt als der Kohlenstoff vor der Verbrennung. Es muss also etwas hinzugekommen sein. Daraus folgert man: Der Kohlenstoff hat sich mit dem Sauerstoff der Luft verbunden. Man sagt:
Bei hoher Temperatur reagieren Kohlenstoff und Sauerstoff miteinander. Bei dieser chemischen Reaktion entsteht ein neuer Stoff: Kohlenstoffdioxid. Er hat andere Eigenschaften als die Ausgangsstoffe Kohlenstoff und Sauerstoff.

Vor- und Nachteile von Verbrennungen Alle Verbrennungen haben den Vorteil, dass sie Energie liefern. Diese Energie kann man zum Heizen, zur Fortbewegung und zur Beleuchtung nutzen oder in elektrische Energie umwandeln.
Verbrennungen haben aber auch Nachteile: Es entsteht Kohlenstoffdioxid. Man nimmt an, dass dieses Gas weltweit das Klima verändern wird („Treibhauseffekt“).
Manche Brennstoffe (Kohle, Öl) enthalten etwas Schwefel. Bei der Verbrennung entsteht Schwefeldioxid, ein giftiges Gas. Es ist vermutlich eine Ursache für Schäden an unseren Wäldern („Waldsterben“). Bei vielen Verbrennungen entsteht auch feiner Ruß, z. B. in den Dieselmotoren von Autos oder durch das Heizen mit Holz. Ruß ist schädlich für die Gesundheit: Wenn Menschen zu viel davon einatmen, kann dies zu Allergien oder gar Lungenkrebs führen.

Verbrennung
Chemische Reaktion
Chemische Energie

Chemische Reaktion und Energie Damit Kohlenstoff und Sauerstoff miteinander reagieren können, muss der Kohlenstoff entzündet, also „aktiv" werden. Deshalb muss man erst einmal Energie zuführen. ↑**B2** Man bezeichnet diese Energie deshalb als *Aktivierungsenergie*.

Bei der anschließenden Reaktion von Kohlenstoff mit Sauerstoff wird Wärme an die Umgebung abgegeben. Reaktionen wie das Verbrennen von Holz, Kohle oder anderen Brennstoffen sind demnach *energieabgebende Reaktionen*.

Brennstoffe sind *Energieträger*; sie enthalten Energie als *chemische Energie*. Bei der Verbrennung der Brennstoffe wird ein Teil dieser chemischen Energie in Wärme umgewandelt; die Wärme wird an die Umgebung abgegeben.

Bei chemischen Reaktionen finden Energieumwandlungen statt. Bei energieabgebenden Reaktionen wird Wärme an die Umgebung übertragen.

2 Das Aktivieren kann man mit dem Anschieben vergleichen.

Hier siehst du ein Beispiel für die Umwandlung von chemischer Energie in Bewegungsenergie. ↑**B3** Solche Oldtimer wurden in den Jahren 1945–1952 mit Holzgas – entstanden durch die Zersetzung von Holz und Torf – betrieben.

3 Mit Holzgas betriebener Oldtimer

Aufgaben

1 Wenn reiner Kohlenstoff verbrennt, ist kein Verbrennungsprodukt zu sehen. Woran liegt das?

a Wie könntest du trotzdem nachweisen, dass ein neuer Stoff entstanden ist?

b Wie heißt dieser Stoff?

2 In einem Versuch ↑**B4** werden Verbrennungsgase einer Kerze durch Kalkwasser geleitet. Welches Ergebnis erwartest du? Begründe deine Antwort.

3 Nenne Beispiele für technische Geräte, in denen Verbrennungen zur Erzeugung von Wärme oder von Bewegungsenergie genutzt werden.

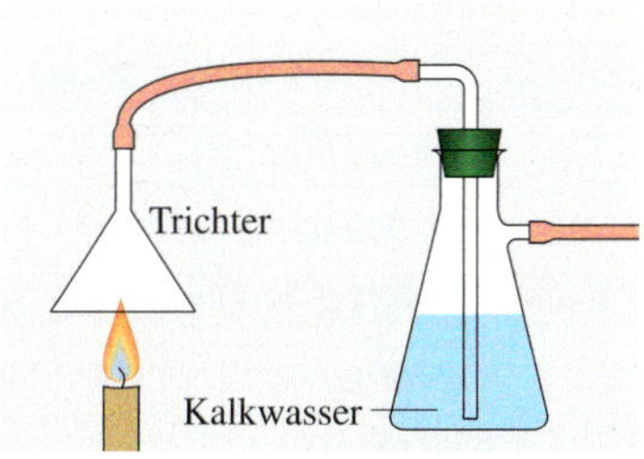

4

Ausblick

2 Kohlekraftwerk

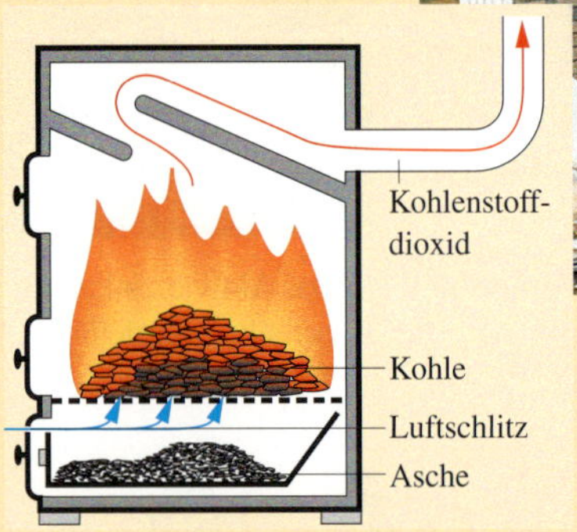

1 Ofen

Verbrennungsvorgänge sind wichtig

Seit Jahrtausenden verbrennt man Holz und Kohle, um die Energie zum Heizen und Kochen zu nutzen. ↑**B1**
Große *Kohlekraftwerke* benötigen täglich 100 Güterwagen Kohle. Sie wird verbrannt, um Wasser in Wasserdampf umzuwandeln. Der Dampf treibt in der Turbine ein riesiges „Windrad" an und dreht so einen großen Dynamo. So erhält man elektrische Energie. Das Kraftwerk setzt dabei in großen Mengen Abgase frei. ↑**B2**
Verbrennungsvorgänge treiben auch *Fahrzeuge* an. Der Brennstoff (Benzin oder Diesel) wird mit Luft vermischt. In der Brennkammer wird das Gemisch gezündet und verbrennt explosionsartig. Die Verbrennungsgase treiben den Kolben an. Die Bewegung des Kolbens wird zum Antrieb des Wagens genutzt. ↑**B3**

Schadstoffe und Abgase eines Kohlekraftwerks je Stunde

	ohne Filter	*mit Filter*
Feinstaub	*14 000 kg*	*100 kg*
Schwefeldioxid	*4000 kg*	*800 kg*
Stickstoffoxide	*2400 kg*	*400 kg*
Kohlenstoffdioxid	*550 t*	

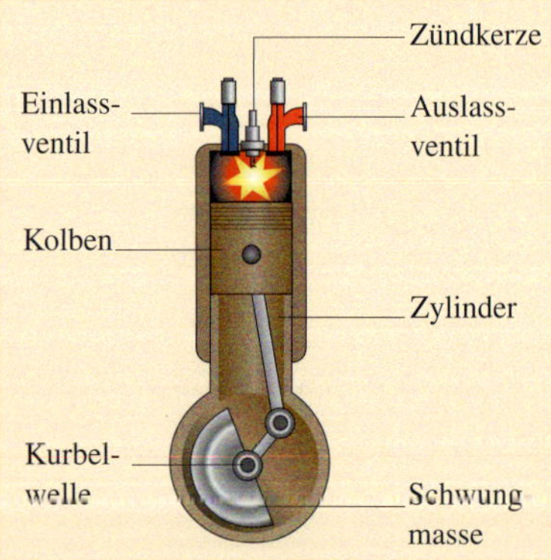

3 Zylinder eines Verbrennungsmotors

Verbrennungsvorgänge im menschlichen Körper Unsere Nahrungsmittel enthalten Nährstoffe, die wir zum Leben benötigen, z. B. Zucker, Stärke, Eiweißstoffe und Fett. Ein wichtiger Bestandteil dieser Nährstoffe ist Kohlenstoff.
Bei der Verdauung werden die Nährstoffe zerlegt, sodass der Kohlenstoff leichter „verfügbar" wird. Die entstehenden Stoffe können die Darmwand durchdringen und gelangen ins Blut. Mit dem Blut werden sie im ganzen Körper verteilt. Das Blut befördert gleichzeitig Sauerstoff, den wir beim Atmen aus der Luft aufnehmen.
Im Körper laufen ähnliche Vorgänge ab wie bei einer Verbrennung. Kohlenstoff und Sauerstoff verbinden sich zu Kohlenstoffdioxid. Dabei wird Energie freigesetzt. Diese benötigen wir vor allem bei körperlicher Betätigung. ↑B4
Sie ist erforderlich, um unseren Körper warm zu halten. Außerdem wird sie von Muskeln und anderen Organen benötigt. Das Kohlenstoffdioxid atmen wir wieder aus.

4

„Dicke Luft" Frische Luft enthält nur ganz wenig Kohlenstoffdioxid. In 1 m^3 Luft sind nur 0,4 Liter enthalten. Wenn sich viele Menschen in einem geschlossenen Raum aufhalten, reichert sich das Kohlenstoffdioxid in der Luft schnell an. 5 Liter Kohlenstoffdioxid pro m^3 genügen, um uns müde zu machen. Wir fangen an zu gähnen.
Wenn sich noch mehr Kohlenstoffdioxid in der Luft befindet, können Übelkeit, Kopfschmerzen, Herzklopfen und Schwindelgefühl auftreten.
Deshalb ist es wichtig, auf frische Luft zu achten. In geschlossenen Räumen sollte nicht mehr als 1 Liter Kohlenstoffdioxid pro m^3 Luft enthalten sein. Klassenräume in der Schule müssen demnach regelmäßig gelüftet werden!

Aufgaben

1 Stell dir vor, du fängst im Zimmer an zu gähnen. Was könnte der Grund dafür sein?

2 Ein Mensch atmet beim Sitzen stündlich etwa 20 Liter Kohlenstoffdioxid aus. Rechne aus, wie viel Kohlenstoffdioxid in eurer Klasse innerhalb einer Unterrichtsstunde erzeugt wird.

3 Hast du schon eine Mindmap „Erwünschte und unerwünschte Verbrennungen" (s. S. 142) angelegt? Dann ergänze sie um neu gewonnene Informationen.

4* Nimm an, in einem Klassenraum wird eine „Disko" mit 40 Teilnehmern veranstaltet. Damit der Lärm nicht nach außen dringt, wurden Fenster und Türen des Klassenraums geschlossen. Die heißen Rhythmen reißen alle mit. Dadurch steigt der Sauerstoffverbrauch an – und in jeder Minute atmet jede Person 2 Liter Kohlenstoffdioxid aus. Der Klassenraum fasst 300 m^3

a Wie viel Kohlenstoffdioxid ist nach 30 Minuten in 1 m^3 Luft enthalten?

b Begründe, warum es nicht so weit kommen darf.

Aktion

1 Wohnungsbrand

2 Waldbrand

Was tun, wenn's brennt?

Achtung: Brandgefahr!

→ Versuche nur unter Aufsicht der Lehrkraft durchführen!

1

Brandbekämpfung und Brandschutz

Fertige eine Mindmap zu dem Thema an.

2

Brandschutz in der Schule

Erkundige dich nach dem Fluchtplan deiner Schule. Was ist bei Feueralarm zu tun? Welche Sicherheitsvorkehrungen sind für den Brandfall in eurem Chemieraum getroffen?

3

Was tun, wenn's brennt?

Du kennst die Bedingungen für die Verbrennung. Daher fällt es dir bestimmt nicht schwer, geeignete Löschmethoden zu finden.
Du sollst brennendes Küchenpapier in einer Porzellanschale löschen. Dir stehen zur Verfügung: Sand, Wasser in einer Spritzflasche und ein festes Tuch. ↑**B3**
Überlege dir sinnvolle Löschmethoden. Notiere die Vorschläge in einer Tabelle in deinem Heft. Probiere die Löschmethoden dann aus.

Löschmethode	*Wie gehst du vor?*	*Welche Bedingung für die Verbrennung entfällt?*
?	*?*	*?*

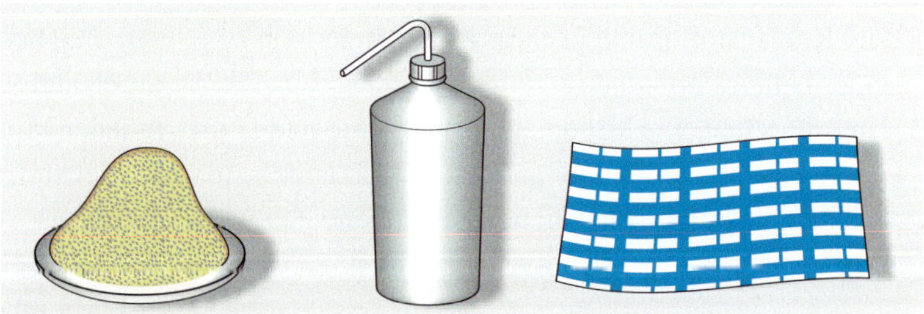

3 Löschmaterialien

4
Eine Kerzenflamme löschen
Kannst du eine Kerzenflamme löschen, ohne sie auszublasen oder zu berühren? Begründe deine Meinung.

5
Mit einem Gas löschen?*
Entzünde ein Teelicht und stelle es in Becherglas 1.
Lass in Becherglas 2 einen Teelöffel Backpulver mit verdünnter Essigsäure◇ reagieren.
Neige dann Glas 2 über Glas 1, ohne dass etwas Flüssigkeit ausläuft. ↑B4
Beschreibe, was geschieht.

4 Löschen mit einem Gas

6
Bau eines Schaumlöschers*
Fülle ein Päckchen Backpulver in einen Erlenmeyerkolben (300 ml). Gib mit einer Plastikspritze 3 ml Spülmittel hinzu. Gieße außerdem 20 ml verdünnte Essigsäure◇ in den Erlenmeyerkolben. Verschließe ihn mit einem durchbohrten Stopfen, in dem ein rechtwinklig gebogenes Glasrohr steckt. ↑B5
Stelle die brennende Kerze in eine große Petrischale. Halte die Öffnung des Glasrohrs über die Kerzenflamme. Bewege – falls nötig – das Gefäß leicht hin und her.

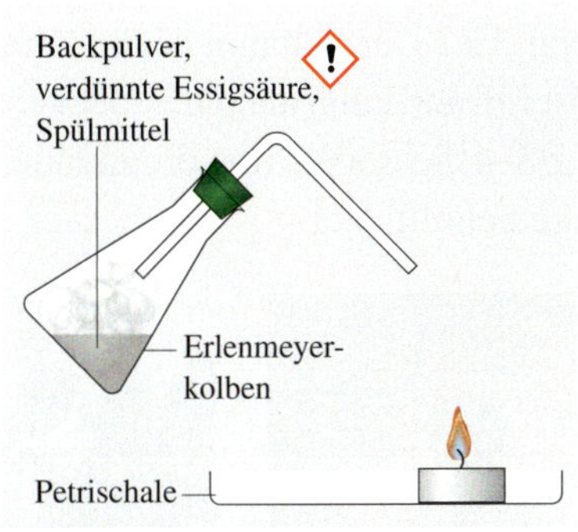

5 Modell eines Feuerlöschers

7
Die Feuerwehr
Das Thema „Feuerwehr" lässt sich in verschiedene Teilthemen gliedern.
Hier einige Beispiele:
- Aufgaben der Feuerwehr
- Einsätze einer Feuerwache im letzten Halbjahr und ihre Gründe
- Jugendfeuerwehr – Ausbildung und Einsatzmöglichkeiten
- Standort und Ausrüstung der Feuerwehr in eurem Wohnort
- Brandexperten und ihre Arbeit
- Erste-Hilfe-Maßnahmen bei Brandverletzungen
- Richtiges Verhalten bei einem Brand

Sucht euch ein Thema aus und bearbeitet es im Team.
Präsentiert eure Ergebnisse, z. B. in Form einer Wandzeitung, in der Klasse oder auf dem Elternabend.

◇ verdünnte Essigäure — Achtung! Gesundheitsgefährdend

Fakten

Brände löschen

Zum Brand kann es nur unter diesen Voraussetzungen kommen:
- Ein brennbarer Stoff ist vorhanden.
- Die Entzündungstemperatur ist überschritten.
- Luft (Sauerstoff) steht zur Verfügung.

Um einem Brand vorzubeugen oder ihn zu löschen, muss mindestens eine der drei Voraussetzungen beseitigt werden. Die Feuerwehr versucht meist, alle gleichzeitig zu beseitigen. www 156-1

1 Abkühlen mit Wasser

Löschmethode 1: Die brennenden Stoffe werden unter die Entzündungstemperatur abgekühlt.
Zur Abkühlung wird meist Wasser in die Flammen gespritzt. ↑**B1** Bei brennendem Fett und brennenden Flüssigkeiten ist aber Wasser ungeeignet. Auch Brände an elektrischen Anlagen darf man nicht mit Wasser löschen. Es könnte Stromschläge und Kurzschlüsse geben.

2 Ersticken der Flammen mit Schaum

Löschmethode 2: Ohne Sauerstoff „erstickt" die Flamme.
Oft werden Schaumlöscher eingesetzt. ↑**B2** Der Schaum deckt dann den Brandherd luftdicht ab. Ein kleiner Brand kann auch mit Decken, Sand oder Erde erstickt werden. ↑**B3–4** Personen mit brennender Kleidung werden in eine Löschdecke gehüllt.

3 Ersticken mit Sand und Feuerpatsche

4 Ersticken mit einer Löschdecke

Löschen
Löschmethoden

Bratfett in der Pfanne kann sich bei zu hoher Temperatur entzünden. Einen solchen Brand darf man nie mit Wasser löschen. Die Folgen wären verheerend. ↑**B5** Die Flamme in der Pfanne erstickt man am einfachsten mit einem Deckel. ↑**B6**

5 Hier wird ein Fettbrand mit einem Glas Wasser „gelöscht" …

6 Ein Fettbrand in der Bratpfanne – gelöscht mit einem Deckel

Löschmethode 3: Dem Feuer wird die Nahrung entzogen. Brennbares Material wird so weit wie möglich vom Brandherd entfernt: Brennende Balken werden mit Haken aus dem Feuer herausgezogen und bei einem Waldbrand werden Schneisen geschlagen. ↑**B7**

7 Eine Schneise gegen einen Waldbrand entsteht.

Was wird womit gelöscht? Manchmal werden Brände erst durch ein falsches Löschmittel zur Katastrophe. Brände werden in *Brandklassen* eingeteilt (s. Tabelle im Anhang).
Auf Feuerlöschern stehen die Brandklassen, bei denen sie eingesetzt werden können.

Aufgaben

1 Es gibt Vorschriften über das Verhalten bei Bränden in der Schule. Nenne die wichtigsten und begründe sie.

2 Welche Voraussetzungen für das Brennen will man in den Bildern beseitigen? ↑**B1–4** u. **6–7**

3 Inwiefern ist Wasser ein wichtiges Löschmittel? In welchen Fällen ist aber Wasser zum Löschen ungeeignet?

4 Auf Spraydosen steht: „Inhalt nicht in offene Flammen sprühen!" Warum dieser Hinweis?

Methode

Eine Wandzeitung gestalten

Eine Wandzeitung soll schön aussehen und den Betrachter anregen. ↑**B1**
Ein solches Plakat kann ein Einzelner kaum erstellen.

Schritt 1 **Planung**
Schreibt auf, welches Thema ihr bearbeiten wollt. Legt einen Zeitplan für die Arbeiten fest. Verteilt die Arbeiten auf die Gruppenmitglieder.

Schritt 2 **Informationsbeschaffung**
Zunächst müsst ihr Informationen sammeln. Manches findet ihr in diesem Buch. Anderes steht im Lexikon, in Büchern, in Informationsschriften, Zeitungen oder im Internet. ↑**B1–B2** Vielleicht habt ihr auch die Möglichkeit, eine Feuerwache zu besuchen und Feuerwehrleute zu interviewen. Eine Hilfe dazu findet ihr auf der rechten Seite.

Wer Bilder zu einem anderen Thema hat, bietet sie denjenigen an, die es bearbeiten.

Schritt 3 **Herstellung der Wandzeitung** ↑**B3**
Besorgt euch Packpapier, ein Papiertischtuch oder Tapeten, Stifte, Scheren, Klebstoff und farbiges Band.
Gemeinsam entscheidet ihr:
- Welches Material soll auf dem Plakat veröffentlicht werden?
  In welcher Form soll das geschehen?
- Wie werden die Materialien übersichtlich angeordnet?
  Prüft nach, ob die Zeitung aus der Nähe und auch aus der Ferne wirkt.
- Denkt an die Beschriftung der Bilder:

Achtet auf Größe und Lesbarkeit der Schrift. Unterscheidet verschiedene Schriftgrößen.

Schritt 4 Nach Fertigstellung erläutert jede Gruppe vor der Klasse den eigenen Teil der Arbeit.

1

2

3 Wandzeitung

Wie führt man ein Interview?

Wenn ihr ein Interview führen wollt, müsst ihr euch vorbereiten. Überlegt euch genau, welche Fragen ihr stellen wollt. Informiert euch deshalb vorher über das Thema des Interviews (z. B. aus Büchern oder im Internet).

Während des Interviews werden die Antworten notiert oder aufgenommen.

Einige Tipps für Interviews:

- Fragt nicht so, dass die Antwort nur Ja oder Nein lauten kann. Verwendet Fragewörter wie „warum", „was", „wie", „wozu".
- Formuliert eure Fragen klar und verständlich auf einem Zettel.
- Geht nicht allein zum Interview.
- Fertigt während des Interviews Notizen an. Ein Kassettenrekorder ist hilfreich.
- Vielleicht redet euer Gesprächspartner zu lange hintereinander. Dann unterbrecht ihn höflich mit einer Zwischenfrage.
- Fragt nach, wenn ihr eine Antwort nicht verstanden habt.
- Bedankt euch am Schluss des Interviews für das Gespräch.
- Fasst die Ergebnisse eurer Befragung schriftlich zusammen.

4

Arbeitsplan *Gruppe: Paul, Julia, Marco*

Thema:
Standorte und Ausrüstung der Feuerwehr in Braunschweig – Erstellen einer Wandzeitung

Aufgaben:
1. *Recherchieren der Feuerwachen und möglichen Websites* Paul
2. *Allgemeine Informationen zur Ausrüstung von Feuerwehren* Marco
3. *Interview-Anfrage bei Feuerwache* Julia
4. *Fragen für Interview zusammenstellen* alle

Zeitplan:
Mo, 3.5. Recherchieren und Terminanfrage
Mi, 5.5. Vorbereitung des Interviews
…
Mo, 10.5. Wandzeitung anfertigen

Informationsquellen:
Jugendbücherei, Internet, Interview

Material:
Digitalkamera, MP3-Player mit Mikrofon, Tapetenrolle, Stifte, Fäden, Stadtplan

5

6

Drei Voraussetzungen sind für ein Feuer nötig: ein brennbarer Stoff, Sauerstoff und eine ausreichend hohe Temperatur. ↑ S. 146

Verbrennung auf einen Blick

→ Wenn ein brennbarer Stoff erhitzt wird, bildet er Dämpfe. Er beginnt zu brennen, wenn die Entzündungstemperatur des Stoffs erreicht und Sauerstoff vorhanden ist.

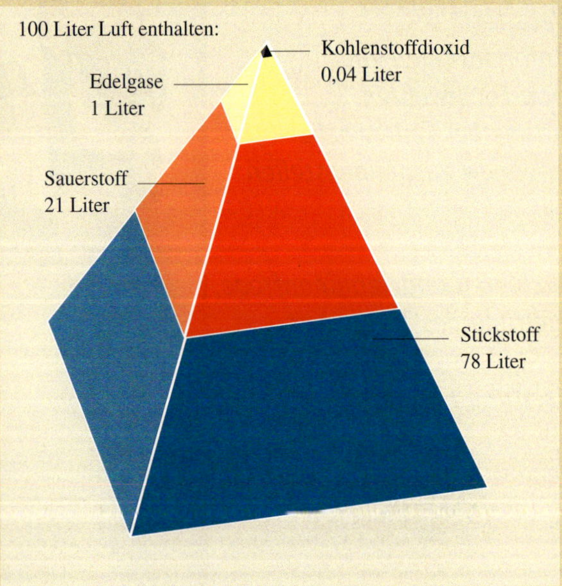

→ Die Luft ist ein farbloses und geruchloses Gasgemisch. Sie besteht vor allem aus Stickstoff und Sauerstoff. ↑ S. 146

Alles klar?

1 Wenn du Daumen und Zeigefinger anfeuchtest, kannst du eine Kerzenflamme löschen, ohne dich zu verbrennen. Warum klappt das?

2 Du sollst in einer Versuchsreihe zeigen, unter welchen Bedingungen Kerzenwachs brennt. Plane die Versuche.

3 In welchem Abstand von einer Tankstelle darf nicht mit offenem Feuer umgegangen werden? Informiere dich, wenn du es nicht weißt.

4 Wie kann man am besten ein Lagerfeuer errichten?

5 Frische Luft enthält nur sehr wenig Kohlenstoffdioxid. Die Luft, die wir ausatmen, enthält aber dieses Gas. Erkläre, wie das kommt.

6 Wie löscht man brennendes Fett in der Pfanne? Erkläre, warum man das Fett nicht mit Wasser löschen darf.

7* Worin unterscheidet sich eine Explosion von einer Verbrennung?

8* Wie viel Nahrung würde ein Feuer auf eurem Dachboden finden? Was kann man gegen solche Gefahrenquellen tun?

9* Bei Familie Chaos geht's ziemlich gefährlich zu. ↑**B1**

a Suche die Gefahrenquellen.

b Worin besteht die Gefahr?

c Wie sollte man sie beseitigen?

d Was macht das Zündeln des Jungen so gefährlich?

e Wie müsste man löschen, wenn es an den acht Gefahrenquellen tatsächlich zu einem Brand kommt? Beratschlagt im Team und stellt dann eure Ergebnisse vor.

Teste dich!

1 Ein Trinkglas wird über eine Kerze gestülpt. ↑**B1** Was geschieht? Gib an, wie die Luft zu Beginn und am Ende des Versuchs zusammengesetzt ist.

1

2 Ein Glas wird mit einer klaren Flüssigkeit befeuchtet und über eine brennende Kerze gehalten: Der Flüssigkeitstropfen wird trübe.

a Um welche Flüssigkeit muss es sich handeln?

b Welches Gas hat die Trübung verursacht?

3 Nenne die drei Voraussetzungen für die Verbrennung.

4 Eine Löschdecke kann helfen, wenn die Kleidung einer Person brennt. ↑**B2** Beschreibe, wie sie funktioniert.

2

5 Ein Benzinfeuerzeug hat einen Feuerstein. Damit lässt sich ein Funke erzeugen, der das Benzin entzündet. Warum lässt sich ein Holzstapel für ein Lagerfeuer nicht durch einen Funken entzünden?

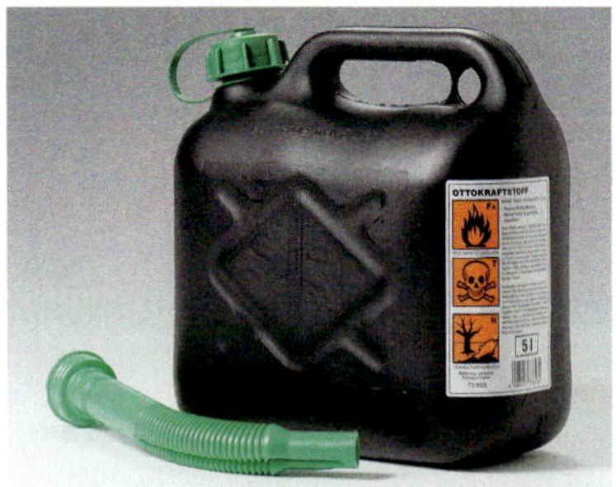

3

6 Weshalb ist beim Umgang mit brennbaren Flüssigkeiten besondere Vorsicht nötig? ↑**B3**

7 Begründe folgende Maßnahmen zum Brandschutz oder zum Löschen von Bränden.

a In Hochhäusern gehören zwischen Treppenhaus und Flure dicht schließende Türen.

b Türen und Fenster von brennenden Räumen schließen!

c In Garagen, in Autowerkstätten und an Tankstellen sind das Rauchen und der Gebrauch von offenem Feuer streng verboten. ↑**B4**

4

d Bei Bränden von Flüssigkeiten und elektrischen Anlagen nicht Wasser als Löschmittel einsetzen!

e Niemals brennbare Flüssigkeiten als Feueranzünder benutzen! ↑**B5**

5

f Im Chemieraum außer einem Feuerlöscher auch einen Kasten mit Sand und eine Löschdecke bereithalten!

g Personen mit brennenden Kleidern nicht weglaufen lassen, sondern schnell in eine Decke wickeln.

h Heiße Bügeleisen in Arbeitspausen auf eine feuerfeste Unterlage stellen!

8 Die Luft ist ein gasförmiges Stoffgemisch. Gib an, aus welchen Bestandteilen das Gemisch besteht.

9 In einem Glas befindet sich Luft, in einem anderen reiner Sauerstoff. Wie bekommst du heraus, in welchem Glas der Sauerstoff ist?

10 Welche Methoden würdest du zur Bekämpfung eines Waldbrands anwenden?

11 Wieso ist Wasser ein wichtiges Löschmittel? In welchen Fällen darf es nicht zum Löschen benutzt werden?

12 Was ist bei einem Interview zu beachten?

13 Welches Löschmittel muss bei den folgenden Bränden eingesetzt werden?
- **a** Holzbrand
- **b** Benzinbrand
- **c** Kunststoffbrand

14 „Zünden" – warum? ↑**B6**
- **a** Erläutere, was mit dem Zünden erreicht werden soll.
- **b** Beschreibe, was nach dem Zünden passiert.
- **c** Wie nennt man die Energie, die zum Zünden gebraucht wird? Woher kommt sie?

6

Die Lösungen findest du im Anhang.

Ordne dazu deiner Lösung im Heft ein Smiley zu:
☺ Ich habe die Aufgabe richtig lösen können.
😐 Ich habe die Aufgabe nicht komplett lösen können.
☹ Ich habe die Aufgabe nicht lösen können.

Schätze deine Kenntnisse und Fähigkeiten ein.

Aufgabe	Ich kann …	Hilfe findest du auf Seite …
1	… die Veränderung der Luft bei der Verbrennung beschreiben.	146
2	… Kohlenstoffdioxid nachweisen.	149
3, 5, 10	… die Voraussetzungen für die Verbrennung nennen und anwenden.	146
4, 7	… mein Wissen über die Verbrennung anwenden, um verschiedene Löschmethoden zu begründen.	156 f.
6	… Brandgefahren einschätzen.	156 f.
8	… die Bestandteile der Luft angeben.	146
9	… Sauerstoff nachweisen.	146
10	… Informationen zum Thema Brandbekämpfung beschaffen.	
11	… Gefahren beim Löschen mit Wasser erkennen.	157
12	… beschreiben, worauf es beim einem Interview ankommt.	159
14	… den Begriff *Aktivierungsenergie* erklären.	151

Stoffe verändern sich

1 Stahl sorgt für Stabilität.

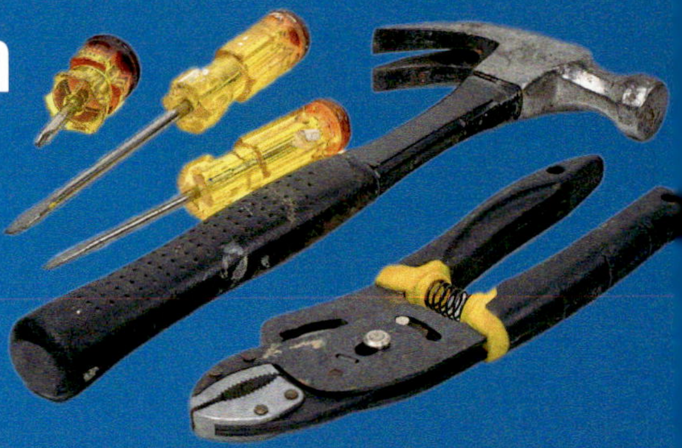

4 Metalle im Alltag

Ohne Metalle können wir uns unser tägliches Leben nicht vorstellen. Schon seit einigen tausend Jahren verwenden Menschen Metalle. Die meisten Metalle müssen aus anderen Stoffen hergestellt werden. Und Metalle werden wiederum zu anderen Stoffen, z. B. zu Rost.
In diesem Kapitel kannst du Veränderungen von Metallen untersuchen und vieles sonst über Metalle erfahren.

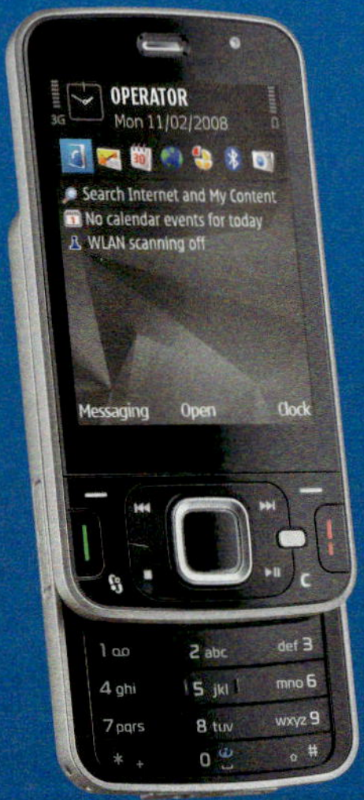

2 Ohne Tantal nicht denkbar

5 Edelstahl für Küchengeräte

3 Rosten alle Metalle?

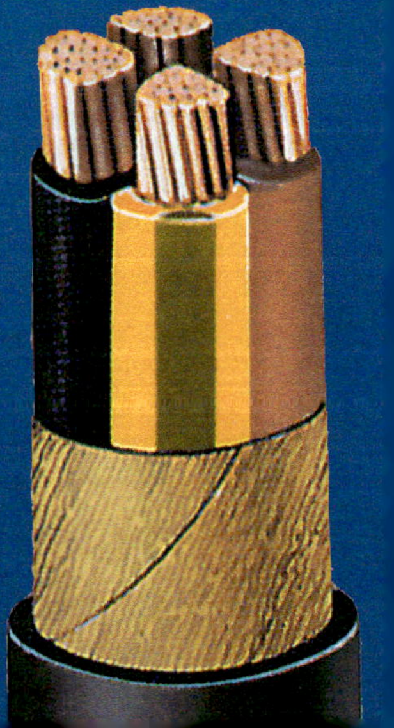

6 Alle Metalle leiten – warum nimmt man dann hierfür gerade Kupfer?

7 Edelmetall

11 Besondere Metalle im Flugzeug

8 Daraus soll Kupfer werden …

9 … und daraus Eisen?

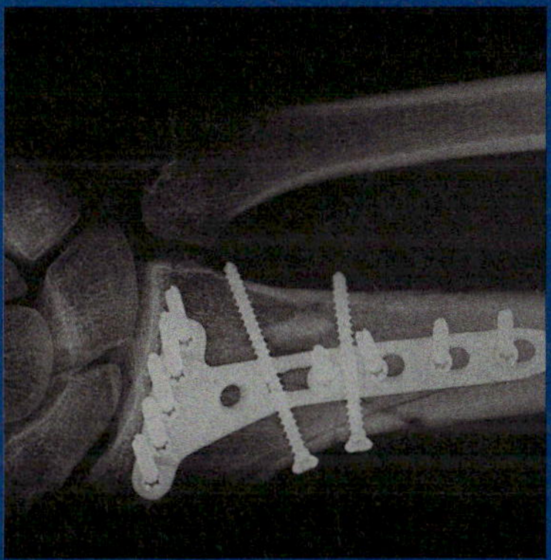

10 Titan – ein bedeutendes Metall nicht nur bei Knochenbrüchen

12 Ein neuer Hochofen im Ruhrgebiet

13

Aktion

Die Welt der Metalle

Wir verbrennen Metalle

Achtung: Explosionsgefahr!
Metallbrände lassen sich weder mit Wasser noch mit Kohlenstoffdioxid löschen! Brandschutzdecke und Feuerlöscher bereithalten!
Nicht die Schutzbrillen vergessen!

1

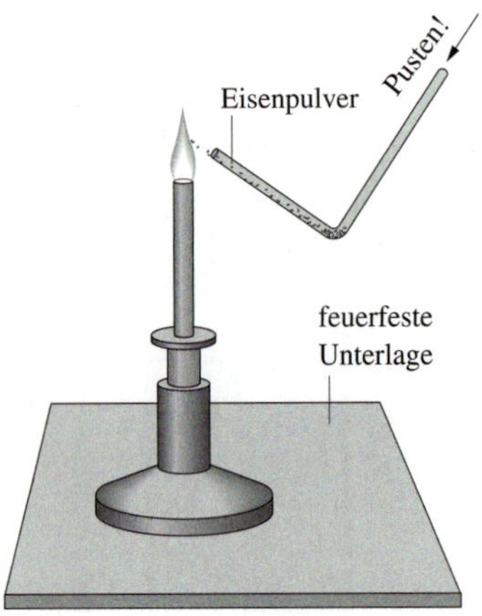

Unter welchen Bedingungen brennt Eisen?

Materialien: Schutzbrille, Tiegelzange, Gasbrenner, Glasröhrchen, gewinkeltes Glasrohr, feuerfeste Unterlage; blank geschmirgelter Eisennagel, Eisenwolle, Eisenpulver

Versuchsdurchführung:

- Haltet den blanken Eisennagel mit der Zange in die Flamme.
- Ersetzt den Nagel durch etwas Eisenwolle und haltet sie mit ihrem Rand in die Flamme. Blast mit dem Glasröhrchen Luft hinzu.
- Füllt etwas Eisenpulver in das Glasröhrchen und blast vorsichtig Eisenpulver durch die Brennerflamme.

Versuchsauswertung:

a Notiert euch, wie sich Eisennagel, Eisenwolle und Eisenpulver in der Flamme verhalten und wie sie sich verändern.

b Erklärt die Versuchsergebnisse.

2

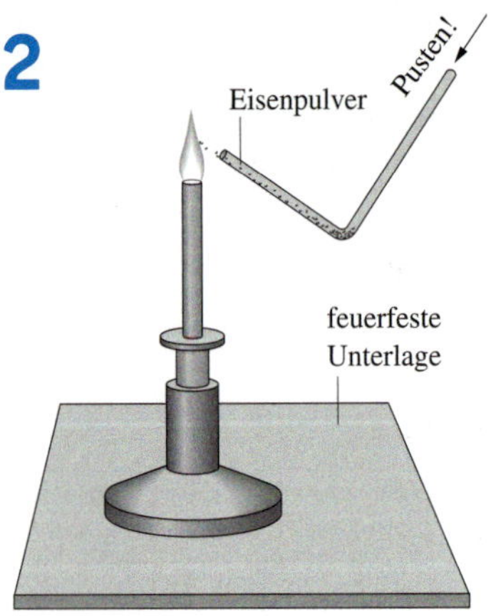

Unterschiedliche Metalle in der Flamme

Materialien: Schutzbrille, Gasbrenner, gewinkeltes Glasröhrchen, feuerfeste Unterlage; Eisenpulver, Magnesiumpulver◇, Kupferpulver

Versuchsdurchführung: Füllt etwas Metallpulver in das Röhrchen und blast es vorsichtig in die nicht leuchtende Brennerflamme.

Versuchsauswertung:

- Notiert eure Beobachtungen.
- Berichtet über die Unterschiede zwischen den einzelnen Metallen vor und nach dem Versuch.
- Stellt eine Reihenfolge der Metalle nach der Heftigkeit ihrer Verbrennung auf.

◇ Magnesiumpulver

Gefahr
Leicht-/Hochentzündlich

3

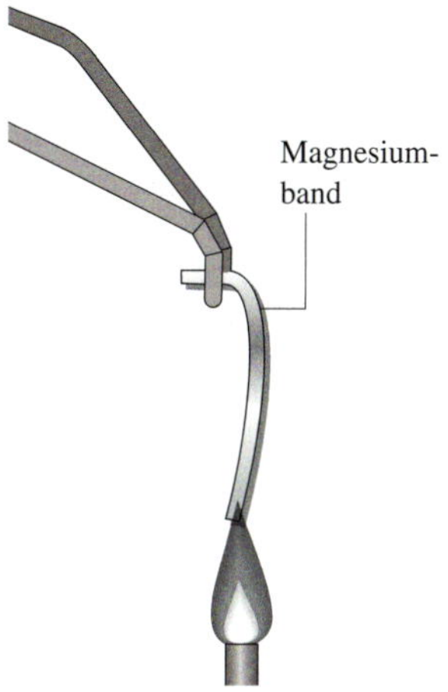

Magnesium – das brennende Metall

Materialien: Schutzbrille, Tiegelzange, Gasbrenner, feuerfeste Unterlage; Magnesium

Versuchsdurchführung:

- Schaut euch ein Stück Magnesiumband an.
- Haltet es mit der Zange in die Flamme.
  Achtung: Nicht in die Flamme sehen!
- Vergleicht das Versuchsergebnis mit dem Magnesiumband.

Versuchsauswertung:

a Notiert, wie das Magnesium vorher und nachher aussieht.
b Schreibt auf, welche Veränderungen stattgefunden haben.
c Versucht das Versuchsergebnis zu erklären.

4

Ändert Eisenwolle beim Verbrennen ihr Gewicht?

Materialien: Schutzbrille, Digitalwaage, Gasbrenner, Abdampfschale, Tiegelzange, feuerfeste Unterlage; Eisenwolle

Versuchsdurchführung:

- Legt etwas Eisenwolle in die Abdampfschale und bestimmt die Masse von Schale und Eisenwolle. Haltet die Eisenwolle mit der Zange in die Brennerflamme und entzündet sie. Haltet sie so, dass herabfallende Eisenwolle in die Schale fällt.
- Legt die Eisenwolle nach dem Brennen in die Schale und lasst sie etwas abkühlen. Danach bestimmt ihr erneut die Masse der Schale mit der nun verbrannten Eisenwolle.

Versuchsauswertung:

a Protokolliert eure Beobachtungen.
b Sucht nach einer Erklärung.

5

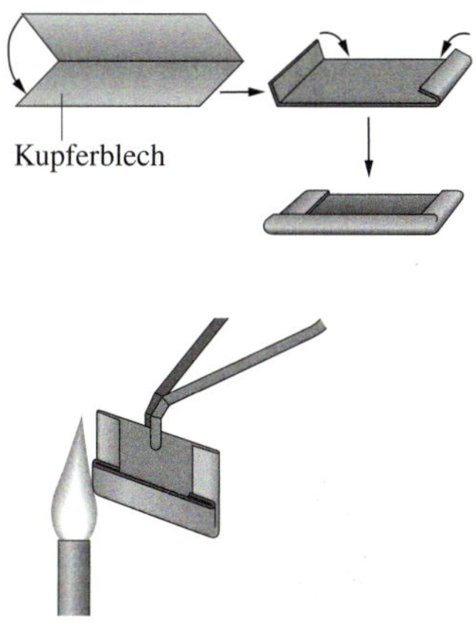

Der glühende Kupferbrief

Materialien: Schutzbrille, Tiegelzange, Gasbrenner, feuerfeste Unterlage, Spatel oder Kunststofflöffel; Kupferblech

Versuchsdurchführung:

- Faltet das Blech zusammen. Knickt die offenen Ränder um.
- Haltet den Brief mit der Zange in die nicht leuchtende Brennerflamme. Erhitzt ihn bis zur Rotglut.
- Lasst den Brief abkühlen und öffnet ihn.

Versuchsauswertung:

a Vergleicht die Außenseite mit der Innenseite des Kupferbriefs. Notiert eure Beobachtung.
b Erklärt das unterschiedliche Aussehen von Außen- und Innenfläche des Kupferblechs.
c Schabt den Belag ab. Woraus könnte er bestehen?

Die Verbrennung von Metallen

Eisen brennt Wenn wir fein verteiltes Eisen (Eisenpulver oder Eisenwolle) in eine Flamme halten oder blasen, glüht es durch. ↑**B1** Wir erhalten einen blauschwarzen neuen Stoff.
Aus dem Eisen ist ein anderer Stoff mit anderen Eigenschaften entstanden.

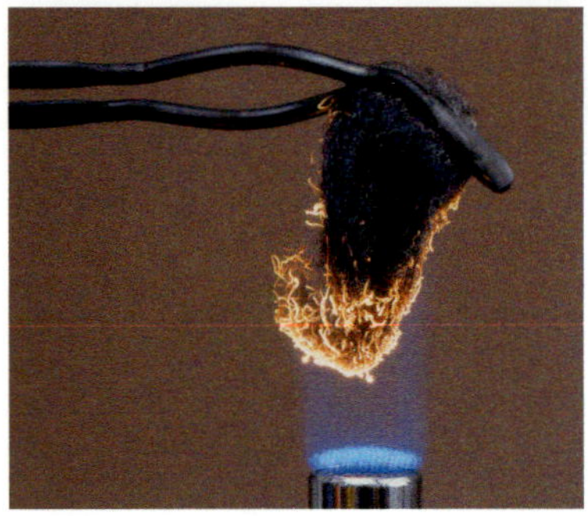

1

Wie wir uns die Änderung der Masse erklären Die Masse des Verbrennungsprodukts ist größer als die des Eisens vor der Verbrennung. ↑**B2** Das liegt daran, dass zu dem Eisen noch Sauerstoff aus der Luft hinzugekommen ist.
Aus dem grauen, metallischen Eisen und dem farblosen, gasförmigen Sauerstoff der Luft wird ein blauschwarzer Stoff. Der neue Stoff ist *Eisenoxid*.
Die Bezeichnung „-oxid" ist von *oxygenium*, dem lateinischen Namen für Sauerstoff, abgeleitet.

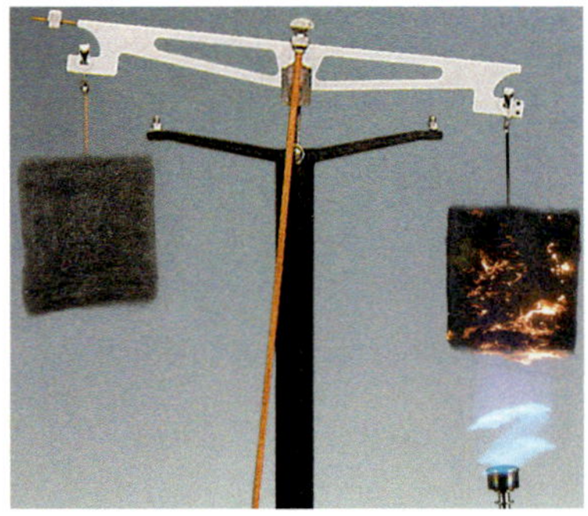

2

Die Oxidation – eine chemische Reaktion Zwischen dem Eisen und dem Sauerstoff der Luft läuft bei hoher Temperatur eine chemische Reaktion ab. Eisen und Sauerstoff reagieren miteinander; sie werden zu *Eisenoxid* umgewandelt. (Man sagt auch: *Das Eisen wird oxidiert; die Reaktion ist eine Oxidation oder Oxidbildung.*)

Ausgangsstoffe				Reaktionsprodukt
Eisen	+	**Sauerstoff**	⟶	**Eisenoxid**
silbergrau, metallisch glänzend, hart, fest		*farblos, gasförmig*		*blauschwarz, spröde*

3

Eisenoxid ist eine chemische Verbindung von Eisen mit Sauerstoff. Das Reaktionsprodukt Eisenoxid hat andere Eigenschaften als die Ausgangsstoffe Eisen und Sauerstoff. ↑**B3**
Mit einer *Wortgleichung* (einem *Reaktionsschema)* kann man die Reaktion kurz und übersichtlich beschreiben:

Eisen + Sauerstoff → Eisenoxid
(Ausgangsstoffe) (Reaktionsprodukt)

Sprechweise: „Eisen und Sauerstoff reagieren zu Eisenoxid."
Die Reaktion von Eisen mit dem Sauerstoff der Luft ist eine *Oxidation*.
Stoffumwandlungen wie bei dem Eisen sind *chemische Reaktionen*. Die Ausgangsstoffe werden in Reaktionsprodukte umgewandelt.

Metalloxid
Oxidation
Chemische Reaktion
Stoffumwandlung
Wortgleichung
Energieabgabe

Aus Metallen werden Metalloxide Die Versuche mit anderen Metallen zeigen:

Auch andere Metalle können mit Sauerstoff reagieren. Dabei entsteht immer ein Metalloxid.

Aus dem silbergrauen Magnesium wird weißes Magnesiumoxid. Du kennst es als Magnesia aus dem Sportunterricht.

Wortgleichung: Magnesium + Sauerstoff → Magnesiumoxid

Aus dem rotbraunen Kupfer wird schwarzes Kupferoxid. ↑**B4**

Wortgleichung: Kupfer + Sauerstoff → Kupferoxid

Die Reaktion eines Metalls mit Sauerstoff bezeichnet man als *Oxidation*.

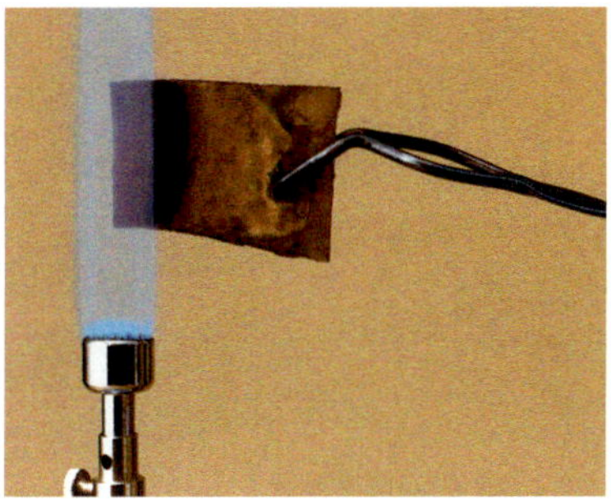

4

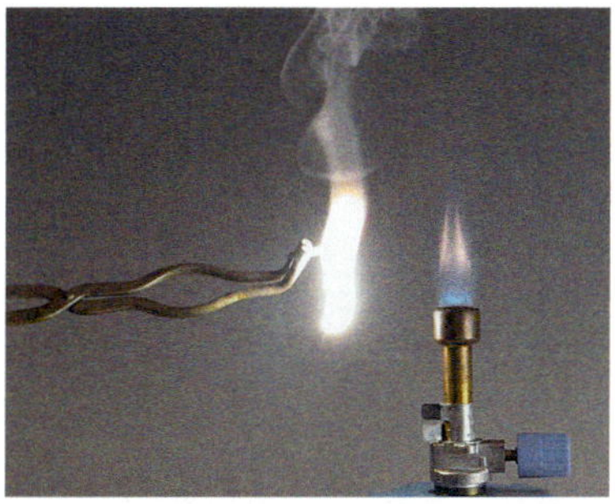

5

Oxidation und Energie Wenn Magnesium für kurze Zeit kräftig erhitzt wird, entzündet es sich. Es verbrennt nun hell leuchtend, ohne dass weiter erhitzt werden muss. ↑**B5**

Im Gegensatz zur Verbrennung von Holz und Kohle ist aber bei der Verbrennung von Metallen keine Flamme zu sehen.

Das Aufglühen der Metalle zeigt, dass bei Oxidationen Energie abgegeben wird.

Wie du weißt, beginnen aber diese Reaktionen erst, nachdem durch das Erwärmen von außen her Energie *(Aktivierungsenergie)* zugeführt wurde. Man sagt: „Das Metall wird aktiviert."

6

Aufgaben

1 Nenne die Bestandteile der Luft. Welcher davon ist für die Verbrennung notwendig?

2 Wenn Eisenpulver in eine Flamme geblasen wird, entsteht ein neuer Stoff. ↑**B6** Begründe diese Behauptung.

3 An der Lernstation 5 findet eine Oxidation statt. Warum kann man das so sagen?

4 Die Oxidation ist eine chemische Reaktion. Begründe diese Aussage.

5 Eisen + Sauerstoff → Eisenoxid

a Erläutere, was dieses Reaktionsschema aussagt. Verwende dabei die Fachbegriffe *Ausgangsstoff* und *Reaktionsprodukt.*

b Warum verwendet man hier einen Reaktionspfeil statt eines Gleichheitszeichens?

6 In einem Versuch werden 6,5 g Zink verbrannt. Das Reaktionsprodukt ist um 1,6 g schwerer als das Zink vor dem Verbrennen. Erkläre !

Ausblick

Metalloxide – nur verbrannte Metalle?

Im Innern der Erde Metalle und Metalloxide sind in großer Menge am Aufbau unserer Erde beteiligt.
Das Bild zeigt, wie wir uns den Aufbau der Erde vorstellen können. ↑**B1** Der Erdkern besteht zu etwa 85 % aus einer Eisen-Nickel-Legierung. Der Erdmantel und die Erdkruste enthalten noch 8 % Eisenoxid. Erdmantel und Erdkruste gemeinsam bestehen etwa zur Hälfte aus Siliciumoxid, dem Oxid des Halbmetalls Silicium.
Metalloxide, die außerdem die Erdschichten bilden, sind Magnesiumoxid im Erdmantel und Aluminiumoxid in der Erdkruste.

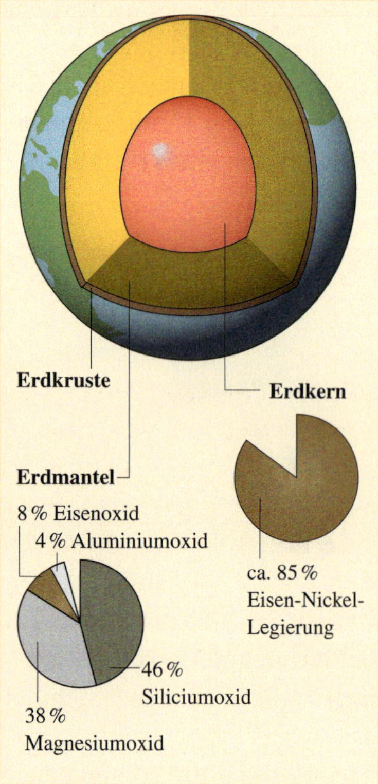

1

2 Quarz – reines Siliciumoxid

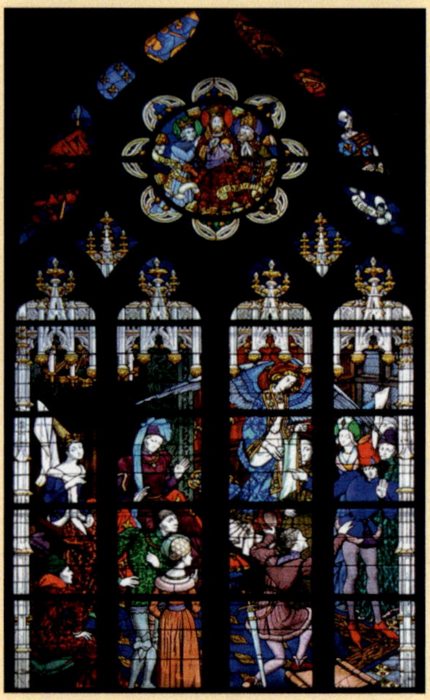

3 Farbiges Glas – aus Siliciumoxid

Siliciumoxid, Sand und Metalloxide Die meisten Gesteine bestehen aus Siliciumoxid. Reines Siliciumoxid findet man als Quarz in Höhlen und Bergwerken. ↑**B2**
Auch Sand ist Siliciumoxid. Aus Sand wird Glas hergestellt. Durch die Zugabe von anderen Metalloxiden zur Glasschmelze erhält man farbiges Glas. ↑**B3**
Silicium konnte erst 1823 rein gewonnen werden. Heute ist es der Grundstoff für Speicherchips und die Solarzellen in Solarmodulen. ↑**B4–5**

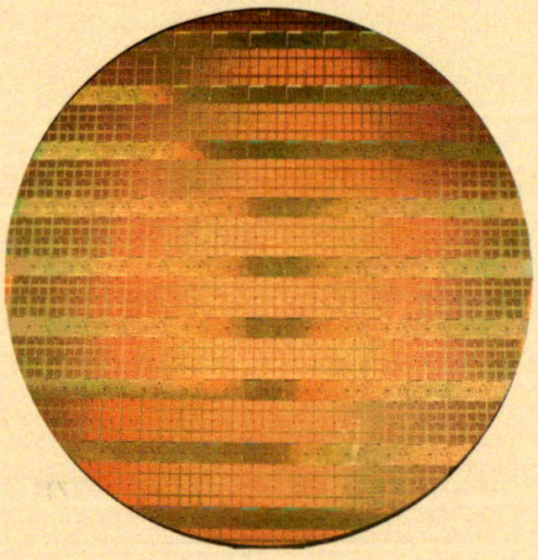

4 Ein 0,5 mm dünnes Siliciumscheibchen *(Wafer)* für Hunderte von Chips

5 Solarmodul

Smaragd ist ein Gemisch aus Berylliumoxid, Aluminiumoxid und Siliciumoxid. Die grüne Farbe erhält er durch wenig Chromoxid.

Amethyst besteht fast nur aus Siliciumoxid. Die violette Farbe wird durch geringe Mengen von Eisenverbindungen hervorgerufen.

Aquamarin ist ein Gemisch aus Berylliumoxid, Aluminiumoxid und Siliciumoxid. Durch Eisenverbindungen wird er hellblau gefärbt.

Rubin besteht fast nur aus Aluminiumoxid. Durch geringe Mengen Chromoxid ist er tiefrot gefärbt. Er wird in Rubin-Lasern verwendet.

6

Metalloxide – edle Steine In den Auslagen von Schmuckgeschäften kannst du schöne farbige Steine sehen. Sie sind bei hohen Temperaturen und hohem Druck in der Erdkruste entstanden. Dabei wurden oft mehrere Oxide miteinander vermischt und verschmolzen. *Siliciumoxid (Quarz)* und *Aluminiumoxid (Korund)* sind meistens die Hauptbestandteile. Sie sind farblos. Durch geringe Mengen anderer Metalloxide erhalten die Edelsteine ihre Farbe. ↑**B6**

Titanoxid – vielfältig verwendet *Titanoxid* ist weiß und ungiftig. Es wird deshalb als Aufheller für Zahnpasta, Hustenbonbons, Sonnencremes und Arzneimittel genutzt. Wegen seiner Deck- und Leuchtkraft verwendet man es für weiße Malerfarbe. ↑**B7** Titanoxid verleiht Türen, Fensterrahmen und Wänden eine strahlend weiße Farbe. Es wird auch zur Oberflächenveredlung eingesetzt.

Titanoxid ist Ausgangsstoff für das Metall *Titan*. Es ist weißmetallisch glänzend, sehr stabil und verändert sich an der Luft kaum. Titan hat eine geringe Dichte (4,5 $\frac{g}{cm^3}$), ist also leicht; es wird im Flugzeugbau verwendet. Da Titan keine Allergien auslöst, werden auch Gehäuse und Armbänder für Armbanduhren sowie Brillengestelle daraus hergestellt.

7

Arbeitsaufträge

1 Informiere dich über Metalloxidvorkommen. Benenne die jeweiligen Metalloxide, ihre Hauptfundorte und zeige diese auf einer Weltkarte.

2 Berichte über die Verwendung von Silicium und Siliciumoxid.

3 Beschaffe dir Informationen über Titan und Titanoxid. Berichte darüber.

4 Informiere dich in einem Schmuckgeschäft, welche Schmuck- und Edelsteine verkauft werden. Besorge dir Fotos davon. Erkunde die Zusammensetzung, z. B. im Internet.
Fertige eine Übersicht an. Den Auftrag könnt ihr auch als Gruppe bearbeiten und eine Wandzeitung gestalten.

Fakten

Chemische Reaktionen und Zeichensprache

Atome–Moleküle, Elemente–Verbindungen Die kleinsten Teilchen, aus denen Metalle aufgebaut sind, heißen *Atome*. Metalle bestehen aus *einer einzigen* Atomsorte: Eisen aus Eisenatomen und Magnesium aus Magnesiumatomen. ↑**B1**

Stoffe, die aus nur einer Atomsorte bestehen, bezeichnet man als *chemische Elemente*.

Wenn Magnesium mit Sauerstoff reagiert, vereinigen sich Atome des Magnesiums mit Atomen des Sauerstoffs. Das so entstehende Magnesiumoxid ↑**B2–3** besteht also aus zweierlei Atomsorten: aus Magnesiumatomen und aus Sauerstoffatomen. Diese Atome sind *fest miteinander verbunden*. Sie sind nicht nur vermischt wie etwa Zuckerteilchen mit Mehl im Kuchenteig.

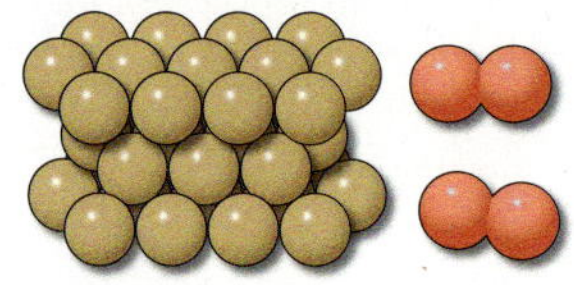

1 Elemente (Metall und Sauerstoff)

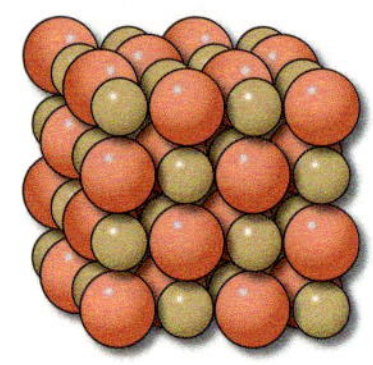

2 Verbindung (Metalloxid)

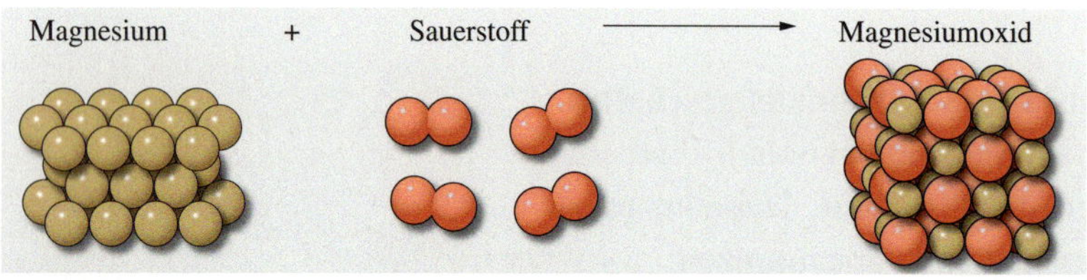

3 Magnesium und Sauerstoff reagieren zu Magnesiumoxid.

Stoffe, die aus verschiedenen Atomsorten aufgebaut sind, nennt man *chemische Verbindungen*.

Es gibt über 100 chemische Elemente, aber Millionen von chemischen Verbindungen. In der Natur kommen nur wenige chemische Elemente als reine Stoffe vor. Die meisten Elemente sind mit anderen Elementen chemisch verbunden.

Chemische Verbindungen sind aus chemischen Elementen zusammengesetzt.

Neben den Metallen gibt es auch Elemente, die keine Metalle sind – die *Nichtmetalle*. Dazu zählen z. B. die Elemente *Schwefel*, *Phosphor* und *Kohlenstoff* (s. S. 174 f.). Auch die Nichtmetalle bestehen aus einer einzigen Atomsorte.

Gase wie *Sauerstoff*, *Stickstoff* und *Wasserstoff* gehören ebenfalls zu den Nichtmetallen. Bei den Gasen bilden aber immer zwei Atome ein *Molekül*. ↑**B4**

Moleküle sind zusammengesetzte Teilchen, die aus zwei oder mehr Atomen bestehen.

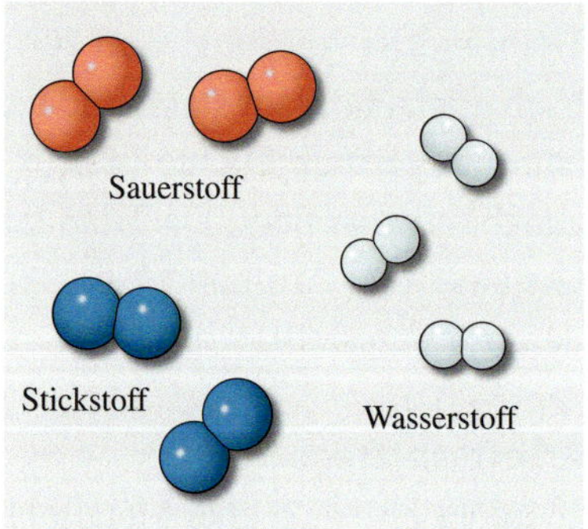

4 Moleküle

Aufgaben

1 Beschreibe an je einem Beispiel den Unterschied zwischen Atomen und Molekülen sowie zwischen Elementen und Verbindungen.

2 Beschreibe das Modell für ein Molekül Kohlenstoffdioxid. Verwende dabei die Begriffe *Atom*, *Element* und *Verbindung*.

5 Die chemische Zeichensprache hat viele Vorteile.

Atom und Molekül
Element und Verbindung
Metall und Nichtmetall

Chemische Zeichensprache – Symbole und Formeln Die chemische Zeichensprache ist eine internationale Fachsprache. ↑**B5**
Chemiker verwenden *Modelle*, um den Bau der Stoffe aus Teilchen darzustellen. Sie verwenden *chemische Zeichen*, um Elemente oder Verbindungen zu beschreiben.

- Für Elemente gibt es die *chemischen Symbole*. Der Chemiker *Jöns Jakob Berzelius* schlug im Jahr 1813 dafür die lateinischen oder griechischen Anfangsbuchstaben der Elementnamen vor. ↑**B6**
- Verbindungen werden mit *chemischen Formeln* beschrieben. Diese setzen sich aus den Symbolen der Elemente zusammen.

Dazu drei Beispiele:

- Das Nichtmetall *Kohlenstoff* ist ein chemisches Element. Es hat das Symbol C. Das C bedeutet auch „1 Atom Kohlenstoff".
- Auch das Nichtmetall *Sauerstoff* ist ein Element (Symbol: O). 2 Atome Sauerstoff bilden 1 Sauerstoffmolekül, geschrieben O_2.
- *Kohlenstoffdioxid* ist eine chemische Verbindung aus zwei unterschiedlichen Atomsorten. Die Formel lautet CO_2. Diese Formel steht für 1 Molekül Kohlenstoffdioxid. Das bedeutet: 1 Kohlenstoffatom und 2 Sauerstoffatome sind miteinander verbunden. („Di" heißt „zwei". Die 1 wird in der Formel nicht geschrieben.)

Heutige Elementsymbole	
Gold (aurum)	*Au*
Silber (argentum)	*Ag*
Kupfer (cuprum)	*Cu*
Eisen (ferrum)	*Fe*
Blei (plumbum)	*Pb*
Kohlenstoff (carboneum)	*C*
Schwefel (sulfur)	*S*
Sauerstoff (oxygenium)	*O*
Wasserstoff (hydrogenium)	*H*
Stickstoff (nitrogenium)	*N*

6

Umordnung der Atome bei chemischen Reaktionen Wenn Stoffe miteinander reagieren und neue Verbindungen entstehen, *ändert sich die Anzahl der Atome nicht; sie ordnen sich nur anders an.* Das können wir uns am Beispiel Kohlenstoffdioxid klarmachen:
Wie entsteht aus Kohlenstoff und Sauerstoff die Verbindung *Kohlenstoffdioxid*? ↑**B7** Wir stellen uns Folgendes vor: Ein kleines Stück Kohlenstoff besteht aus vielen Milliarden von Kohlenstoffatomen und der zur Verbrennung notwendige Sauerstoff aus unzählig vielen Molekülen; je zwei Sauerstoffatome bilden ein Molekül.
Wenn der Kohlenstoff erhitzt wird, trennen sich die Kohlenstoffatome und aus den Sauerstoffmolekülen werden einzelnen Sauerstoffatome – es kommt zu einer chemischen Reaktion. Die Atome ordnen sich um: Je ein Kohlenstoffatom verbindet sich mit zwei Sauerstoffatomen zu einem Kohlenstoffdioxidmolekül.

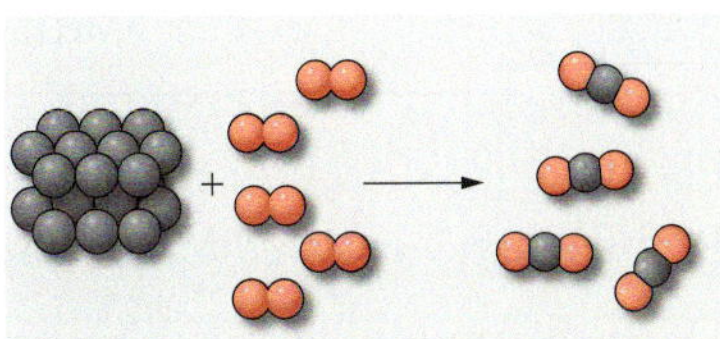

7 Reaktion von Kohlenstoff mit Sauerstoff (Modelldarstellung)

Ausblick

1 Kristalle des Nichtmetalls *Schwefel*

Blick in die Welt der Nichtmetalle[Z]

Als *Nichtmetalle* bezeichnet man Elemente, die keine Metalle sind. Sie sind an ihren Eigenschaften zu erkennen. Daran kann man sie von den Metallen (und auch untereinander) unterscheiden. Nichtmetalle leiten die Wärme und den elektrischen Strom nur schlecht. Hier drei Beispiele:

Schwefel – der gelbe Stein Schwefel findet man in reiner Form an den Hängen von Vulkanen, so z. B. am *Ätna* auf Sizilien. Er bildet schöne gelbe Kristalle, die mehrere Zentimeter groß sein können. ↑**B1** Die Schwefelkristalle bestehen ausschließlich aus Schwefelatomen.
Wenn man Schwefel erhitzt, schmilzt er. Die Farbe verändert sich und er verdampft schließlich. Beim Abkühlen setzt er sich als gelbes Pulver ab.
Wird der Schwefel entzündet, verbrennt er mit blauer Flamme zu einem giftigen, stechend riechenden Gas. ↑**B2**
Schwefel wird zur Herstellung von Autoreifen gebraucht. Durch ihn wird der Gummi elastisch. 174-1

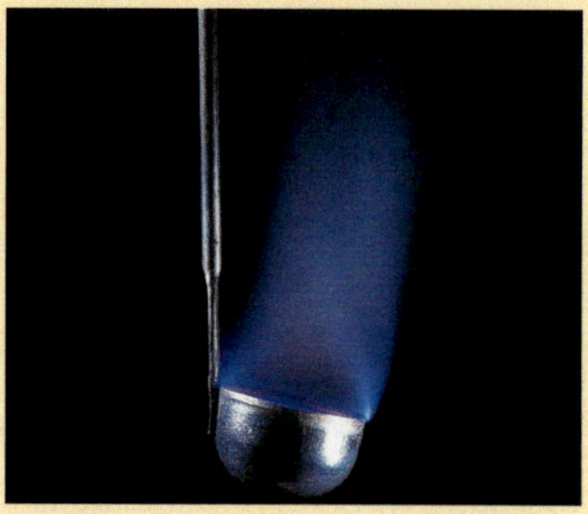
2 *Schwefel* brennt mit blauer Flamme.

Phosphor – das „zündende" Nichtmetall Phosphor ist nicht in der Natur zu finden. Deshalb wurde er erst 1669 von einem Hamburger Alchemisten im Urin entdeckt.
Phosphor lässt sich leicht entzünden. Der rote Phosphor ist in den Reibflächen von Streichholzschachteln enthalten. ↑**B3**
Phosphorverbindungen sind Bestandteile aller Lebewesen. Sie sind wichtige Pflanzennährstoffe und Bestandteile von Gehirn, Nerven, Muskeln und Blut sowie von Knochen und Zähnen.

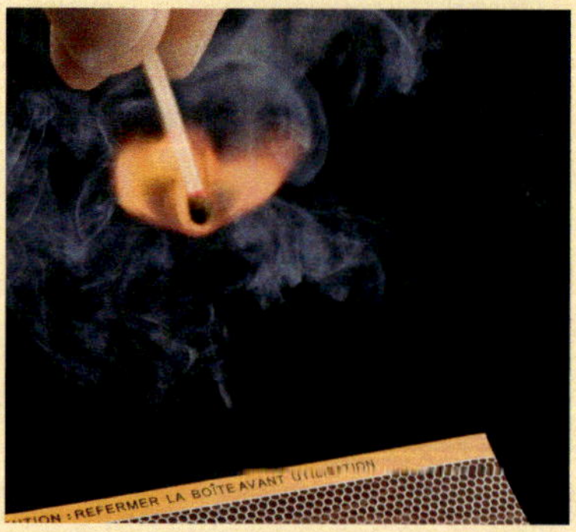

3 *Phosphor* im Streichholz

Kohlenstoff – ein Element „mit mehreren Gesichtern" Kohlenstoff kennst du als Holz- oder Zeichenkohle. Auch Ruß, Koks und *Graphit* sind fast reiner Kohlenstoff. Sie bestehen nur aus Kohlenstoffatomen. Aus Graphit bestehen z. B. elektrische Leiter in vielen elektronischen Bauteilen. ↑**B4**

Kohlenstoff nennt man auch „Element des Lebens". Pflanzen, Tiere und wir Menschen bestehen zum größten Teil aus Stoffen, die aus Kohlenstoffatomen gebildet sind. Aus diesem Grund bestehen Kohle und Erdöl überwiegend aus Kohlenstoff; sie sind aus abgestorbenen und umgewandelten Lebewesen entstanden.

Kohlenstoff muss aber nicht schwarz sein. *Diamanten* ↑**B5** sind reiner Kohlenstoff; sie wurden im Innern der Erde unter hohen Temperaturen und hohem Druck gebildet. Diamant ist der härteste Stoff, den es gibt. Technische Diamanten werden künstlich hergestellt. Mit ihnen sind die Bohrkronen von Gesteinsbohrern besetzt. ↑**B7**

4 Graphit in der Elektronik

Die Diamantenstory 1866 wurden am Ufer des *Oranje* in Südafrika Diamanten gefunden – das „Diamantenfieber" brach aus: Abenteurer begannen mit Hacke und Schaufel nach Diamanten zu graben. Innerhalb von 40 Jahren entstand ein 400 m tiefes Loch. ↑**B6**

Heute wird das Gestein der Diamantenminen bergmännisch abgebaut. Mit modernen Maschinen gewinnt man so selbst kleinste Diamantsplitter (Rohdiamanten). Aus 22 000 t Gestein erhält man etwa 1,6 kg Diamanten. Davon sind nur etwa ein Fünftel für Schmuckstücke geeignet. Sie werden zu *Brillanten* geschliffen.

5 Rohdiamanten und Brillant

6 Das *Big Hole* – gegraben auf der Suche nach Diamanten …

7 Mit Diamanten besetzter Bohrkopf

Aufgaben

1 Untersuche, wie sich Schwefel beim Erhitzen verhält.

2* Suche weitere Informationen zu den beschriebenen drei Nichtmetallen (Internet, Lexika). Stelle Steckbriefe auf und vergleiche die Stoffe.

3* Informiere dich über die Verwendung von Kohlenstoff. Berichte darüber.

4* Sieh auf einer Weltkarte nach, wo heute Diamanten gefunden und abgebaut werden.

Aktion

Jede dritte Tonne Eisen, die jährlich in der Welt produziert wird, fällt dem Rost zum Opfer ... ↑B1

1 Schrottplatz

Rosten – eine Stoffumwandlung

Rost und Rostschutz

1

Unter welchen Bedingungen rostet Eisen?

a Überlege dir Versuche, mit denen du untersuchen kannst, was beim Rosten von Eisen eine Rolle spielt. Bedenke, dass auch mehrere Faktoren gleichzeitig wirken können. Überlege, was du bei jedem Teilversuch erwartest, und trage deine Vermutungen in eine Tabelle ein. ↑B2 Du brauchst dazu blank geschmirgelte Eisennägel oder trockene, fettfreie Eisenwolle. Lass deine Versuchsaufbauten einige Tage lang stehen.

b Vergleiche die tatsächlichen Ergebnisse mit deinen Vermutungen.

c Versuche die Ergebnisse zu erklären.

2

Was ist Rost?

Wir erhitzen etwas Rost in einem Reagenzglas. ↑B3 Was kannst du beobachten? Welcher Bestandteil des Rosts wird so nachgewiesen?

Versuch	*Vermutung*	*Nach einem Tag*	*Nach einer Woche*
Eisen in der Luft			*Au*
Eisen in ...			*Ag*

2 Mustertabelle zu Versuch 1

3

3

Ist das Rosten unvermeidlich?

a Führe die abgebildete Versuchsreihe durch. ↑B4

b Lass das Becherglas eine Woche lang stehen.

c Beschreibe deine Beobachtungen und erkläre sie.

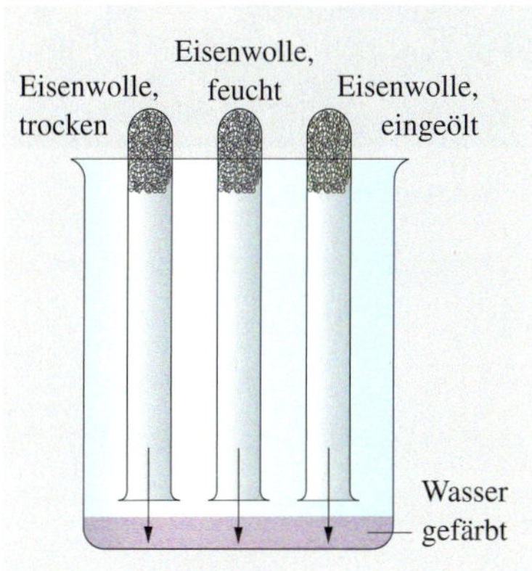

4

4

Schützen Überzüge gegen Rost?

Du benötigst verkupferte oder mit Kunststoff überzogene Büroklammern.

a Prüfe zunächst mit einem Magneten, ob deine Büroklammern aus Eisen bestehen.

b Untersuche geschützte und ungeschützte Büroklammern. Lege sie dazu auf nasses Filterpapier oder auf ein nasses Papiertaschentuch.
Prüfe auch Büroklammern, bei denen der Überzug beschädigt ist.

5

Hilft es, Eisenblech zu verkupfern?*

Zunächst verkupfern wir zwei Streifen Eisenblech, wie im Bild gezeigt. ↑B5
Danach werden die Streifen und ein unbehandeltes Eisenblech in Wasser gestellt. ↑B6
Wie sehen die Proben nach 24 Stunden (einer Woche) aus?

6

So wird Eisen feuerverzinkt*

In einem Porzellantiegel wird eine etwa walnussgroße Menge Zinkschnitzel geschmolzen. Danach tauchen wir einen blanken, gut entfetteten Eisennagel in die Zinkschmelze.

7

Galvanisches Verzinken (Lehrerversuch)*

a Ein sauberes, fettfreies Eisenblech und einen Kohlestab (oder ein sauberes Zinkblech) tauchen wir je zur Hälfte in eine Zinksalzlösung. ↑B7 Das Eisenblech verbinden wir mit dem Minuspol, den Kohlestab mit dem Pluspol einer elektrischen Energiequelle. Der Strom wird für 10 bis 15 Minuten eingeschaltet.

b Dann nehmen wir das Eisenblech heraus und spülen es unter fließendem Wasser ab.

c Vergleiche den Teil des Eisenblechs, der in der Lösung war, mit dem, der herausragte.

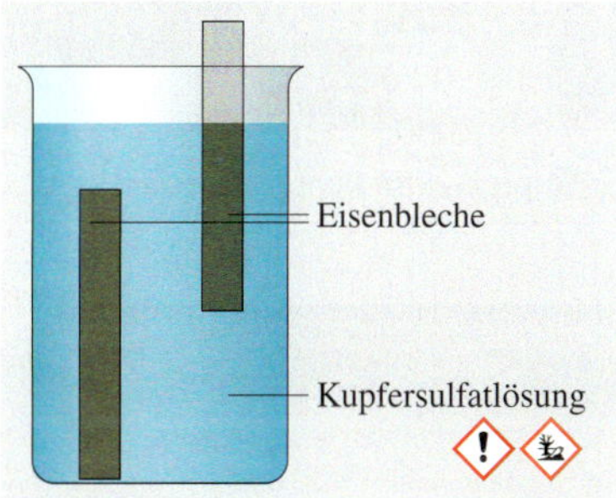

5

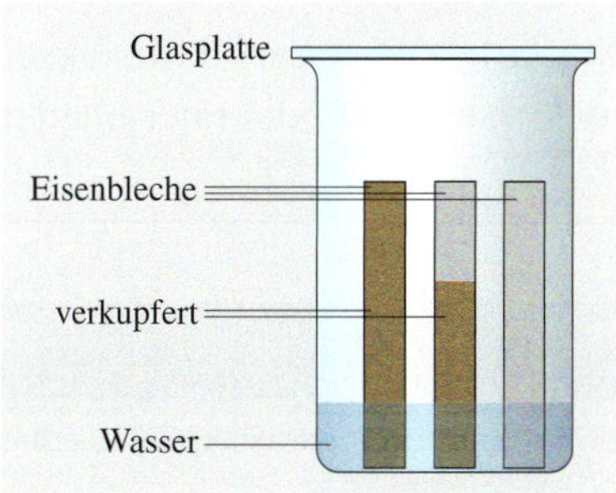

6

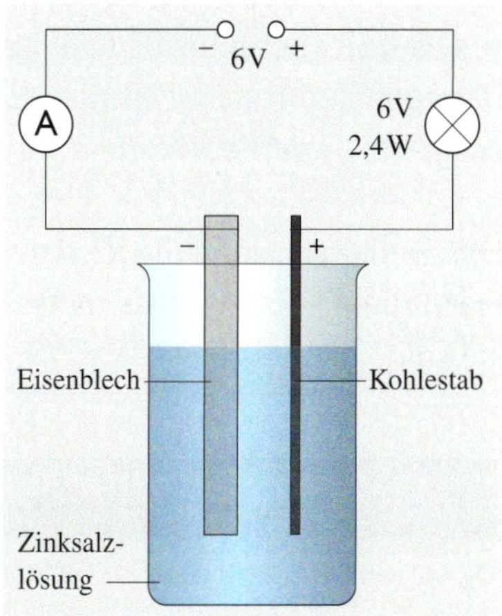

7

Rosten – eine „stille" Oxidation

Vom Rosten Um eine Oxidation einzuleiten, mussten wir die verwendeten Metalle stark erhitzen. Viele Metalle reagieren aber schon an feuchter Luft mit Sauerstoff. ↑**B1** Das geschieht allerdings sehr langsam – wie beim Rosten von Eisen. Zum Rosten sind Wasser und der Sauerstoff der Luft erforderlich.
Rost ist krümelig; er löst sich allmählich von der Eisenoberfläche ab. ↑**B2** Es sieht aus, als ob der Rost das Eisen „zerfrisst". Das ist so zu erklären: Weil die Rostteile allmählich abfallen, kommen Sauerstoff und Wasser an das darunterliegende Eisen heran. Deshalb schreitet das Rosten ständig fort. Salzlösungen beschleunigen diesen Vorgang.

Rost ist eine wasserhaltige Sauerstoffverbindung des Eisens.
Rost entsteht durch *stille Oxidation*.
Die Zerstörung des Eisens bezeichnet man als *Korrosion*.

1 Rost – wo die Luft Zutritt hatte

2 Mikroaufnahme von Rost

Metalle verändern sich an der Luft Auch andere Metalle haben das Bestreben, sich mit dem Sauerstoff der Luft zu verbinden. Sie reagieren mit Sauerstoff, ohne dass sie vorher erhitzt wurden. Dabei überziehen sich ihre Oberflächen mit einer Oxidschicht. ↑**B3** Auch dabei handelt es sich um eine stille Oxidation.
Einige Metalle, z. B. das Aluminium, bilden eine geschlossene Oxidschicht aus. Diese schützt das darunter befindliche Metall, sodass es unversehrt bleibt – im Gegensatz zum Rosten von Eisen, wodurch das Metall zerstört wird. Das Metall verliert aber durch die Oxidschicht seinen Metallglanz.

Edle und unedle Metalle Bei dem Wort „Edelmetall" denkst du sicherlich an Gold und Silber. Das ist richtig – es hängt aber nicht vom Preis ab, ob das betreffende Metall edel oder unedel ist.

Metalle, die nicht oder nur sehr schlecht mit Sauerstoff reagieren, bezeichnet man als *Edelmetalle*.
Dagegen nennt man Metalle, die besonders heftig mit Sauerstoff reagieren, *unedle Metalle*.

Das Bild unten zeigt die *Reaktivitätsreihe der Metalle*. ↑**B4** In dieser Darstellung sind Metalle danach angeordnet, wie edel oder unedel sie sind.

3 Kupfer – von kupferfarben bis grün

4 Reaktivitätsreihe der Metalle

5 Magnesiumfackeln unter Wasser

Rost/Rostschutz
Stille Oxidation
Edle und unedle Metalle
Reaktivitätsreihe

Hier einige Metalle aus der Reaktivitätsreihe:
- **Aluminium** brennt sehr heftig mit grellem Licht und großer Hitzeentwicklung.
- **Magnesium** brennt besonders heftig; es entwickelt große Hitze und sendet gleißendes Licht aus. Magnesium brennt sogar sehr gut unter Wasser. ↑**B5** Deshalb darf man nie versuchen, brennendes Magnesium mit Wasser zu löschen! ↑**B6**
- **Zink** brennt in Pulverform etwas ruhiger als Aluminium.
- **Kupfer** brennt nicht von allein weiter. Es muss während der Verbrennung ständig erhitzt werden. Das gelingt auch ohne offene Flamme auf einer Heizplatte.
- **Gold, Silber** und **Platin** verändern sich fast gar nicht. In der Hitze schmelzen sie, aber sie bleiben, was sie sind: Gold und Silber. Man nennt sie deshalb *Edelmetalle*.

6 Brennendes Magnesium *vor* und *nach* dem „Löschen" mit Wasser

Was man gegen das Rosten tut Durch das Rosten entstehen jährlich Schäden in Millionenhöhe. Deshalb versucht man Eisen vor dem Rosten zu schützen: Es wird eingefettet, lackiert ↑**B7** oder mit einem Kunststoff- bzw. Metallüberzug versehen. Schutzüberzüge schützen aber nur, solange sie dicht bleiben.

7 Schutzanstrich

Aufgaben

1 Wird trockener Eisenrost erhitzt, setzt sich Wasser ab. Deute das.

2 Beschreibe das Rosten von Eisen.

3 Beschreibe, was die Reaktivitätsreihe der Metalle aussagt. ↑**B4**

4 Nenne Möglichkeiten, Eisen vor dem Rosten zu schützen. Begründe die Wirksamkeit dieser Maßnahmen.

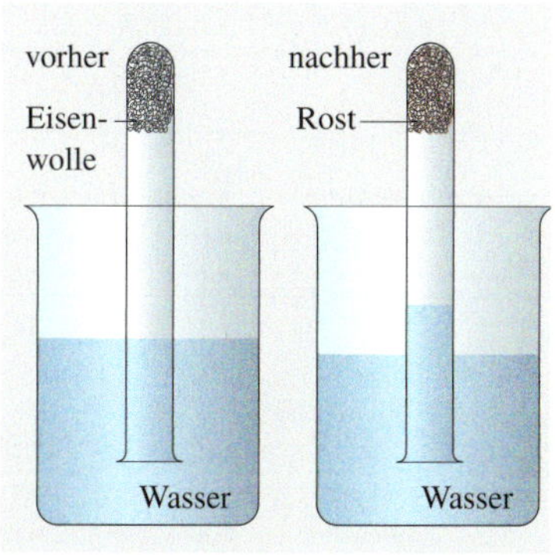

8

5 Warum fertigt man Dachrinnen aus Zink oder Kupfer und nicht aus Eisen?

6* Ein Versuch mit einem überraschenden Ergebnis: Nach einiger Zeit steigt der Wasserspiegel. ↑**B8**
Woran könnte das liegen?

Rostschutz durch Elektrolyse

Ionen als Ladungsträger Wenn man zwei Elektroden mit einer elektrischen Energiequelle verbindet und in eine Kupferchloridlösung eintaucht, fließt ein elektrischer Strom. Wie ist das zu erklären?

Du weißt: Metalle leiten den elektrischen Strom, weil sie frei bewegliche elektrisch geladene Teilchen enthalten *(Elektronen)*.

Auch die Kupferchloridlösung enthält elektrisch geladene Teilchen, nämlich *Ionen* (griech. *ion:* das Wandernde). Es gibt positiv geladene Ionen (z. B. die Kupfer-Ionen) und negativ geladene Ionen (z. B. die Chlorid-Ionen). Wir können uns die Ionen als „elektrisch geladene Atome" vorstellen; sie besitzen weniger oder mehr Elektronen als das betreffende Atom.

Wenn man die zwei Elektroden in die Lösung eintaucht und eine ausreichend hohe Gleichspannung anlegt, wandern die positiv geladenen Ionen zur negativ geladenen Elektrode (Minuspol) und die negativ geladenen Ionen zur positiv geladenen Elektrode (Pluspol). Entgegengesetzt geladene Ladungen ziehen sich nämlich gegenseitig an. Die positiv geladenen Ionen und die negativ geladenen Ionen bewegen sich also in entgegengesetzte Richtungen. ↑B1

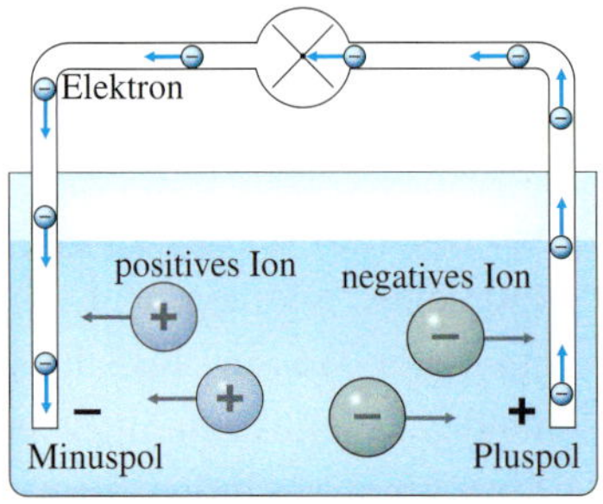

1 Ionenwanderung bei der Elektrolyse

So kann man Metallgegenstände verkupfern ↑B2

In ein Becherglas werden 250 ml einer 20%igen Kupfer(II)-chloridlösung◇ gegeben. Hinzu kommen 25 ml Essig (5 %).

Das Metallstück, das verkupfert werden soll (möglichst aus Messing, z. B. ein altes Zehnpfennigstück), muss völlig fettfrei sein. (Zunächst gründlich mit einem Fett lösenden Reinigungsmittel säubern!)

Es wird am Kupferdraht in die Kupferchloridlösung gehängt. (Metallstück und Kupferblech dürfen einander nicht berühren!)

Der Strom soll 10 min lang eingeschaltet sein.

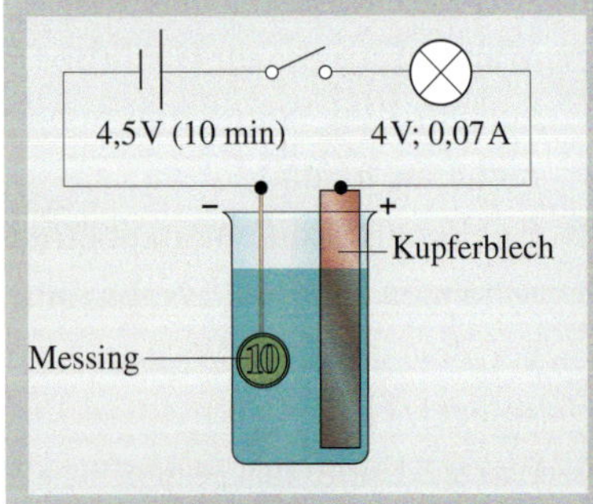

2

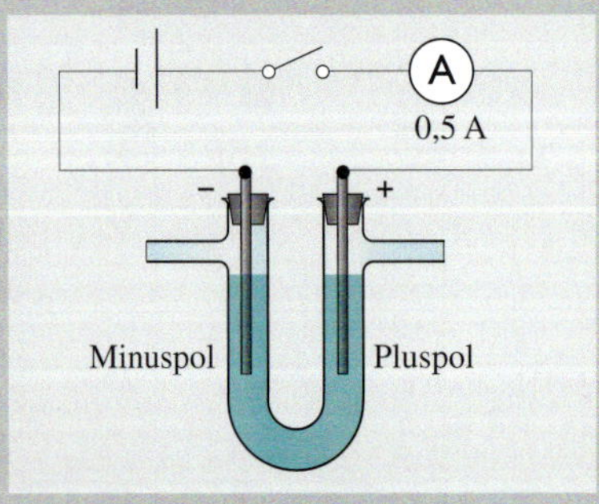

3

Was spielt sich an den beiden Elektroden ab? ↑B3

In eine 20%ige Kupfer(II)-chloridlösung◇ werden zwei Kohlestifte als Elektroden eingetaucht. Der Strom soll 10 min lang eingeschaltet sein ($I = 0{,}5\,A$). Dabei beobachten wir die Elektroden.

Notiere deine Beobachtungen getrennt nach Plus- und Minuspol.

◇ Kupfer(II)-chlorid
Achtung
Gesundheitsgefährdend
Umweltgefährdend

Elektrolyse
Ionen

Die Elektrolyse einer Kupferchloridlösung Eine Lösung von Kupfer(II)-chlorid enthält positiv geladene Kupfer-Ionen (Cu^{2+}) und negativ geladene Chlorid-Ionen (Cl^-). Sobald der Stromkreis geschlossen ist, wandern die Ionen zu den beiden Elektroden: Die positiv geladenen Kupfer-Ionen wandern zum Minuspol – dort scheidet sich Kupfer ab. Die negativ geladenen Chlorid-Ionen wandern zum Pluspol – dort entsteht Chlor. ↑ **B4**

Wie kommt es zur Abscheidung? Wenn die Ionen auf die beiden Elektroden treffen, werden sie entladen:

- Die *Kupfer-Ionen* nehmen vom Minuspol zwei Elektronen auf; dadurch werden sie zu elektrisch neutralen *Kupferatomen*. Die Kupferatome setzen sich an der Oberfläche der Elektrode ab und bilden *metallisches Kupfer*.
- An der positiven Elektrode geben die *Chlorid-Ionen* je ein Elektron ab und werden dadurch zu *Chloratomen*. Je zwei Chloratome verbinden sich sofort zu einem *Chlormolekül*. Die Folge ist, dass sich *Chlor* an der Elektrode abscheidet.

Genauer betrachtet, gehen bei der Elektrolyse über den äußeren Stromkreis Elektronen von den Chlorid-Ionen zu den Kupfer-Ionen über. Die Energiequelle wirkt dabei wie eine „Elektronenpumpe".

Kupferchlorid wird durch den elektrischen Strom in seine Bestandteile Kupfer und Chlor zerlegt. Die elektrische Analyse (Zerlegung) eines Stoffs bezeichnet man als *Elektrolyse*.

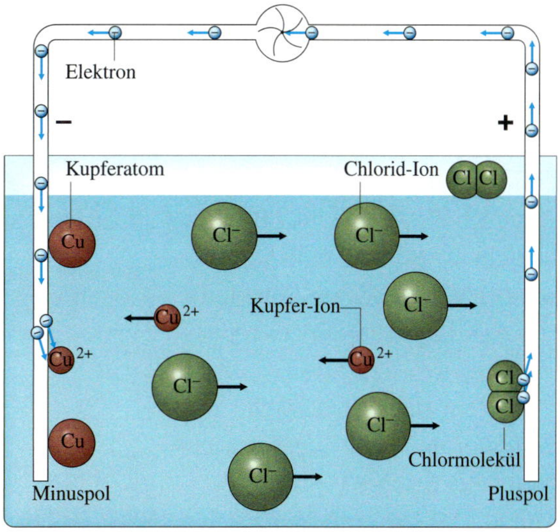

4 Elektrolyse einer Kupfer(II)-chloridlösung

Aufgaben

1 Welcher Vorgang läuft bei einer Elektrolyse immer an der negativen Elektrode ab und welcher immer an der positiven Elektrode?

2 An eine Zinkiodidlösung wird eine elektrische Gleichspannung angelegt. ↑ **B5**
Beschreibe die Ionenwanderung.
Gib dabei auch an, welche Teilreaktionen an der negativen Elektrode und an der positiven Elektrode ablaufen.

3 Eine Münze wird verkupfert. ↑ **B6**

a Muss die Münze als negative oder positive Elektrode in die Kupfersalzlösung eingesetzt werden?

b Beschreibe die Vorgänge, die ablaufen.

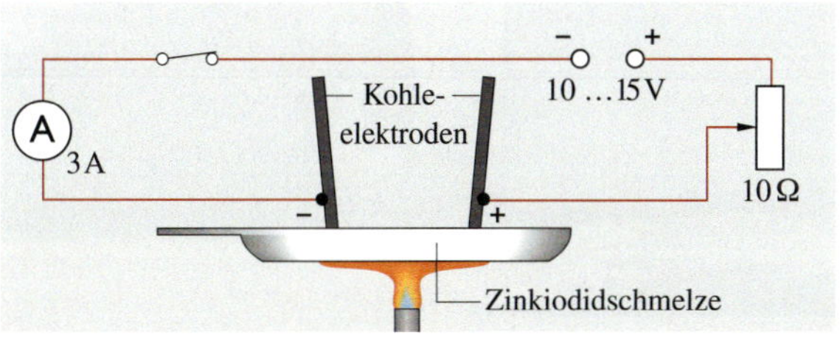

5

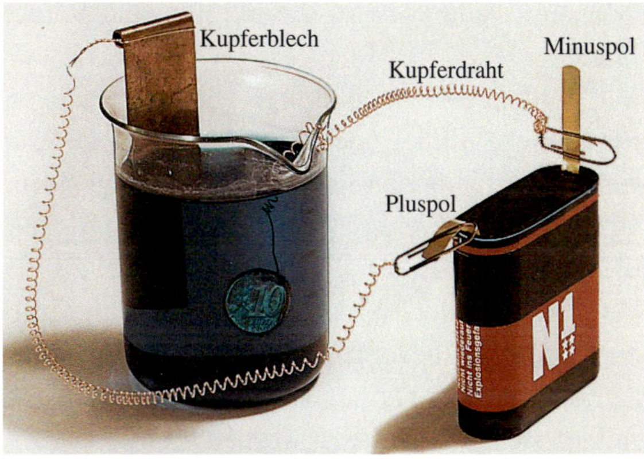

6

Ausblick

Was gegen das Rosten getan wird

Autobleche werden verzinkt Autos werden heute meist mit verzinkter Karosserie geliefert. Die Bleche sind mit einer Zinkschicht überzogen. Dazu wendet man zwei unterschiedliche Verfahren an:
Feuerverzinken: Die gereinigten Bleche werden in 450 °C heißes, flüssiges Zink getaucht. ↑B1 Dabei bilden sich auf den Blechen Zinkschichten. Solche feuerverzinkten Bleche werden für Innenteile der Autokarosserien verwendet.
Galvanisches Verzinken:
Vor allem die Außenbleche der Karosserien werden galvanisch (mit elektrischem Strom) verzinkt. Das Eisenblech ist mit dem Minuspol der elektrischen Energiequelle verbunden.
Galvanisch verzinkte Bleche haben eine glatte Oberfläche. Sie lassen sich besonders gut lackieren. Um die Karosserie eines Mittelklassewagens vollständig zu verzinken, werden 5 bis 6 Kilogramm Zink benötigt.

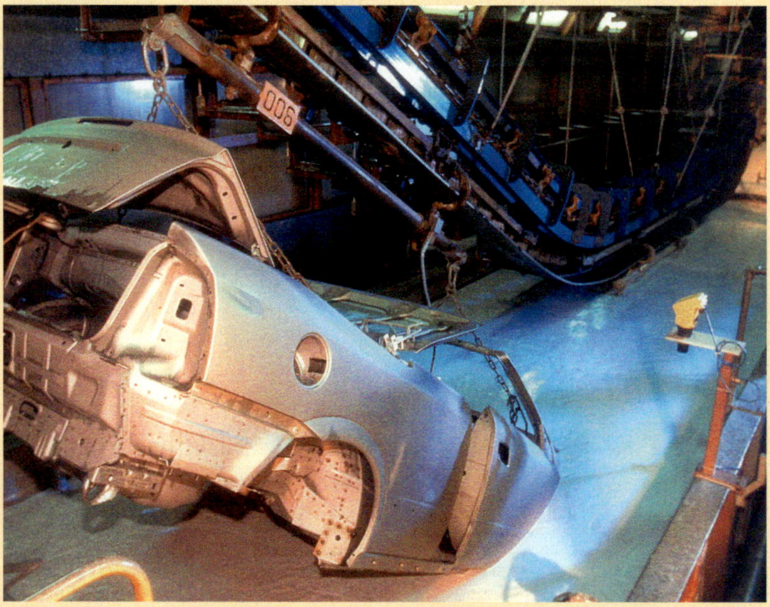
1 Verzinken einer Autokarosserie

Zink wird für Eisen geopfert Im salzigen Meerwasser werden die eisernen Rümpfe der Schiffe stark angegriffen. Das Eisen löst sich nach und nach auf. Dadurch wird die Schiffswand immer dünner.
Seit einiger Zeit schützt man Schiffe dagegen durch dicke Zink- oder Magnesiumstücke; sie werden „Opferanoden" genannt. Man bringt sie im Abstand von mehreren Metern am Schiffsrumpf an. ↑B2
Weil Zink unedler ist als Eisen, werden die Zinkstücke zersetzt, bevor das Eisen angegriffen wird; sie „opfern sich" für das Eisen. Von Zeit zu Zeit müssen sie deshalb ersetzt werden.

2 „Opferanoden" am Schiffsrumpf

Aluminium schützt sich selbst Aluminium ist viel unedler als Eisen – es müsste doch eigentlich auch schneller als Eisen durch stille Oxidation zerstört werden. Doch gerade das geschieht nicht.
Das Aluminiumoxid, das bei der Oxidation entsteht, bildet nämlich eine hauchdünne Schutzschicht.
Manche Gegenstände aus Aluminium behalten ihren Glanz – als ob Aluminium ein Edelmetall wäre. ↑B3 Diese glänzende Oberfläche erzeugt man mithilfe des elektrischen Stroms; dabei wird die natürliche Oxidhaut verstärkt.
Die Oxidhaut lässt sich mit bestimmten Farbstoffen einfärben, wie bei farbigen Aluminiumfenstern. ↑B4 Diese Färbung muss nicht wie bei einem Anstrich von Zeit zu Zeit erneuert werden.

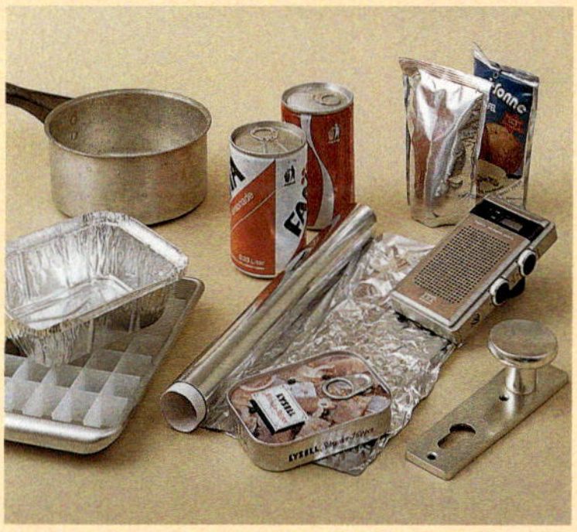
3 Aluminium – glänzend geschützt

4 Farbige Aluminiumprofile

Aufgaben

1 Vergleiche die Verbrennung und die stille Oxidation. Nenne Gemeinsamkeiten und Unterschiede.
2 Aluminium schützt sich selbst. Begründe diese Aussage.
3 Formuliere das Reaktionsschema für die Verbrennung von Aluminium.
4 Viele Gegenstände (Laternenpfähle, Zaunpfähle, Schrauben usw.) werden verzinkt und so vor dem Rosten geschützt.
Erläutere die Schutzwirkung des Zinks.
5 Opferanoden können auch an einem Holzboot sinnvoll sein. Suche nach einer Erklärung für diese Aussage.
6* Vielleicht gibt es an deinem Wohnort einen Betrieb, der galvanische Einrichtungen hat (Bauschlosserei, Fahrzeugbau oder -zulieferer usw.). ↑B5
Bereite eine Betriebserkundung vor.

5 Galvaniseur, Verchromen von Tischbeinen

Kartenspielen im Chemieunterricht[Z]

Chemische Kenntnisse auf spielerische Art und Weise wiederholen und festigen – das könnte doch Spaß machen.

Schritt 1 **Sammeln von Fachbegriffen**

Ihr sammelt erst einmal in eurer Tischgruppe (vier Personen) alle Fachbegriffe, die ihr in den vorangegangenen Chemiestunden zum Themenbereich „Metalle – Metalloxide“ kennengelernt habt. Schreibt dann je einen der gefundenen Fachbegriffe auf vorgeschnittene Papier- oder Pappkarten. ↑**B1**
Ihr solltet mindestens 30 Begriffe notieren.

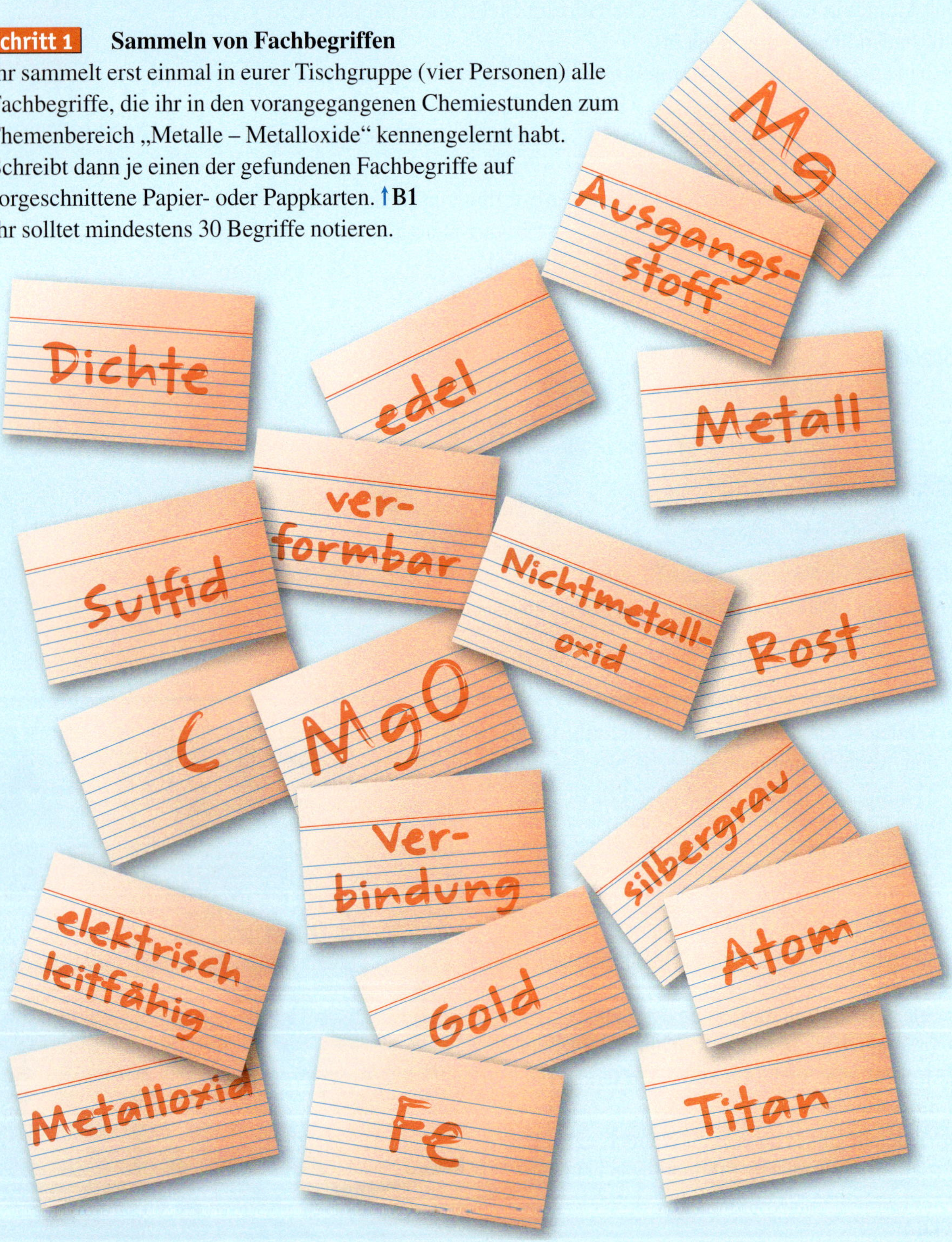

1

Schritt 2 **Die Spielgruppen erhalten Spielkarten**
Eure Spielgruppe sollte aus maximal vier Personen bestehen. Die Karten werden gemischt – jeder erhält fünf Karten. Die restlichen Karten liegen verdeckt in der Tischmitte.

Schritt 3 **Die Spielregeln**
Die Person, die beim Würfeln die höchste Punktzahl erreicht, beginnt. Sie legt eine Karte auf den Tisch, z. B. „Eisen".
Die nächste Person legt eine Karte ab, die zur bereits abgelegten Karte passt oder mit ihr in Verbindung gebracht werden kann. Diese Verbindung muss der Spieler benennen. ↑**B2**

Schritt 4 **Wer ist der Sieger?** ↑B3
Sollte eine Person keine passende Karte ablegen können, muss sie sich eine Karte vom Stapel ziehen und in der laufenden Runde aussetzen.
Es gewinnt die Person, die zuerst alle Karten mit den passenden Fachbegriffen ablegen konnte.

2

3

Aktion

Wie kann man es schaffen, das Metall aus dem Metalloxid zu gewinnen?

1 Kupfererz – Hauptbestandteil: Kupferoxid

2 Eisenerz – Hauptbestandteil: Eisenoxid

Gewinnung von Metallen

Metalle aus Erzen

1

Wir versuchen Metalloxide durch Erhitzen zu zerlegen

a Eine Spatelspitze Kupferoxid◇ wird in einem schwer schmelzbaren Reagenzglas kräftig erhitzt. Was beobachtest du? Ein eventuell entstehendes Gas wird über Wasser aufgefangen. ↑**B3**
Prüfe, ob Kupfer und Sauerstoff entstanden sind.

b Führe den Versuch auch mit Eisenoxid durch.

c Wiederhole den Versuch mit Magnesiumoxid.

d Diesmal erhitzen wir Silberoxid◇.

e Vergleiche deine Beobachtungen und erkläre sie mit der Reaktivitätsreihe der Metalle.

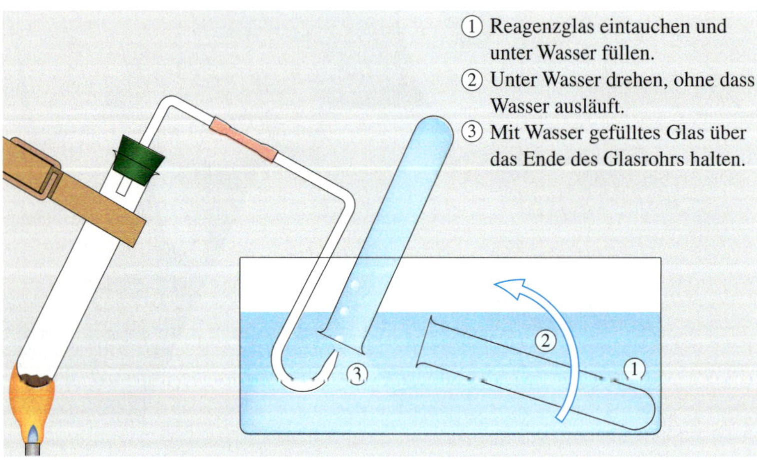

3 Auffangen „über Wasser“

2

Wir gewinnen Kupfer aus Malachit

a Gib ein erbsengroßes Stück Malachit in ein schwer schmelzbares Reagenzglas. Erhitze es kräftig.

b Beobachte die Veränderung des Gesteinsbröckchens und die Vorgänge im Reagenzglas.

c Überschichte das entstandene Verbrennungsprodukt mit Holzspänen, Krümeln von trockener Rinde oder Torf und erhitze es erneut über dem Gasbrenner, bis das Pflanzenmaterial vollständig verglüht ist.

d Gib das ganze Gemisch zum Abkühlen in ein Porzellanschälchen und hole den ehemaligen Malachit heraus.

e Prüfe seine elektrische Leitfähigkeit. Beachte seine Farbe.

4

5

6

◇ Magnesiumpulver
Achtung
Gesundheitsgefährdend
Umweltgefährdend

◇ Silberoxid
Gefahr
Brandfördernd
Ätzend

◇ Kaliumpermanganat
Gefahr
Brandfördernd
Achtung
Gesundheitsgefährdend
Umweltgefährdend

3
Kupferherstellung mit Holzkohle?

Wenn man die Oxide unedler Metalle allein durch Erhitzen zerlegen will, gelingt das nicht. Wir versuchen es, so ähnlich wie man Metalle im Mittelalter gewonnen hat. Da hat man Metalle durch Erhitzen der Oxide in Holzkohlenfeuern gewonnen. ↑B4–B6

a Eine kleine Menge Kupferoxid wird mit Holzkohlepulver vermischt. Dann soll sie gut durchglühen. ↑B7
- Woraus könnten die aufsteigenden Blasen bestehen?
- Überlege, wie du deine Vermutung überprüfen kannst. (Dazu ein *Tipp*: Überlege, welche Ausgangsstoffe an dieser Reaktion beteiligt waren und welche Reaktionsprodukte entstanden sein könnten.)

b Wiederhole den Versuch mit Magnesiumoxid.

c Schreibe für jede der beiden Teilreaktionen das Reaktionsschema auf.

d Erkläre das Ergebnis.

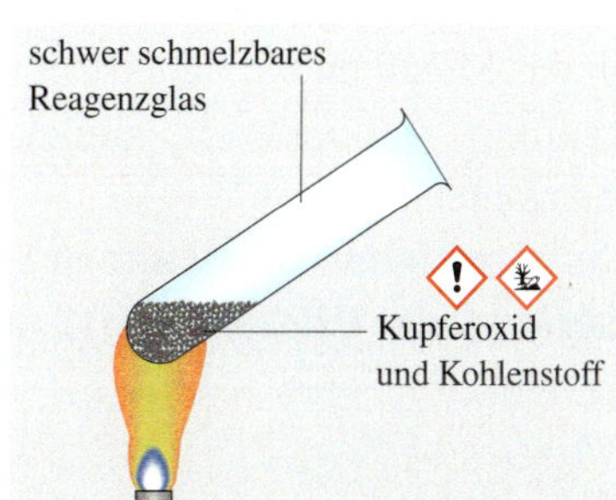

7

4
Eisen aus Erz – wie im Hochofen (Lehrerversuch)

Ein feuerfestes Reagenzglas wird mit drei deutlich getrennten Schichten gefüllt: ↑B8 Oben befindet sich ein Gemisch aus Eisenoxid und Kohlenstoff. Unten liegt Kaliumpermanganat◇, das beim Erhitzen Sauerstoff abgibt. Dazwischen befindet sich eine Schicht Sand. Er soll die anderen Schichten trennen, aber den Sauerstoff durchlassen.

a Was ist direkt über dem Sand zu sehen, wenn das Kaliumpermanganat erhitzt wird?

b In den Rauch wird ein brennender Span gehalten.
Was schließt du aus deiner Beobachtung?

c Der Inhalt des Reagenzglases wird schließlich auf eine feuerfeste Unterlage geschüttet.
Prüfe, ob Eisen entstanden ist.

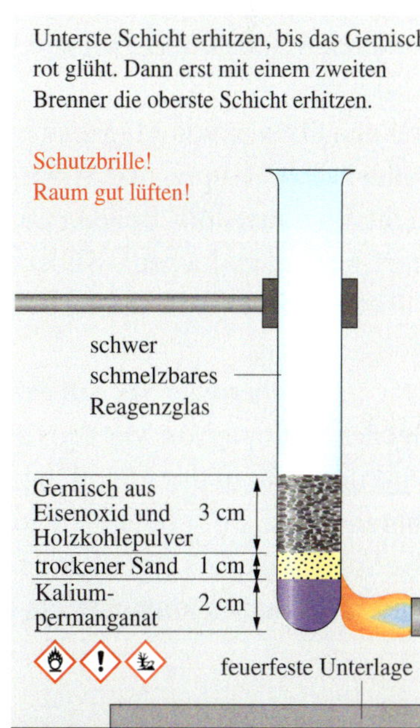

8

Metalle aus Metalloxiden

Metalle sind Werkstoffe Schon seit dem Altertum werden Metalle als Werkstoffe gebraucht. Daraus werden Werkzeuge, Schmuck und Waffen hergestellt. ↑**B1**

1

Nur wenige Metalle findet man rein als chemisches Element. Die meisten Metalle kommen chemisch gebunden in ihren Oxiden vor.

Zerlegung von Metalloxiden Metalloxide entstehen bei der Reaktion des betreffenden Metalls mit Sauerstoff. ↑**B2** Dabei wird Energie in Form von Wärme an die Umgebung *abgegeben*.

Wortgleichung:

Metall + Sauerstoff $\rightarrow$ Metalloxid *(Energieabgabe)*

Wenn man nun dem entstandenen Oxid Energie *zuführt* (es also erwärmt), müsste es sich doch wieder in seine Ausgangsstoffe zerlegen lassen …

Wie Versuche zeigen, gelingt das nur bei wenigen Metalloxiden. Es hängt davon ab, wie fest das betreffende Metall mit dem Sauerstoff verbunden ist. Darüber gibt wieder die *Reaktivitätsreihe der Metalle* Auskunft (s. S. 178).

Bei den Oxiden von Magnesium und Eisen „sitzt der Sauerstoff besonders fest“. Kupfer und Silber verbinden sich weniger fest oder gar nicht mit Sauerstoff. Bei den Oxiden dieser Metalle „sitzt der Sauerstoff besonders locker“. Silberoxid lässt sich schon bei 300 °C in Silber und Sauerstoff spalten. ↑**B3**

Wortgleichung:

Silberoxid $\rightarrow$ Silber + Sauerstoff *(Energieaufnahme)*

Bei der Spaltung von Metalloxiden in das Metall und in Sauerstoff wird das Oxid in das Metall „zurückgeführt“ (lat. *reducere:* zurückführen). Deshalb spricht man von einer *Reduktion*.

Die Spaltung eines Metalloxids in das betreffende Metall und in Sauerstoff bezeichnet man als *Reduktion* (oder *Oxidspaltung*).

2 Eisenwolle verbrennt zu Eisenoxid.

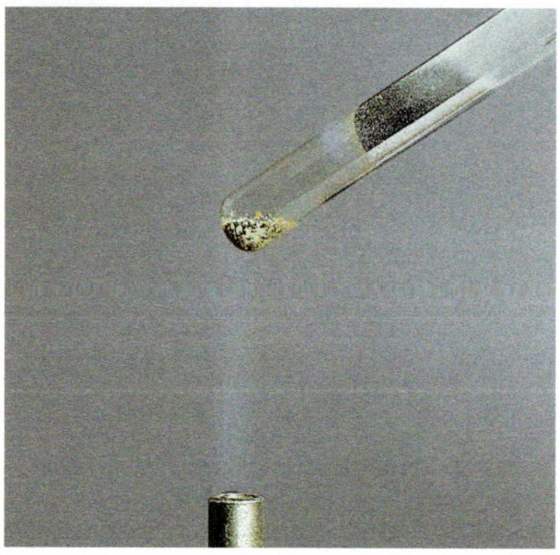

3 Beim Erhitzen von Silberoxid setzt sich oben am Glas Silber ab.

Reduktion
Redoxreaktion

Reduktion mit Kohlenstoff Viele Metalloxide lassen sich allein durch Erhitzen nicht spalten. Der Kohlenstoff ist ein geeigneter Helfer bei der Reduktion.

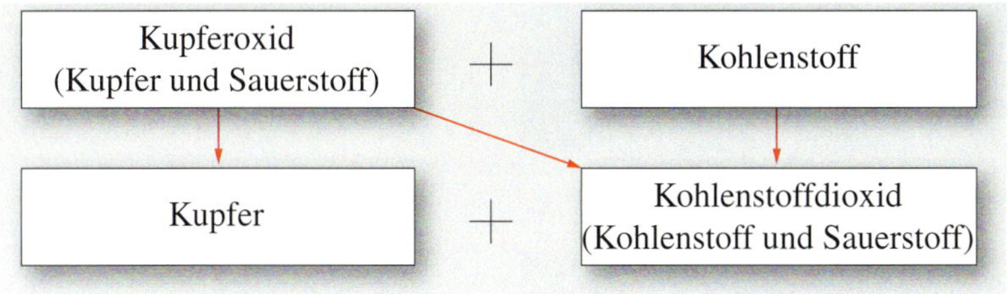

4

Wenn man ein Gemisch aus *Kupferoxid* und *Kohlenstoff* kräftig erhitzt, wird reines Kupfer frei. Der Kohlenstoff „reißt" den Sauerstoff aus dem Kupferoxid an sich. ↑**B4**

Beide Stoffe – der Kohlenstoff und der Sauerstoff des Kupferoxids – verbinden sich zu Kohlenstoffdioxid; hierbei findet also eine *Oxidation* statt.

Da das Kupferoxid seinen Sauerstoff abgibt, ist die beschriebene Reaktion gleichzeitig eine *Reduktion*.

Wortgleichung:

Kupferoxid + Kohlenstoff → Kupfer + Kohlenstoffdioxid

Bei der Reaktion von Kupferoxid mit Kohlenstoff laufen eine *Red*uktion und eine *Ox*idation gleichzeitig ab. Man spricht deshalb von einer *Redoxreaktion*.

Auch *Eisenoxid* kann durch Kohlenstoff gespalten werden. ↑**B5**

Wortgleichung (vereinfacht):

Eisenoxid + Kohlenstoff → Eisen + Kohlenstoffdioxid

Viele Metalloxide lassen sich mithilfe von Kohlenstoff spalten. Beim Kohlenstoff ist das Bestreben, sich mit dem Sauerstoff zu verbinden, größer als bei diesen Metallen.

Viele Metalloxide können mithilfe von Kohlenstoff gespalten werden. Dabei entsteht Kohlenstoffdioxid; das betreffende Metall wird frei.

5 Beim Erhitzen von Eisenoxid mit Holzkohle erhält man Eisen.

Aufgaben

1 Zink und Blei können durch Reaktion mit Kohlenstoff aus ihren Oxiden gewonnen werden.

a Schreibe dazu das Reaktionsschema auf.

b Beschreibe die Oxidation und die Reduktion an einem der beiden Beispiele.

2 Das Bestreben, sich mit Sauerstoff zu verbinden, ist beim Magnesium noch größer als beim Kohlenstoff. Leite aus dieser Tatsache ab, warum man nie versuchen sollte, einen Magnesiumbrand mit einem Kohlenstoffdioxidlöscher zu löschen.

3* Informiert euch über Vorkommen von Erzen und die Gewinnung von Metallen in Deutschland. Gestaltet aus den Materialien eine Ausstellung.

1 Magneteisenerz

2 Roteisenerz

3 Brauneisenerz

4 Spateisenerz

Roheisen und Stahl

Roheisen aus dem Hochofen Eisen (Roheisen) kann man aus unterschiedlichen Eisenerzen gewinnen. ↑B1–4

Der Hochofen Eisenerze enthalten meistens Eisenoxide. Diese können im Hochofen durch Koks (Kohlenstoff) gespalten werden, sodass Roheisen entsteht.
Ein Hochofen – häufig über 30 m hoch – ist von einem Stahlpanzer umgeben und innen mit feuerfesten Steinen ausgekleidet. Der Ofen wird durch Wasserrohre in den Wänden gekühlt. www 190-1

Was im Hochofen abläuft Von oben her werden Koks (Kohlenstoff) und Eisenerz in den Ofen gegeben. Von unten wird heiße Luft hineingeblasen. ↑B5
Der Kohlenstoff hat zwei wesentliche Aufgaben:
- Er verbrennt und liefert dadurch die nötige Hitze.
- Er spaltet das Eisenoxid in Eisen (Roheisen) und Sauerstoff.

Das Roheisen schmilzt und wird im unteren Teil des Hochofens „abgestochen".
Weiß glühend und dünnflüssig schießt es durch eine Öffnung aus dem Ofen heraus.
Eisenerz enthält auch große Mengen an Gestein. Dieses entfernt man dadurch, dass man es mithilfe von Zusatzstoffen (Kalk) in Schlacke umwandelt.

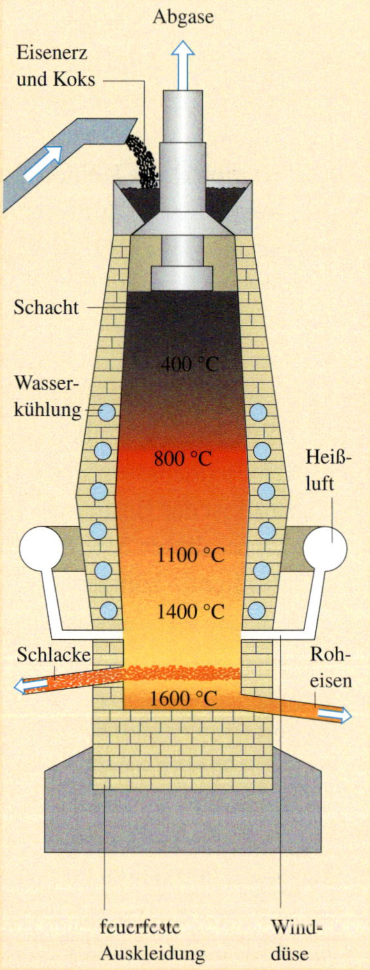

5 Schema eines Hochofens

Im Stahlwerk Das *Roheisen* enthält noch Kohlenstoff und andere unerwünschte Beimengungen. Sie machen das Eisen spröde. Unsere „eisernen" Gebrauchsgegenstände (Werkzeuge, Maschinen, Nägel, Schrauben usw.) sind aus *Stahl* hergestellt; er enthält weniger Kohlenstoff als das Roheisen. Deshalb muss das meiste Roheisen noch im Stahlwerk „entkohlt" werden. Dort werden Kohlenstoff und andere Beimengungen durch Oxidation „herausgebrannt". ↑**B6**
Häufig mischt man Schrott mit Roheisen und schmilzt beides gemeinsam. Aus dem Rost wird dabei Sauerstoff frei, der für die Verbrennung des Kohlenstoffs nötig ist.

6 „Abstich" des neuen Stahls

Stahl ist nicht gleich Stahl Mit den Legierungsmetallen Vanadium, Nickel, Chrom, Titan und Molybdän (s. S. 195) erhält man unterschiedliche Stähle für verschiedene Verwendungszwecke: für Kochgeschirr, Werkzeuge, Stahlbeton und OP-Besteck in der Medizin …

Stahlrecycling Um mit Rohstoffen sparsam umzugehen, wird neuer Stahl auch aus altem Schrott gewonnen *(recycelt)*. Weltweit werden nämlich heute in jedem Jahr pro Person durchschnittlich 200 kg Stahl hergestellt: für Häuser und Brücken, Autos und Fahrräder, Schiffe und Fabriken, Kochtöpfe und Werkzeuge … Davon entstehen etwa 90 kg aus Schrott. ↑**B7–8**
Dieser Schrott muss zuvor sortiert werden, damit man aus Stahlschrott hochwertigen Stahl erzeugen kann. Das Gehäuse einer Waschmaschine wird zu Stahlschrott. Die Trommel aus rostfreiem Edelstahl wird wieder zu rostfreiem Edelstahl geschmolzen. Ungefähr 2000 Betriebe in Deutschland zerlegen jedes Jahr rund 2 Millionen Autos und 4,5 Millionen Haushaltsgeräte in ihre Bestandteile. Fast die Hälfte des Edelstahls wird in Deutschland aus Recyclingstahl hergestellt. Dabei spart man die wertvollen Legierungsmetalle Chrom, Nickel oder Molybdän ein. Diese sind sehr teuer und nicht unbegrenzt verfügbar.

7 Stahlschrott

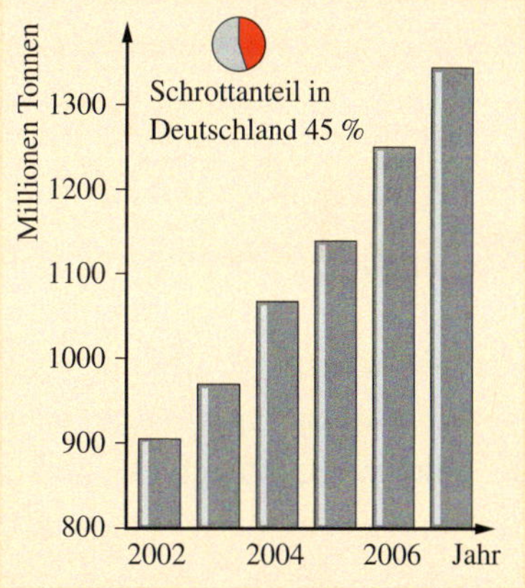

8 Weltjahresproduktion an Rohstahl

Aufgaben

1 Aus Eisenoxid soll das Metall Eisen gewonnen werden. Dazu wird das Eisenoxid kräftig erhitzt.
a Warum gelingt es nicht, durch das Erhitzen Eisen freizusetzen?
b Auf welche Weise kann man dennoch Eisen aus Eisenoxid erhalten?

2 Welche Rolle spielt der Kohlenstoff bei der Reduktion von Eisenoxid?

3* Beschreibe die Vorgänge, die sich im Hochofen abspielen.

4* Schreibe verschiedene Stähle auf. Gib an, wofür sie verwendet werden.

Lernen in Expertengruppen

1

Ihr habt viel Wissenswertes über die Metalle erfahren – durch Experimentieren, Aufgabenlösen, Lesen und Recherchieren. Das *Lernen in Expertengruppen* wird euch helfen, viele Aspekte dieses Themengebiets noch einmal aufzuarbeiten, besser zu verstehen und behalten zu können.
Am Beispiel der Faktenseiten „Metalle aus Metalloxiden“ und der Ausblickseiten „Roheisen und Stahl“ könnt ihr die Methode schrittweise anwenden.

Schritt 1 **Bildung von Stammgruppen**

Ihr findet euch in einem Team aus maximal vier Personen zusammen. ↑B1 Jedes Teammitglied zieht einen Zettel, auf dem eines der zu bearbeitenden Teilthemen steht, z. B.: „Die Zerlegung von Metalloxiden“, „Reduktion mit Kohlenstoff“, „Was im Hochofen abläuft“ oder „Im Stahlwerk und Stahlrecycling“. ↑B2
Wenn ihr nur drei Teilthemen zu behandeln habt, setzt sich eure Stammgruppe auch nur aus drei Teilnehmern zusammen.

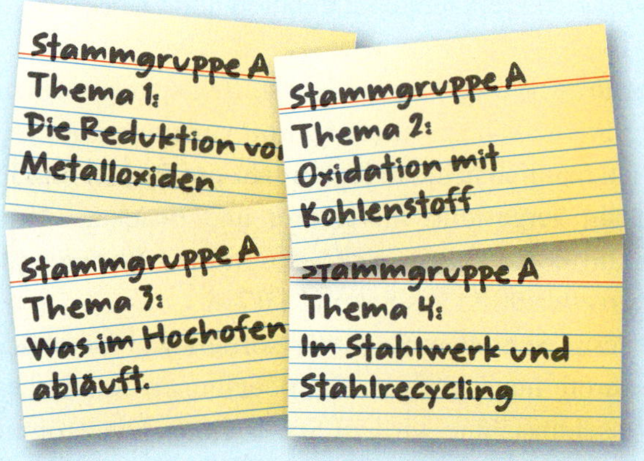

2

Schritt 2 **Bildung von Expertengruppen**

Jetzt finden sich alle Teammitglieder, die an der gleichen Thematik arbeiten sollen, an einem Tisch zu einer Expertengruppe zusammen. ↑B3
So sitzen z. B. an Tisch 1 alle Schüler/-innen, die das Teilthema „Zerlegung von Metalloxiden“ haben. Am Tisch 2 sitzen die, deren Teilthema „Reduktion mit Kohlenstoff“ lautet, und an Tisch 3 sitzen …

Schritt 3 **Einzelarbeit in Expertengruppen**

Jedes Mitglied einer Expertengruppe erarbeitet zunächst selbstständig den Text (Einzelarbeit). Wie man wichtige Textstellen markiert und unbekannte Begriffe nachschlägt, ist euch schon bekannt. Wichtige Fragen solltet ihr notieren!

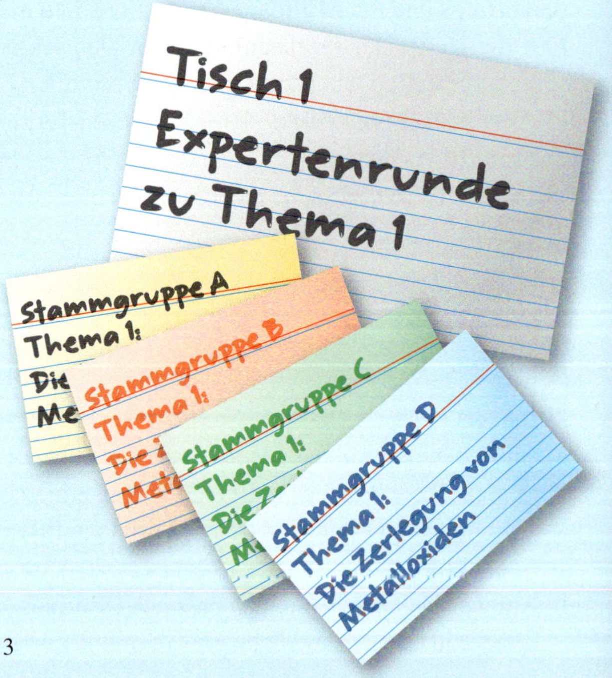

3

Schritt 4 **Teamarbeit in den Expertengruppen**
Nachdem alle Mitglieder einer Expertengruppe die Einzelarbeit abgeschlossen haben, besprecht ihr die Inhalte. Ihr klärt offene Fragen und verständigt euch über die Kernaussagen.
Alle Fragen, die von euch nicht beantwortet werden können, werden an die Fragenwand geheftet. ↑**B4**
Zur Unterstreichung eurer Aussagen könnt ihr auch noch einmal ein Experiment durchführen. Ihr könnt z. B. zum Teilthema „Reduktion von Metalloxiden" Silberoxid erhitzen oder zum Teilthema „Was im Hochofen abläuft" eine Folie mit der Abbildung eines Hochofens vorbereiten. ↑**B5** (Vielleicht liegt eine solche Folie schon in der Schule vor.)

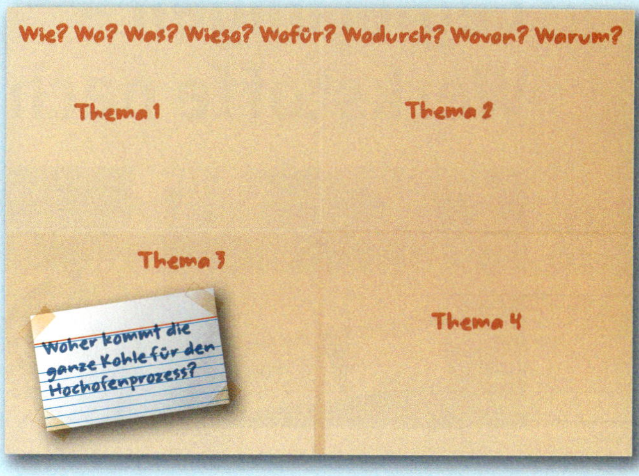

4

Schritt 5 **Erarbeitung von Stichwortzetteln**
In den Expertengruppen erarbeitet ihr nun gemeinsam für jedes Teammitglied einen Stichwortzettel. ↑**B6** Mit eurem Stichwortzettel könnt ihr dann als Experte für ein Teilthema in eure Stammgruppe zurückgehen.

5

Schritt 6 **Rückkehr in die Stammgruppen**
Die Stammgruppe besteht jetzt nur noch aus Experten. An jedem Tisch befindet sich jeweils ein Experte für ein Teilthema. Er kann deshalb den anderen Teammitgliedern anhand seines Stichwortzettels das erarbeitete Teilthema erklären.

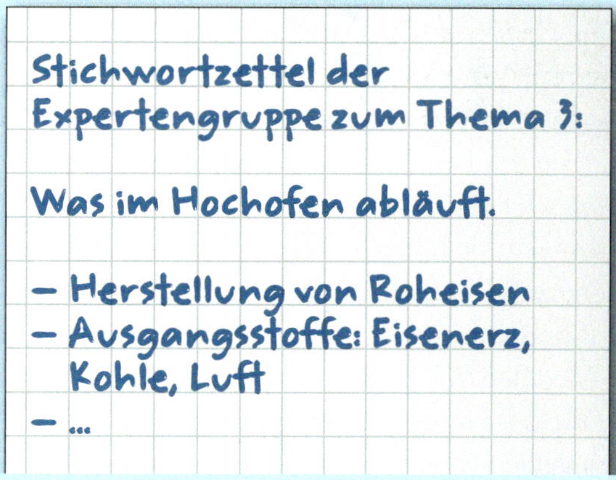

6

Schritt 7 **Präsentation der Ergebnisse**
Jedes Team fasst zum Schluss das Gelernte für sich zusammen und bereitet eine kleine Präsentation vor. Eine Gruppe trägt dann – zusammenfassend für alle – das Gelernte aus den Teilthemen vor.

Aufgaben

1 Mithilfe dieser Methode könnt ihr z. B. die Faktenseiten „Die Verbrennung von Metallen" und die Ausblickseiten „Metalloxide – nur verbrannte Metalle?" aufarbeiten.

2 Versucht selbst Themen (und Teilthemen) für die Teams zu finden. Schreibt diese Themen auf Zettel.

Ausblick

Legierungen – Werkstoffe nach Maß

1 Goldbarren: reines Gold

2 Reines (gediegenes) Silber

3 Reines Kupfer in Kupfererz

Stoffe mit „ausgewählten" Eigenschaften Metalle sind wichtige Werkstoffe. Reine Metalle ↑B1–3 sind oft für einen bestimmten Verwendungszweck ungeeignet. Da können *Legierungen* der Metalle Abhilfe schaffen. ↑B4–7

Wenn man verschiedene Metalle schmilzt und miteinander vermischt, entsteht eine Legierung. Legierungen haben andere Eigenschaften als die reinen Metalle, aus denen sie bestehen.

4 Messing – eine Legierung aus Kupfer und Zink

Werkstoffe nach Maß Im Altertum musste man die Metalle so verwenden, wie man sie gerade fand oder herstellen konnte. Dann aber entdeckte man, dass bestimmte Legierungen bessere Eigenschaften haben als die reinen Metalle. Gezielt wurden nun Legierungen mit unterschiedlicher Zusammensetzung hergestellt und ausprobiert. In jener Zeit waren Schmiede und Metallgießer besonders angesehene Handwerker: Wer den besten Stahl schmieden oder die besten Glocken gießen konnte, genoss das höchste Ansehen.

Reine Metalle verwendet man heute fast nur noch für elektrische Leitungen; sie leiten den elektrischen Strom besser als Legierungen.

Legierungen werden als Werkstoffe bevorzugt:

- **Amalgame** sind Legierungen aus Quecksilber und anderen Metallen. Sie wurden lange Zeit als Zahnfüllungen verwendet.
- **Nickel-Titan-Legierungen** können für Zahnspangen verarbeitet werden.
- **Neusilber** ist eine Legierung aus Kupfer, Nickel und Zink. Daraus werden feinmechanische und elektrotechnische Geräte (z. B. Steckverbinder) hergestellt. Neusilber ist auch Basismaterial für versilberte Essbestecke.
- **Lötzinn** – ein Gemisch aus Blei und Zinn – wird zum Löten von elektronischen Bauteilen eingesetzt.

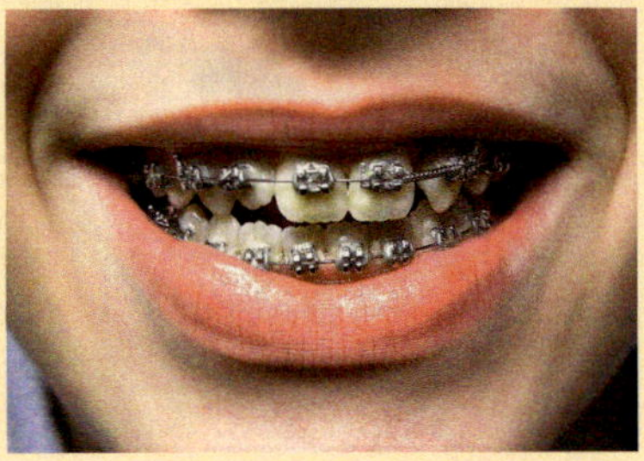

5 Zahnspange aus einer Nickel-Titan-Legierung

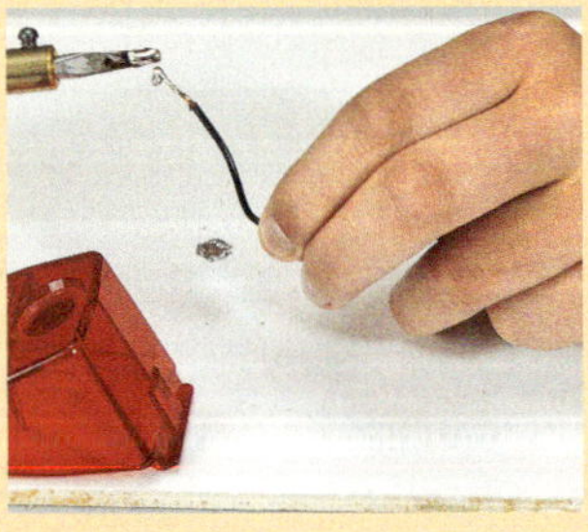

6 Lötzinn (aus Blei und Zinn)

7 Bronze – eine Legierung aus Kupfer mit verschiedenen anderen Metallen

Stahllegierungen ↑B8–12 Stahl ist eine Legierung aus Eisen mit höchstens 2 % Kohlenstoff.

Bei nicht rostenden Stählen werden dem Stahl Chrom, Nickel, Vanadium, Mangan, Molybdän oder Wolfram zugegeben.

- **Eisen-Nickel-Legierungen** sind Trägermaterial für Mikrochips.
- **Eisen-Nickel-Chrom-Legierungen** sind äußerst hitzebeständig. Daraus werden Gasturbinen zur Stromerzeugung und Triebwerke für Raketen und Flugzeuge gebaut.
- **Eisen-Nickel-Chrom-Molybdän-Legierungen** sind sehr beständig gegenüber Säuren und anderen Chemikalien. Sie werden für Chemieanlagen gebraucht.
- **Aluchrom** – ein aluminiumhaltiger Chromstahl – ist zusätzlich mit Yttrium, Hafnium und Zirkonium legiert. Diese Stahllegierung eignet sich wegen ihrer Temperaturbeständigkeit für Heizleiter in Haushaltsgeräten.
- **Widiastahl** – eine Stahllegierung mit Vanadium – ist so hart „**wie Dia**mant" und als Werkzeugstahl bestens geeignet.

8 Stahl in der Bauwirtschaft

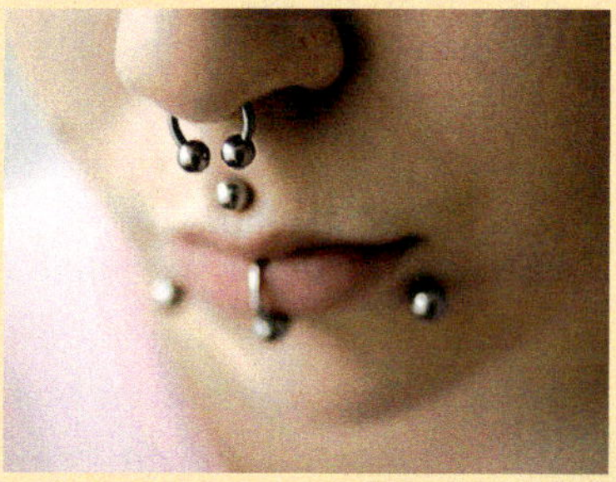

9 Piercingschmuck aus medizinischem Edelstahl

11 Heizplatte – Drähte aus Aluchrom

12 Holzbohrer aus Werkzeugstahl

10 Kreissägeblatt

Aufgaben

1 Oft werden Metallgegenstände aus Legierungen hergestellt.

a Weshalb verwendet man Legierungen anstelle der reinen Metalle?

b Berichtet in Kurzvorträgen über Legierungen, ihre Zusammensetzung und ihre Verwendung.

c Erstelle eine Tabelle für verschiedene Legierungen. Gebt an, woraus sie hergestellt werden und wofür man sie verwendet.

2 Die Bilder zeigen, wofür Metalle verwendet werden können. Nenne Eigenschaften, die das Metall haben muss, damit es für den betreffenden Verwendungszweck geeignet ist.

3 Sucht zu den genannten Legierungen noch weitere Verwendungsmöglichkeiten (Internet!). Berichtet über eure Suchergebnisse.

Ausblick

Hightechberufe im Bereich Metalle entstanden mit wachsender Industrialisierung und zunehmender Spezialisierung. Dabei geht es um die Herstellung, Weiterverarbeitung und Bearbeitung von Metallen.

Berufsinformation: Verfahrensmechaniker in der Hütten- und Halbzeugindustrie[Z]

Berufsbild Verfahrensmechaniker Dieses Berufsfeld gibt es für die Bereiche Eisen/Stahl und Nicht-Eisen (NE). Es gliedert sich jeweils in die Fachrichtungen Metallurgie und Umformtechnik.
Der Verfahrenstechniker in der Metallurgie befasst sich mit der Herstellung von Metallen aus natürlichen Rohstoffen oder aus Metallschrott. Er begutachtet die Ausgangsmaterialien (z. B. Erze) und bereitet sie für die Weiterverarbeitung auf.
Vom Steuerstand aus beschickt, bedient und überwacht er die hochtechnisierten Anlagen. Er kontrolliert den Herstellungsprozess und ist mitverantwortlich für die Qualitätssicherung.
Im Bereich Eisen/Stahl arbeitet er am Hochofen oder in Stahlwerken, in denen das geschmolzene Eisen mithilfe von Zuschlägen zu unterschiedlichen Stählen weiterverarbeitet wird.
Entsprechend vergießt er im NE-Bereich Metalle zu Legierungen wie Messing, Bronze oder Kupfer-Nickel-Legierungen.

1 Schaltzentrale eines computergesteuerten Walzgerüsts

2 Umgießen an der Stranggussanlage für Kupferlegierungen

Metalle werden nach ihrer Herstellung in Blöcke oder Barren gegossen. Sie werden in Walz- oder Presswerken zu Blechen, Bändern oder Stangen weiterverarbeitet. Diese Tätigkeiten – Metalle gießen und weiterverarbeiten – führt der Verfahrensmechaniker in der Hütten- und Halbzeugindustrie (Fachrichtung Umformtechnik) aus.

3 Transport einer 5 Tonnen schweren Blechrolle *(Coil)* mit einer Krananlage

4 Innenleben einer Walzanlage

Qualifikationen

Hauptschulabschluss (Kl. 10) oder höherwertig mit mindestens befriedigenden Leistungen in Mathematik, Physik, Chemie
Allgemeines Interesse an Naturwissenschaften und Technik
Teamfähigkeit, Flexibilität, Belastbarkeit und Zuverlässigkeit

Ausbildungsgang

$3\frac{1}{2}$ Jahre mit wöchentlichem Berufsschulunterricht
Zunächst eine Grundausbildung *Metall*, danach Durchlaufen verschiedener Produktionsabteilungen des Betriebs
Abschlussprüfung in Theorie und Praxis

Zukunftsaussichten

Gute Perspektiven und Chancen auf dem Arbeitsmarkt
Gute Ausgangsbasis für Weiterqualifikationen: Aufstiegsmöglichkeiten zum Anlagenführer, Vorarbeiter, Industriemeister und Techniker; mögliche Spezialisierung zum Werkstoffprüfer.

Was macht diesen Beruf so attraktiv?
Dazu haben wir die Ausbildungsleiter zweier mittelständischer Unternehmen befragt.

Herr Heitmann (Umformtechnik NE-Metalle):
Der Beruf ist abwechslungsreich. Schon der Einsatz der Auszubildenden in den verschiedenen Bereichen ist vielseitig. Theoretische Kenntnisse sind nötig, der Schwerpunkt der Ausbildung liegt aber in der Praxis. Die Auszubildenden erhalten eine gute Facharbeiterausbildung. Danach können sie von der Gießerei bis zur Qualitätskontrolle überall eingesetzt werden, vor allem in der Anlagenbedienung. Für gute Arbeit gibt es gutes Geld.

Herr Luciani (Stahlumformung):
Wir orientieren uns stark an unseren Kunden und deren unterschiedlichen Bedürfnissen. Wir müssen also innovativ sein – sowohl hinsichtlich der Produkte als auch der Fertigungsanlagen. Die Forderung nach ständig neuen Produkten führt zur Vielseitigkeit; sie macht Teamgeist erforderlich. Neben den guten Verdienstmöglichkeiten – auch infolge von Akkordarbeit – bietet dieser Beruf beste Weiterbildungsmöglichkeiten.

Wissen & Training

→ Metalle können sich mit dem Sauerstoff der Luft zu einem Metalloxid verbinden. ↑ S. 168

↓ Die Oxidation (Oxidbildung) ist eine chemische Reaktion. Das Metalloxid ist das Reaktionsprodukt. Es hat andere Eigenschaften als die Ausgangsstoffe.

→ Man kann die chemischen Reaktionen beschreiben, z. B. so:
Wortgleichung: Zink + Sauerstoff → Zinkoxid
Reaktionsgleichung (Symbolgleichung): $2\,Zn + O_2 \rightarrow 2\,ZnO$

Stoffe verändern sich auf einen Blick

↓ Bei der stillen Oxidation reagieren viele Metalle mit dem Sauerstoff der Luft, ohne vorher erhitzt worden zu sein. Dabei wird ihre Oberfläche von einer Oxidschicht überzogen. ↑ S. 178

→ Die meisten Erze enthalten Metalloxide. Das Metall gewinnt man durch *Reduktion (Oxidspaltung) aus dem Metalloxid*: Bei hoher Temperatur lässt man einen geeigneten Stoff (z. B. Kohlenstoff) auf das Metalloxid einwirken. ↑ S. 186 f.

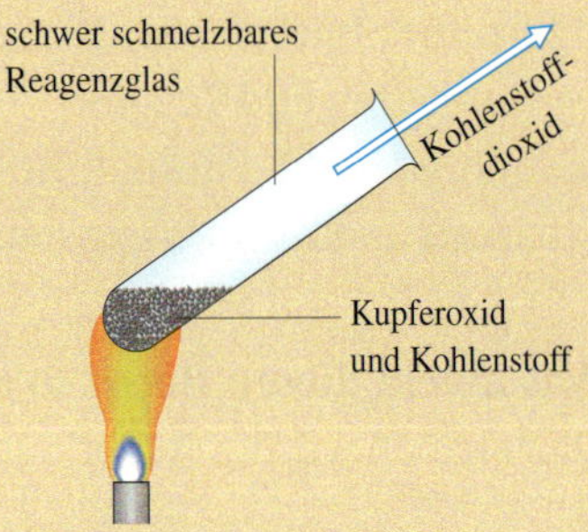

Beispiel:
Kupferoxid + Kohlenstoff → Kohlenstoffdioxid + Kupfer

↓ Die Teilchen, aus denen Metalle bestehen, heißen *Atome*. Metalle sind *chemische Elemente*. Sie bestehen aus nur einer Atomsorte. ↑ S. 172
Metalloxide sind *chemische Verbindungen*. Sie bestehen aus zwei Atomsorten.
Moleküle sind aus Atomen zusammengesetzt.
Ionen sind elektrisch geladene Teilchen. Sie spielen bei der Elektrolyse eine Rolle. ↑ S. 180 f.

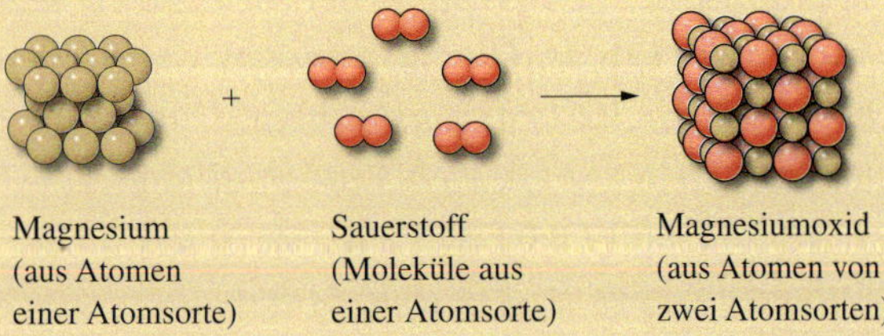

Die *chemische Zeichensprache* ist international. Überall auf der Welt werden die Elemente mit den gleichen *chemischen Symbolen* bezeichnet.
Beispiel:
Das Element Eisen hat überall auf der Welt das Symbol „Fe" (von lat. *ferrum*: Eisen).
Das Symbol Fe steht auch für „1 Atom Eisen".

Mithilfe von Symbolen werden auch *chemische Formeln* aufgestellt. Mit ihnen beschreibt man Verbindungen und Moleküle.
Beispiel:
„CO_2" steht für
- die „Verbindung Kohlenstoffdioxid" (aus den Elementen Kohlenstoff und Sauerstoff) und für
- „1 Molekül Kohlenstoffdioxid" (aus 1 Atom Kohlenstoff und 2 Atomen Sauerstoff).

Auch Reaktionsgleichungen werden mithilfe von Symbolen und Formeln aufgestellt.
Beispiel: $C + O_2 \rightarrow CO_2$. Das bedeutet:
- Kohlenstoff und Sauerstoff verbinden sich zu Kohlenstoffdioxid.
- 1 Atom Kohlenstoff (C) und 2 Atome Sauerstoff (O) bilden 1 Molekül Kohlenstoffdioxid (CO_2).

Alles klar?

1 Wenn man Eisen in einem Gefäß mit Sauerstoff erhitzt, entsteht ein völlig neuer Stoff. Woran kann man das erkennen?

2 Nach dem Entzünden von Wunderkerzen verbrennen winzige Eisen- und Aluminiumstückchen. Wenn sie entzündet sind, brennen sie selbstständig weiter. ↑B1
Suche nach einer Erklärung dafür.

1

3 Warum verbrennt eigentlich der Glühdraht im Glaskolben einer Glühlampe nicht?

4 Zinkpulver wird in einem Verbrennungslöffel stark erhitzt. Es beginnt zu brennen.
a Beschreibe die chemische Reaktion.
b Schreibe dazu das Reaktionsschema auf.
c Ist das Verbrennungsprodukt leichter, genauso schwer oder schwerer als die Menge Zink?

5 Sieh dir alte Münzen an. ↑B2 Ob sie nur schmutzig sind? Begründe deine Meinung.

2

6 Aus Kupferoxid soll das Metall Kupfer gewonnen werden. Dazu wird das Kupferoxid heftig mit einem Brenner erhitzt.
a Warum gelingt es nicht, auf diese Weise Kupfer freizusetzen?
b Auf welche Weise kann man dennoch Kupfer aus Kupferoxid erhalten?
c Wie heißt dieser Vorgang?

7 Was verstehst du unter einem Oxid und was unter einer Oxidation?

8 Welche Reaktionen laufen bei der Reduktion ab?

9 Erkläre am Beispiel Kohlenstoff/Kohlenstoffdioxid die Begriffe Element und Verbindung.

Teste dich!

1

1 An einer Balkenwaage, die im Gleichgewicht ist, wird Eisenwolle entzündet und verbrannt. ↑**B1**

a Beschreibe den Vorgang, der dabei abläuft.

b Nenne das Produkt, das entsteht.

c Erkläre die Änderung der Masse.

d Schreibe die Wortgleichung auf.

e Begründe, warum es sich um eine chemische Reaktion handelt.

f Wie heißt diese Reaktionsart?

2 In unserer Umgebung finden viele chemische Reaktionen statt. ↑**B2**

a Woran kannst du erkennen, dass eine chemische Reaktion abgelaufen ist?

b Nenne Beispiele für chemische Reaktionen in unserer Umgebung.
Begründe jeweils, dass es sich dabei um eine chemische Reaktion handelt.

3 Chemische Reaktion oder nicht? Entscheide und begründe deine Antworten:

a Am Gaskocher brennt eine Gasflamme.

b Milch wird sauer.

c Nasse Wäsche gefriert im Winter auf der Leine und wird schließlich trocken.

d Bei einem Sturz wird der Rahmen eines Fahrrads beschädigt. An der beschädigten Stelle rostet er.

4 Metalle sind feste Stoffe (mit Ausnahme von Quecksilber).

a Aus welchen Teilchen sind die Metalle aufgebaut?

b Zeichne, wie du dir die Anordnung der Teilchen in einem Eisenwürfel vorstellst.

c Auch Gase sind aus diesen Teilchen aufgebaut – aber es gibt einen Unterschied zum Bau der Metalle …

2

5a Kupfer ist ein typisches Metall, Schwefel ein typisches Nichtmetall. ↑**B3** Beide Stoffe sind Elemente. Was versteht man unter „Element“?

b Nenne einige Metalle und die gemeinsamen Eigenschaften sämtlicher Metalle.

c Nenne Nichtmetalle. Woran erkennst du, dass es keine Metalle sind?

d Holz ist zwar kein Metall, aber man bezeichnet es auch nicht als Nichtmetall, sondern als *nichtmetallischen Werkstoff.* Begründe das.

6 Mit viel Aufwand wird Eisen gewonnen. Es ist aber kaum zu verhindern, dass Eisen im Laufe der Zeit oxidiert.

a Beschreibe die Eisengewinnung und das Oxidieren von Eisen.

b Vergleiche die chemischen Reaktionen, die bei der Eisengewinnung und beim Oxidieren von Eisen ablaufen.
Wie heißen sie?

7 Erkläre einem Nichtchemiker anhand von Beispielen die Begriffe *Element*, *Verbindung*, *Symbol* und *Formel*.

8a Richtig oder falsch?
- ZnO ist ein Element.
- C ist die Formel für Kohlenstoff.
- Die Formel für Wasser ist H_2O.
- C ist das Symbol für Kohlenstoff.
- H_2O ist ein Element.
- Mg ist ein Element.
- MgO bedeutet ein Molekül Magnesium.

b Berichtige die falschen Aussagen.

3

❯ Die Lösungen findest du im Anhang.

Ordne dazu deiner Lösung im Heft ein Smiley zu:
☺ Ich habe die Aufgabe richtig lösen können.
😐 Ich habe die Aufgabe nicht komplett lösen können.
☹ Ich habe die Aufgabe nicht lösen können.

Schätze deine Kenntnisse und Fähigkeiten ein.

Aufgabe	Ich kann …	Hilfe findest du auf Seite …
1	… die Bildung von Metalloxiden untersuchen und erklären.	168
2	… die Entstehung neuer Stoffe bei Reaktionen beschreiben.	168 f.
3	… chemische Reaktionen als solche erkennen.	
	… kleinste Teilchen von Metallen und Gasen benennen.	172
5	… Elemente und Verbindungen voneinander unterscheiden.	172
5	… Elemente in Metalle und Nichtmetalle einteilen.	172
6	… die Oxidation und Reduktion als Arten chemischer Reaktionen beschreiben.	168, 186
7, 8	… die Begriffe Element, Verbindung, Symbol und Formel erklären.	172 f.

Kohlenstoffdioxid – kleine Menge, große Wirkung

Nur eine dünne Lufthülle umgibt die Erde. Sie wird dringend benötigt, ist aber gefährdet. Dabei spielt auch das Gas Kohlenstoffdioxid eine Rolle. Die Bilder zeigen dir, woher ein Teil des Kohlenstoffdioxids kommt und welche Auswirkungen der vermehrte Ausstoß von Kohlenstoffdioxid hat.

UNABHÄNGIG · ÜBERPARTEILICH
BERLIN-BRANDENBURG

Der aufgeheizte blaue Planet. Wie krank ist die Welt, in der wir leben?

Unsere Erde hat Fieber!

Spüren Sie's auch? ► Die Atmosphäre hat Schüttelfrost ► Unsere Erde rumort! ► Das Wetter schockt: Hitze, Kälte, Stürme, Fluten. Unser Planet schreit SOS! ► Klimaforscher schlagen Alarm: „Unsere Erde hat Fieber!" Die Treibhausgase kochen unsere Atmosphäre. Die Erderwärmung ist gefährlich wie eine glühende Herdplatte: Gletscher schmelzen, Fische sterben aus! Das Meer steigt, versinken …

Nur 1 Kapsel pro Tag

Genial! Mit Mik…

Neue Sc…

HSV-… Schalk…

We…

1

3 Was könnte das mit Kohlenstoffdioxid zu tun haben?

2

4 Welche Gase kommen aus dem Auspuff?

5 Welche Gase entstehen beim Grillen?

6 Besteuerung je nach CO_2-Ausstoß?

7 Brandrodung soll *doppelten* Schaden bedeuten?

8 Welcher Zusammenhang besteht zwischen dem Kohlenstoffdioxid und dem Wald?

9 Ist der Rauch nur Kohlenstoffdioxid und Wasserdampf?

Aktion

Kohlenstoffdioxid, Sauerstoff und Stickstoff – drei farblose Gase. Je eines von ihnen befindet sich in diesen drei Gefäßen.

Welches Schild gehört wohl zu welchem Gefäß?

1

Kohlenstoffdioxid

Dem Kohlenstoffdioxid auf der Spur

1

Wir suchen Kohlenstoffdioxid

a … in der Luft: Wir füllen in eine Waschflasche oder in ein Reagenzglas frisches Kalkwasser◇. Dann leiten wir mit einem Gummigebläse frische Luft durch das Kalkwasser.

b … in der Ausatemluft: Zunächst wird vor eine Flasche mit Kalkwasser eine leere Flasche als Rückflusssicherung angeschlossen. Anschließend blasen wir Ausatemluft durch die beiden Flaschen. ↑**B2**

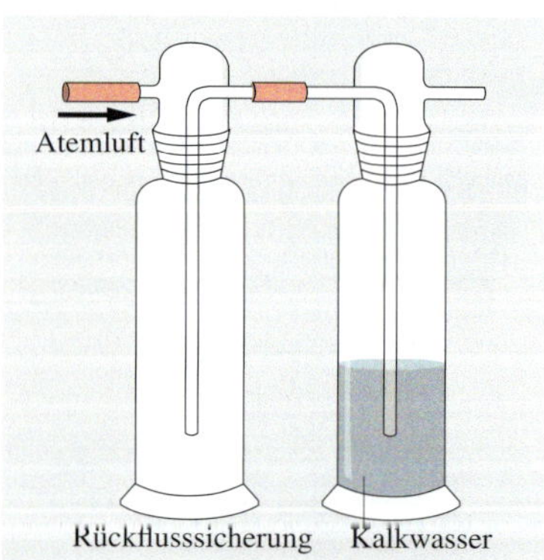

2

So weisen wir Kohlenstoffdioxid nach

Achtung: Kalkwasser ist ätzend! Augen schützen! Bei versehentlichen Spritzern sofort mit viel Wasser spülen und einen Arzt aufsuchen.

Kohlenstoffdioxid wird in Kalkwasser◇ geleitet. ↑**B3**

Das eingeleitete Kohlenstoffdioxid trübt dann das Kalkwasser. ↑**B4**

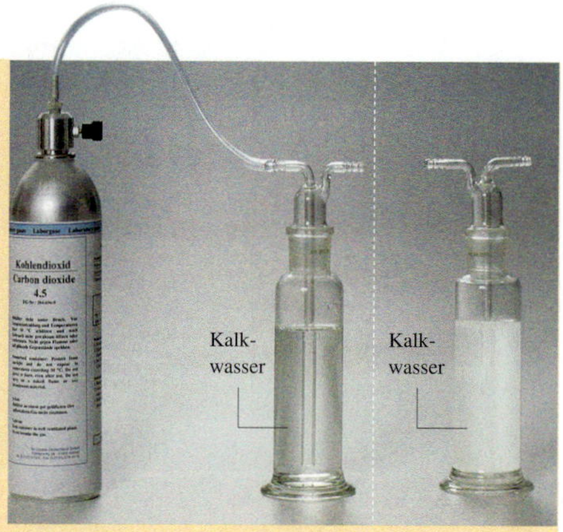

3 4

So weisen wir Sauerstoff nach

Hier siehst du noch einmal, wie die *Glimmspanprobe* durchgeführt wird. ↑**B5**

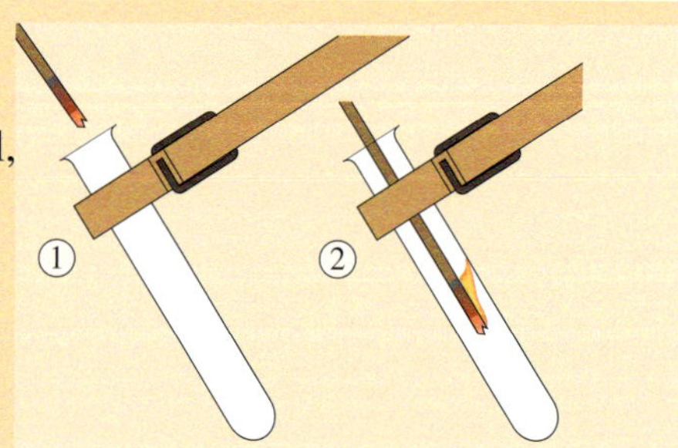

5

◇ Kalkwasser — Achtung! Gesundheitsgefährdend

2

Eigenschaften von Kohlenstoffdioxid

Wir öffnen die Flasche eines sprudelnden Getränks (z. B. Cola) und gießen etwas von ihrem Inhalt ab.

a Leite das aufsteigende Kohlenstoffdioxid in das Glas, in dem ein Teelicht brennt. ↑**B6**

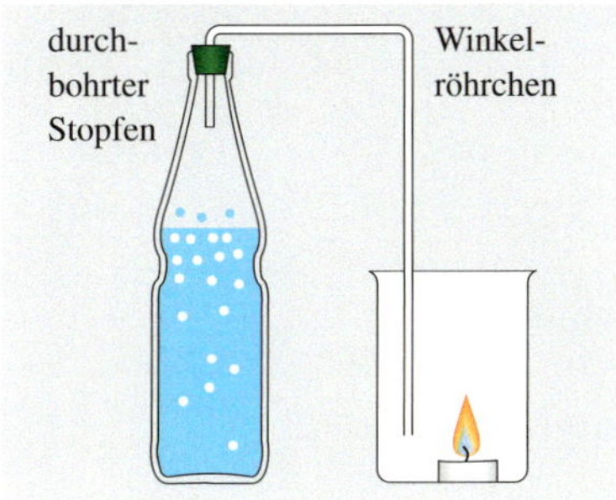

6

b Fülle ein kleines Becherglas mit Kohlenstoffdioxid und gieße es auf ein Teelicht.

c Ein leeres Becherglas steht auf einer empfindlichen Waage, die ins Gleichgewicht gebracht wird. Nun wird das Gas Kohlenstoffdioxid in das Becherglas geleitet. ↑**B7**

d Welche Eigenschaften von Kohlenstoffdioxid stellst du in dem Versuch fest?

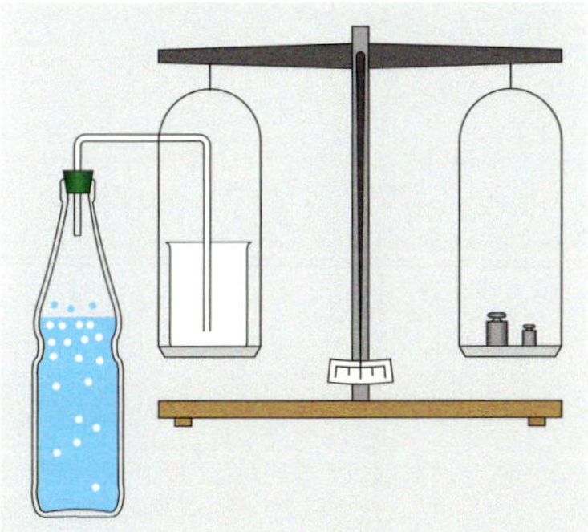

7

3

Kohlenstoffdioxid aus Brausetabletten

a Weise nach, dass beim Auflösen von Brausetabletten Kohlenstoffdioxid entsteht.

b Bestimme, wie viel Kohlenstoffdioxid beim Auflösen einer Brausetablette entsteht. Das Bild unten zeigt dir eine Apparatur, mit der du die Gasmenge (das Gasvolumen) messen kannst. ↑**B8**

c Wie viel Kohlenstoffdioxid wird wohl beim Auflösen von *zwei* Brausetabletten entstehen? Was erwartest du? Überprüfe deine Vermutung. Vergleiche dein Messergebnis mit dem von Versuchsteil b und mit deiner Vermutung.

d Erkläre das Ergebnis.

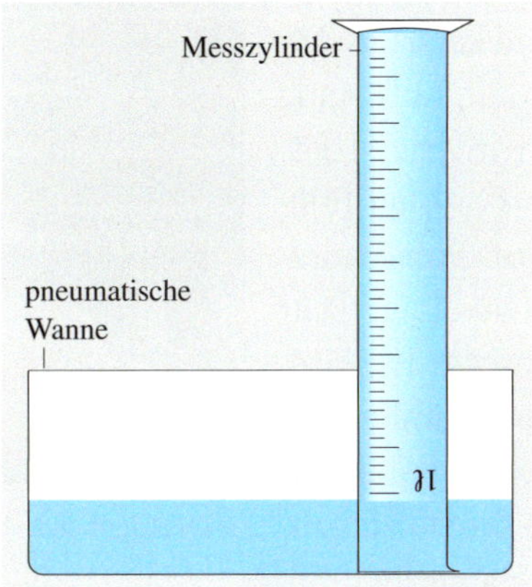

8

4

Das Gas im Kuchenteig

Gib einen Spatel voll Backpulver in ein Reagenzglas. Erhitze das Backpulver. Prüfe, welches Gas ausgetrieben wird.

5

Was braust am besten?*

Plant im Team, wie ihr feststellen könnt, welche von drei verschiedenen Brausetabletten am meisten Kohlenstoffdioxid freisetzt. Beachtet bei der Planung:

a Was wisst ihr bereits über das Gas Kohlenstoffdioxid?

b Welche Geräte benötigt ihr?

c Wie sehen der Versuchsaufbau und die Versuchsdurchführung aus?

d Wie könnt ihr am besten eure Ergebnisse festhalten?

e Wie lautet das Ergebnis?

6

Wenn man Mittel gegen Sodbrennen einnimmt …*

Wer viel Süßes oder Fettiges isst, kann (wegen Übersäuerung durch die Magensäure) Sodbrennen bekommen.
Ein Mittel dagegen ist Bullrich-Salz. Nach der Einnahme dieses Medikaments muss man häufig wegen der Entstehung eines Gases aufstoßen.

a Wie kannst du zeigen, was mit dem Bullrich-Salz im Magen passiert und welches Gas beim Aufstoßen freigesetzt wird? Plane dazu einen Versuch und führe ihn durch. (Statt Magensäure kannst du Essig nehmen.)

b Warum muss man nach der Einnahme aufstoßen?

Kohlenstoffdioxid im Gasgemisch Luft

Wie du weißt, ist die Luft ein Gemisch verschiedener Gase. Sie enthält *Sauerstoff*, in dem etwas brennt, *Stickstoff*, der die Flamme erstickt, und etwas *Kohlenstoffdioxid*. Hinzu kommen die *Edelgase*.

Eigenschaften von Kohlenstoffdioxid Das Kohlenstoffdioxid ist ein farbloses und geruchloses Gas, das sich gut in Wasser löst. Bei einer Temperatur von 0 °C lösen sich 1,7 Liter Kohlenstoffdioxid in 1 Liter Wasser. Wenn die Wassertemperatur ansteigt, löst sich weniger Kohlenstoffdioxid.
Kohlenstoffdioxid erstickt die Flamme einer Kerze – das zeigt auch der rechts abgebildete Versuch. ↑B1 Deshalb setzt man das Gas auch zum Feuerlöschen ein. Grüne Pflanzen brauchen Kohlenstoffdioxid zum Leben. Tiere und Menschen würden in reinem Kohlenstoffdioxid ersticken.
Leitet man Kohlenstoffdioxid in Kalkwasser, wird es trübe.
Die Trübung von Kalkwasser ist ein Nachweis für das Gas Kohlenstoffdioxid.

1 Kohlenstoffdioxid erstickt eine Flamme.

Woher erhält man Kohlenstoffdioxid und wofür setzt man es ein? Kohlenstoffdioxid kann aus der Luft gewonnen werden: Wenn man die Luft stark zusammenpresst und dann abkühlt, wird zuerst das Kohlenstoffdioxid flüssig (bei –79 °C). Man füllt es in graue Stahlflaschen. Kohlenstoffdioxid wird z. B. zum Herauspressen von Erdöl aus Lagerstätten und von Bier aus Fässern eingesetzt. Es wird auch als fester Stoff *(Trockeneis)* zum Kühlen verwendet. Wenn das Kohlenstoffdioxid verdampft, sieht man Nebelschwaden über den Boden ziehen, weil der Wasserdampf der Luft kondensiert. So kann man auch *Diskonebel* erzeugen. ↑B2

2 Diskonebel

Statt Kohlenstoffdioxid: Kohlenstoffmonooxid Wenn beim Verbrennen von Brennstoffen nicht genügend Sauerstoff zur Verfügung steht, entsteht *Kohlenstoffmonooxid*. Ist aber genügend Sauerstoff vorhanden, so verbrennt es weiter zu Kohlenstoffdioxid.
Im Gegensatz zu Kohlenstoffdioxid ist Kohlenstoffmonooxid brennbar; es verbrennt mit blauer Flamme. ↑B3
Kohlenstoffmonooxid ist ein farbloses, geruchloses, giftiges Gas. Es kann schon in geringen Mengen sehr gefährlich werden (s. S. 213).

3 Brennendes Kohlenstoffmonooxid

Kohlenstoffdioxid
Kohlenstoffmonooxid
Sauerstoff
Stickstoff

Eigenschaften von Sauerstoff 21 % der Luft ist Sauerstoff, ein farbloses und geruchloses Gas. Bei –183 °C wird es flüssig. Die bläuliche Flüssigkeit wird in blauen Stahlflaschen transportiert. ↑ **B4**
Sauerstoff brennt nicht selbst, fördert aber die Verbrennung. Er reagiert leicht mit anderen Stoffen. Deshalb verläuft jede Verbrennung in reinem Sauerstoff heftiger als an der Luft. Nachgewiesen wird Sauerstoff mithilfe der Glimmspanprobe.
Menschen und Tiere brauchen ständig Sauerstoff zum Atmen. Fische und andere Wasserlebewesen können unter Wasser atmen, weil sich Sauerstoff in Wasser löst. Bei einer Temperatur von 0 °C lösen sich 49,1 ml Sauerstoff in 1 Liter Wasser. Wenn die Wassertemperatur ansteigt, nimmt die Löslichkeit ab. www 207-1

Eigenschaften von Stickstoff Die Luft besteht zu 78 % aus Stickstoff. Dieses Gas ist bei Raumtemperatur farb- und geruchlos; es ist weder giftig noch brennbar.
Stickstoff unterhält oder unterstützt die Verbrennung nicht; vielmehr wirkt er erstickend.
Auf dieser Eigenschaft beruht ein Hinweis auf das Vorhandensein von Stickstoff:
Hält man einen brennenden Holzspan in ein Gefäß, das Stickstoff enthält, erlischt die Flamme wie beim Kohlenstoffdioxid. Kalkwasser wird aber durch Stickstoff nicht getrübt.
Stickstoff greift andere Stoffe kaum an. Er wird deshalb als „Schutzgas" zum Verpacken von Lebensmitteln eingesetzt. Er wird auch als Kühlmittel vedrwendet, da flüssiger Stickstoff eine sehr niedrige Siedetemperatur hat (ca. – 196 °C).

4 Druckflaschen für Sauerstoff (blau) und Stickstoff

Aufgaben

1 In einem Reagenzglas ist Luft enthalten, in einem anderen Sauerstoff. Beschreibe, wie du den Sauerstoff herausfinden kannst.

2 Reiner Sauerstoff hilft bei der Wiederbelebung besser als eine Mund-zu-Mund-Beatmung. Suche dafür eine Begründung.

3 Stickstoff wird in der Technik als „Schutzgas" eingesetzt (s. die folgende Seite).
a Erkundige dich nach der Schutzwirkung.
b An welcher Eigenschaft des Stickstoffs liegt das?

4 Nenne Beispiele für die Verwendung von Stickstoff. Gib jeweils an, welche Eigenschaften des Stickstoffs das ermöglichen.

5* Tabletten zum Reinigen von Zahnprothesen oder Zahnspangen sprudeln in einem Glas Wasser. Denke dir einen Versuch aus, mit dem du herausbekommst, um welches Gas es sich dabei handelt.

6* Informiere dich, wie Diskonebel erzeugt wird und ob er gefährlich sein kann.

7* Finde heraus, bei welchen Bränden Kohlenstoffdioxid zum Feuerlöschen eingesetzt werden darf (s. Anhang).

8 Vergleiche die Gase Sauerstoff, Stickstoff, Kohlenstoffdioxid und Kohlenstoffmonooxid:
a Nenne Gemeinsamkeiten und
b Unterschiede.

10 Mithilfe welcher Versuche kannst du jetzt die Frage oben auf S. 204 beantworten?

Ausblick

Bestandteile der Luft werden vielfältig genutzt

Heißere Flammen durch Sauerstoff Sauerstoff wird gebraucht, wenn dicke Metallplatten „zerschnitten" werden sollen. Zum *Brennschneiden* wird ein spezieller Brenner verwendet. ↑B1
Das Gas Acetylen ist das eigentliche „Brenngas". Wenn das Acetylen mit reinem Sauerstoff gemischt wird, brennt es mit einer ca. 3000 °C heißen Flamme. Außerdem brennt das heiße Metall im Sauerstoffstrom von alleine weiter. Das Metall wird dann regelrecht „zerschnitten". Sauerstoff ist aber auch gefährlich, da er extrem brandfördernd wirkt. Fette und Öle können sich in Sauerstoff sogar selbst entzünden.

Sauerstoff kann Leben retten Ein Sauerstoffgerät zur künstlichen Beatmung hat schon manchem das Leben gerettet. ↑B2 Ein solches Gerät muss sehr schnell eingesetzt werden. Wenn nämlich ein Verunglückter 4 bis 6 Minuten lang gar nicht mehr atmet, bleiben schwere Hirnschäden zurück – falls er überhaupt noch ins Leben „zurückgerufen" wird.
Die Feuerwehr braucht tragbare Atemschutzgeräte für Räume, in denen sich Rauch oder giftige Gase befinden. ↑B3

Stickstoff als Schutzgas Im Gegensatz zum Sauerstoff unterhält oder unterstützt der Stickstoff die Verbrennung nicht. Diese Eigenschaft des Stickstoffs wird in der Technik genutzt:
- Rohrleitungen für brennbare Gase und Flüssigkeiten müssen frei von Sauerstoff sein. Deshalb spült man die Rohre mit Stickstoff, bevor die brennbaren Gase oder Flüssigkeiten eingeleitet werden.
- Viele Lebensmittel werden unter Stickstoff aufbewahrt. ↑B4
- Flugzeugreifen werden mit Stickstoff gefüllt. ↑B5

1 Brennschneiden

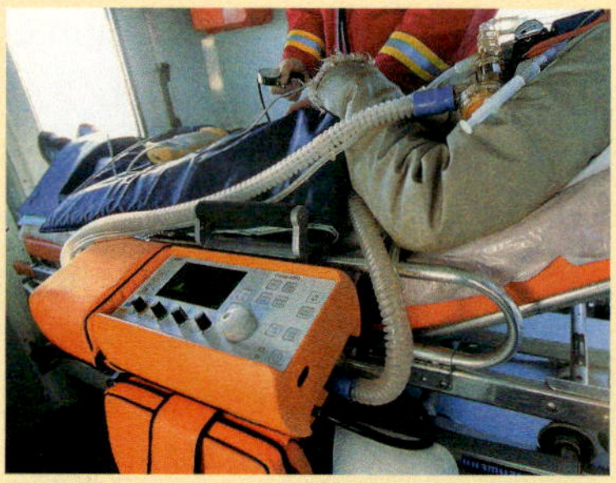
2 Künstliche Beatmung

3 Atemschutzgerät

4 Stickstoff schützt Lebensmittel.

5 Mit Stickstoff befüllte Reifen

Die vielseitige Verwendung von flüssigem Stickstoff* Mit –196 °C hat Stickstoff eine sehr niedrige Siedetemperatur.
- Stickstoff eignet sich sehr gut als Kühlmittel für Lebensmittel wie Fisch, Fleisch, Gemüse oder ganze Torten. Sie gefrieren sofort, wenn sie in flüssigen Stickstoff getaucht werden. ↑**B6**
- Ein Gefäß mit flüssigem Stickstoff dient sogar als Kühltruhe für Tiersperma. ↑**B7** So kann man das Erbgut wertvoller Zuchttiere aufbewahren und transportieren.
- In der Medizin verwendet man flüssigen Stickstoff zum Konservieren von Blut, Gewebeproben, Impfstoffen und Bakterienkulturen.
- Mit flüssigem Stickstoff können Warzen entfernt werden.
- In tiefe Baugruben kann manchmal Wasser aus der Umgebung eindringen. Um das zu verhindern, wird flüssiger Stickstoff durch „Gefrierlanzen" in die Erde gepresst. Dort kühlt er die Erde so stark ab, dass das Wasser gefriert.
- Im Tiefbau verwendet man flüssigen Stickstoff zum „Rohrfrosten". ↑**B8** Wenn ein Rohr repariert werden muss, kann die darin enthaltene Flüssigkeit mit flüssigem Stickstoff eingefroren werden. Es bildet sich dann ein Eispfropfen, der das Rohr verschließt.

6 Schockgefrieren durch Stickstoff

7 Stickstoff in der Tierzucht

8 Stickstoff zum „Rohrfrosten"

Die Edelgase* Luft enthält auch Helium, Neon, Argon, Krypton und Xenon. Diese Gase nennt man *Edelgase*. Sie verändern sich nicht beim Erhitzen, auch brennen in ihnen keine anderen Stoffe.
- *Helium* ist viel leichter als Luft. Deshalb füllt man Luftschiffe mit Helium. ↑**B9**
- *Neon* wird für farbige Leuchtreklamen eingesetzt. ↑**B10**
- *Argon* ist das häufigste und preiswerteste Edelgas. Es wird ebenfalls als Füllgas von Leuchtreklamen verwendet. Außerdem füllt man damit Energiesparlampen. ↑**B11**
- *Krypton* und *Xenon* sind schlechte Wärmeleiter. Wenn Lampenkolben mit einem dieser Gase gefüllt sind, kann der Glühdraht so stark erhitzt werden, dass er grell glüht. Xenonlampen strahlen fast so hell wie die Sonne. Man setzt sie in Kinos, Sportstadien, Fotokopiergeräten und Autoscheinwerfern ein. ↑**B12**

9 Luftschiff (Helium)

10 Leuchtröhren (Neon)

11 Sparlampen (Argon)

12 Scheinwerfer (Xenon)

Methode

Täglich kann man in Zeitungen und Zeitschriften etwas über das Gas Kohlenstoffdioxid und seine Rolle beim Treibhauseffekt lesen. Aber nicht nur Kohlenstoffdioxid belastet unsere Luft.

Gemeinsam für den Klimaschutz
Um die Erderwärmung aufzuhalten, muss der CO_2-Ausstoß sinken. Neben dem Verkehr sind Kraftwerke und Fabriken gefordert. Auch Haushalte, Flugverkehr und Landwirtschaft können einen wichtigen Beitrag leisten.

1

2

Ein Flug von München nach Hamburg verursacht pro Person ca. 170 Kilogramm Kohlenstoffdioxid. Ein Auto verursacht auf gleicher Strecke durchschnittlich ca. 45 Kilogramm weniger.

Neue Technologien, neue Kraftstoffe – so kann die Industrie den CO_2-Ausstoß senken. In Zukunft werden neue Kraftstoffe wie Erdgas und Wasserstoff gefragt sein.

3

Fahrzeuge sollen nach ihrem CO_2-Ausstoß besteuert werden.

Kampf gegen die Erderwärmung – Kampf gegen den Treibhauseffekt

Luftschadstoffe

Ein Gruppenprojekt

4

Umfangreiche Themen und viele offene Fragen könnt ihr gut in einem *Gruppenprojekt* bearbeiten. Beachtet diese Schritte:

Ideenfindung:

Schritt 1 Wie lautet das Gruppenprojekt? Wie viel Zeit steht zur Verfügung?
Zum Beispiel: Auswirkungen von Luftschadstoffen – was wird dagegen getan?

Schritt 2 Welche Ergebnisse werden von dem Projekt erwartet?
Zum Beispiel: Verursacher der Luftschadstoffe beschreiben, Auswirkungen der Luftverschmutzung aufzeigen, Lösungsansätze vorstellen

Schritt 3 Welche Schwerpunkte werden gebildet?
Zum Beispiel:
Was versteht man unter dem Treibhauseffekt? Wodurch wird er verursacht? Warum richtet man Umweltzonen ein? Welche Bedeutung haben die Umweltplaketten?

Planung der Vorgehensweise:

Schritt 4 Wie sieht die Gliederung des Schwerpunkts eurer Gruppe aus?
Für Vorbereitung, Durchführung und Präsentation

Schritt 5 Wer informiert sich wo?
Zum Beispiel: Können Experten befragt werden? Gibt es interessante Experimente zum Thema? Wer stellt Abbildungen/Texte zur Verfügung? Gibt es Auskünfte im Internet?

Schritt 6 Wie wollt ihr im Einzelnen vorgehen?
Interviews vorbereiten, führen und auswerten; eine Wandzeitung gestalten; Diagramme erstellen und auswerten …

Schritt 7 Wer präsentiert was und wie?

1

Ein erster Test unserer Luft

So kannst du feststellen, wie viele Staub- und Rußteilchen sich in der Luft befinden:

a Klebe über die Öffnung eines Glases zwei Streifen Klebeband. Die Klebeflächen sollen nach außen zeigen. ↑**B5** Stelle das Gefäß draußen an einen ruhigen Platz (möglichst nicht auf den Boden).

b Nach drei Tagen nimmst du den einen Streifen ab, nach sechs Tagen den anderen. Klebe die Streifen auf Millimeterpapier und sieh sie dir mit der Lupe an: Wie viele Staub- und Rußteilchen kannst du auf einer jeweils 1 cm^2 großen Fläche finden?

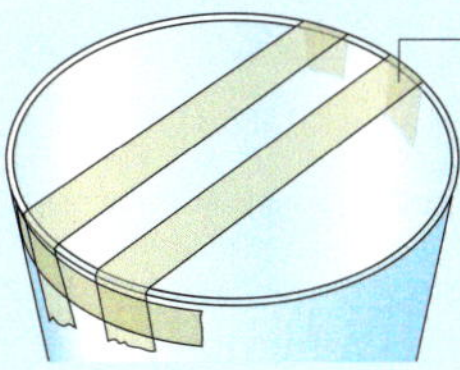

5

2

Feinstaub aus Verbrennungsmotoren

Der Motor (Mofa, Auto, Rasenmäher) wird angelassen. Dann spannt ihr mithilfe eines Gummis ein Papiertaschentuch über den Auspuff. Überprüft nach einigen Minuten das Papier. Gibt es Unterschiede zwischen den einzelnen Motoren (Benzin, Diesel mit und ohne Rußfilter)?

3

Lasst euch die Eigenschaften von Schwefeldioxid◇ zeigen (Lehrerversuch)

In einem Kolben wird eine erbsengroße Menge Schwefel◇ verbrannt (Abzug!). ↑**B6** Sobald der Schwefel nicht mehr brennt, wird in den Kolben eine angefeuchtete rote Blüte gegeben und der Kolben verschlossen.

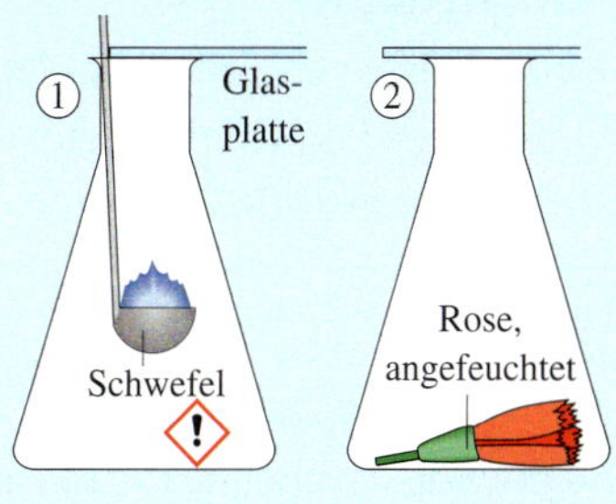

6

◇ Schwefeldioxid

Gefahr
Giftig / Sehr giftig

◇ Schwefel

Achtung
Gesundheitsgefährdend

Schlechte Luft – wodurch?

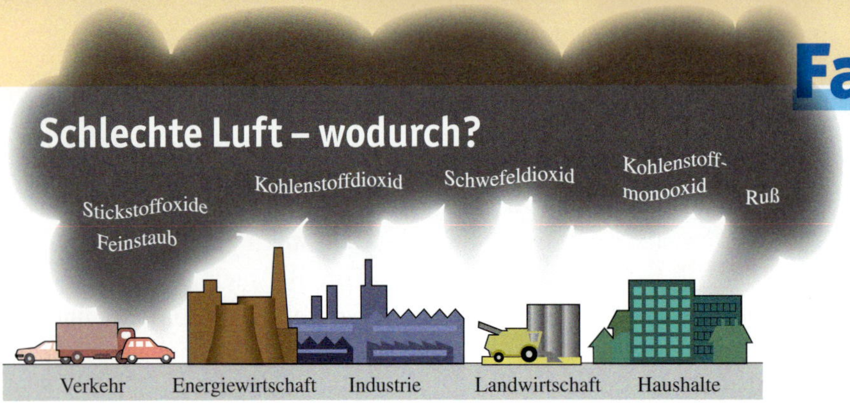

1

Luftschadstoffe durch Verbrennung Energie brauchen wir zum Heizen, zur Erzeugung von elektrischer Energie und zum Autofahren. Sie wird vor allem durch Verbrennen von Holz, Kohle, Erdöl und Erdgas erzeugt. Dabei entstehen neben dem „Klimagas" Kohlenstoffdioxid auch *Luftschadstoffe*.

Feinstaub

Entstehung: Als Feinstaub bezeichnet man winzige Teilchen in der Luft, die viel kleiner sind als der Durchmesser eines Menschenhaars (z. B. Blütenpollen, Ruß, Abrieb von Gummireifen, Zementstaub). Der meiste Feinstaub entsteht bei Verbrennungen in Automotoren, Heizungsanlagen, Kaminfeuern, beim Grillen und Rauchen. ↑**B2–3**

Schädliche Wirkungen: Wenn der Feinstaub nicht herausgefiltert wird, belastet er die Umwelt erheblich. Bei vielen Menschen rufen die Staubteilchen Allergien hervor. Sie können in die Lungenbläschen gelangen und Krebs und Atemwegserkrankungen auslösen. Je kleiner sie sind, desto gefährlicher sind sie für unsere Gesundheit.

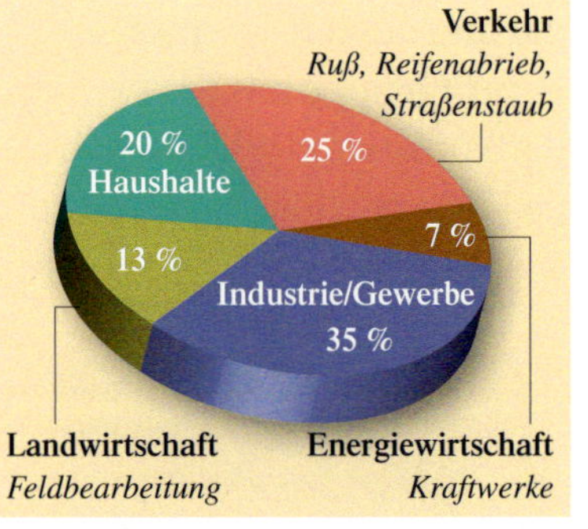

2 Verursacher von Feinstaub

3 Feinstaub: winzige unverbrannte Kohlenstoff- und Ascheteilchen

Schwefeldioxid

Entstehung: Es entsteht beim Verbrennen von Kohle und Erdöl. Beide Brennstoffe enthalten unterschiedliche Mengen Schwefel. ↑**B4–5**

Schädliche Wirkungen: Es ist ein stechend riechendes, giftiges Gas, das die Lungen schädigt. Es löst sich in Wasser und macht den Regen sauer; das trägt mit zu den Waldschäden bei.

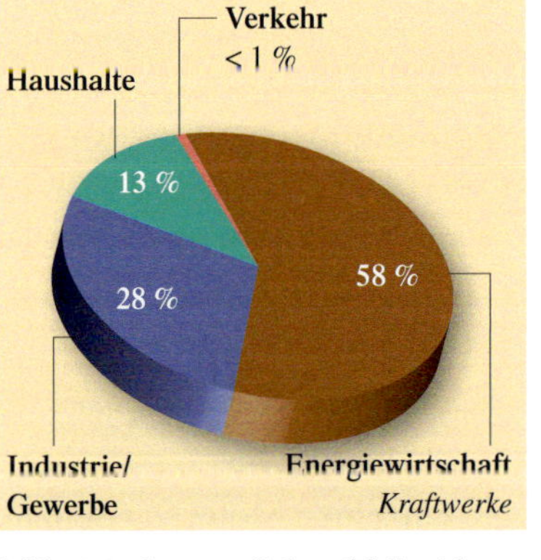

4 Verursacher von Schwefeldioxid

5 Kohlekraftwerk

Feinstaub
Schwefeldioxid
Stickstoffoxide
Kohlenstoffmonooxid

Stickstoffoxide

Entstehung: Stickstoffoxide (häufig „Stickoxide" genannt) entstehen dann, wenn Verbrennungen bei sehr hohen Temperaturen ablaufen: in Heizungen, Kraftwerken und Automotoren. ↑**6–7** Der Stickstoff der Luft verbindet sich dabei mit dem Sauerstoff der Luft; es entstehen dadurch die Oxide *Stickstoffmonooxid* und *Stickstoffdioxid.*

Schädliche Wirkungen: Stickstoffoxide sind äußerst giftig. Sie tragen mit zu den Waldschäden bei.

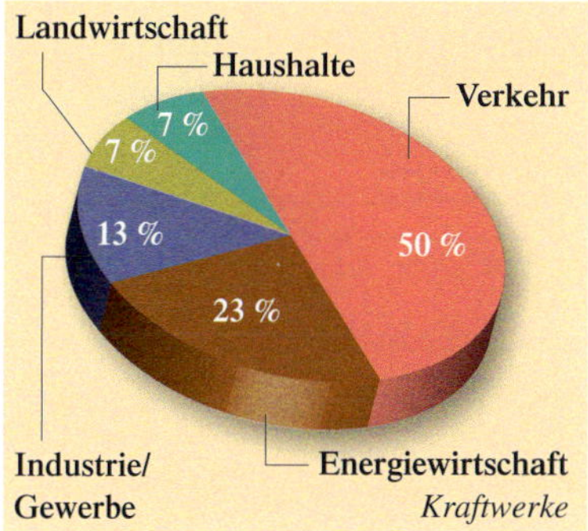

6 Verursacher von Stickstoffoxiden

7

Kohlenstoffmonooxid

Entstehung: Kohlenstoffmonooxid (oft „Kohlenmonoxid" genannt) entsteht bei der Verbrennung von allen kohlenstoffhaltigen Stoffen, wenn die Flamme zu wenig Sauerstoff bekommt. ↑**B8–9**

Schädliche Wirkungen: Kohlenstoffmonooxid ist brennbar, giftig, geruchlos. Wenn man es einatmet, verbindet es sich mit den roten Blutkörperchen, die den Sauerstoff im Körper transportieren. Es verhindert dadurch, dass der lebensnotwendige Sauerstoff vom Blut aufgenommen wird. Man stirbt dann schon nach kurzer Zeit. Immer wieder sterben Menschen an Kohlenstoffmonooxidvergiftungen, weil die Holzöfen, Kaminöfen oder Gasboiler falsch eingestellt sind.

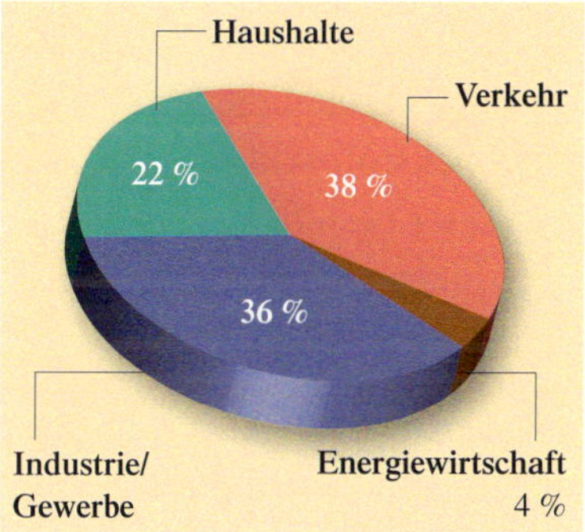

8 Verursacher von Kohlenstoffmonooxid

9 Verstopfter Kamin – das ist gefährlich!

Aufgaben

1 Es wird wieder mehr mit Holz geheizt, weil es umweltfreundlicher als die anderen Brennstoffe sein soll. Nimm Stellung zu dieser Meinung.

2 Nenne Verunreinigungen der Luft. Beschreibe ihre Entstehung und die jeweilige Wirkung.

3 Bei beheizten Wohnwagen darf die Be- und Entlüftung nicht abgedeckt werden. Begründe diese Aussage.

4 Warum müssen Heizungsanlagen, Öfen und Schornsteine regelmäßig gewartet werden?

5* Versuche die großen Feinstaubmengen zu erklären, die von Privathaushalten und Kleinverbrauchern verursacht werden.

6* Jeder von uns muss mithelfen, die Luftverschmutzung zu verringern. Überlege dir Vorschläge dazu.

7* Wie kann es sein, dass aus nur 1 Liter Benzin (0,8 kg) die Menge von 1200 Liter (2,38 kg) Kohlenstoffdioxid entstehen – also wesentlich mehr?

Ausblick

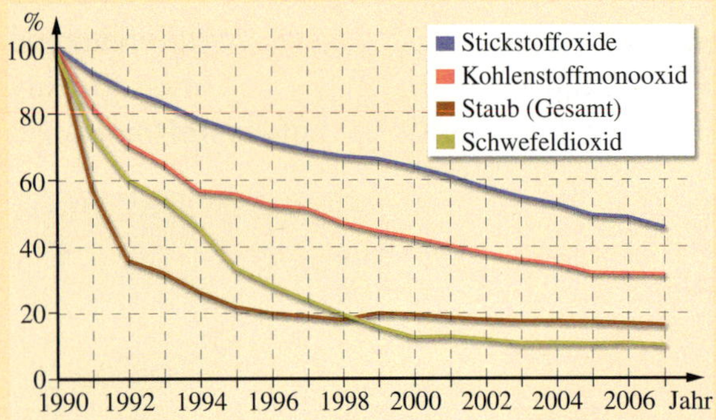

1 Entwicklung des jährlichen Ausstoßes von Luftschadstoffen

Die Grafik zeigt, wie sich die Luftschadstoffe in den letzten zwei Jahrzehnten verringert haben. ↑B1
Welche Maßnahmen wesentlich dazu beigetragen haben, erfährst du in den folgenden Beispielen.

Luftschadstoffe vermindern und vermeiden

Luftschadstoffe durch Autos Pkws und Lkws – vor allem mit Dieselmotor – stoßen große Mengen von Feinstaub in Form winziger *Rußteilchen* aus. Dies geschieht auch durch den Abrieb der Reifen, der Bremsbeläge und der Straße. Auch *Stickstoffoxide* und *Kohlenstoffmonooxid* entstehen bei der Verbrennung in Automotoren. ↑B2

– **Katalysatoren:** Bei uns sind die meisten Autos mit *Dreiwegekatalysatoren* augestattet. Sie vermindern erheblich den Ausstoß von Kohlenstoffmonooxid und Stickstoffoxid.
So arbeiten sie: Der Dreiwegekatalysator besteht aus einem Keramik- oder Metalleinsatz, der von winzigen Kanälen durchzogen ist. ↑B3 Auf deren rauer Oberfläche befinden sich die Metalle Platin und Rhodium. Mit ihrer Hilfe wird der größte Teil der Schadstoffe umgewandelt: in Kohlenstoffdioxid, Stickstoff und Wasserdampf. *Ein Katalysator wirkt aber nicht bei Vollgas und bei noch kaltem Motor!*

– **Rußfilter (Partikelfilter):** Sie können bis zu 40–80 % des Feinstaubs zurückhalten. Nur Abgase strömen noch in die Luft.
So arbeiten sie: Alle Abgase (auch die Rußteilchen) durchströmen viele kleine Kanäle. ↑B4 Diese sind mit Stoffen beschichtet, an denen die Rußteilchen haften bleiben, wie Staubteilchen an Klebestreifen. Man nennt die Kraft, die die Staubteilchen festhält, *Adhäsion* (Haftkraft). Mit der Zeit werden die Kanäle immer enger, sodass die Abgase immer schlechter ausströmen können. Um das zu vermeiden, wird der Ruß in bestimmten Abständen mithilfe von Treibstoff automatisch abgebrannt; dabei entsteht Kohlenstoffdioxid. 214-1

Besser als Schadstoffe herauszufiltern und zu vermindern wäre es, diese Schadstoffe erst gar nicht entstehen zu lassen.

2

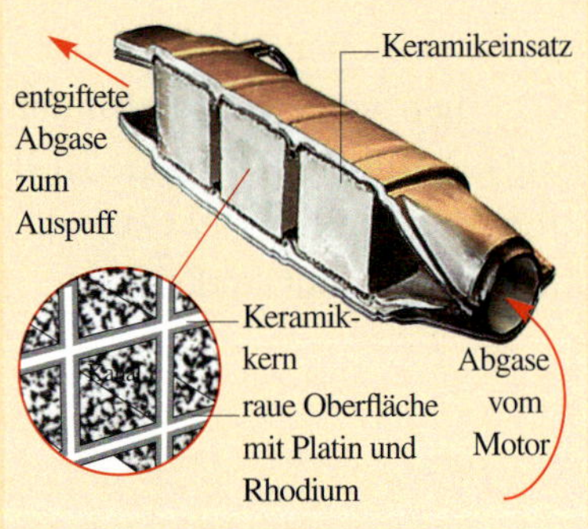

3

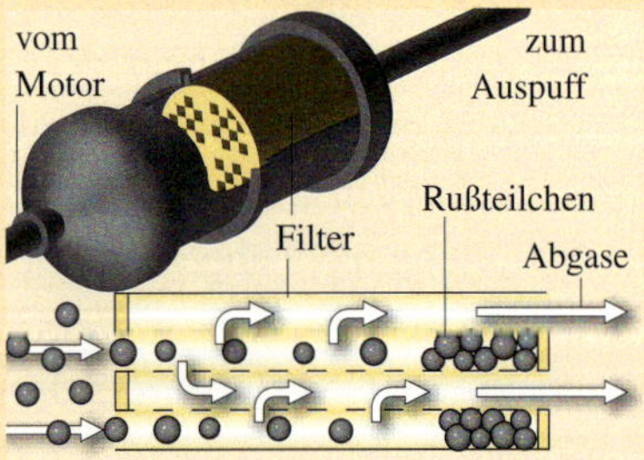

4

Luftschadstoffe durch Kraftwerke und Haushalte ↑ B5–9

- **Reinigungs- und Filteranlagen:** Die Schadstoffmengen, die von *Kraftwerken* ausgestoßen werden, wurden durch kostspielige Anlagen erheblich vermindert. ↑ **B6**
  So arbeiten sie: Die elektrischen Filteranlagen für Feinstaub funktionieren ähnlich wie der „Rußfänger" in Aufgabe 2.
- **Feinstaubfilter:** Millionen von Kaminen, Holzöfen und Pelletheizungen verursachen ähnlich viel Feinstaub wie alle Pkws, Lkws und Motorräder zusammen. Deshalb wurde 2009 eine neue Verordnung verabschiedet: In alle neuen Holzfeuerstätten müssen Feinstaubfilter eingebaut werden. Ältere Anlagen sollen im Laufe der nächsten Jahre nachgerüstet werden.

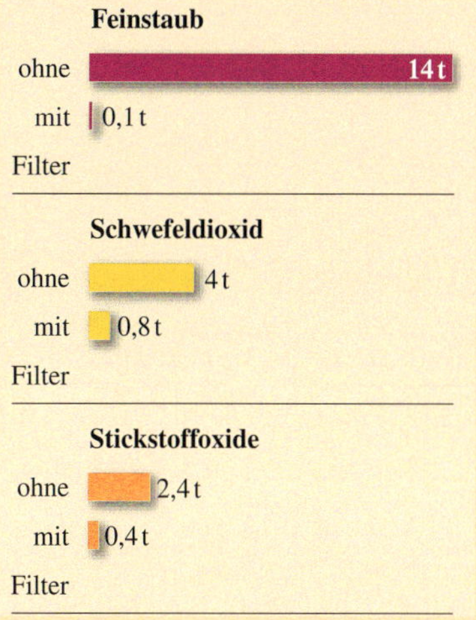

5 Schadstoffe und Abgase eines 600-MW-Kohlekraftwerks je Stunde

6

7

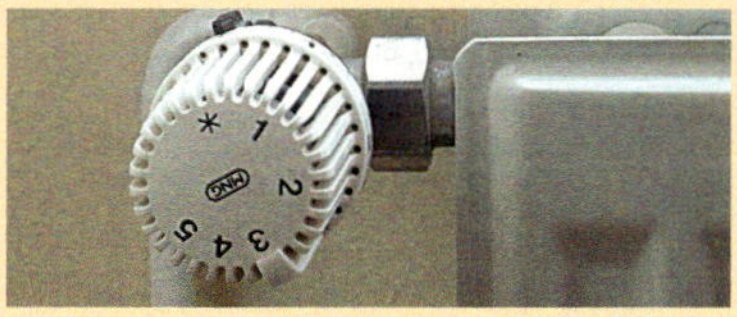

8

9

Aufgaben

1 Zur Grafik auf der Nachbarseite: ↑ **B1**

a Um wie viel ist die Belastung durch die einzelnen Stoffe jeweils zurückgegangen? (Antworte so: „Bei Staub um mehr als die Hälfte / um drei Viertel …, bei Kohlenstoffmonooxid um …")

b Woher stammt das Schwefeldioxid in der Luft?

c Informiere dich, wie der starke Rückgang von Schwefeldioxid zu erklären ist.

d Nenne und beschreibe Maßnahmen, die vor allem zur Verringerung von Staub geführt haben.

2 So etwa funktioniert die Entstaubungsanlage eines Kraftwerks – probiere es aus:
Eine Klarsichtfolie lädst du durch Reiben mit einem Papiertaschentuch elektrisch auf. Dann entzündest du eine Kerze mit möglichst langem Docht. Du siehst, dass sie rußt. Du biegst die Folie und hältst sie seitlich oberhalb der Flamme (nicht zu nahe).
Auch bei Rußfiltern von Autos bleiben die Rußteilchen hängen. Welcher Unterschied besteht?

3* Informiere dich, was die Schilder, die die Luftverschmutzung in den Städten verringern sollen, genau bedeuten. ↑ **B2**

4* Wie kann man Luftschadstoffe vermeiden?

a Beschreibe die Bilder dieser Seite.

b Begründe, warum diese Beispiele helfen können, Schadstoffe zu vermeiden.

c Fertige ein Plakat „Luftschadstoffe vermeiden" (mit weiteren Beispielen) an.

5* Schornsteinfeger fegen nicht nur Schornsteine. Führe ein Interview mit einem Schornsteinfeger über seine Aufgaben und seine Arbeit durch.

Ausblick

Ohne Kohlenstoffdioxid könnten wir nicht leben. ↑B1
Zu viel Kohlenstoffdioxid kann uns schaden. ↑B2

1 Oberfläche des Mars

2 Trockengebiet auf der Erde

Kohlenstoffdioxid und Treibhauseffekt

Gärtner nutzen den Treibhauseffekt in Treib- oder Gewächshäusern, um mithilfe der Sonnenstrahlung Pflanzen zu ziehen. ↑B3 Bestimmte Teile des Sonnenlichts durchdringen das Glasdach und erwärmen den Boden des Treibhauses. Dieser sendet dann seinerseits Wärmestrahlung aus, die aber durch das Glasdach zurückgehalten wird.
Auch die Lufthülle der Erde ist ein „Treibhaus", in dem wir uns befinden. Die „Treibhausgase" Wasserdampf, Kohlenstoffdioxid und Methan lassen die Sonnenstrahlung fast ungehindert zur Erde hindurch. Sie nehmen aber einen Teil der Wärme auf, die die Erde zurückstrahlt. Die Lufthülle reflektiert ebenfalls Wärmestrahlung zum Erdboden. So wird der Erdboden aufgeheizt. ↑B4 Der Treibhauseffekt macht das Leben auf der Erde erst möglich – ohne ihn würde die Durchschnittstemperatur statt +15 °C nur –20 °C betragen.
Wissenschaftler warnen aber vor einer *Verstärkung des Treibhauseffekts*. Der Anteil des Kohlenstoffdioxids in der Luft ist weiter gewachsen und die Temperatur auf der Erde steigt. Da wir fossile Brennstoffe wie Kohle, Erdöl und Erdgas verbrennen, scheint sich diese Entwicklung zu beschleunigen. Deshalb sind Änderungen des Klimas und verschiedene Auswirkungen zu erwarten. ↑B5

3 Treibhaus

5 Mögliche Folgen einer Verstärkung des Treibhauseffekts

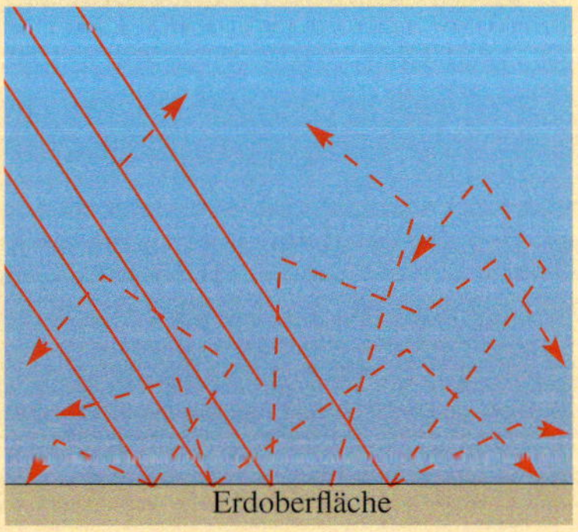

4 Wärmestrahlung in der Atmosphäre

So kann Kohlenstoffdioxid vermindert werden

Kohlenstoffdioxid vermeiden – in großem Stil!

In Deutschland soll Folgendes geschehen:

- Durch Wärmedämmung von Gebäuden sollen weniger Erdöl, Erdgas und Kohle verheizt werden.
- Erneuerbare Energien (Windkraft, Energie der Sonne, Wasserkraft, Erdwärme) werden verstärkt genutzt.
- Stoffe aus Abfällen werden wiederverwertet, nicht verbrannt.
- Zusätzlich werden Wälder aufgeforstet, die (während der Wachstumsphase) mehr Kohlenstoffdioxid „schlucken".

Kohlenstoffdioxid vermeiden – jeder macht mit! ↑B6

6

Aufgaben

1 Vergleiche positive und negative Auswirkungen des Treibhauseffekts. ↑B5

2 Energiesparen hilft Kohlenstoffdioxid vermeiden. Beurteile diese Aussage.

3 Auch daheim kann man durch Energiesparen Kohlenstoffdioxid vermeiden. ↑B6
Beschreibe die verschiedenen Möglichkeiten und ergänze sie.

4* Tobias sagt: „Wir heizen nicht mit Heizöl, sondern mit Holz – das verstärkt nicht so sehr den Treibhauseffekt." Martina gibt zu bedenken: „Auch beim Verbrennen von Holz entsteht doch Kohlenstoffdioxid." Tobias: „Ja, aber denk doch an die Fotosynthese!" Was sagst du dazu?

5* Erläutere die Aussage: „Holz ist ein CO_2-neutraler Brennstoff."

Aktion

Ob das der „saubere" Brennstoff der Zukunft ist?

1

Der Wasserstoff[Z]

Ein Brennstoff ohne Schadstoffbildung

1

Wir untersuchen Wasserstoff

Zwei Standzylinder werden mit Wasserstoff◇ gefüllt.

a Was hörst und siehst du, wenn ein brennender Holzspan in den aufrecht stehenden Zylinder eingeführt wird? ↑B2

b Was stellst du bei dem umgekehrt stehenden Zylinder fest?

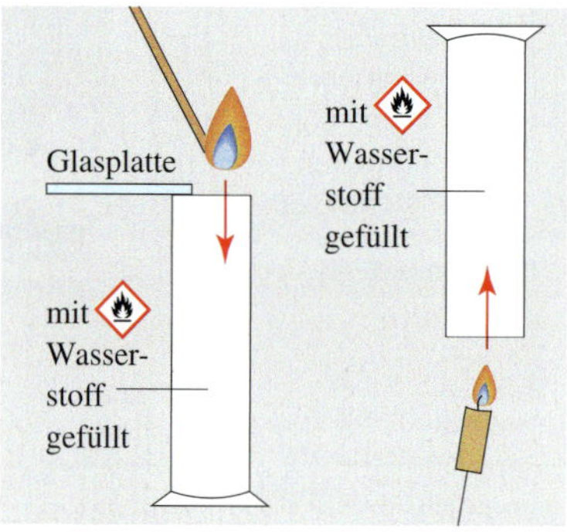

2

2

Die Knallgasprobe (Lehrerversuch)

Ein Reagenzglas wird mit Wasserstoff◇ gefüllt.
Ein anderes füllen wir zu zwei Dritteln mit Luft und zu einem Drittel mit Wasserstoff. ↑B4
Dann wird bei beiden die Knallgasprobe durchgeführt.

So weisen wir Wasser nach

Wir erhitzen im Reagenzglas eine Spatelspitze blaues Kupfersulfat◇.
Gib nach dem Abkühlen einige Tropfen Wasser auf das entwässerte weiße Kupfersulfat.
↑B3

3

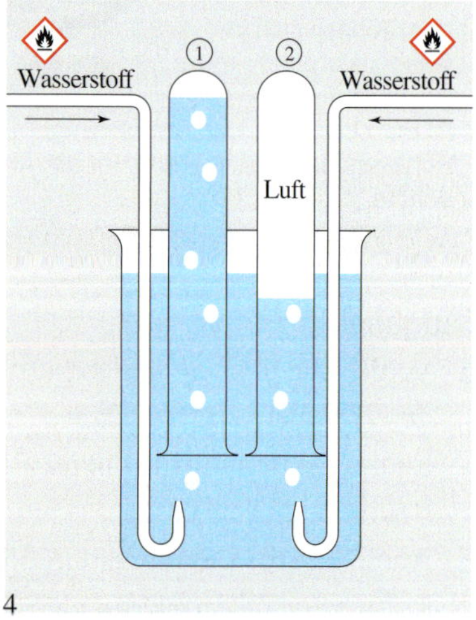

4

◇ Wasserstoff — Gefahr: Leicht-/Hochentzündlich

◇ Kupfersulfat — Achtung: Gesundheitsgefährdend, Umweltgefährdend

3
So erhältst du Wasserstoff

a Auf diese Weise wird Wasser durch elektrischen Strom zerlegt *(Elektrolyse)*. ↑ **B5**

b Weise Wasserstoff◇ und Sauerstoff mit den dir bekannten Nachweismethoden nach.

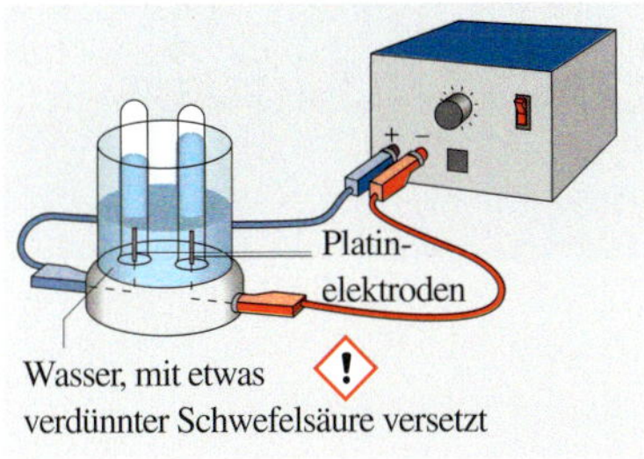

5

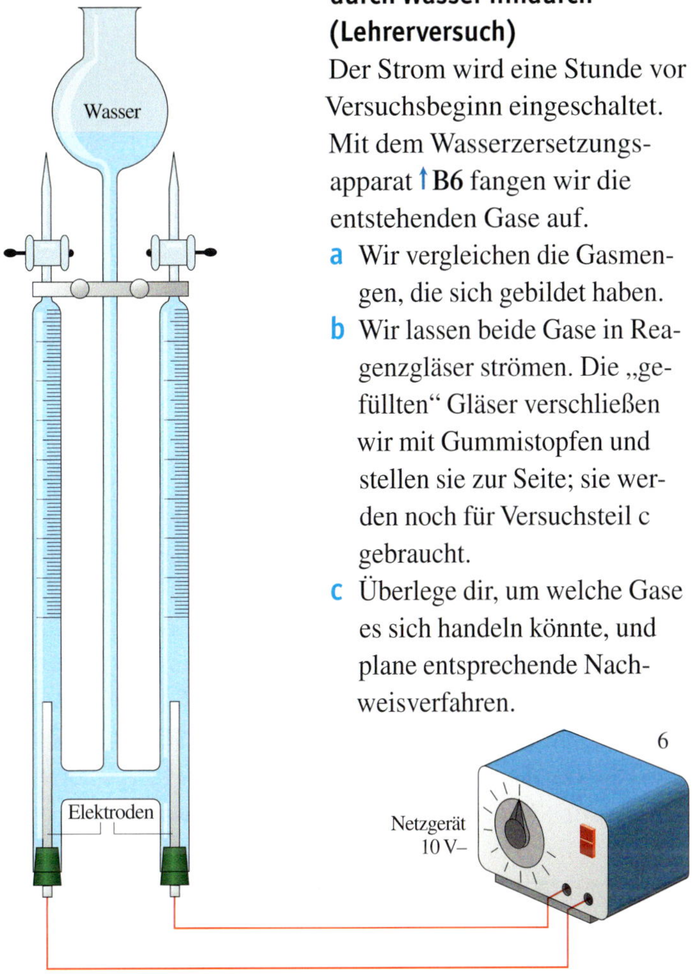

4
Wir leiten elektrischen Strom durch Wasser hindurch (Lehrerversuch)

Der Strom wird eine Stunde vor Versuchsbeginn eingeschaltet. Mit dem Wasserzersetzungsapparat ↑ **B6** fangen wir die entstehenden Gase auf.

a Wir vergleichen die Gasmengen, die sich gebildet haben.

b Wir lassen beide Gase in Reagenzgläser strömen. Die „gefüllten" Gläser verschließen wir mit Gummistopfen und stellen sie zur Seite; sie werden noch für Versuchsteil c gebraucht.

c Überlege dir, um welche Gase es sich handeln könnte, und plane entsprechende Nachweisverfahren.

6

7

5
Ein Auto mit Brennstoffzelle

a Bestrahlt die Solarzellen, bis sich 1,5 cm hoch Sauerstoff und 3 cm hoch Wasserstoff◇ gebildet haben.

b Probiert aus, wie weit das Auto mithilfe der Brennstoffzelle fährt. ↑ **B7**

Fakten

Wasserstoff – ein brennbares Gas

Die „Hindenburg“ – ein Luftschiff, das mit seinen 245 Metern Länge mehr als 2-mal so lang wie ein Fußballfeld war.
Im Jahr 1937 ging es in Lakehurst (New York) in Flammen auf. ↑**B1**
Das Luftschiff war mit *Wasserstoff* gefüllt. Die Hülle brannte in knapp einer Minute vollständig ab. Wie durch ein Wunder kamen von den 96 Insassen 61 mit dem Leben davon.

1

Oxidation unter Energieabgabe Wasserstoff ist ein farbloses, geruchloses Gas und leichter als Luft. Deshalb wurden früher Luftschiffe mit Wasserstoff gefüllt. ↑**B1**
Im Gegensatz zu Sauerstoff unterhält Wasserstoff die Verbrennung nicht, er ist aber selbst brennbar. Deshalb nimmt man heute zum Füllen von Ballons nicht mehr Wasserstoff, sondern Helium.
Wenn Luft vorhanden ist, verbrennt reiner Wasserstoff mit dem Sauerstoff der Luft ruhig; man sieht eine schwach leuchtende bläuliche Flamme. ↑**B2** Bei dieser Reaktion entsteht Wasser, das Oxid des Wasserstoffs. Außerdem wird Energie (Wärme) abgegeben.
Wasserstoff + Sauerstoff → Wasser (Wasserstoffoxid)
$2\,H_2 + O_2 \rightarrow 2\,H_2O$ *(Energieabgabe)*
Die Verbrennung von Wasserstoff ist eine Oxidation. Dabei wird Wärme auf die Umgebung übertragen.
Es handelt sich also um eine *energieabgebende Reaktion*.

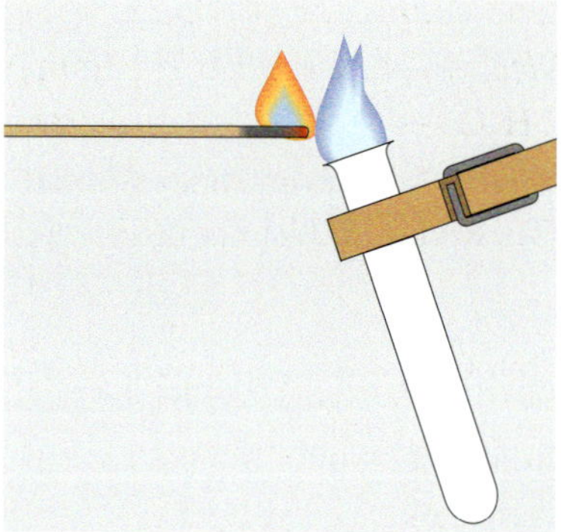

2

Knallgas Ein Gemisch aus Wasserstoff und Sauerstoff ist hochexplosiv. Dieses *Knallgas* reagiert am heftigsten, wenn zwei Teile Wasserstoff mit einem Teil Sauerstoff vermischt sind. Für die Explosion mit lautem Knall genügt aber schon eine kleine Menge des Gemischs im Reagenzglas. Um zu verhindern, dass ein größerer Behälter mit diesem Gemisch „in die Luft fliegt“, führt man vor dem Entzünden von Wasserstoff die Knallgasprobe im Reagenzglas durch. ↑**B3**
Mit der *Knallgasprobe* wird geprüft, ob Wasserstoff frei ist von Luft oder Sauerstoff.

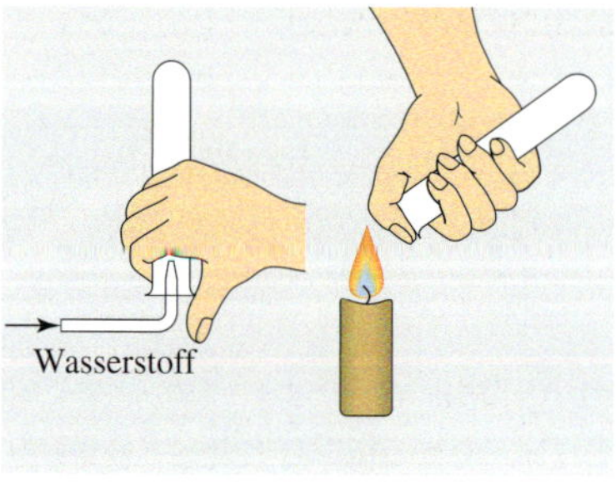

3

Lauter Knall	*viel Luft im Wasserstoff*	*explosionsgefährlich*	*Größere Mengen nicht entzünden!*
Pfeifen	*wenig Luft im Wasserstoff*		*Größere Mengen nicht entzünden!*
Ruhiges Brennen	*reiner Wasserstoff*	*nicht explosionsgefährlich*	*Größere Mengen können entzündet werden.*

Wasserstoff durch Wasserspaltung

Wasserstoff
Knallgas
Energieabgebende oder -aufnehmende Reaktion
Elektrolyse
Analyse – Synthese

Wasserspaltung Wasser verdampft beim Erhitzen; es bildet Wasserdampf. Beim Abkühlen kondensiert der Wasserdampf wieder zu Wasser. Das Wasser ändert dabei nur seinen Aggregatzustand. Der Stoff *Wasser* ändert sich nicht.
Wenn aber elektrische Energie auf Wasser einwirkt, perlen an den Zuleitungen Bläschen nach oben – am Minuspol mehr als am Pluspol. ↑B4
Das Gas am Minuspol brennt mit blauer Flamme; es ist *Wasserstoff*. Das Gas am Pluspol lässt einen glimmenden Holzspan aufflammen; es handelt sich um *Sauerstoff*.
Wasser wird durch elektrische Energie in Wasserstoff und Sauerstoff gespalten.

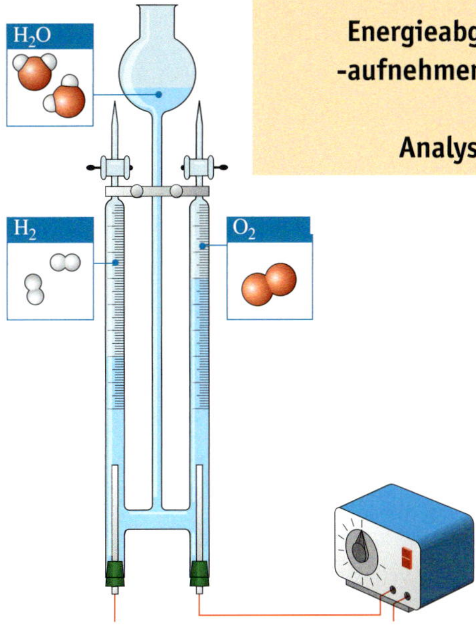

4

Reduktion unter Energieaufnahme Die Zerlegung von Wasser ist eine Reduktion, also die Umkehrung der Oxidation: ↑B5
Wasser → Wasserstoff + Sauerstoff
$2\,H_2O \rightarrow 2\,H_2 + O_2$ *(Energieaufnahme)*
Um Wasser zerlegen zu können, ist elektrische Energie erforderlich. Die Reduktion ist also eine *energieaufnehmende Reaktion*.

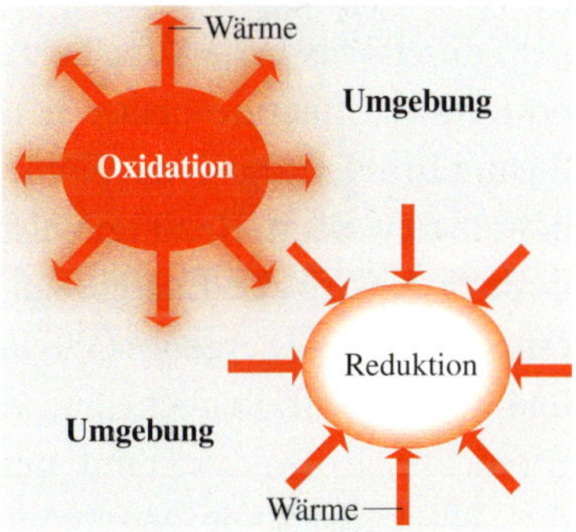

5

Analyse – Synthese Chemiker bezeichnen die Zerlegung eines Stoffs in seine Bestandteile als *Analyse*. Die Zerlegung des Wassers durch elektrischen Strom bezeichnet man als *Elektrolyse* (abgeleitet von „elektrische Analyse“).
Umgekehrt erhält man wieder Wasser, wenn Wasserstoff und Sauerstoff miteinander reagieren. Eine solche Bildung eines Stoffs aus seinen Bestandteilen bezeichnet man als *Synthese*. ↑B6
Durch *Elektrolyse* („elektrische Analyse“) wird Wasser (Wasserstoffoxid) in Wasserstoff und Sauerstoff gespalten.

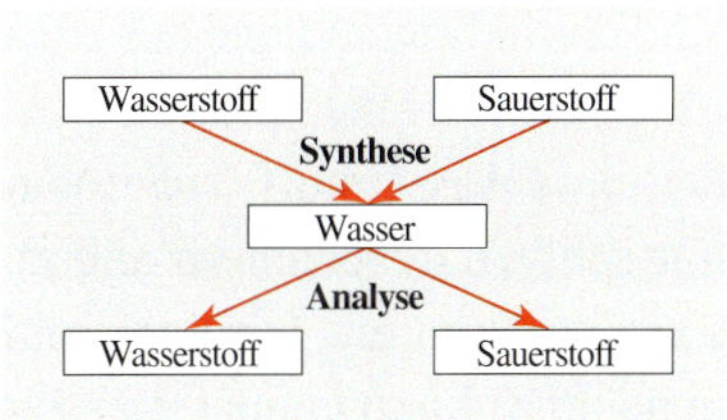

6

Aufgaben

1 Die Verwendbarkeit eines Stoffs hängt von den Eigenschaften ab. Erläutere das am Wasserstoff.

2 Die Knallgasprobe – eine Sicherheitsmaßnahme.
a Begründe diese Aussage.
b Beschreibe, wie man sie durchführt.

3 Wasser kann man auch als „Wasserstoffoxid“ bezeichnen. Erkläre diese Aussage.

4 Warum werden Luftschiffe heute mit Helium statt mit Wasserstoff gefüllt?

5* Man könnte die Zerlegung des Wassers in einem Rollenspiel mit vier Mädchen und zwei Jungen darstellen.
Wer von ihnen muss dann die Wasserstoffatome darstellen und wer die Sauerstoffatome?

Ausblick

Eigenschaften und Verwendung von Wasserstoff

Wasserstoff als Rohstoff In der chemischen Industrie ist Wasserstoff ein wichtiger Rohstoff. Er ist Ausgangsstoff für die Herstellung von Kunststoffen, Farbstoffen, Sprengstoffen (für Bergbau und Straßenbau), Medikamenten und Pflanzenschutzmitteln.

Wasserstoff als Energieträger Kohle, Erdöl und Erdgas werden knapp. Es wird aber immer mehr Energie gebraucht. Da könnte Wasserstoff die Energiequelle der Zukunft sein. Bei der Reaktion von Wasserstoff mit Sauerstoff wird viel Energie frei. Außerdem entstehen bei dieser Energieumwandlung keine Schadstoffe, denn das Reaktionsprodukt ist Wasser! ↑B1
Das Problem dabei ist: Die Energie, die man bei der Verbrennung von Wasserstoff gewinnt, braucht man erst einmal, um den Wasserstoff durch Wasserspaltung herzustellen. Außerdem stammt die dazu notwendige Energie bisher hauptsächlich aus Wärmekraftwerken, die mit Erdöl, Erdgas oder Kohle betrieben werden. Benötigt wird deshalb elektrische Energie aus erneuerbaren Energien (Wind- und Wasserkraft, Sonnenenergie, Biomasse, Erdwärme), mit der die Wasserspaltung vorgenommen werden kann. ↑B1 Zurzeit sind das in Deutschland nur etwa 12 % des Verbrauchs.
Da der Wasserstoff außerdem nur schwer zu speichern und zu transportieren ist, wird er wohl in naher Zukunft kaum etwas zur schadstofffreien Energieversorgung beitragen können.

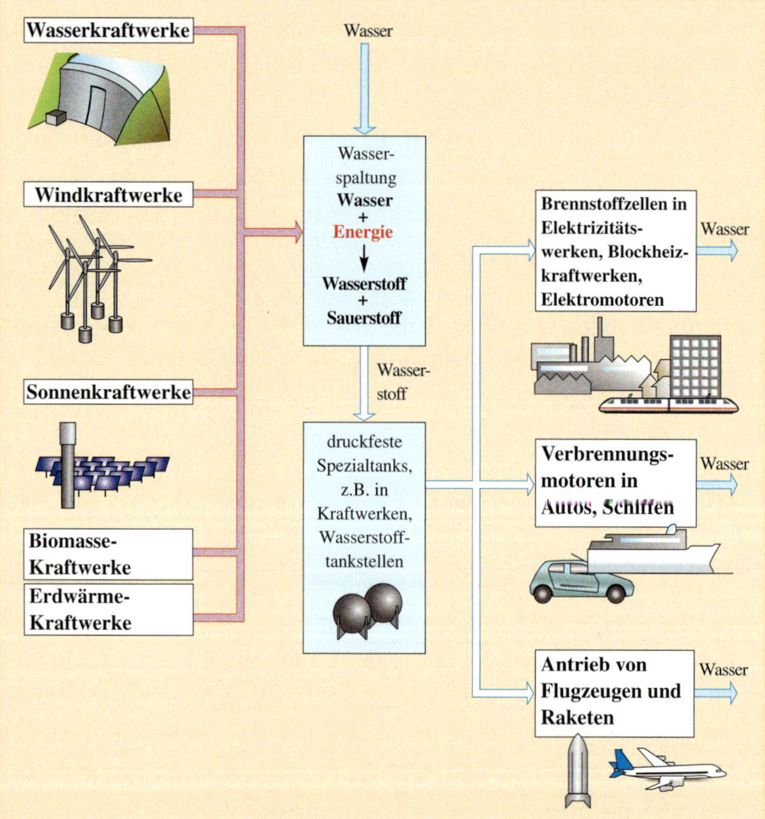

1

Wasserstoff als Raketentreibstoff Wasserstoff ist schon seit langer Zeit als Treibstoff für Raketen ↑B2 gebräuchlich, z. B. für den *Spaceshuttle*:
Beim Start der Rakete werden flüssiger Wasserstoff und flüssiger Sauerstoff in die Brennkammer gespritzt. Dort werden sie beide gasförmig. Sie vermischen sich und das Gemisch wird gezündet.
Die Verbrennungsgase haben Temperaturen von etwa 3000 °C. Sie strömen mit Geschwindigkeiten von bis zu 12 000 $\frac{km}{h}$ aus der Düse und erzeugen so den Rückstoß.

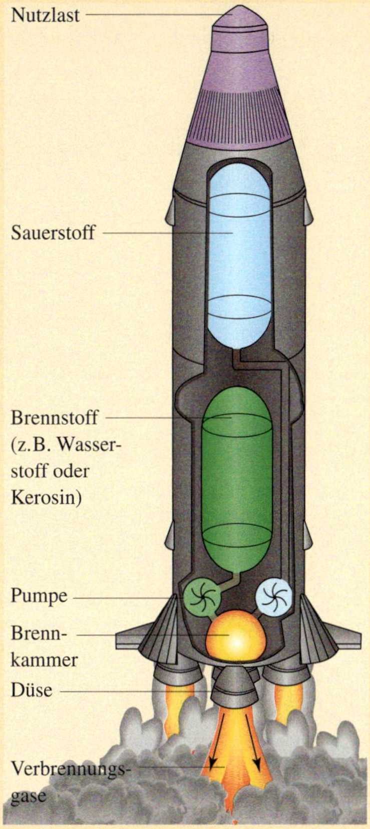

2

Wasserstoff als Autotreibstoff Treibstoffe, die man aus Erdöl gewinnt, sollen in Zukunft ersetzt werden. Einige Autohersteller bemühen sich darum, die technischen Probleme in den Griff zu bekommen: das Tanken von Flüssigwasserstoff ↑B3–4 und die Sicherheit bei Unfällen.
Aufwendig ist auch die Wärmeisolierung des Tanks, denn Wasserstoff ist bei Normaldruck erst bei –253 °C flüssig! Außerdem muss immer wieder Wasserstoff nachgetankt werden.
Günstig wäre es, wenn es gelänge, den Wasserstoff *im Auto selbst* herzustellen.

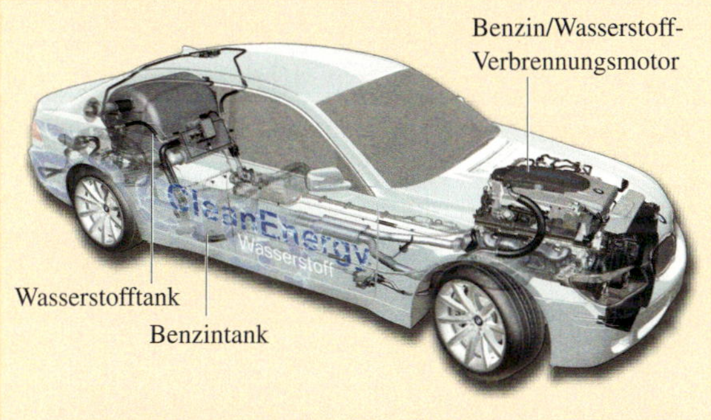

3

4

5

Die Brennstoffzelle Mit der Brennstoffzelle wurde eine weitere Möglichkeit der Nutzung von Wasserstoff gefunden. ↑B5 Bei ihr entsteht aus Wasserstoff und Sauerstoff wieder Wasser. Vor allem wird dadurch elektrische Energie gewonnen.
Brennstoffzellen werden seit Langem in der Raumfahrt in den *Apollo*-Raumschiffen verwendet.
Einige Automobilkonzerne arbeiten intensiv daran, auch Autos mit Brennstoffzellen zu betreiben. Die ersten Versuchsmodelle sind bereits entsprechend ausgestattet.

Wissen & Training

➜ **Kohlenstoffdioxid ist eine chemische Verbindung. Sie entsteht durch die chemische Reaktion der Elemente Kohlenstoff und Sauerstoff. Diese Reaktion ist eine Oxidation, bei der Wärme abgegeben wird.** ↑S. 206

Kohlenstoffdioxid, Luftschadstoffe, Wasserstoff auf einen Blick

➜ **Bei der Verbrennung entsteht immer Kohlenstoffdioxid. Außerdem wird unsere Luft durch Luftschadstoffe verschmutzt: durch Stickstoffoxide, Schwefeldioxid und Feinstaub. Sie entstehen größtenteils bei der Verbrennung von Kohle, Holz und Brennstoffen, die aus Erdöl gewonnen werden.** ↑S. 212 f.

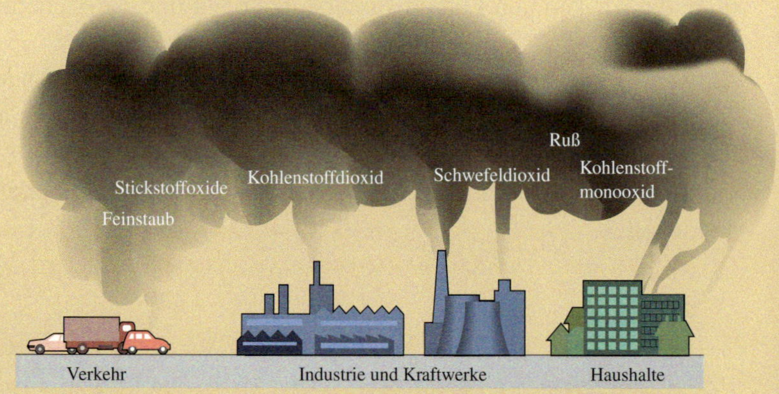

Wasserstoffautos
Anstelle von Benzin/Diesel wird Wasserstoff verbrannt.

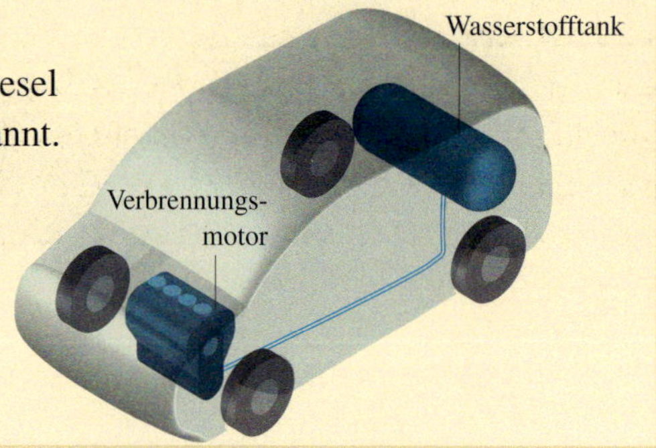

Motoren mit Brennstoffzellen
In Brennstoffzellen wird aus Wasserstoff und Sauerstoff elektrische Energie gewonnen. Damit wird ein Elektromotor versorgt.

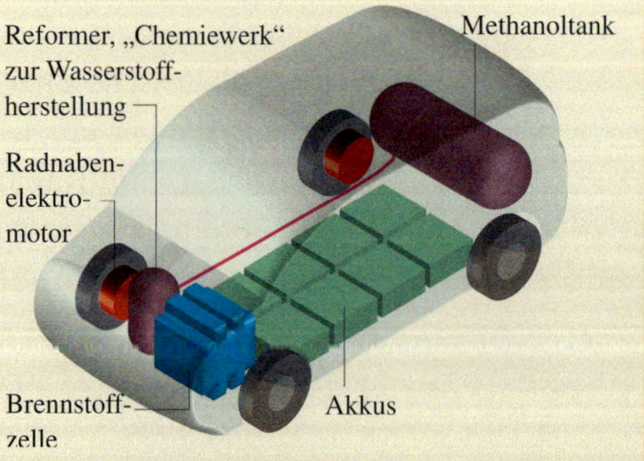

➜ **Wasserstoff ist ein umweltfreundlicher Brennstoff. Er verbrennt zu Wasser. Diese Reaktion ist eine Oxidation. Wasser ist Wasserstoffoxid. Chemische Reaktionen, bei denen Energie an die Umgebung abgegeben wird, bezeichnet man als *energieabgebende Reaktionen*. Beispiel: Umwandlung von chemischer Energie in elektrische Energie in der Brennstoffzelle** ↑S. 220, 223

→ **Wasserstoff kann durch *Elektrolyse* von Wasser gewonnen werden. Diese Reaktion ist eine Reduktion mithilfe von elektrischer Energie. Chemische Reaktionen, in denen Energie aus der Umgebung aufgenommen wird, bezeichnet man als *energieaufnehmende Reaktionen*. (Beispiel: Umwandlung von elektrischer Energie in chemische bei der Elektrolyse von Wasser)** ↑ S. 221

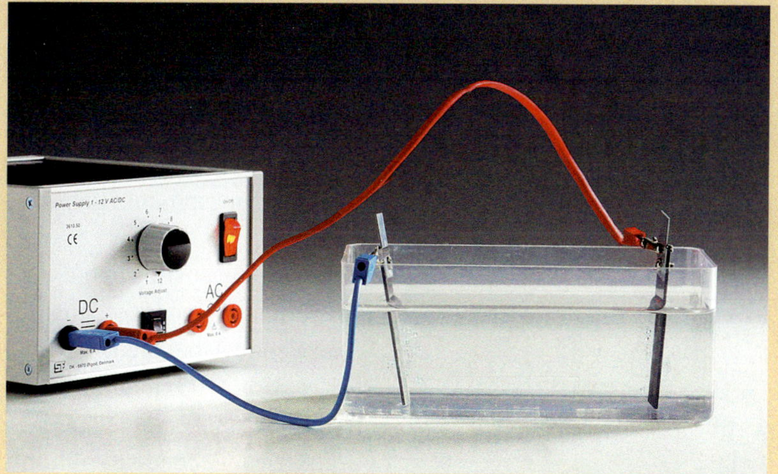

Alles klar?

1 Beschreibe, wie man vorgehen muss, wenn man Kohlenstoffdioxid nachweisen will.

2 Wenn Kohlenstoff unter ausreichender Sauerstoffzufuhr verbrennt, entsteht ein neuer Stoff.
a Wie heißt dieser Stoff?
b Nenne einige seiner Eigenschaften.
c Wie wird der Stoff nachgewiesen?
d Schreibe das Reaktionsschema für diese Reaktion auf (als Wort- und Formelgleichung).

3 Bei der Verbrennung von Kohlenstoff können zwei verschiedene Oxide entstehen.
Wovon hängt es ab, welches Oxid entsteht?

4* Eine chemische Reaktion unterscheidet sich von der Änderung des Aggregatzustands. Erläutere diesen Unterschied am Beispiel der Entstehung und Verflüssigung von Kohlenstoffdioxid.

5 Die Luft ist durch Schadstoffe verunreinigt.
a Nenne die wichtigsten Luftschadstoffe und beschreibe, wie sie entstehen.
b Was kann man gegen die Entstehung von Luftschadstoffen tun?

6 Anja spricht vom „nassen Element" und meint damit das Wasser.
Frank behauptet jedoch, Wasser sei kein Element, weil man unter „Element" etwas anderes versteht. Nimm dazu Stellung.

7 Die Zerlegung von Wasser mithilfe von elektrischer Energie ist eine *Reduktion*.
a Was bedeutet dieser Begriff?
b Vergleiche die Reduktion mit der Oxidation.

8 Beschreibe am Beispiel des Wassers, was man unter *Analyse* und unter *Synthese* versteht.

9 Wie werden Wassermoleküle verändert, wenn
a … Wasser verdampft?
b … elektrischer Strom auf Wasser einwirkt?

10 Wasserstoffflaschen müssen in besonderen Räumen gelagert werden. Informiere dich über die Vorschriften und begründe sie.

11 Reiner Wasserstoff verbrennt ruhig und langsam, Knallgas explosionsartig mit einem Knall oder Pfeifen. Wie kommt es zu diesen unterschiedlichen Reaktionen?

12* Wenn Wasserstoff verbrennt, wird viel Energie frei. Wasserstoff kann man aber nur bedingt als „Energieträger der Zukunft" bezeichnen. Begründe diese Aussage.

13 Nenne Beispiele für heutige und zukünftige Verwendungsmöglichkeiten von Wasserstoff.

14* Vergleiche die Spaltung von Wasser mit der Spaltung von Metalloxiden.

15* Wie erklärst du jemandem, was H_2O bedeutet? (Sage auch etwas über die kleine 2.)

Teste dich!

1

1 *Wärme durch Verbrennung* ↑**B1**

a Beschreibe, was du beim Verbrennen von Holz oder Kohle feststellen kannst.

b Chemische Reaktion und Energieumwandlung lassen sich nicht trennen. Erläutere das am Beispiel eines Kohlekraftwerks und einer Müllverbrennungsanlage.

c Nenne Maßnahmen, mit denen man vermeiden kann, dass Schadstoffe in die Umgebung gelangen.

2 Suche nach einer Erklärung für folgende Beobachtungen, die man beim Verbrennen von Kohlenstoff in reinem Sauerstoff machen kann: ↑**B2**

a Der Kohlenstoff lässt sich entzünden und brennt dann von alleine weiter.

b Ein glimmender Span, den man in ein Reagenzglas hält, erlischt.

c Kalkwasser wird durch das Verbrennungsprodukt getrübt.

3 Beschreibe ausführlich die Verbrennung von Kohlenstoff. Verwende dabei die Begriffe „Reaktion“, „Oxidation“, „Aktivierungsenergie“ und „energieabgebende Reaktion“.

4 Bei einem Kaminfeuer im geschlossenen Raum besteht eine besondere Gefahr. Welche ist das?

3

5 Gewinnung und Verbrennung von Wasserstoff können in Zukunft eine große Rolle spielen. ↑**B3**

a Wasserzersetzung und Wasserbildung sind einander entgegengesetzte Reaktionen. Erläutere das.

b Beschreibe die Bedeutung der Energie bei den beiden Reaktionen. Wie nennt man solche Reaktionen?

c Nenne Beispiele, bei denen diese Reaktionen in Zukunft genutzt werden können.

6 *Erhaltung der Masse bei chemischen Reaktionen*

a Beschreibe das Ergebnis der unten abgebildeten Experimente. ↑**B4–5**
Erkläre sie auch.

b Gib für beide Reaktionen auch an, was mit den Atomen geschieht.

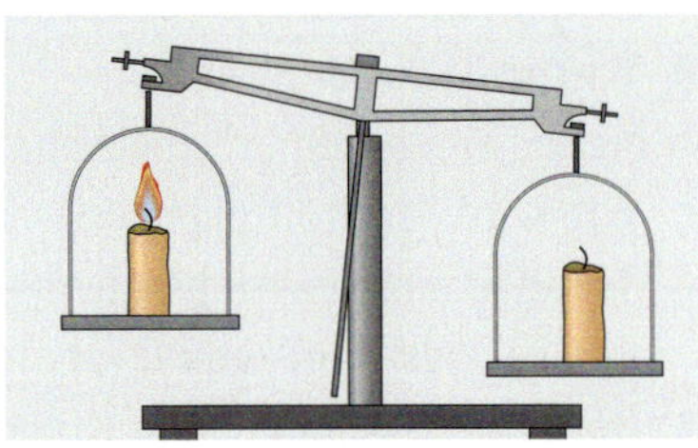

4

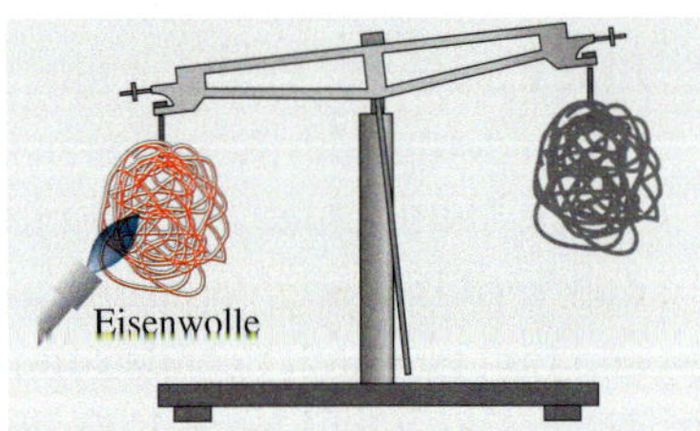

5

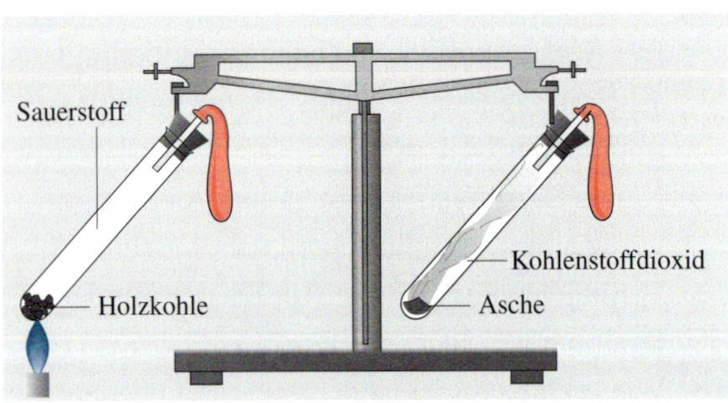

2

7 Bei der Verbrennung von Kohlenstoff können zwei Gase entstehen.

a Wie heißen sie?

b Wovon hängt es ab, welches Oxid entsteht?

c Worin unterscheiden sich die beiden Gase?

d Diese Gase beeinträchtigen die Gesundheit auf unterschiedliche Weise. Schreibe Gefahren für die Gesundheit auf.

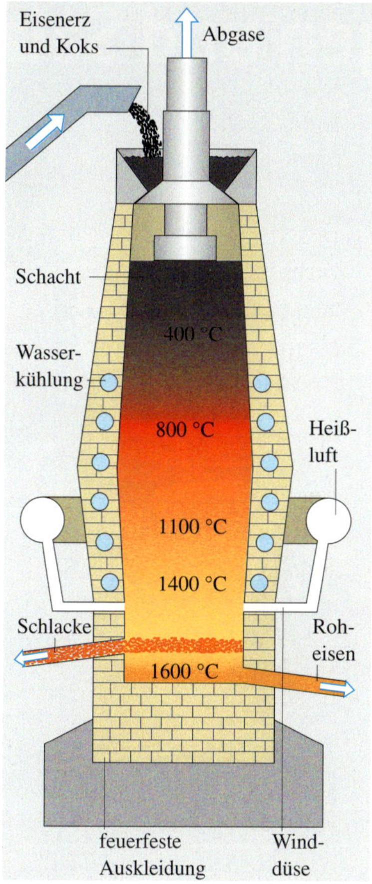

6

8 Im Hochofen wird Eisenoxid mithilfe von Kohlenstoff zu Roheisen. ↑**B6**

a Erläutere den Vorgang.

b Zähle die Reaktionen auf, die im Hochofen ablaufen.

c Schreibe dazu das Reaktionsschema auf.

d Was geschieht mit den Atomen?

Die Lösungen findest du im Anhang.

Ordne dazu deiner Lösung im Heft ein Smiley zu:
☺ Ich habe die Aufgabe richtig lösen können.
😐 Ich habe die Aufgabe nicht komplett lösen können.
☹ Ich habe die Aufgabe nicht lösen können.

Schätze deine Kenntnisse und Fähigkeiten ein.

Aufgabe	Ich kann …	Hilfe findest du auf Seite
1	… den Zusammenhang zwischen chemischen Reaktionen und Energieumwandlungen beschreiben.	151
2	… die Nachweise von Sauerstoff und Kohlenstoffdioxid nennen.	204
3	… die Verbrennung von Kohlenstoff beschreiben und die Begriffe *Reaktion, Oxidation, Aktivierungsenergie, energieabgebende Reaktion* unterscheiden.	151, 168 f.
4	… die Gefahr einer Verbrennung bei zu wenig Sauerstoff nennen.	206, 213
5	… energieabgebende und -aufnehmende Reaktionen unterscheiden.	169, 186
6	… die Erhaltung der Anzahl und der Masse der Atome bei chemischen Reaktionen erläutern.	173
7	… die Entstehung der Oxide des Kohlenstoffs beschreiben.	206
8	… chemische Reaktionen als Neugruppierung von Atomen erklären.	173

Säuren, Laugen und Salze im Alltag

... im Beruf

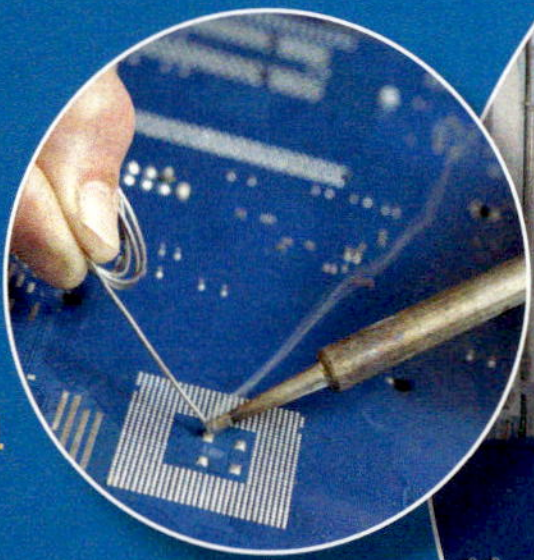

1

2

3

4

Einigen Säuren, Laugen und Salzen begegnen wir in der Natur, im Haushalt und in manchen Berufen. Einige davon kannst du auf dieser Doppelseite sehen.

- Welche Stoffe erkennst du?
- Was weißt du über sie?
- Worüber würdest du gern mehr wissen?

... im Haus

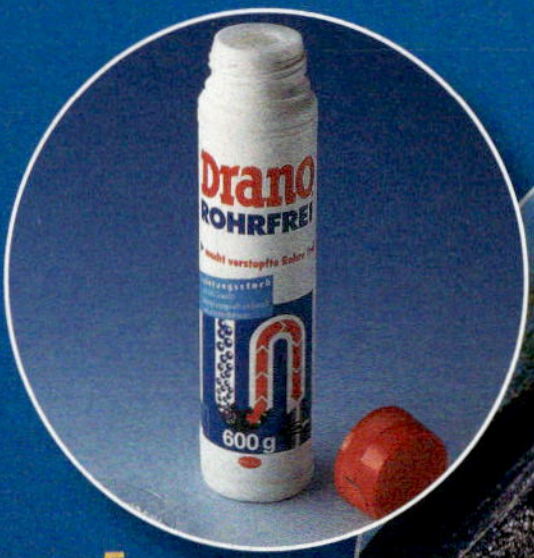

5

6

7

8

9

… in der Küche

10

11

14

15

12

13

16

… in der Natur

17

20

18

19

21

Aktion

Erste Begegnung mit Säuren und Laugen

Sauer oder nicht sauer – wie erkennen wir das?

Hier wird Zitronensaft in schwarzen Tee geträufelt.
↑B1–2
Ob andere saure Stoffe (z. B. Essig) dasselbe bewirken?

1 Schwarzer Tee

2 … mit Zitronensaft

1

Nachweis mit schwarzem Tee
Stelle dir mit einem Teebeutel und heißem Wasser schwarzen Tee her.
Verteile ihn auf zwei Reagenzgläser und träufle einmal etwas Zitronensaft und einmal etwas Essig hinein. Was beobachtest du?

Gefahrenhinweis:
In diesem Kapitel werdet ihr Experimente mit Säuren und Laugen durchführen – nicht nur mit solchen aus dem Haushalt. Reste dieser Stoffe dürfen nicht in den Ausguss oder Mülleimer entsorgt werden. Dafür stehen spezielle Behälter bereit.
Bei Verätzungen mit Säuren und Laugen mit viel Wasser spülen und einen Arzt aufsuchen – vor allem, wenn Spritzer ins Auge gelangt sind.

2

Nachweis mit Blaukraut*
Blaukraut und *Rotkohl* sind unterschiedliche Namen für die gleiche Kohlsorte.

- **a** Stell dir zunächst etwas Blaukrautsaft her. **↑B3**
- **b** Fülle in drei Gläser etwas Zitronensaft, Speiseessig und Seifenwasser. Gib zu jeder Flüssigkeit eine kleine Menge Blaukrautsaft. Beschreibe die jeweiligen Farbänderungen.
- **c** Mache nun aus Blaukraut Rotkohl.

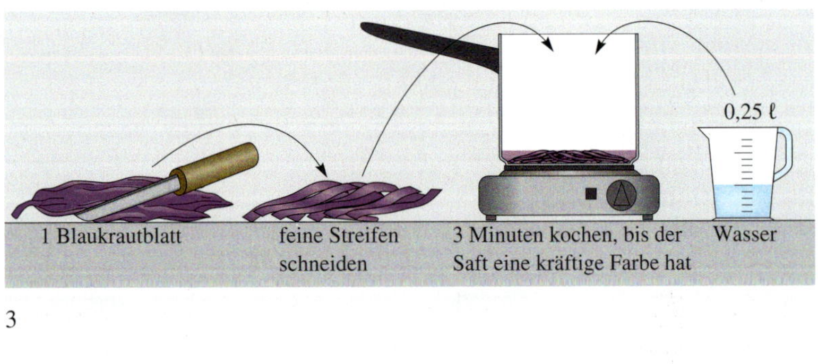

3

3
Nachweis mit Universalindikator

a Wir prüfen zunächst den Geruch von Speiseessig (z. B. Obstessig). ↑**B4**
Außerdem prüfen wir den Speiseessig mit einigen Tropfen Universalindikator und vergleichen die Färbung mit der Farbskala auf der Verpackung. ↑**B5**

b Wir verdünnen jeweils 1 ml Essig mit 10 ml Wasser, dann mit 100 ml und schließlich mit 1000 ml.
Wir stellen jedes Mal den Geruch des Essigwassers und die Verfärbung des Indikators fest.

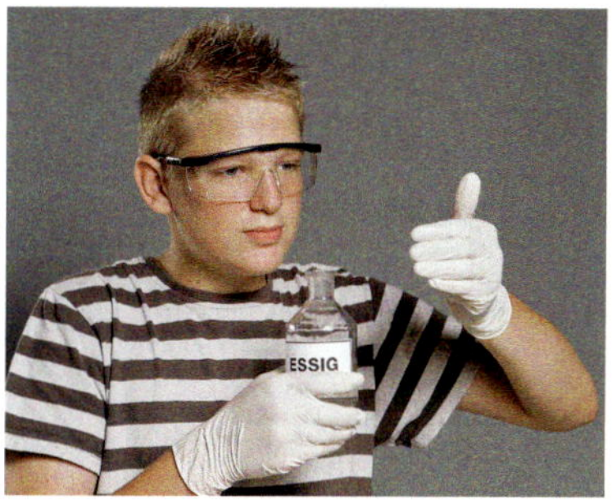

4 Geruchsprobe mit Essig

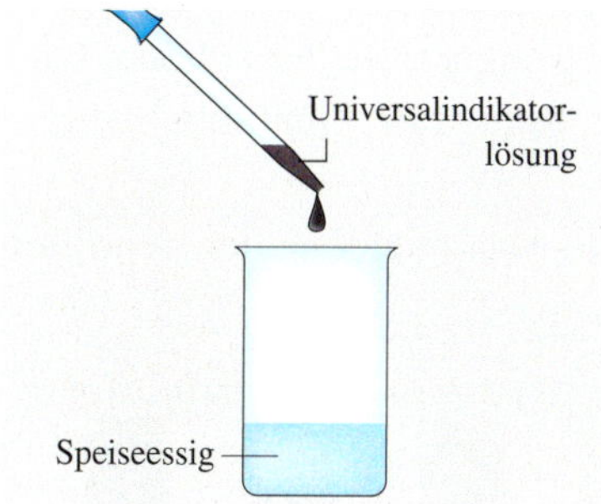

5

4
Wie sich einige Flüssigkeiten anfühlen

a Wir verreiben je einen Tropfen folgender Flüssigkeiten zwischen den Fingern: Seifenlauge, Speiseessig, Zitronensaft, Kochsalzlösung, stark verdünnte Natronlauge◇ und stark verdünnte Salzsäure◇. Wir prüfen auch Mineralwasser und eine Waschmittellösung.

b Trage die Namen der Flüssigkeiten in eine solche Tabelle ein:

Flüssigkeit	*stumpf*	*wie Wasser*	*seifig, glitschig*
…	…	…	…

c Prüfe dieselben Flüssigkeiten auch mit Universalindikator.

5
Wir ermitteln den pH-Wert einiger Flüssigkeiten*

Du brauchst:
3 Reagenzgläser (oder Uhrgläser) und einen Reagenzglasständer, flüssigen Universalindikator, 3 Flüssigkeiten aus dem Haushalt (Leitungswasser, Speiseessig oder Zitronensaft, Seifenlösung oder ein Spülmittel).

Versuchsdurchführung:

a Gib in jedes Reagenzglas einige Milliliter der Flüssigkeit, die du untersuchen willst. Füge 1–2 Tropfen Indikatorlösung hinzu.

b Trage in eine Tabelle ein, welche Farbe der Indikator annimmt. ↑**B6**

Flüssigkeit	*Leitungswasser*	…	…	…	…	…
Indikatorfarbe	…	…	…	…	…	…
pH-Wert	…	…	…	…	…	

6 Mustertabelle zu den Versuchen 5 u. 6

7 pH-Wert-Skala

c Vergleiche die Farbe mit der pH-Wert-Skala. ↑**B7**
Trage den Wert in die Tabelle ein.

d Teile die untersuchten Flüssigkeiten in Gruppen ein.

6
Der pH-Wert von Getränken und Gemüsesäften

Untersuche wie in V 5 Getränke (Cola, Fanta, Mineralwasser, Apfelsaft …). Bestimme auch den Säuregehalt und pH-Wert von Obst und Gemüsesorten.

◇ verdünnte Natronlauge
verdünnte Salzsäure
Achtung!
Gesundheitsgefährdend

Indikatoren und pH-Wert

So erkennen wir Säuren und Laugen Essig und Zitronensaft schmecken *sauer*. Wenn du einmal Seife in den Mund bekommen hast, kennst du auch einen *seifigen* Geschmack.
Unseren Geschmackssinn dürfen wir aber nicht zum Prüfen von Stoffen einsetzen; die Stoffe könnten giftig oder ätzend sein. Deshalb verwendet man *Indikatoren* (Anzeiger). ↑**B1–2**
Indikatoren ändern bei Zugabe zu Säuren oder Laugen ihre Farbe.

1 Universalindikatorpapier und Flüssigindikator

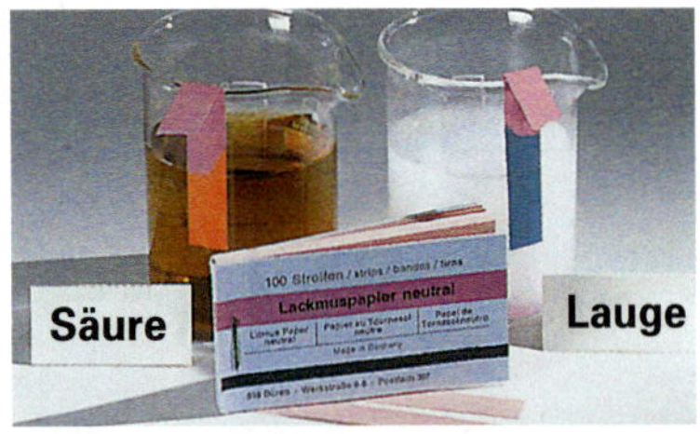

2 Lackmuspapier

Einige Indikatoren Ein einfacher Indikator ist *Rotkohlsaft*. Wenn du in eine kleine Menge davon etwas Essig tropfst (eine Säure), färbt sich der Saft rot. Mit Seifenwasser (einer Lauge) färbt er sich grün. Auch *schwarzer Tee* ist als Indikator geeignet. Bei einer Säure wird er heller. Bei einigen Tropfen Seifenlösung oder Spülmittel wird er dunkler.
Mit *Universalindikator* sind genauere Aussagen über den geprüften Stoff möglich. ↑**B3**

3

Um zu erreichen, dass der pH-Wert einer sauren Lösung um 1 steigt, muss man die Lösung auf das Zehnfache verdünnen.
Sämtliche Flüssigkeiten, die Universalindikator rot färben, gehören zu den Säuren. Von diesen Flüssigkeiten sagt man: Sie reagieren *sauer*.
Flüssigkeiten, die Universalindikator blau färben, gehören zu den Laugen. Man sagt: Sie reagieren *alkalisch*.

Aufgaben

1 In Süddeutschland und Österreich sagt man „Blaukraut" und in Norddeutschland „Rotkohl".
a Wieso gibt es für dasselbe Gemüse zwei Namen?
b Durch einen „Trick" wird Blaukraut rot. Erläutere den Trick.
2 Ergänze: „Eine saure Lösung färbt Universalindikator …; der pH-Wert liegt im Bereich …" „Eine Lauge färbt Universalindikator …; der pH-Wert liegt im Bereich von …"
3* Erkundige dich danach, aus welcher Säure unsere Magensäure besteht und welchen pH-Wert sie hat.
4* Früher enthielt Coca-Cola Ameisensäure.
a Informiere dich über die Eigenschaften der Ameisensäure und berichte darüber.
b Welche Säuren sind heute in Coca-Cola enthalten?
c Welche Aufgaben erfüllen sie in dem Getränk?

Indikatoren
pH-Wert

Der pH-Wert Mithilfe der Farbskala auf der Verpackung des Universalindikators erkennt man, wie stark sauer oder alkalisch die untersuchte Flüssigkeit wirkt. Jeder Farbe auf der Skala sind die Buchstaben „pH" und eine Zahl zugeordnet, der *pH-Wert*. ↑**B4**

- Von pH 0 bis unter pH 7 ist eine Flüssigkeit sauer; je geringer der pH-Wert einer Flüssigkeit, desto saurer ist sie.
- Oberhalb von pH 7 bis pH 14 ist eine Flüssigkeit alkalisch. Je höher der pH-Wert einer Flüssigkeit ist, desto stärker alkalisch ist sie.
- Bei pH 7 reagiert die untersuchte Flüssigkeit weder sauer noch alkalisch; sie ist neutral.

Genau kann man den pH-Wert mit dem *pH-Meter* messen. Das Gerät zeigt den pH-Wert direkt an ↑**B5** oder man kann ihn auf einer Skala ablesen.

5 Digitaler pH-Meter

4 Die pH-Wert-Skala und einige Beispiele

Aktion

1 „Die Marmorplatte der Fensterbank sieht ja schlimm aus. Was haben Sie da gemacht?“

Beschädigte Marmorplatte

Die Säuren

Wie wirken Säuren und wie entstehen sie?

1

Die Reaktion von Säuren mit Kalk (Marmor)

a Fülle verdünnte Salzsäure◇ 2–3 cm hoch in ein Reagenzglas. Gib Marmor (ein Kalkstückchen) hinein. Prüfe das entstehende Gas mit den dir bekannten Nachweismethoden. ↑B2

b Führe den Versuch auch mit verdünnter Essigessenz◇ und mit verdünnter Schwefelsäure◇ durch.

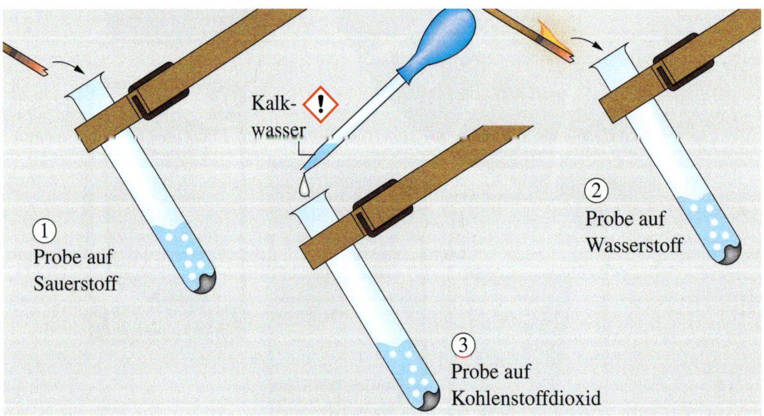

2

2

Die Reaktion von Säuren mit unedlen Metallen

Du brauchst einen Reagenzglasständer und 6 Reagenzgläser.

Fülle jeweils in zwei Reagenzgläser 2–3 ml verdünnte Salzsäure◇, verdünnte Schwefelsäure◇ bzw. verdünnte Essigessenz◇. Gib dann zu jeder Säure einmal ein Stück Zink und einmal ein Stück Magnesium.

a Lass die Gläser eine Zeit lang stehen und beobachte, was geschieht.

b Prüfe das entstehende Gas.

◇ verdünnte Essigsäure
verdünnte Salzsäure
verdünnte Schwefelsäure

Achtung!
Gesundheitsgefährdend

3
Wir machen Wasser sauer
Wir geben einige Tropfen Universalindikator in Wasser. In diese Lösung leiten wir Kohlenstoffdioxid. ↑**B3** Suche eine Erklärung für deine Beobachtung.

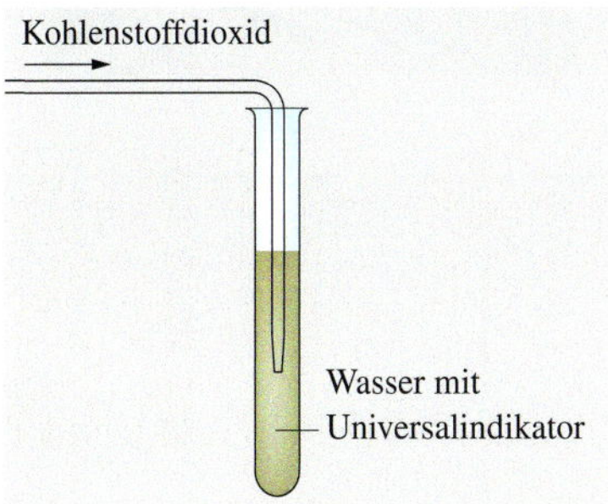

3

4
Wir untersuchen Mineralwasser
a Wir prüfen Mineralwasser mit Universalindikator. Erkläre deine Beobachtung.

b Dann schütteln wir das Mineralwasser so lange, bis das gelöste Kohlenstoffdioxid fast raus ist.
Anschließend prüfen wir das Mineralwasser erneut mit Universalindikator.

c Jetzt erhitzen wir frisches Mineralwasser mit einigen Tropfen Universalindikator.
Achte auf die Veränderungen.

5
Säuren aus Verbrennungsgasen?* (Lehrerversuch)
In der Luft können Kohlenstoffdioxid oder Schwefeldioxid mit Regen (Wasser) reagieren.

a Wir untersuchen, ob bei einer solchen Reaktion Säuren entstehen. ↑**B4** Vor und nach dem Versuch stellen wir den pH-Wert des Wassers fest.

b Wir wiederholen den Versuch mit Schwefel◇. ↑**B5**

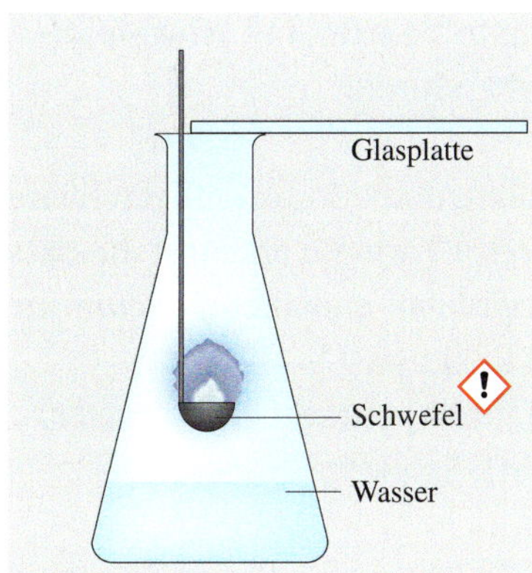

5

c Vom Lehrer oder von der Lehrerin wird eine dunkelrote, trockene Tulpe oder Rose in ein Gefäß mit Schwefeldioxid◇ gelegt. ↑**B6**
In einem zweiten Glas mit Schwefeldioxid◇ wird die Tulpe oder Rose, bevor sie hineingelegt wird, angefeuchtet.
Überlege, welcher Stoff entstanden sein muss, sodass die Blüte jetzt entfärbt wurde.

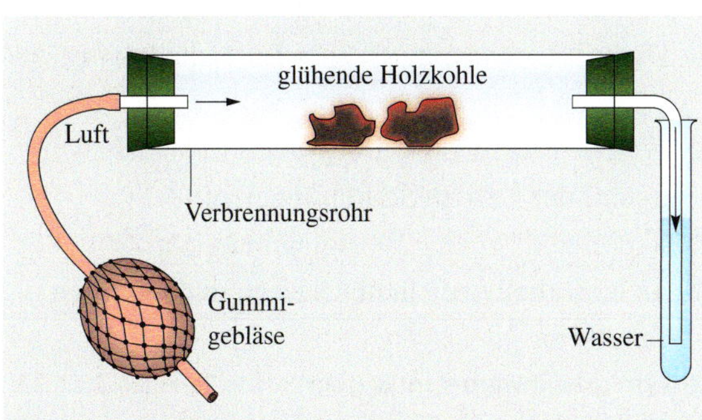

4

6

◇ Schwefel — Achtung! Gesundheitsgefährdend

◇ Schwefeldioxid — Gefahr! Ätzend, Giftig / sehr giftig

Entstehung und Wirkung von Säuren

Die Kohlensäure Bei der Verbrennung von Kohlenstoff entsteht das gasförmige Kohlenstoffdioxid.
Kohlenstoff + Sauerstoff → Kohlenstoffdioxid
Wenn man Kohlenstoffdioxid in Wasser leitet, erhält man eine Säure – die Kohlensäure (chemische Formel: H_2CO_3). ↑**B1**
Kohlenstoffdioxid + Wasser → Kohlensäure
Kohlenstoffdioxid verbindet sich mit Wasser zu Kohlensäure.
$CO_2 + H_2O \rightarrow H_2CO_3$

1

Die schweflige Säure Wenn Schwefel verbrennt, entsteht Schwefeldioxid – ein farbloses, stechend riechendes Gas.
Schwefel + Sauerstoff → Schwefeldioxid
Schüttelt man Schwefeldioxid in einem verschließbaren Glasgefäß mit wenig Wasser, erhält man schweflige Säure (chemische Formel: H_2SO_3). ↑**B2**
Schwefeldioxid + Wasser → schweflige Säure
Schwefeldioxid verbindet sich mit Wasser zu schwefliger Säure.
$H_2O + SO_2 \rightarrow H_2SO_3$
Wenn die Verbrennungsgase Kohlenstoffdioxid und Schwefeldioxid mit Wasser reagieren, entstehen Säuren.

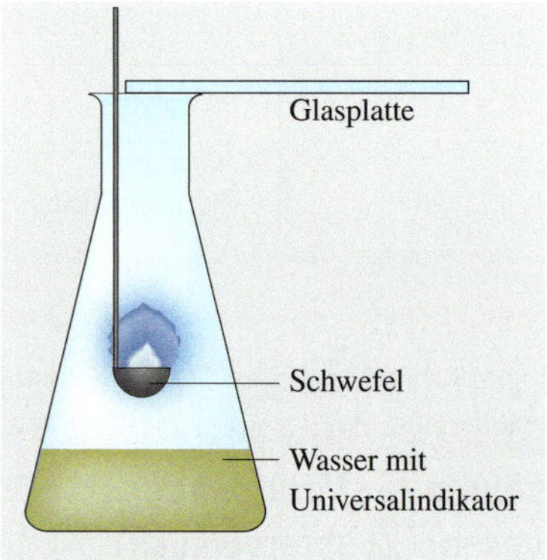

2

Weitere Säuren Außer der Kohlensäure und der schwefligen Säure gibt es weitere Säuren (Tabelle). An den Formeln erkennst du, dass sämtliche Säuremoleküle *Wasserstoffatome* enthalten *(„Säurewasserstoff“)*. Diese bewirken die saure Reaktion.
Die sauerstoffhaltigen Säuren (s. Tabelle) entstehen, wenn das Oxid eines Nichtmetalls (Kohlenstoff, Schwefel, Stickstoff, Phosphor) mit Wasser reagiert.

Weitere Säuren

Name	*Formel*
Schwefelsäure	H_2SO_4
Salpetersäure	HNO_3
Phosphorsäure	H_3PO_4
Salzsäure	HCl

Aufgaben

1 Beschreibe verschiedene Methoden, mit denen man Säuren nachweisen kann.

2 Weshalb gehören Säuren niemals in Getränkeflaschen?

3 Erkläre den Zusammenhang zwischen Kohlenstoffdioxid und Kohlensäure.

4* Man könnte einer Zahnpasta Zitronensaft beimischen, damit sie besser schmeckt.
Warum dürfte man eine solche Zahnpasta aber nicht in Tuben aus Metall füllen?

5 Säuren eignen sich zum Reinigen von Fliesen, aber nicht von Marmorplatten. Erkläre!

6* Du hast bereits einiges über Luftschadstoffe erfahren.

a Welche Luftschadstoffe werden mit der Feuchtigkeit der Luft zu Säuren reagieren?

b Schreibe dazu eine Wortgleichung auf.

7 Sieh dir die Formeln der Säuren in der obigen Tabelle an.

a Gib die Gemeinsamkeit an.

b Welcher Bestandteil bewirkt jeweils die saure Reaktion?

Säuren: Bildung, Entstehung, Zusammensetzung, Wirkung

Wie saure Lösungen wirken Wenn saure Lösungen mit *Kalk* reagieren, wird der Kalk zersetzt. ↑**B3** Dabei entsteht Kohlenstoffdioxid. Da Marmor chemisch der gleiche Stoff ist wie Kalk, darf man Marmorplatten nicht mit Essig oder einer anderen Säure säubern; es entstehen sonst hässliche Flecken oder Ränder.
Reagieren saure Lösungen mit *unedlen Metallen*, beobachten wir aufsteigende Gasblasen: Wasserstoff. ↑**B4** Diese Reaktion läuft auch ab, wenn Säure aus der Autobatterie (Schwefelsäure) ausläuft. Dabei wird Lack weggeätzt, die Säure gelangt auf Metallteile des Autos und zersetzt das Metall.
Säuren können mit Kalk und mit unedlen Metallen reagieren. Die Stoffe werden dabei zersetzt.
Bei der Reaktion von Säuren mit Kalk entsteht Kohlenstoffdioxid, bei der Reaktion mit unedlen Metallen Wasserstoff.

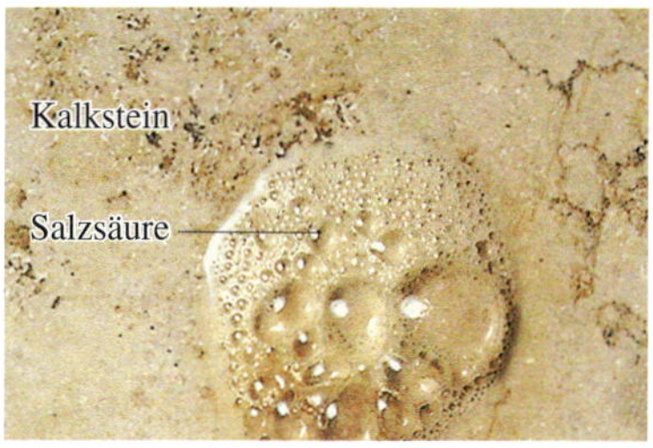

3

4 Eisen (links) und Zink in verdünnter Schwefelsäure

Der saure Regen Denkmäler und Bauten aus Sand- und Kalkstein verwitterten in den letzten Jahrzehnten immer schneller. ↑**B5–6** Der saure Regen – gebildet durch die Reaktion von Luftschadstoffen mit Wasser – zerstörte sie besonders leicht. 237-1

5 Ursprünglich – und 10 Jahre danach

6 Verwittert – durch Basalt ersetzt

Häufig versucht man, verwitterte Gesteinsteile durch vulkanisches Gestein (Basalt) zu ersetzen ↑**B6**, denn dieses wird durch sauren Regen nicht angegriffen. Man kann aber die Steine auch mit wasserabweisenden Mitteln behandeln. Sie werden dadurch wie durch einen Regenmantel geschützt.
Auch Metalle wie Aluminium, Zink oder Eisen nehmen allmählich Schaden durch sauren Regen. Dabei reagiert die Säure mit den unedlen Metallen.

Ausblick

Zwei wichtige Säuren – näher betrachtet

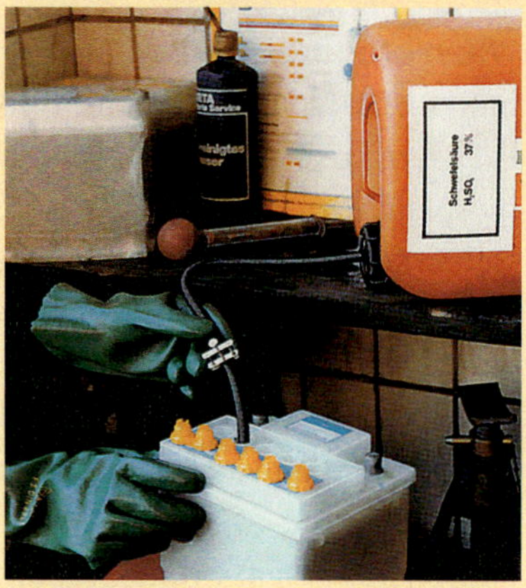

1 Schwefelsäure wird in eine Autobatterie gefüllt.

Die Schwefelsäure

Verwendung: In der chemischen Industrie spielt die Schwefelsäure eine wichtige Rolle. Sie steckt auch in jeder Autobatterie. ↑**B1**

Entstehung: Schwefelsäure entsteht aus einem Nichtmetalloxid (Schwefeltrioxid) und Wasser.

Wasser + Schwefeltrioxid → Schwefelsäure

$H_2O + SO_3 \rightarrow H_2SO_4$

Eigenschaften:

a *Konzentrierte* Schwefelsäure: Hier siehst du, wie konzentrierte Schwefelsäure auf verschiedene Stoffe wirkt. ↑**B2–3** Die konzentrierte Säure zieht sehr heftig Wasser an.

2 Zucker vor und nach der Zugabe von konzentrierter Schwefelsäure

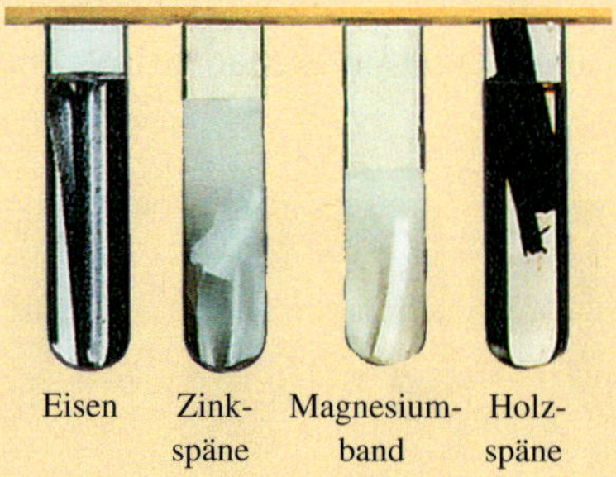

3 Wirkung bei *konzentrierter* Schwefelsäure

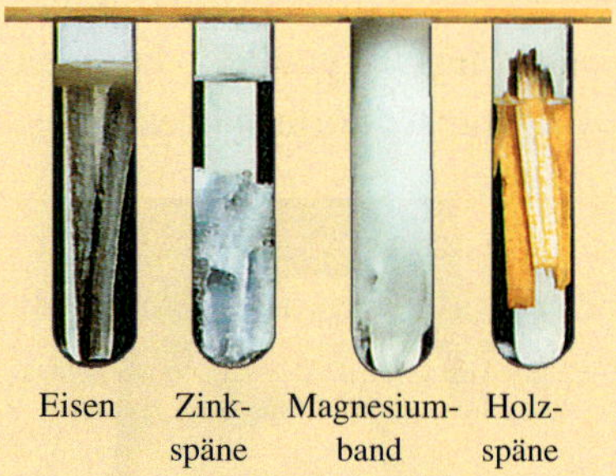

4 Wirkung bei *verdünnter* Schwefelsäure

Holz, Zucker oder Fleisch werden durch die konzentrierte Schwefelsäure schwarz; sie verkohlen. Diese Stoffe sind Verbindungen aus Kohlenstoff, Wasserstoff und Sauerstoff. Durch die Schwefelsäure werden die Verbindungen aufgespalten. Aus Wasserstoff und Sauerstoff entsteht dabei Wasser – und dieses wird von der Schwefelsäure „an sich gerissen". Zurück bleibt der schwarze Kohlenstoff. ↑**B2**

b *Verdünnte* Schwefelsäure: Verdünnte Schwefelsäure wirkt auf unedle Metalle und Kalk genauso wie andere Säuren. ↑**B4**

Wenn Schwefelsäure mit Wasser vermischt wird, erwärmt sich die Lösung sehr stark. Durch das plötzliche Erhitzen können Wasser und Schwefelsäure herumspritzen und gefährliche Verätzungen hervorrufen.

Daraus folgt:

Zum Verdünnen der Säure diese langsam ins Wasser gießen – nie umgekehrt! Dabei umrühren und die Temperatur beobachten! ↑**B5**

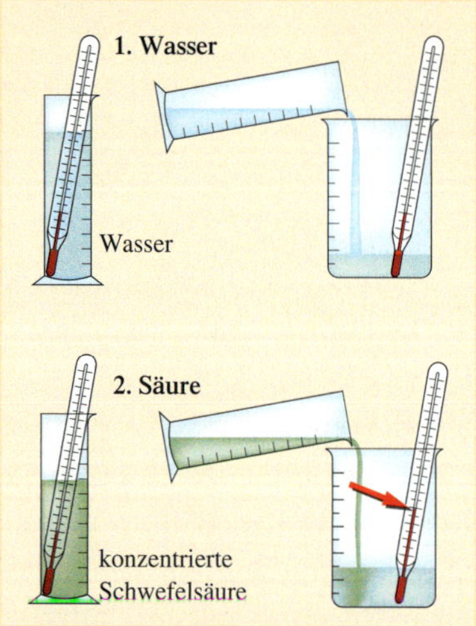

5 *„Erst das Wasser, dann die Säure, sonst geschieht das Ungeheure!"*

Die Salzsäure

Eigenschaften: Eine Armbanduhr in konzentrierter Salzsäure „verschwindet" nach einigen Stunden. ↑**B6** Daran erkennst du: Salzsäure ist eine stark wirkende Säure. Sie wirkt stark ätzend und kann schmerzhafte Hautreizungen verursachen.

6 Nicht zur Nachahmung empfohlen: eine Armbanduhr in Salzsäure, zu Beginn, nach 16 Minuten, nach 3 und 8 Stunden ...

Mit Kalk und mit unedlen Metallen (z. B. Magnesium, Zink) reagiert Salzsäure wie andere Säuren. Das edlere Metall Kupfer dagegen wird von ihr nicht angegriffen, aber Kupferoxid wird aufgelöst. Deshalb kann man Salzsäure als „Lötwasser" zum Reinigen von Kupfer verwenden. ↑**B7**

Entstehung: Übergießt man Kochsalz mit unverdünnter Schwefelsäure, entsteht das stechend riechende, giftige Gas *Chlorwasserstoff.* Mit Wasser reagiert es zu Salzsäure. Salzsäure entsteht nicht also nicht aus einem Nichtmetalloxid und Wasser (s. die Formel HCl).

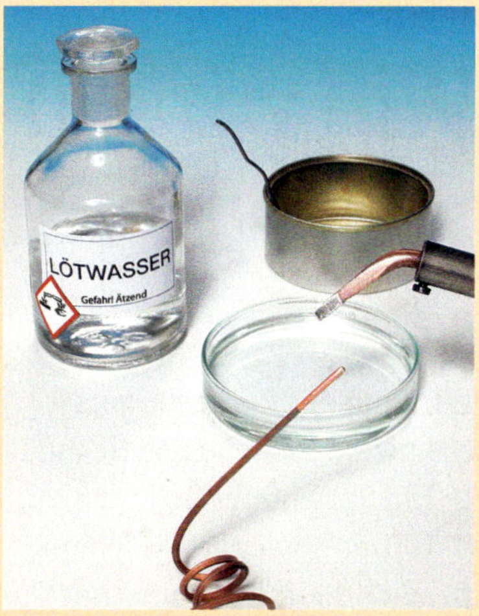

7 Salzsäure zum Reinigen von Kupfer

Vorkommen im Magensaft: Unser Magensaft enthält 0,5 % Salzsäure. Die Salzsäure hat darin zwei wichtige Aufgaben zu erfüllen:
- Sie tötet Bakterien ab, die wir mit unserer Nahrung aufnehmen. Deshalb können Nahrungsmittel im Magen nicht gären oder faulen.
- Außerdem hilft sie bei der Verdauung. Der Stoff Pepsin im Magensaft, der die Verdauung von Fleisch und Fisch einleitet, wirkt nur in saurer Umgebung – und die stellt die Salzsäure im Magen her.

Die Magenwand selbst wird nicht von der Salzsäure angegriffen; sie ist durch eine Schleimhaut geschützt. Fehlt der Schleim aber an einer Stelle, wird der Magen an dieser Stelle angegriffen – dort bildet sich ein Magengeschwür.

Nach dem Tod verliert die Magenwand den Schutz durch Schleim, sie wird nun ebenfalls vom Magensaft „verdaut". Aus der Tatsache, wie weit die Zerstörung der Magenwand fortgeschritten ist, schließt der Gerichtsmediziner auf den genauen Zeitpunkt des Todes. ↑**B8**

Salzsäure verursacht auch das lästige *Sodbrennen*: Sie gelangt aus dem Magen in die Speiseröhre und greift dort die empfindliche, nicht durch Schleim geschützte Haut an. Das spüren wir als Sodbrennen.

> Die gerichtliche Untersuchung des Magens hat ergeben, dass der Tod 5–6 Stunden vor dem Auffinden der Leiche eingetreten ist.

8 Aus einem Polizeibericht

Aktion

1

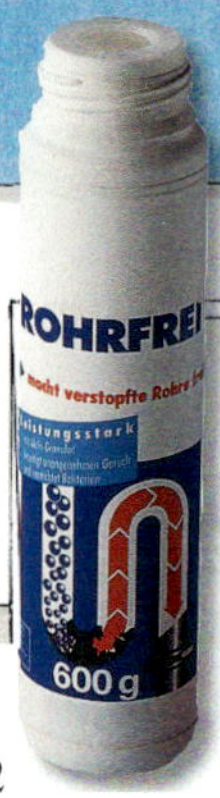

2

Zwei Möglichkeiten, einen verstopften Abfluss freizubekommen ...
↑B1–2

Gefahrenhinweis
Vorsicht: Laugen wirken ätzend.
Deshalb beim Experimentieren mit Laugen auf keinen Fall die Schutzbrille vergessen! Außerdem immer die Schutzhandschuhe anziehen!

Die Laugen

Wie wirken Laugen und wie entstehen sie?

1
Wirkung des Rohrreinigers

Schutzhandschuhe und Schutzbrille nicht vergessen!

a Ein Spatellöffel Rohrreiniger◇ wird in einem Becherglas mit 100 ml Wasser gelöst. Wir messen die Temperatur der Flüssigkeit.

b Wir prüfen die Lösung mit Universalindikator.

c Nun werden der Flüssigkeit Dinge hinzugefügt, die in den Abfluss fallen könnten (ein Büschel Haare, Fettcreme, ein Tropfen Öl, ein Wattestäbchen, eine Haarklammer ...).
Welche Stoffe verändern sich innerhalb von 15 min?

2
Wir untersuchen die Bestandteile eines Rohrreinigers

Schutzhandschuhe und Schutzbrille nicht vergessen!
Wir schütten eine kleine Portion Rohrreiniger◇ in eine Glasschale und sortieren das Gemisch mit einer Pinzette. Jeden der gefundenen Bestandteile geben wir in ein Reagenzglas, das (etwa 4 cm hoch) destilliertes Wasser enthält.
In jedes Reagenzglas kommen einige Haare und ein Wollfaden. Wir schütteln vorsichtig. Wo treten Veränderungen auf?

3
Was bewirken Spültabs?

Schutzhandschuhe und Schutzbrille nicht vergessen!

a Wir vierteln einen Tab◇ und lösen das Viertel in 100 ml Wasser.
Überprüft mit Universalindikator, was entstanden ist.

b In diese Lösung geben wir nun 5 Tropfen Speiseöl. Unsere Beobachtungen notieren wir.

c Ein weiteres Becherglas füllen wir mit 100 ml Leitungswasser und geben ebenfalls 5 Tropfen Speiseöl hinzu. Wir notieren wieder unsere Beobachtungen.

d Vergleicht die Beobachtungen und versucht sie zu erklären.

◇ Rohrreiniger
Calciumoxid

Gefahr!
Ätzend

◇ Spültab

Achtung!
Gesundheitsgefährdend

4

Rohrreiniger – nach Verdünnen noch alkalisch?

Schutzhandschuhe und Schutzbrille nicht vergessen!
Tipp: Die Flüssigkeit jeweils mit Universalindikatorpapier prüfen! Dann kann man die Streifen nebeneinander auf weißes Papier legen und gut miteinander vergleichen.

3

a Wir lösen 1 g Rohrreiniger◇ in 10 ml Wasser. ↑**B3**
Was zeigt der Universalindikator an?

b Wir verdünnen nun auf 100 ml. Die 100-ml-Lösung füllen wir auf 1000 ml auf.
Prüft jeweils einige Milliliter mit Universalindikator.

c Vergleicht die drei pH-Werte, die wir gemessen haben. Achtet dabei auf die Verdünnung der Lösung.

5

Eine Lauge aus Calciumoxid und Wasser

a In ein Reagenzglas mit destilliertem Wasser (5 cm hoch) gibst du etwas Calciumoxid◇ (Schutzbrille!).

b Filtriere nach 3–4 min die milchig aussehende Flüssigkeit. Fülle 3 ml ab und prüfe mit Universalindikator.

c Vergleiche die Eigenschaften des Filtrats mit denen von Kalkwasser◇ aus der Schulsammlung.

d Puste vorsichtig Atemluft durch das Filtrat.

e Notiere und deute deine Beobachtungen.

6

Eine Lauge aus Calcium und Wasser

a Wir füllen ein Becherglas etwa 5 cm hoch mit destilliertem Wasser und geben vorsichtig einige Calciumspäne◇ hinein (Schutzbrille!).

b Prüfe nach etwa 5 Minuten 5 ml der Lösung mit Universalindikator. ↑**B4**

c Filtriere den Rest der Lösung. Dampfe einige Tropfen davon auf einem Gläschen ein.

d (Lehrerversuch) Das entstehende Gas wird in einem Reagenzglas aufgefangen. Um welches könnte es sich handeln? Prüfe nach.

4

7

Eine Lauge aus Natrium und Wasser (Lehrerversuch)

Eine starkwandige, runde Glaswanne wird 3–5 cm hoch mit Wasser gefüllt, in das einige Tropfen Indikatorlösung gegeben werden. Darauf wird mit einer Pinzette ein erbsengroßes Stück Natrium◇ gelegt, das unmittelbar vor dem Versuch entrindet wurde. Das Gefäß darf nicht abgedeckt werden (Explosionsgefahr)!
Versuche die Beobachtungen zu erklären.

◇ Calcium

Gefahr
Leicht-/Hochentzündlich

◇ Natrium

Gefahr
Leicht-/Hochentzündlich
Ätzend

Wirkung und Entstehung von Laugen

Laugen auf Backwaren Laugengebäck schmeckt gut und sieht auch prima aus. ↑**B1** Das Laugengebäck hat seine appetitliche Farbe durch eine Lauge bekommen. Man taucht es kurz vor dem Backen in eine 3 %ige Natronlauge. Durch die Hitze beim Backen wird die Natronlauge in einen nicht ätzenden Stoff umgewandelt; man kann dann das Laugengebäck gefahrlos essen.
In Großküchen wird verdünnte Natronlauge manchmal zum Kartoffelschälen eingesetzt (s. S. 245): Die Kartoffelschalen weichen darin auf, sodass man sie mit einem Wasserstrahl einfach wegspritzen kann.

1

Laugen stark ätzend Laugen in höheren Konzentrationen ätzen. Die stark ätzende Wirkung des Rohrreinigers hast du bereits kennengelernt. ↑**B2**
Auch in Reinigungsmitteln für Backöfen ist Natronlauge enthalten. Beim Umgang mit ihnen ist ebenfalls Vorsicht geboten! Natronlauge wird als Abbeizmittel für Fensterrahmen oder Möbel gebraucht. Alte, eingetrocknete Ölfarbe wird mit ihr entfernt.

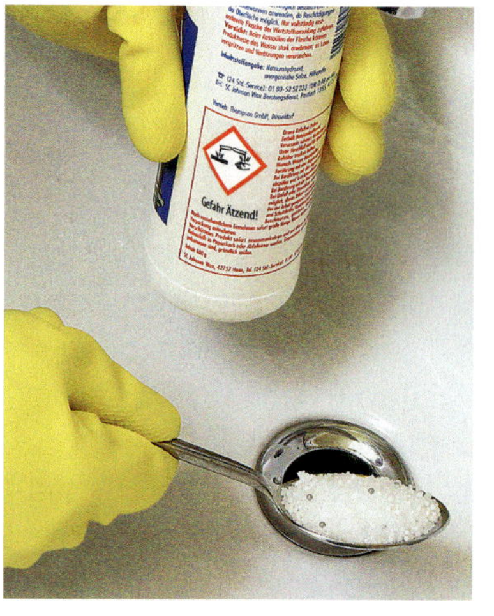

2

Calciumhydroxid Calciumlauge haben wir schon als Kalkwasser kennengelernt und zum Nachweis von Kohlenstoffdioxid eingesetzt. Sie hat die chemische Formel $Ca(OH)_2$ und heißt auch *Calciumhydroxid*. An dem Namen ist zu erkennen, dass Wasserstoff (*Hydrogenium*) an seiner Zusammensetzung beteiligt ist.
Die Hydroxidgruppe OH ist das Merkmal aller Laugen (Hydroxide). Sie bewirkt die alkalische Reaktion der Laugen.

Calciumoxid reagiert mit Wasser Die Calciumlauge entsteht, wenn Calciumoxid mit Wasser reagiert.

Calciumoxid + Wasser → Calciumlauge

$$CaO + H_2O \rightarrow Ca(OH)_2$$

Calcium reagiert mit Wasser Wenn Calciumspäne mit destilliertem Wasser reagieren, steigen Gasbläschen; es bildet sich eine milchige, trübe Flüssigkeit, die nach dem Filtrieren klar wird. Sie färbt Universalindikator blau – es ist *Calciumlauge* entstanden; dabei wird Wasserstoff frei. ↑**B3**

Calcium + Wasser → Calciumlauge + Wasserstoff

$$Ca + 2\,H_2O \rightarrow Ca(OH)_2 + H_2$$

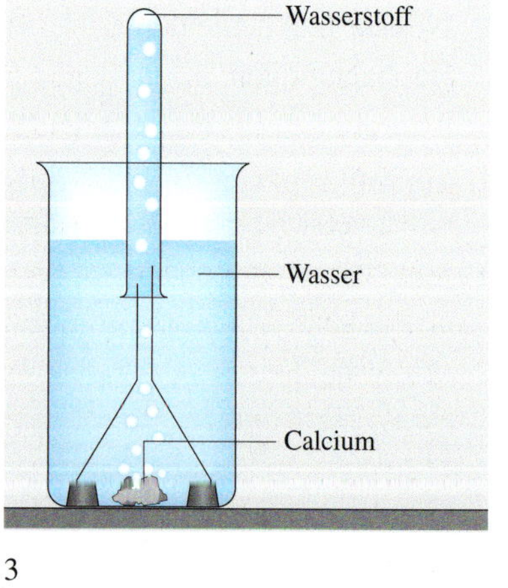

3

Laugen (Hydroxide): Wirkung, Entstehung, Zusammensetzung

Vom Natrium zur Natronlauge

- *Aufbewahrung:* Das Metall Natrium spielt bei der Bildung von Natronlauge eine wichtige Rolle. Es wird unter Petroleum (dem Öl für Petroleumlampen) oder Paraffinöl aufbewahrt. Diese Flüssigkeiten enthalten nämlich keinen Sauerstoff.
- *Natrium in Wasser:* Das Bild rechts zeigt das überraschende Ergebnis eines Lehrerversuchs – die heftige Reaktion von Natrium mit Wasser. ↑**B4** Ein Stückchen Natrium wird auf destilliertes Wasser gelegt. Es schwimmt zischend auf der Wasseroberfläche umher und nimmt die Form einer Kugel an. Zusehends wird die Natriumkugel kleiner, bis sie schließlich nicht mehr zu sehen ist. Dabei entwickelte sich Wasserstoff – und zwar genau da, wo Natrium und Wasser einander berührten. Manchmal entzündet sich der entstehende Wasserstoff sogar. Bei dieser Reaktion verändert sich das Wasser: Die neue Flüssigkeit färbt Universalindikator blau, außerdem fühlt sie sich „seifig" an. Es hat sich eine Lauge gebildet, die Natronlauge.
- *Ein neuer Stoff ist entstanden:* Wenn man eine Probe Natronlauge vorsichtig eindampft, bleibt ein fester weißer Rückstand zurück – nicht das Natrium. ↑**B5** Es handelt sich um einen neuen Stoff – das *Natriumhydroxid* (NaOH).

Natronlauge ist eine Lösung von Natriumhydroxid in Wasser. Sie hat – wie das Natriumhydroxid – die Formel NaOH.

Natrium + Wasser ⟶ Natronlauge + Wasserstoff

$$2\,Na + 2\,H_2O \longrightarrow 2\,NaOH + H_2$$

4

5

Aufgaben

1 Stoffe, die sich seifig anfühlen, können Laugen sein. Sie reagieren alkalisch. Nenne einen eindeutigen Nachweis für Laugen.

2* Betrachte das Etikett eines Rohrreinigers.
a Welche Lauge ist im Rohrreiniger wirksam?
b Erkundige dich danach, welche Aufgabe die Aluminiumkügelchen im Rohrreiniger haben.
c Beschreibe eine umweltfreundliche Möglichkeit, einen verstopften Abfluss zu reinigen.

3 Schreibe die folgenden Sätze so auf, dass sie eindeutig sind. Das Bild hilft dir dabei. ↑**B6**
a „Schwach wirkende Laugen färben Universalindikator (blaugrün/dunkelblau). Sie haben einen pH-Wert (um 8/um 14)."
b „Stark wirkende Laugen färben Universalindikator …"

4 Der pH-Wert einer alkalischen Lösung wird durch Verdünnen verändert. Nimm an, der pH-Wert einer Lösung ist 12. Wie ändert sich dieser pH-Wert:
a … wenn die Lösung auf das Zehnfache verdünnt wird?
b … und auf das Hundertfache?
c … und wenn man sie eindampft?

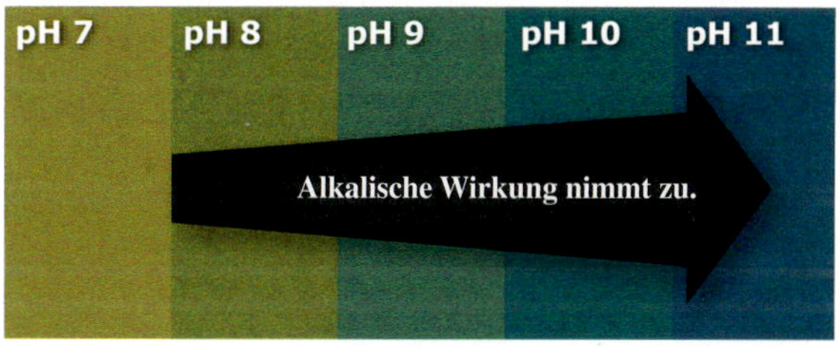

6

Ausblick

Laugen – vielseitig verwendet

Flaschenreinigung mit Natronlauge Bevor Mehrwegflaschen neu gefüllt werden, müssen sie gereinigt und desinfiziert werden. Ein Spülen nur mit Wasser reicht hier nicht. Meist hilft dabei heiße Natronlauge. Man reinigt mit ihr die Flaschen und spült sie anschließend mehrmals mit Wasser aus. ↑**B1**

1

Desinfektion durch Natronlauge Auch in der Landwirtschaft wird die Desinfektionswirkung der Natronlauge häufig genutzt: Wenn in einem Viehbestand die Maul- und Klauenseuche ausgebrochen ist, müssen die Krankheitserreger bekämpft werden; sie dürfen auf keinen Fall in andere Ställe übertragen werden. ↑**B2** Die Ställe werden mit Natronlauge ausgespritzt und dadurch desinfiziert. An die Eingänge benachbarter Ställe mit gesundem Vieh legt man außerdem Fußabtreter, die mit Natronlauge getränkt sind. Wer dann den Stall betreten will, muss seine Schuhe gründlich abstreichen. So wird verhindert, dass Krankheitserreger eingeschleppt werden.
An der Grenze von Sperrbezirken müssen Autos durch ein flaches Becken mit Natronlauge fahren. ↑**B3** Die Reifen sollen dadurch desinfiziert werden.

2

3

4

5

Kartoffelschälen mit Natronlauge ↑B4–5 Großküchen brauchen große Mengen an geschälten Kartoffeln. Diese werden oft „chemisch" geschält. Beim sogenannten *Laugenschälverfahren* behandelt man die Kartoffeln mit warmer Natronlauge. Dadurch wird deren äußere Zellschicht zerstört. Anschließend können die Schalen leicht mit Wasser entfernt werden. Die Kartoffeln sind dann meist so gut geschält, dass sie nicht nachgeputzt werden müssen.
Allerdings wird viel Lauge gebraucht, die ordnungsgemäß entsorgt werden muss. Auch können sich die geschälten Kartoffeln verfärben, wenn sie vor dem Kochen zu lange liegen bleiben.

Natronlauge in der Industrie Natronlauge wird zur Reinigung von Fetten und Ölen und zur Zellstoffgewinnung eingesetzt (Papiertaschentücher). Auch zur Herstellung von Seifen und Waschmitteln werden große Mengen von Natronlauge gebraucht.

Eine besondere Lauge in Glasreinigern Wenn man eine Flasche mit *Ammoniaklösung* öffnet, entweicht ein farbloses, stechend riechendes, giftiges Gas. Ähnlich riecht es in Pferdeställen oder im Zoo in der Nähe von Raubtierkäfigen. Dieses Gas heißt *Ammoniak*, eine Verbindung aus Stickstoff und Wasserstoff.
Ammoniak löst sich „begierig" in Wasser. Das erkennt man, wenn ein trockener Rundkolben mit Ammoniak gefüllt, verschlossen und in angefärbtes Wasser getaucht wird („Springbrunnenversuch"). ↑**B6**
Dabei entsteht eine Lösung, die alkalisch reagiert.
Die Ammoniaklösung – im Alltag auch *Salmiakgeist* genannt – ist eine Lauge, die nicht bei der Reaktion eines Metalls oder Metalloxids mit Wasser entsteht. Die chemische Formel der Ammoniaklösung lautet NH_4OH.
Beim Eindampfen von Ammoniaklösung bildet sich kein festes Hydroxid wie bei anderen Laugen. Ammoniaklösung zerfällt nämlich schon beim geringsten Erwärmen wieder in die Ausgangsstoffe Ammoniak und Wasser. Das nutzt man, wenn man die Ammoniaklösung für Reinigungsmittel verwendet. ↑**B7**

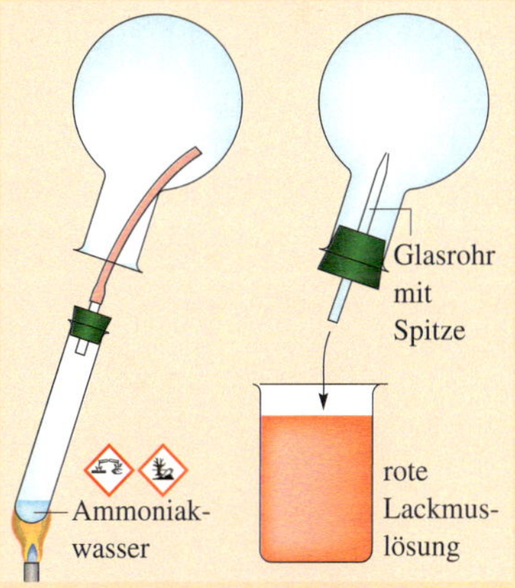

6 Springbrunnenversuch (LV)

7

Ausblick

Der Friseurberuf: mehr als waschen – schneiden – föhnen – färben!
↑**B 1–2**

1 Im Friseursalon

Berufsinformation: Das Friseurhandwerk[Z]

Ein gepflegtes Äußeres – der Friseur wirkt mit! Ob beruflich oder privat: Ein gepflegtes Äußeres ist meistens gewünscht. Nicht selten ist es sogar Voraussetzung dafür, dass jemand akzeptiert wird. Dabei spielt die Frisur eine wesentliche Rolle. Hier beginnt die Aufgabe des Friseurs.

Neben den handwerklichen Tätigkeiten wie *Waschen, Schneiden, Föhnen* und *Färben* ist er auch als *Berater* gefragt. „Helfende Beratung" heißt hierbei: Die äußeren Gegebenheiten (Größe, Gesichtsform, Teint und Erscheinungsbild) berücksichtigen, dazu aber auch die Wünsche und Vorstellungen des Kunden mit einbeziehen. Nur so kann eine typgerechte Frisur gefunden werden.

Anforderungen Kreativität, Stilsicherheit und handwerkliches Geschick sind in diesem Beruf unumgänglich. Auch chemische und physikalische Fachkenntnisse sind gefragt.

Aus dem Bereich der Physik gehören hierzu Kenntnisse der Farbenlehre (für das Färben der Haare). Physikalische Vorgänge spielen auch eine Rolle, wenn der Thermostab eingesetzt wird, z. B. bei der Dauerwelle und beim Föhnen.

Chemische Vorgänge laufen beim Färben ab, ↑**B2** außerdem beim Fixieren der Frisuren mit Oxidationsmitteln wie Wasserstoff-

2 Beim Haarefärben

peroxid oder mit Reduktionsmitteln. Auch die abschließende Neutralisation der leicht alkalisch reagierenden Stoffe mit leicht sauren Pflegemitteln ist ein chemischer Vorgang. Falls erforderlich müssen die benötigten Mittel durch Mischen für die individuelle Anwendung zubereitet werden. Durch den Umgang mit Chemikalien können leicht allergische Hautreaktionen auftreten.

Weitere Tätigkeiten Der Friseur nimmt auch *Haarverlängerungen* und *Haarverdichtungen* vor; sie haben an Bedeutung sehr zugenommen. Er berät auch beim Kauf von *Haarpflegemitteln.*
Eine verwandte Tätigkeit ist – auf *kosmetischem* Gebiet – die Behandlung der Gesichtshaut sowie die Nagelpflege *(Maniküre).* ↑**B3**

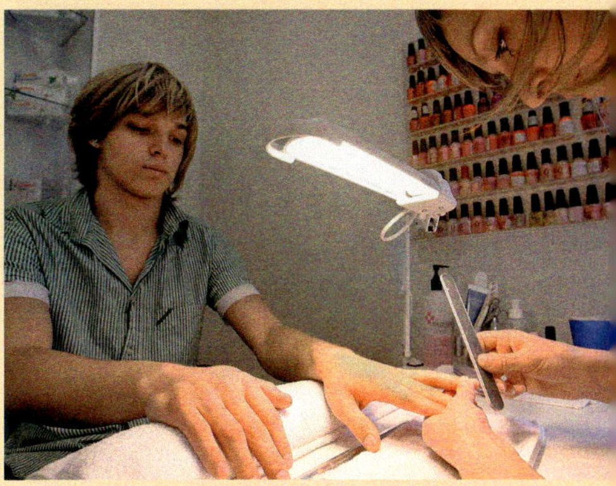

3 Nagelpflege

Qualifikationen

Hauptschulabschluss (Kl. 10) oder höherwertig mit mindestens befriedigenden Leistungen in Mathematik, Deutsch, Physik, Chemie und Kunst.
Voraussetzungen sind auch ein gepflegtes Äußeres, gute Umgangsformen, Aufgeschlossenheit und Kommunikationsfähigkeit. Körperliche Belastbarkeit und Flexibilität sind wichtig.

Ausbildungsgang

3 Jahre mit wöchentlichem Berufsschulunterricht.
Neu ist eine zweigeteilte Prüfung (nach $1\frac{1}{2}$ Jahren bzw. nach 3 Jahren). Die Gesamtnote ergibt sich aus den Noten beider Teilprüfungen.
Unterrichtet und geprüft wird in den Fächern Fachkunde, Beratung, Verkauf, Wirtschaft und Sozialkunde.

Berufsaussichten

Das Friseurhandwerk ist als manuelle und individuelle Dienstleistung unersetzbar. Daher sind die Berufsaussichten sehr gut.
Die Tätigkeit kann in Friseursalons oder in Einrichtungen wie Wellnesshotels oder Bäderbetrieben ausgeführt werden.
Auch die Kosmetikindustrie sowie der Groß- und Einzelhandel bieten Perspektiven.

Was macht diesen Beruf so attraktiv?

Dazu haben wir den Friseur- und Innungsmeister Achim Schilling befragt.

Man begegnet in diesem kreativen Beruf den unterschiedlichsten Menschen aus einem sehr großen Querschnitt der Bevölkerung. Interessant ist – neben der Kommunikation – die für alle sichtbare positive Veränderung des Äußeren. Man sieht unmittelbar das Ergebnis seiner Arbeit: von der Beratung bis hin zur Fertigstellung.
Außerdem erhält man von zufriedenen Kunden positive Rückmeldungen.
Neben der Frisurveränderung ist heute die wichtige individuelle Beratung in den Vordergrund gerückt. Dabei wird der Kunde „ganzheitlich" gesehen – Gesichtsform, Größe, Alltagsgewohnheiten, Hobby und Beruf werden berücksichtigt.

Unser Modeberuf unterliegt, wie andere Berufszweige auch, einer ständigen Wandlung: Haarverlängerung und -verdichtung haben an Bedeutung zugenommen, desgleichen das Nageldesign und die pflegende, dekorative Kosmetik.
In Fortbildungen werden wir über neue Entwicklungen und Trends informiert. Wenn man die Meisterprüfung abgelegt hat, kann man die Leitung eines Salons übernehmen oder sich selbstständig machen. Auch eine Qualifikation zum Fachbetriebswirt ist möglich – damit die Aussicht, im Vertrieb oder in Schulungsstätten als Ausbilder für die Industrie zu arbeiten. Möglich ist auch die Ausbildung zum Visagisten oder Maskenbildner.

Aktion

1 Salzsäure und Kalk

2 Natronlauge und Wolle

3 Salzsäure und Natronlauge in einem Abfallbehälter

Viele Säuren und Laugen sind gefährliche Stoffe. ↑B1–2
Was passiert dann erst, wenn man sie zusammenschüttet? ... ↑B3

Neutralisation und Salze

Wie reagieren Säuren mit Laugen?

1

Neutralisation von Salzsäure mit Natronlauge

a Wir füllen etwa 5 ml Wasser in den Erlenmeyerkolben und tropfen 2 Tropfen Universalindikator hinein.

b Dann tropfen wir mit der einen Pipette 3–4 Tropfen verdünnte Natronlauge◇ in das Wasser des Erlenmeyerkolbens.

c Anschließend geben wir tropfenweise Salzsäure◇ in die Natronlauge und schütteln. **↑B4**
Das Tropfen und Schütteln wiederholen wir, bis der Indikator gerade seine Farbe ändert.
Beobachtet und notiert die Farbänderungen des Indikators während des Versuchs.

d Einige Milliliter der neutralen Lösung erhitzen wir in einem Erlenmeyerkolben.

4

◇ verdünnte Natronlauge
verdünnte Calciumlauge
verdünnte Salzsäure
verdünnte Schwefelsäure
Achtung! Gesundheitsgefährdend

◇ Zinkpulver
Achtung! Gesundheitsgefährdend

2

Neutralisieren von Natronlauge mit Schwefelsäure?*

a Schüttet 20 ml verdünnte Natronlauge◇ in den Kolben und gebt einige Tropfen Universalindikator hinzu.

b Fügt mit einer Pipette tropfenweise verdünnte Schwefelsäure◇ dazu und schüttelt ↑**B5** – bis der Universalindikator genau den pH-Wert 7 anzeigt.

c Prüft mit den Fingern, ob sich die Flüssigkeit noch seifig anfühlt.

d Füllt mit einer sauberen Pipette etwa 3 ml der Flüssigkeit in ein Reagenzglas und gebt Zink◇ hinzu.
Prüft, ob die Flüssigkeit noch (wie eine Säure) mit dem Metall reagiert.

e Erwärmt einige Tropfen der Flüssigkeit vorsichtig auf einem Objektträger und lasst die Flüssigkeit verdampfen.

f Seht euch die Rückstände unter dem Mikroskop an (Vergrößerung: 70-fach).

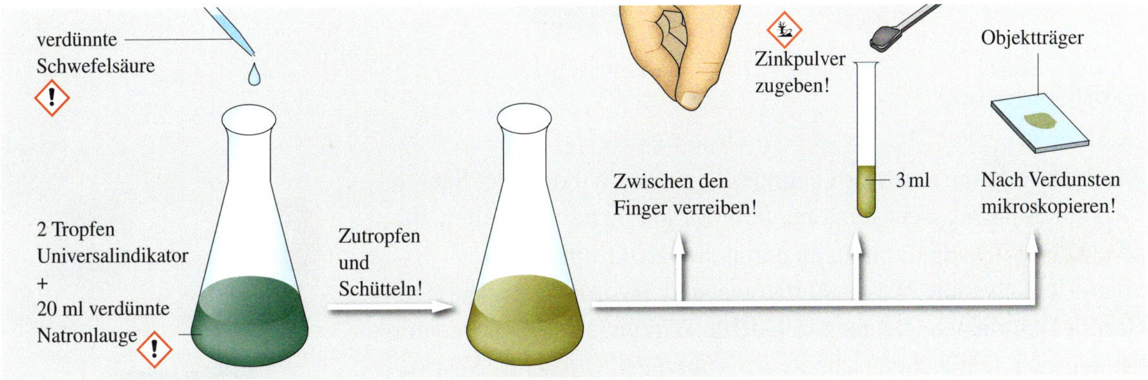

5

3

Lässt sich Schwefelsäure mit Calciumlauge neutralisieren?*

a Gebt eine kleine Menge verdünnte Schwefelsäure◇ in den Kolben. Prüft den pH-Wert mit Universalindikatorpapier.

b Tropft Calciumlauge◇ (Kalkwasser) hinzu. ↑**B6** Versucht dabei genau den pH-Wert 7 zu „treffen“.

c Gebt einen Tropfen der Lösung mit dem Niederschlag auf einen Objektträger und betrachtet ihn unter dem Mikroskop.

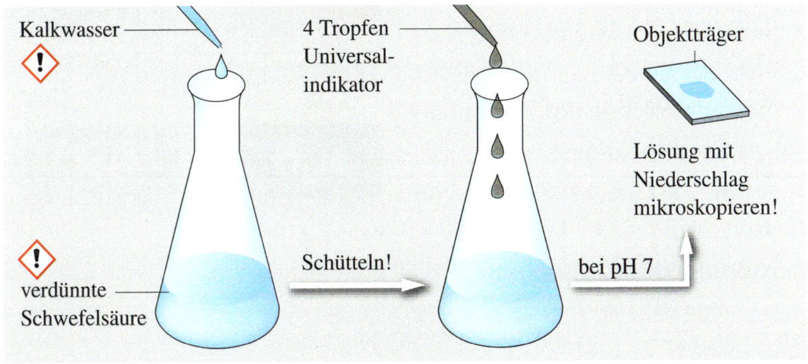

6

4

Wie könnte man einen Neutralreiniger herstellen?*

a Plant, wie man aus einem sauren und einem alkalischen Reiniger (z. B. Essigreiniger und Seifenlösung) einen Neutralreiniger herstellen könnte. Benennt die Materialien, die ihr dafür braucht.

b Führt den Versuch unter Berücksichtigung der Sicherheitsmaßnahmen durch.

c Überprüft mit Universalindikator, ob die Aufgabe erfüllt ist.

d Informiert euch, wozu Neutralreiniger verwendet werden.

Wenn Säuren mit Laugen reagieren ...

Wenn man verdünnte Lauge in verdünnte Salzsäure tropft, erhält man eine *neutrale* Lösung. ↑**B1–2** Die Lösung ist dann weder alkalisch noch sauer. Das gelingt auch mit anderen Säuren und Laugen.

1 Lauge + Säure mit Universalindikator

2 Neutrale Lösung (pH 7)

Wie entsteht eine neutrale Lösung? Die saure Wirkung der Säuren wird durch die Wasserstoffatome ihrer Moleküle hervorgerufen, die alkalische Wirkung der Laugen durch die OH-Gruppen.
Sobald gleich viele Wasserstoffatome und Hydroxidgruppen (OH-Gruppen) vorliegen, gleichen sich deren Wirkungen aus – sie neutralisieren sich. Diese chemische Reaktion bezeichnet man als *Neutralisation*. Dabei vereinigen sich Wasserstoffatome mit OH-Gruppen; es entstehen Wassermoleküle. ↑**B3**
Um den „Neutralpunkt" gut zu erkennen, verwendet man Indikatoren, die bei pH 7 ihre Farbe ändern.

Die Neutralisation ist eine chemische Reaktion. Bei einer Neutralisation vereinigen sich Wasserstoffatome der Säuren und OH-Gruppen der Laugen zu Wassermolekülen.

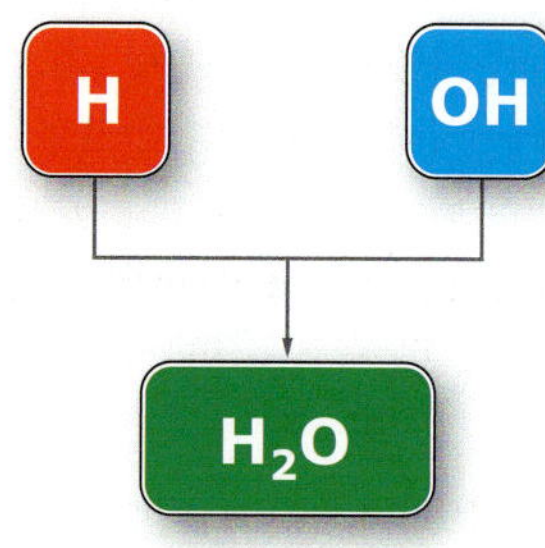

3

Neutralisation von Salzsäure mit Natronlauge Bei der Neutralisation von Salzsäure mit Natronlauge ↑**B4** erhalten wir Wasser. Wo bleiben da die Natrium- und die Chlorteilchen?
Die entstandene neutrale Lösung ist chemisch das Gleiche wie Kartoffel- oder Spaghettiwasser – eine *Kochsalzlösung*.
Beim Verdampfen vereinigen sich die Natriumteilchen der Natronlauge und die Chlorteilchen der Salzsäure zu Salzkristallen.
Bei der Neutralisation von Natronlauge mit Salzsäure entstehen Natriumchlorid (unser Kochsalz) und Wasser.

Natronlauge + Salzsäure → Wasser + Natriumchlorid (Kochsalz)

$$NaOH + HCl \rightarrow H_2O + NaCl$$

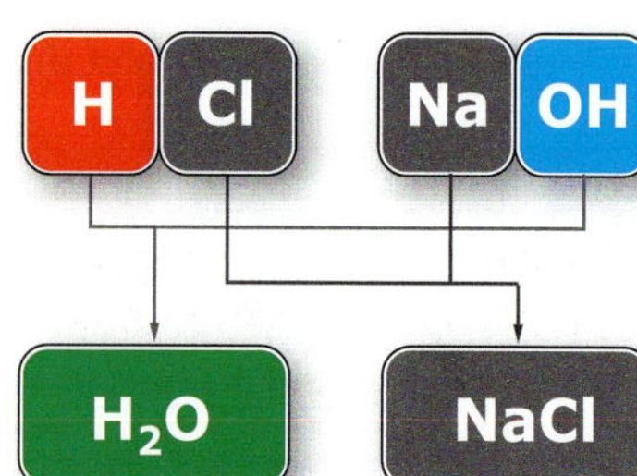

4

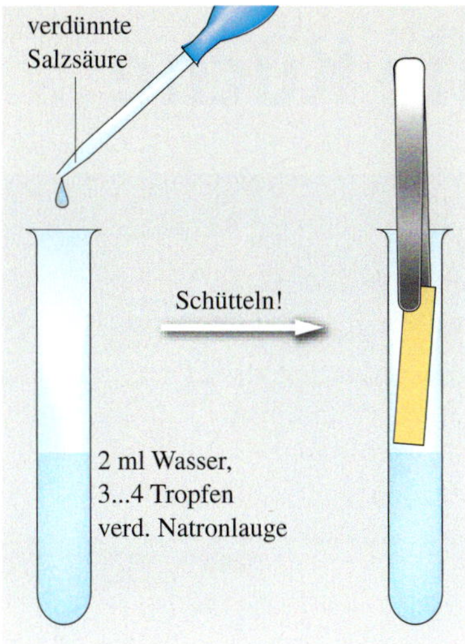

5 Neutralisieren einer Lauge

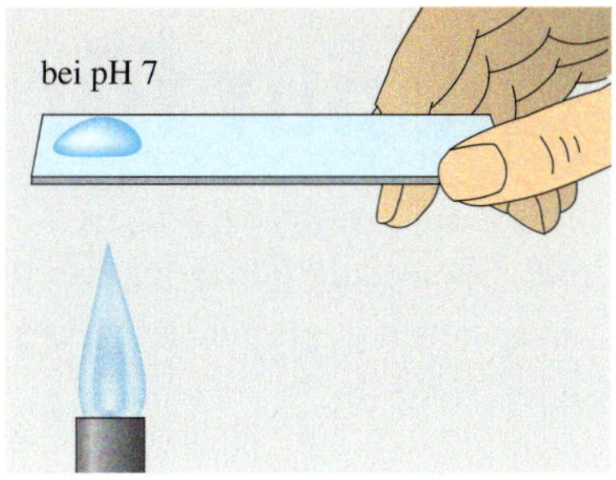

6 Eindampfen der neutralen Lösung

7 Kristalle nach dem Eindampfen neutraler Lösungen

Neutralisation anderer Säuren oder Laugen Bei der Reaktion anderer Säuren oder anderer Laugen ↑**B5** entstehen andere Stoffe. Das erkennt man beim Eindampfen an den unterschiedlichen Kristallformen. ↑**B6–7** Sie sind aber denen des Kochsalzes ähnlich. Man bezeichnet deshalb auch diese Stoffe als *Salze*.
Salzkristalle bestehen aus den Metallteilchen der Lauge und den Molekülresten der Säure *(Säurerest)*, die miteinander reagiert haben (Tabelle). Die entstehenden Stoffe können für die Gesundheit schädlich sein. Deshalb reicht die Neutralisation einer Säure oder Lauge nicht immer aus, um eine ungefährliche Lösung herzustellen.
Stoffe, die aus Metallteilchen und Säurerest-Gruppen zusammengesetzt sind, bezeichnet man als *Salze*.
Bei der Neutralisation entstehen Wasser und Salz.

Dieses Salz ...	*... besteht aus Metall und Säurerest:*	*Der Säurerest stammt aus folgender Säure:*
Natriumchlorid $NaCl$	*Natrium* $NaCl$ *Chlorid*	*Salzsäure* HCl
Calciumcarbonat $CaCO_3$	*Calcium* $CaCO_3$ *Carbonat*	*Kohlensäure* H_2CO_3
Eisensulfat $FeSO_4$	*Eisen* $FeSO_4$ *Sulfat*	*Schwefelsäure* H_2SO_4

Aufgaben

1 Aus der gefährlichen Natronlauge und der gefährlichen Salzsäure entsteht bei der Neutralisation ein harmloser Stoff. Begründe, weshalb man den Vorgang Neutralisation nennt.

2 Weshalb sammelt man saure und alkalische Abfälle gemeinsam in *einem* Behälter?

3 Bei der Neutralisation von Natronlauge entsteht einmal Natriumchlorid und einmal Natriumsulfat. Gib an, mit welchen Säuren hier neutralisiert wurde.

4 „Mit viel Wasser spülen“ heißt die Regel bei Verätzungen mit Säuren oder Laugen.

a Erläutere die Regel mithilfe des pH-Werts.

b Man darf nicht versuchen, mit einer Lauge oder einer Säure zu „neutralisieren“. Begründe diese Aussage.

Ausblick

Kochsalz – nicht nur für die Küche

Kochsalz – Teil unserer Nahrung Unser Speisesalz ist reines Kochsalz. ↑B1 Es ist zum Würzen und Konservieren geeignet. Kochsalz ist ein lebenswichtiger Zusatz zu unserer Nahrung.

Kochsalz im menschlichen Körper Das *Blut* eines Erwachsenen muss ständig etwa 50 g Kochsalz enthalten. Wenn jemand bei einem Unfall viel Blut verloren hat, überträgt man ihm deshalb oft eine *physiologische Kochsalzlösung*. ↑B2 Sie enthält etwa so viel Kochsalz wie die gleiche Menge Bluts, die verloren wurde. So kann man wenigstens die wichtigsten Lebensvorgänge des Körpers aufrechterhalten.
Der Magensaft enthält Salzsäure. Drüsen der Magenwand produzieren ihn – und dafür ist Kochsalz aus dem Blut erforderlich. Wenn zu wenig Kochsalz im Blut vorhanden ist (z. B. nach starkem Schwitzen), können die Drüsen nur wenig Magensaft produzieren. Das kann Darmerkrankungen hervorrufen (z. B. Durchfall).
Der Mensch braucht dringend Kochsalz. Ein Erwachsener benötigt pro Tag etwa 5 Gramm davon. Da wir Kochsalz auch über den Urin, den Schweiß und über Tränen ausscheiden, müssen wir es mit unserer Nahrung zu uns nehmen.
Aber auch beim Kochsalz gilt: „Allzu viel ist ungesund!" Werden unsere Speisen zu stark gesalzen, wird der Kochsalzgehalt des Bluts zu hoch; der Körper wehrt sich dagegen und verlangt nach Wasser – wir werden durstig. Wer dauerhaft zu viel Salz in sich aufnimmt, dem droht Bluthochdruck – eine ernste Krankheit.

1 Kochsalz als Speisesalz

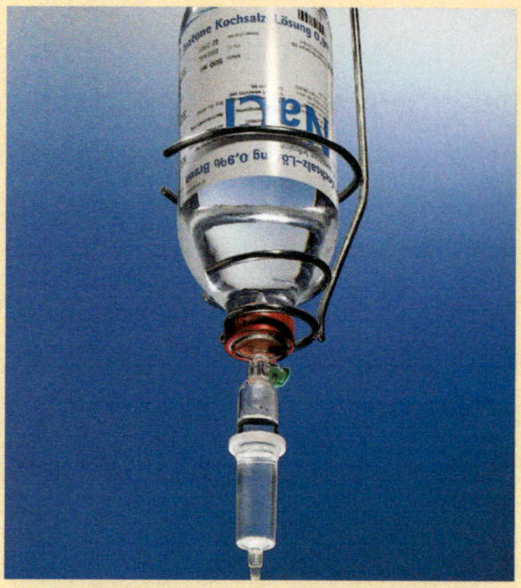
2 Kochsalzlösung in der Medizin

Kochsalz für Gewerbe und Industrie In vielen Industriebetrieben wird Gewerbesalz eingesetzt. Auch das ist reines Kochsalz – es wurde aber aus steuerlichen Gründen gekennzeichnet. Um Verwechslungen mit Speisesalz auszuschließen, wird es oft eingefärbt. ↑B3
Es gibt vielerlei Verwendungsmöglichkeiten von Kochsalz:
- in der Textilindustrie zum Färben von Stoffen
- in der Fischerei zum Einsalzen von Fischen
- zur Produktion von Kraftfutter und Lecksteinen für die Vieh- und Wildfütterung
- in der Keramikindustrie zur Herstellung von Glasuren
- in der Kosmetikindustrie zur Herstellung von Badesalzen

Als Industriesalz ist Kochsalz Ausgangsstoff für die chemische Industrie. Es wird zur Herstellung von Stoffen verwendet, aus denen andere entwickelt werden (Kunststoffe, Seifen, Reinigungsmittel, Farbstoffe und Glas).

3 Kochsalz als Gewerbesalz

Streusalz Jahr für Jahr sind Tausende von Unfällen – verursacht durch Glatteis – zu beklagen. ↑**B4** Bei Schnee hilft noch Granulat, bei Glatteis aber gibt es nur eine Wahl: *Salz* – in Körnchenform oder als Lösung. ↑**B5**

4

5

6

Die Sicherheit im Straßenverkehr steigt mit dem Einsatz von Streusalz, die meisten Pflanzen leiden aber darunter ↑**B6** oder sterben sogar ab. Sogar das Trinkwasser kann salzig werden.

Arbeitsaufträge

1 Deutschland ist reich an Salzlagerstätten. Viele Ortsnamen mit den Silben „Salz" und „Hal" deuten darauf hin. Auch aus Meerwasser kann Salz gewonnen werden. Die Bilder zeigen die Gewinnung von Salz und die Entstehung der Salzlagerstätten im Laufe der Zeit. ↑**B7–9**

a Informiere dich im Internet oder in Büchern über das Kochsalz, z. B. über Vorkommen, Abbau, Bedeutung in der Geschichte (Salzstraßen), Entstehung der Salzlagerstätten.

b Präsentiere deine Ausarbeitung.

2* Dass Streusalz gegen Glatteis wirksam ist, zeigt der folgende einfache Versuch:

Löse in einem Glas Wasser nach und nach so viel Kochsalz, bis sich ein Bodensatz gebildet hat. Deine Kochsalzlösung ist nun gesättigt. Gieße die Kochsalzlösung in einen Plastikbecher. Einen zweiten füllst du gleich hoch mit Leitungswasser.
Stelle beide Gefäße ins Tiefkühlfach des Kühlschranks oder in die Tiefkühltruhe. Schaue alle 30 min nach, ob die Flüssigkeiten gefroren sind.

Führe diesen Versuch durch. Gib danach an, weshalb Kochsalz (Streusalz) bei Glatteis helfen kann.

7 Salzgewinnung aus Meerwasser

8 … und im Bergwerk …

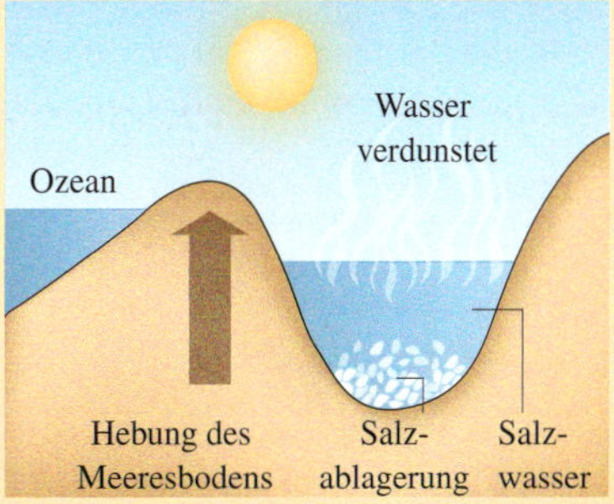

9 Entstehung der Salzlagerstätten

Aktion

Viermal Salz – ähnlich, aber doch verschieden ... 1

Wir untersuchen Salze

1

Wie aus einem Metall ein Salz entsteht ↑B2

a Wir füllen von dem Metall (z. B. Eisenpulver) eine Probe in ein Reagenzglas.

b Hinzu kommen 20 Tropfen verdünnte Salzsäure◇. Die Beobachtungen werden notiert.

c Wir verschließen das Reagenzglas. Den Inhalt schütteln wir vorsichtig auf und filtrieren ihn. Das Filtrat wird in einem Reagenzglas aufgefangen.

d Einen Tropfen des Filtrats geben wir auf den Objektträger und erhitzen ihn vorsichtig.

e Welche Erklärung gibt es für das, was beim Zugeben der Säure zu sehen war?

f Beschreibe den Rückstand auf dem Objektträger. Erkläre!

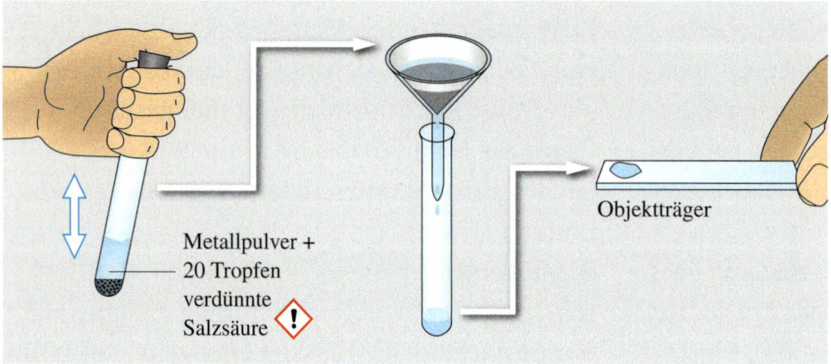

2

2

Wie aus einem Metalloxid ein Salz entsteht

a Wir füllen eine Spatelspitze Kupferoxid◇ in ein Reagenzglas. Dann tropfen wir ca. 30 Tropfen verdünnte Schwefelsäure◇ hinzu.

b Wir erhitzen das Gemisch über einer kleinen Flamme. ↑**B3**

c Wie sieht das Gemisch aus, wenn es etwas abgekühlt ist?

d Wir schütteln den Inhalt auf und filtrieren ihn. Das Filtrat fangen wir in einem Reagenzglas auf. Welche Farbe hat es?

e Wir geben einen Tropfen des Filtrats auf den Objektträger und erhitzen diesen vorsichtig über der Flamme. Beobachte dabei den Tropfen.

f Wir vergleichen den Inhalt des Reagenzglases vor und nach dem Erhitzen.

g Beschreibe den Rückstand. Wie könnte er entstanden sein?

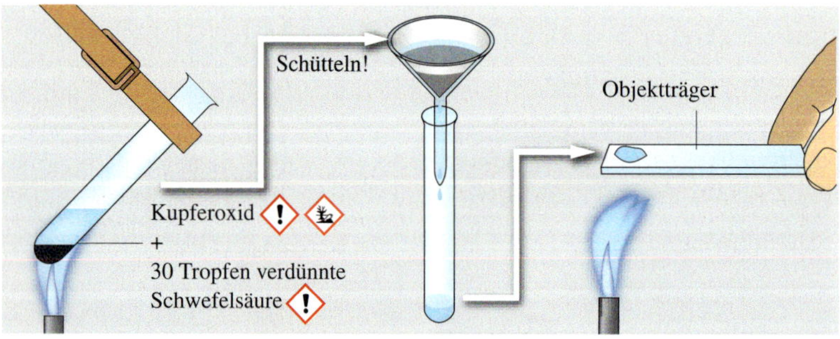

3

◇ verdünnte Salzsäure
verdünnte Schwefelsäure — Achtung! Gesundheitsgefährdend

◇ Kupferoxid — Achtung Gesundheitsgefährdend Umweltgefährdend

3

Was haben Mineraldünger mit Salzen zu tun?

Wir lösen einige Körner eines festen Düngemittels◇ in Wasser auf. Oder wir nehmen flüssigen Blumendünger.
Davon geben wir ein paar Tropfen auf eine flache Glasschale und lassen die Lösung verdunsten.
Schau dir den Rückstand genauer mit der Lupe an.

4

Kann man Mineralsalze in Pflanzen nachweisen?*

Pflanzen benötigen Mineralsalze zum Wachsen. Führe dazu den hier abgebildeten Versuch durch. ↑B4

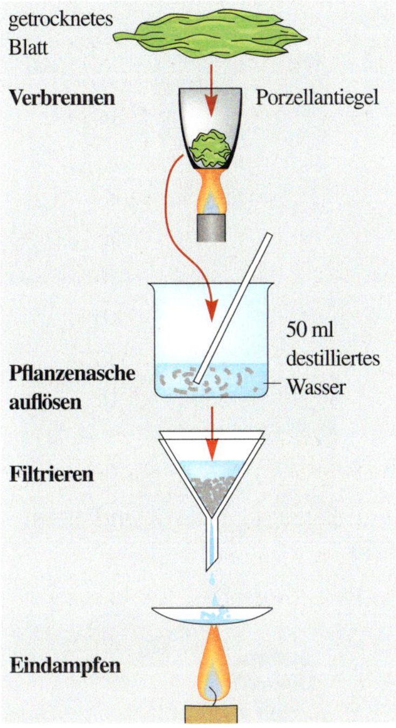

4

5

Wir untersuchen Früchte auf ihren Nitratgehalt*

a Wir schneiden eine Kartoffel (Möhre, Rettich) ein und legen ein Nitrat-Teststäbchen in den Einschnitt (siehe Kasten). Dann drücken wir sie 5 s lang zusammen und entfernen das Stäbchen. Nach 2 min vergleichen wir die Farbe der Testzone mit der Skala auf der Dose.

b Jetzt prüfen wir Obst- und Gemüsesäfte. Dazu pressen wir kleine Stücke von Obst und Gemüse in einer Knoblauchpresse aus. Wir verdünnen 2 ml des Saftes mit destilliertem Wasser auf 20 ml und prüfen die Flüssigkeit mit dem Teststäbchen. Der gefundene Wert muss noch mit dem Verdünnungsfaktor (hier 10) multipliziert werden, dann erhält man den Nitratgehalt des Saftes in mg/kg.

Der Einsatz von Teststäbchen

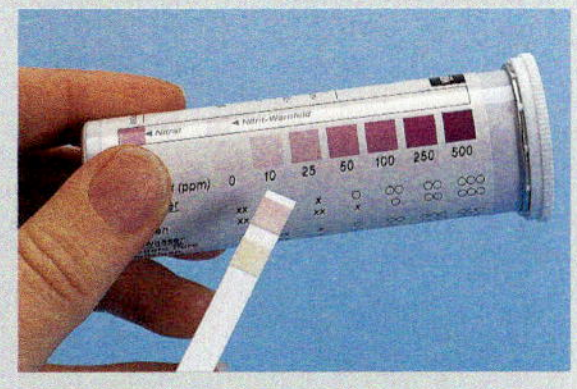

Manche im Wasser gelöste Stoffe kann man mithilfe von Teststäbchen nachweisen. Davon gibt es ganz unterschiedliche – jedes ist mit einer anderen Chemikalie getränkt.
Wird ein Teststäbchen in eine Flüssigkeit gehalten, verfärbt sich die Chemikalie – sofern die Flüssigkeit den Stoff enthält, für den das Stäbchen bestimmt ist. Dabei muss die Testzone des Stäbchens vollständig in die Flüssigkeit eingetaucht werden.
Die Farbe der Testzone wird mit der Farbskala verglichen.

6

Was bewirkt eine Nährlösung?*

Vorab werden Bohnen oder Maiskörner zum Keimen in eine Schale mit feuchtem Sägemehl gelegt. Wenn die Keimlinge ein paar Zentimeter lang sind, lassen wir einige in einer Nährlösung weiterwachsen. ↑B5
Die anderen Keimlinge setzen wir – zum Vergleich – in destilliertes Wasser.

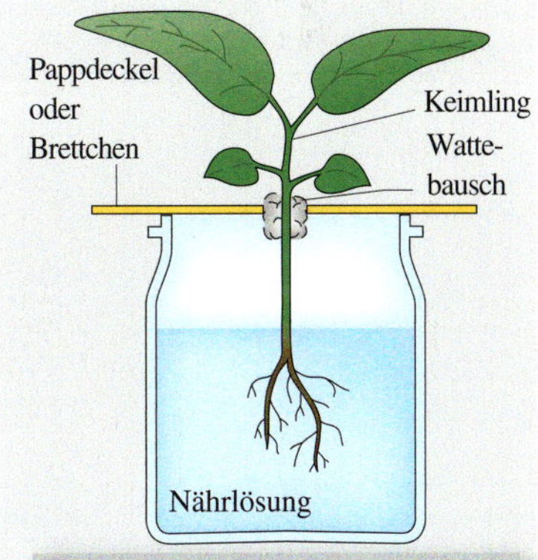

Tipp
Alle zwei Tage Luft durch die Flüssigkeit blasen!
Verdunstetes Wasser wieder ersetzen!

5

◇ Düngemittel

Gefahr
Brandfördernd
Achtung
Gesundheitsgefährdend

Fakten

Bildung, Zusammensetzung und Benennung von Salzen

Salz ist nicht gleich Salz Wenn wir von Salz sprechen, meinen wir meistens Kochsalz. Es gibt aber viele Stoffe mit ähnlichen Eigenschaften wie Kochsalz. Man bezeichnet sie alle als *Salze*.
Sämtliche Salze bilden Kristalle. Man kann die Salze z. B. an der Kristallform unterscheiden. ↑**B1–4**
Salze sind chemische Verbindungen eines Metalls mit einem Säurerest. Das kannst du aus den Namen der Salze ablesen (Tabelle).

1 Calcit

2 Steinsalz

3 Kupfersulfat

4 Fluorit

Einige Salze

Name des Salzes	*Chemische Formel*	*Umgangssprachliche Bezeichnung*	*Verwendung des Salzes*
Natriumchlorid	$NaCl$	*Kochsalz*	*Gewürz, Streusalz*
Kaliumnitrat	KNO_3	*Kalisalpeter*	*Dünger*
Kupfersulfat	$CuSO_4$	*Kupfervitriol*	*Desinfektionsmittel, Bekämpfung von Pilzkrankheiten im Obst- und Weinbau*
Calciumcarbonat	$CaCO_3$	*Kalk*	*Baustoff*
Magnesiumchlorid	$MgCl_2$	*Carnalit*	*Magnesiumherstellung*
Magnesiumsulfat	$MgSO_4$	*Bittersalz*	*Koniferendünger*
Calciumsulfat	$CaSO_4$	*Gips*	*Baustoff*

Salze: Zusammensetzung, Bildung, Benennung

Salze können bei unterschiedlichen Reaktionen entstehen

1. Aus dem Metall einer Lauge und dem Säurerest einer Säure
   Beispiel: Aus Natronlauge und Salzsäure entsteht Natriumchlorid.
   $NaOH + HCl \rightarrow NaCl + H_2O$
2. Aus dem Metall eines Oxids und dem Säurerest einer Säure
   Beispiel: Aus Kupferoxid und Schwefelsäure entsteht Kupfersulfat.
   $CuO + H_2SO_4 \rightarrow CuSO_4 + H_2O$
3. Aus einem Metall und dem Säurerest einer Säure
   Beispiel: Aus Zink und Salzsäure entsteht Zinkchlorid.
   $Zn + 2\,HCl \rightarrow ZnCl_2 + H_2$

Da unterschiedliche Metalle mit unterschiedlichen Säureresten verbunden sein können, gibt es eine große Anzahl von Salzen.

Salze bestehen aus einem Metall und einem Säurerest.

5 Kochsalzkristall

So wird der Name eines Salzes gebildet Der Name eines Salzes ist aus zwei Teilen zusammengesetzt: Der erste Teil wird von dem beteiligten Metall gebildet, der zweite vom Säurerest.
Beispiel: Ein Salz heißt Calciumcarbonat, weil es aus dem Metall Calcium und dem Säurerest der Kohlensäure (Carbonat) zusammengesetzt ist. Es ist das Calciumsalz der Kohlensäure. Weitere Beispiele findest du in der Übersicht unten.

Der Name eines Salzes richtet sich nach dem Metall und dem Säurerest, aus denen das betreffende Salz entstanden ist.

Die Benennung von Salzen

Dieses Salz …	*… besteht aus Metall und Säurerest:*			*Der Säurerest stammt aus dieser Säure:*
Zinkchlorid $ZnCl_2$	*Zink*	*$ZnCl_2$*	*Chlorid*	*Salzsäure HCl*
Eisensulfat $FeSO_4$	*Eisen*	*$FeSO_4$*	*Sulfat*	*Schwefelsäure H_2SO_4*
Calciumcarbonat $CaCO_3$	*Calcium*	*$CaCO_3$*	*Carbonat*	*Kohlensäure H_2CO_3*
Kaliumnitrat KNO_3	*Kalium*	*KNO_3*	*Nitrat*	*Salpetersäure HNO_3*
Natriumphosphat Na_3PO_4	*Natrium*	*Na_3PO_4*	*Phosphat*	*Phosphorsäure H_3PO_4*

Aufgaben

1 Sieh dir die Formeln in der Tabelle der linken Seite an. Welche Elemente sind an der Zusammensetzung der Salze beteiligt?

2 Ordne die Salze der obigen Tabelle nach ihrem Säurerest. Bilde Gruppen. Übertrage und ergänze dazu die nebenstehende Übersicht.

Säurerest	*Name des Salzes*	*Name der Säure*
Cl	*Natriumchlorid*	*Salzsäure*
NO_3	…	…
SO_4	…	…
CO_3	…	…

Ausblick

Salze als Düngemittel

1 Viele Nahrungsmittel auf möglichst kleiner Fläche – wie ist das zu schaffen?

Nahrung für 8 Milliarden Menschen? Hungersnöte gab es nicht nur früher. Auch heute müssen viele Menschen hungern und die Bevölkerung wächst weiter. Deshalb müssen möglichst viele pflanzliche Nahrungsmittel auf möglichst kleiner Fläche umweltverträglich produziert werden. ↑B1

Liebigs Entdeckung Um 1840 fand *Justus von Liebig* heraus, dass sich Pflanzen von Mineralstoffen ernähren. Die *Mineraldüngung* wurde eingeführt. Dadurch verbesserten sich die Ernteerträge. Das Diagramm ↑B2 zeigt den Zusammenhang zwischen der wachsenden Weltbevölkerung und dem Verbrauch von Düngemitteln.

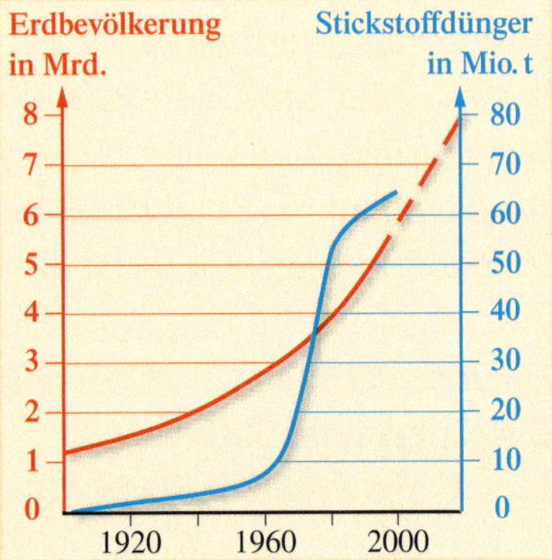

2 Bevölkerungsentwicklung und Einsatz von Düngemitteln

Salze – Nährstoffe für die Pflanzen Mineralsalze sind Nährstoffe der Pflanzen. Sie werden aus dem Erdboden aufgenommen. Zu den wichtigsten Mineralsalzen gehören die Nitrate (Stickstoffsalze), die Phosphate und die Kalisalze. ↑B3

Durch das Abernten der Pflanzen gehen die Mineralsalze, die sie aus dem Boden aufgenommen haben, verloren. Der Boden würde allmählich unfruchtbar werden, wenn sie ihm nicht wieder zugeführt würden. Deshalb wird gedüngt. Bei der Düngung werden z. B. Pflanzenreste, Asche, Gülle oder Mist untergepflügt. Kleinstlebewesen oder Bakterien zersetzen sie – und zurück bleiben die Mineralsalze. Bei der *Gründüngung* sät man Klee oder Lupinen aus – Pflanzen, die besonders reich an Stickstoffverbindungen sind. Mithilfe bestimmter Bakterien können sie Stickstoff aus der Luft aufnehmen. Wenn die Pflanzen danach untergepflügt werden, stellen sie einen Stickstoffdünger dar. Bis vor rund 160 Jahren war nur diese Düngung bekannt. Die Ernteerträge blieben gering; immer wieder gab es Hungersnöte, weil den Böden Mineralsalze fehlten.

Nitratgehalt von Lebensmitteln
hoch (1000–4000 mg/kg):
Chinakohl, Feldsalat, Kopfsalat, Radieschen, Spinat
mittel (500–1000 mg/kg):
Auberginen, Blumenkohl, Möhren, Rotkohl, Sellerie
niedrig (unter 500 mg/kg):
grüne Bohnen, Erbsen, Paprika, Kartoffeln, Tomaten

3 Nitratgehalt in Lebensmitteln

Wie viele Nährstoffe für die Pflanzen? Mineraldünger kann man heute genau dosieren. Dazu wird untersucht, welche Mineralsalze die Pflanzen benötigen und ob sie bereits im Boden enthalten sind. Pflanzen brauchen verschiedene Nährstoffe in unterschiedlicher Menge. Wenn das Verhältnis nicht stimmt, wird das Wachstum durch den Nährstoff begrenzt, an dem es am meisten mangelt. ↑**B4**
Auch *zu viel* Dünger kann den Pflanzen schaden. Außerdem wird der Überschuss an Mineraldünger durch Regenwasser gelöst und versickert im Boden. Dadurch wird das Grundwasser gefährdet.

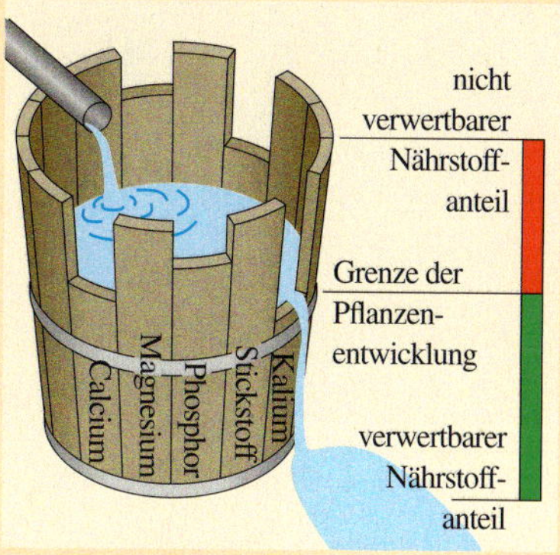

4 Die Höhe des Pflanzenertrags richtet sich nach dem in geringster Menge vorhandenen Nährstoff.

Gefahr durch Überdüngung Durch zu häufiges und zu starkes Düngen ↑**B5** gelangen überschüssige Phosphate oder Nitrate in Flüsse, Seen oder ins Grundwasser.
Phosphate sind die Nahrung für Pflanzen und damit für die Kleinstlebewesen im Wasser. Stehen zu viele Phosphate zur Verfügung, nehmen die Pflanzen und Kleinstlebewesen enorm zu. Sobald sie dann absterben, beginnen die Probleme: Bakterien, die ihren Abbau bewirken, verbrauchen den im Wasser gelösten Sauerstoff; es bilden sich giftige Gase, die zum Tod der meisten Kleinstlebewesen im Wasser führen. Man sagt: Das Gewässer kippt um. Damit wird es z. B. für die Trinkwassergewinnung unbrauchbar.

5 Düngung – zwar nötig, aber für die Umwelt nicht ganz ungefährlich …

Auch Fäkalien aus Toiletten enthalten große Mengen an Phosphaten. Die im Wasser gelösten Phosphate können zwar durch Kläranlagen mit einer chemischen Reinigungsstufe entfernt werden – doch chemische Reinigungsstufen sind nur dann vorgeschrieben, wenn das im Klärwerk gereinigte Wasser direkt in einen See fließt.

Aufgaben

1 Informiere dich über die gesundheitsschädlichen Auswirkungen einer zu hohen Nitrataufnahme.

2 Warum sollte ein Verzehr regionaler Produkte bevorzugt werden? („Erdbeeren zu jeder Jahreszeit" – wirklich so erstrebenswert?)

Aktion

1 Ammoniten (Muschelkalk)

3 Tropfsteinhöhle (Kalkstein)

Viermal Calciumcarbonat ...
↑B1–4

Calciumcarbonat (ein Salz der Kohlensäure) wird umgangssprachlich oft als *Kalk* oder *Kalkstein* bezeichnet.

2 Calcitkristall

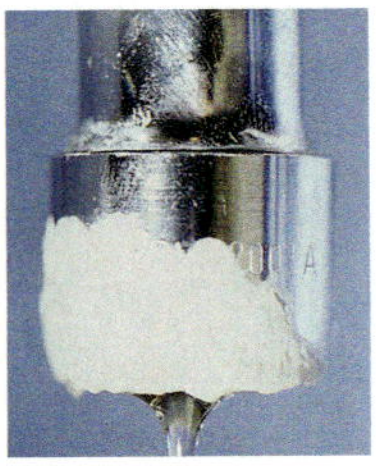

4 Verkalkter Wasserhahn

Wir untersuchen Kalk

1

Auf der Suche nach Kalk

a Sammle Stoffe, die Kalk (Calciumcarbonat) enthalten könnten: Granit, Kalkspat, Marmor, Kalkstein, Basalt, Sandstein, Ziegelstein, Muschelgehäuse, Perlmutt, Koralle, Eierschale, Schneckengehäuse.

b Gib auf deine Proben je einige Tropfen Essig◇ und beobachte!

2

Test mit Salzsäure

Wir geben einige Tropfen verdünnte Salzsäure◇ auf Stoffe, die Calciumcarbonat enthalten (siehe Versuch 1).
Ordne die überprüften Stoffe nach ihrer Herkunft in tierische und mineralische Stoffe. Gibt es zwischen den Gruppen Unterschiede?

3

Ist Kalk wasserlöslich? ↑B5

a Ein Becherglas ist zu zwei Dritteln mit destilliertem Wasser gefüllt. Ein kleines Stück Kalk wird in einer Reibschale fein zermahlen und in das Wasser gegeben. Löst sich der Kalk im Wasser?

b Wir leiten unter ständigem Umrühren Kohlenstoffdioxid in das destillierte Wasser. (Du weißt, dass Wasser mit Kohlenstoffdioxid zu Kohlensäure reagiert.) Löst sich der Kalk nun?

c Filtriere die Lösung. Lass etwas davon auf einem Uhrglas verdunsten. Vergleiche mit Leitungswasser.

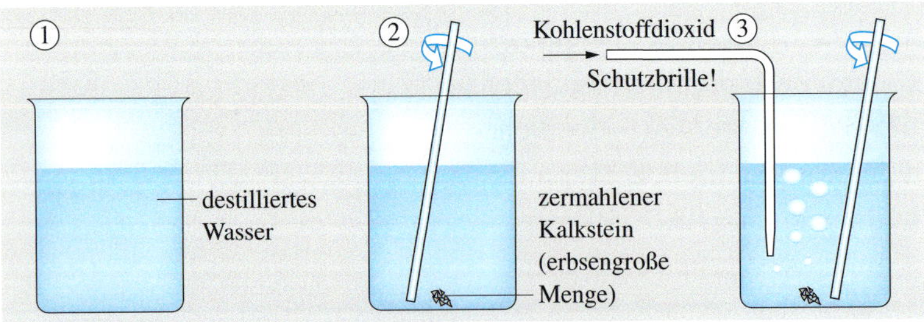

5

◇ verdünnte Essigsäure
verdünnte Salzsäure
Kalkwasser

Achtung!
Gesundheitsgefährdend

◇ Branntkalk

Gefahr!
Ätzend

4
Vom Calciumcarbonat zurück zum Calciumcarbonat*

Materialien: 1 Uhrglasschale, 1 Pipette, 1 Glasstab (schwarz lackiert); verdünnte Salzsäure◇ (10- bis 2 %ig, Calciumcarbonat, Kalkwasser◇)

a Salzsäure wird auf Calciumcarbonat gegeben. Dann wird geprüft, ob das frei werdende Gas Kohlenstoffdioxid ist. ↑**B6**
Welche Veränderungen des Kalkwassers am Glasstab sind zu beobachten?

b Wie müssen die folgenden Sätze lauten?
„Wenn Calciumcarbonat mit … zersetzt wird, entsteht …"
„Calciumcarbonat entsteht, wenn … mit … reagiert."

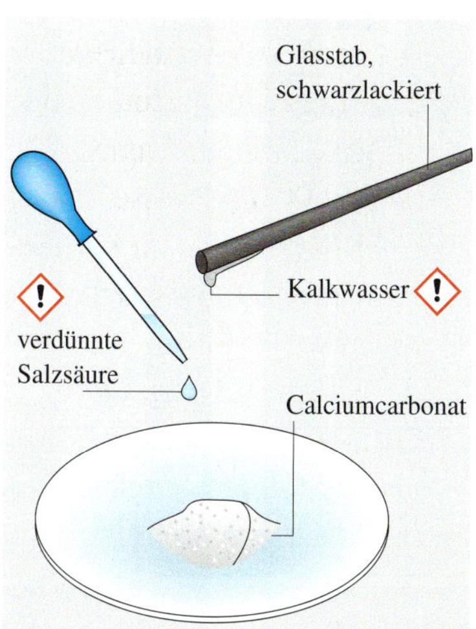

6

5
So stellen wir Kalkmörtel her*

a Wir schütten 20 g pulverförmigen Branntkalk (CaO)◇ oder Weißkalk in ein Becherglas (Schutzbrille!). Dann gießen wir nach und nach 70 ml Wasser hinzu.

b Wasser und Branntkalk verrühren wir zu einem glatten Kalkteig (Vorsicht vor Spritzern!). Bis zur Weiterverarbeitung bleibt der Kalkteig mindestens 12 Stunden lang ruhig stehen.

c Danach wird der Kalkteig mit der dreifachen Menge Bausand zu Kalkmörtel vermischt.

d Wir füllen drei Streichholzschachteln mit Kalkmörtel. ↑**B7**

e Mit dem übrig gebliebenen Mörtel mauern wir zwei Ziegelsteine aneinander.

7

6
„Hartes" Wasser

a Fülle in ein Reagenzglas 3 ml destilliertes Wasser. Gib mit einer Pipette tropfenweise Seifenlösung hinzu und schüttle das Glas. ↑**B8**

b Wiederhole den Versuch mit 3 ml Leitungswasser und dann mit 3 ml Mineralwasser ohne Kohlensäure. Vergleiche die Ergebnisse.

c Sieh dir das Etikett des Mineralwassers genau an. Nenne mindestens zwei Salze, die im Mineralwasser gelöst sein könnten.

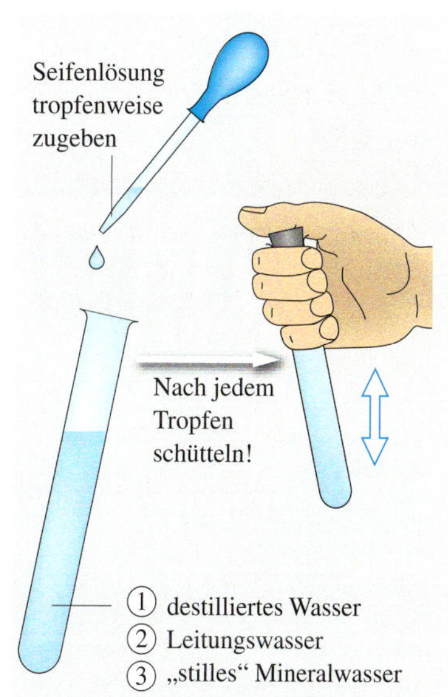

8

Kalk und Gips – zwei Salze, aus denen Gebirge bestehen

Kalk – ein Salz der Kohlensäure Kalk (Calciumcarbonat, $CaCO_3$) ist ein Salz der Kohlensäure (H_2CO_3). Beispiele für weitere Carbonate sind Natriumcarbonat (Soda; Na_2CO_3), das zur Glasherstellung gebraucht wird, und Kaliumcarbonat (Pottasche; K_2CO_3), das man oft beim Backen verwendet.
Alle Carbonate haben als Säurerest den Carbonatrest CO_3. Man erkennt Carbonate an den Gasblasen, die bei Zugabe von Salzsäure aufsteigen, weil Kohlenstoffdioxid entsteht. Dieses gemeinsame Merkmal der Carbonate dient als ihr Nachweis:
Bei Zugabe von verdünnter Salzsäure in ein Carbonat entsteht Kohlenstoffdioxid. ↑**B1**

1

Hartes und weiches Wasser In der Natur begegnet uns *Calciumcarbonat* (Kalkstein) auch als Gebirge oder Felsen. ↑**B2** Es ist in reinem Wasser nur schwer löslich. In Wasser, das Kohlenstoffdioxid enthält (Kohlensäure), löst es sich dagegen besser.
Dabei entsteht ein anderes Carbonat: das lösliche *Calciumhydrogencarbonat*. Du kennst es als Bestandteil von hartem Wasser. An den Reagenzgläsern rechts siehst du, wie weiches Wasser und hartes Wasser auf das Hineintropfen von Seifenlösung reagieren: Die Mischung bildet beim Schütteln mit weichem Wasser sofort weißen Schaum. ↑**B3** Mit hartem Wasser dagegen entsteht Kalkseife. ↑**B4** Diese bildet auch den schmierigen grauen „Rand" im Waschbecken oder in der Badewanne.

2 Kalk in großem Stil: Kalksinterterrassen in Pamukkale (Türkei)

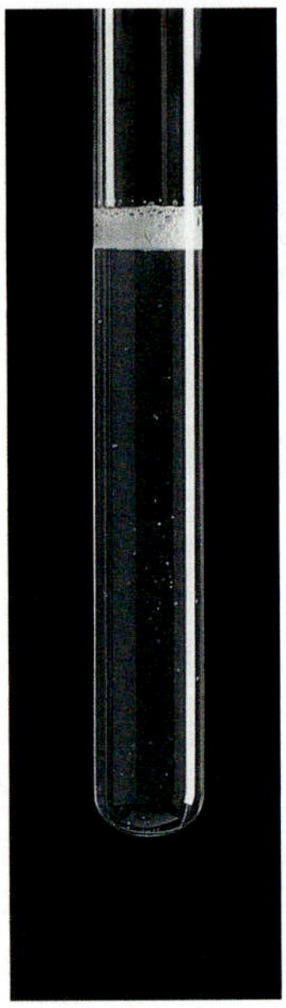

3

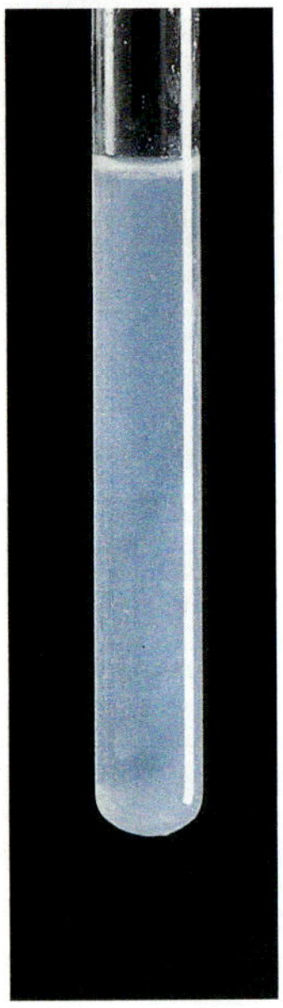

4

5 Marienglas formt diese größten Kristalle der Welt (Höhle von Naica, Mexiko).

6 Figur aus Gips

Gips – ein Salz der Schwefelsäure Gips (Calciumsulfat, Formel: $CaSO_4$) ist ein Salz der Schwefelsäure (H_2SO_4).
Gips kommt in der Natur als Gestein oder als Mineral vor, z. B. im Harz und im Thüringer Wald. ↑**B5**

Werkstoff Gips *Marienglas* ist Calciumsulfat mit Kristallwasser. Durch Erhitzen (Brennen) wird das Kristallwasser ausgetrieben. So entsteht das weiße Pulver Gips, das man in Baumärkten kaufen kann. Wenn man das Gipspulver mit Wasser anrührt, wird der Gips wieder fest. Gips wird vielseitig als Werkstoff verwendet. ↑**B6–10**

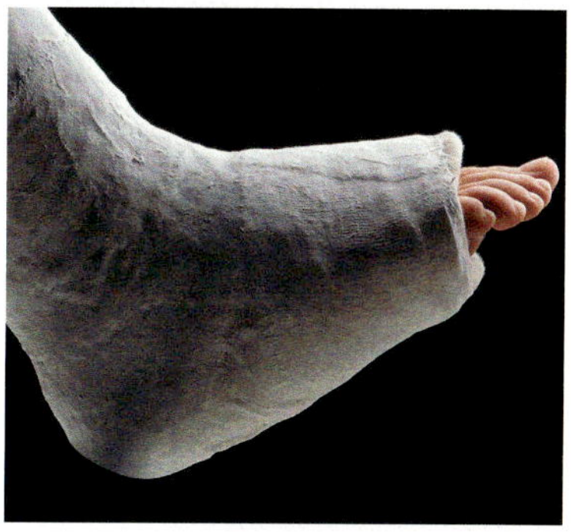

7 Gips beim Beinbruch

8 Vergipsen von Löchern

9 Deckenplatten aus Gipskarton

10 Stuck aus Gips in Barockschloss

Aufgaben

1 Carbonate werden durch Säuren zersetzt. Wie kann man das Kohlenstoffdioxid nachweisen, das dabei entsteht?

2 Beim Nachweis von Kohlenstoffdioxid entsteht ein Salz. Beschreibe die Reaktion.

3 Calciumcarbonat kann man auch als „Baumeister Kalk“ bezeichnen. Das trifft in der Natur zu und in der Technik. Wie ist das wohl gemeint?

4 Welche Eigenschaften des Gipses eignen sich besonders gut für seine vielfältige Verwendung als Baustoff?

5 Gips ist nicht nur Baustoff. Wofür wird er noch verwendet?

Ausblick

Kalkkreisläufe

Der natürliche Kalkkreislauf Kalk ist schwer lösliches Calciumcarbonat. Wenn (Regen-)Wasser und Kohlenstoffdioxid aus der Luft beständig auf Kalk einwirken, entsteht daraus gut lösliches Calciumhydrogencarbonat. Der Kalk wird so nach und nach aufgelöst und weggespült.

Das kalkhaltige Wasser gelangt auf diese Weise durch die Flüsse vom Kalkgebirge zu den Seen und Meeren. Dort bauen Meerestiere (Muscheln, Schnecken und Korallen) ihre Kalkgehäuse daraus auf. Das Calciumhydrogencarbonat wird damit wieder zu Calciumcarbonat.

Wenn die Meeresorganismen absterben und verwesen, sinken die Kalkschalen und Kalkgehäuse auf den Meeresboden. Dort bilden sie mächtige Ablagerungen. Wenn sich z. B. bei Erdbeben der Meeresboden hebt, können neue Kalkgebirge entstehen.

Kalkablagerungen und Korallen können überdauern, bis sie durch Veränderungen in der Erdkruste wieder an die Oberfläche gelangen. So können erneut kalkreiche Landschaften und Gebirge entstehen. Auch sie werden wieder verwittern. Wir sprechen von einem *natürlichen Kalkkreislauf*.

Wie sich in kalkreichen Gebirgen Tropfsteinhöhlen bilden, zeigen die Abbildungen. ↑**B1–2** 264-1

1 Tropfsteinhöhle

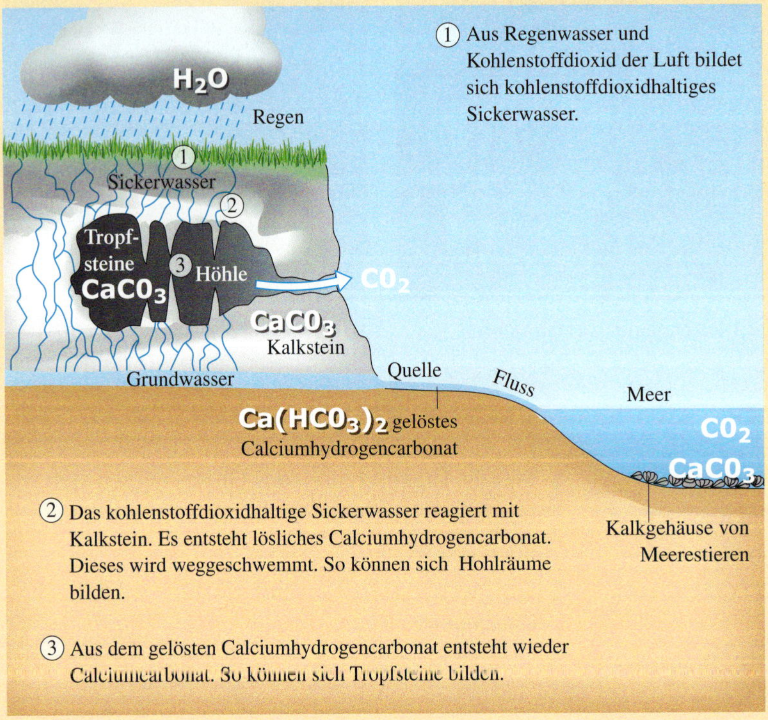

2 Tropfsteinhöhle (schematisch)

Der technische Kalkkreislauf Hast du schon einmal einem Maurer zugesehen? Stein auf Stein fügt er aufeinander. Dazwischen kommt jeweils eine Schicht Mörtel. ↑**B3** Was ist eigentlich Mörtel?

3 Mörtel auf der Baustelle

4 Kalkstein im Steinbruch

Der Kalk auf der Baustelle wird von Baufachleuten *Löschkalk* genannt. Chemiker würden *Calciumhydroxid* dazu sagen. Du kennst ihn – in Wasser gelöst – als Calciumlauge oder Kalkwasser.

Der Löschkalk wird in mehreren Schritten aus Kalkstein ↑**B4** gewonnen:

- *Brennen:* Zuerst wird der Kalkstein in Brennöfen stark erhitzt. Dabei zerfällt er in Branntkalk (Calciumoxid) und Kohlenstoffdioxid.
- *Löschen:* Der Branntkalk wird mit Wasser „gelöscht" (daher der Name „Löschkalk"). Dadurch wird aus dem Calciumoxid das Calciumhydroxid.
- *Abbinden, Aushärten:* Der Löschkalk wird mit weiterem Wasser zu einem streichbaren Brei verrührt. ↑**B5** Dazu kommt noch etwa die dreifache Menge Sand – und fertig ist der Mörtel.

Der Sand ist nötig, weil der Kalkbrei allein nicht porös genug wäre; er soll nämlich Kohlenstoffdioxid aus der Luft aufnehmen und dabei Wasser abgeben. Dadurch wird der Mörtel fest; man sagt, er „bindet ab". Auf diese Weise wird er wieder zu Kalkstein.
Bei diesem Vorgang läuft eine chemische Reaktion ab. Du kennst sie bereits als Nachweis für Kohlenstoffdioxid:
Aus dem Calciumhydroxid und dem Kohlenstoffdioxid wird wieder Calciumcarbonat. ↑**B5–6**

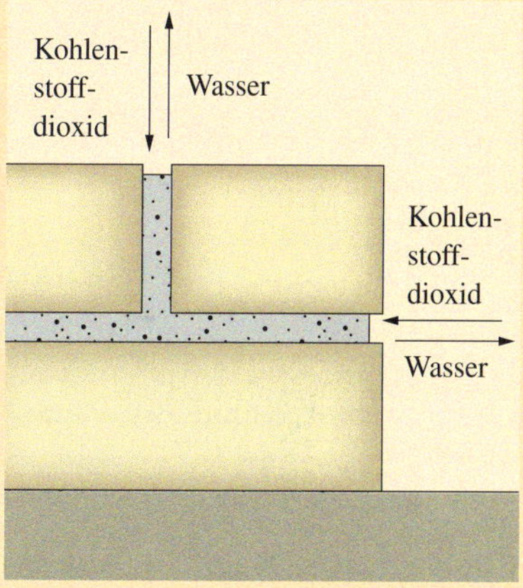

5 Abbinden von Löschkalk

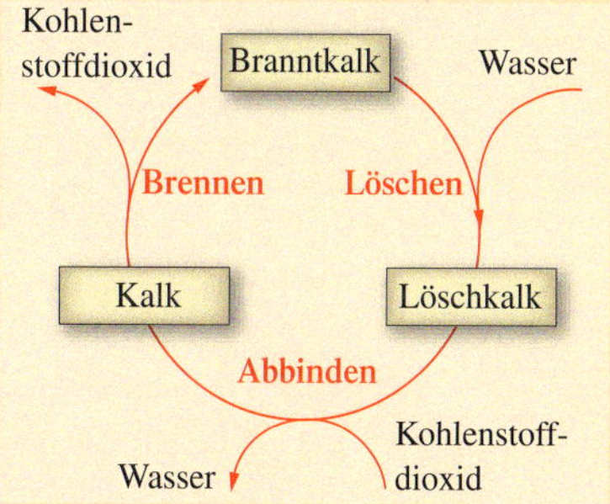

6 Der technische Kalkkreislauf

Wissen & Training

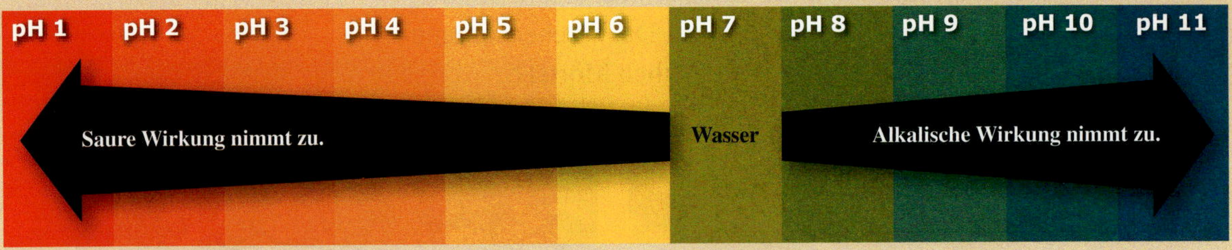

→ Säuren und Laugen werden durch Universalindikator angezeigt. ↑S. 232

Säuren, Laugen und Salze auf einen Blick

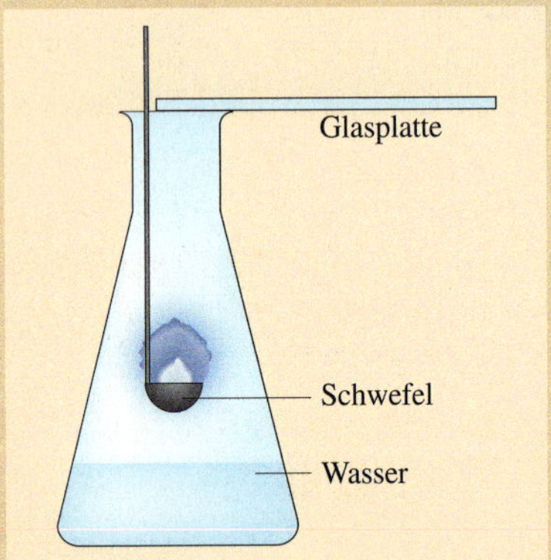

↓ Einige *Säuren* entstehen, wenn ein Nichtmetalloxid mit Wasser reagiert. ↑S. 236

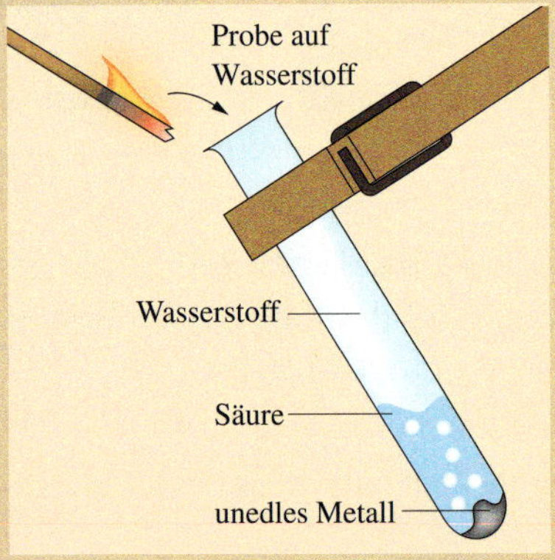

↓ Säuren reagieren mit unedlen Metallen und zersetzen sie. Wasserstoff wird frei. ↑S. 237

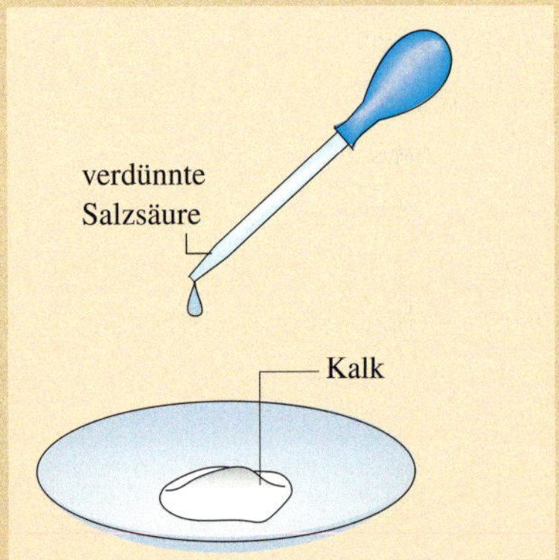

↓ Säuren reagieren mit Kalk. Dabei wird Kohlenstoffdioxid frei.

Alle Säuren enthalten *Wasserstoffatome*. Sie bewirken die saure Reaktion.

→ Einige *Laugen* entstehen, wenn ein Metall oder Metalloxid mit Wasser reagiert.

→ Sämtliche Laugen enthalten *Hydroxidgruppen (OH-Gruppen)*. Sie bewirken die alkalische Reaktion. Zwei wichtige Laugen sind: Natronlauge – NaOH *und Calciumlauge* – $Ca(OH)_2$. ↑S. 242

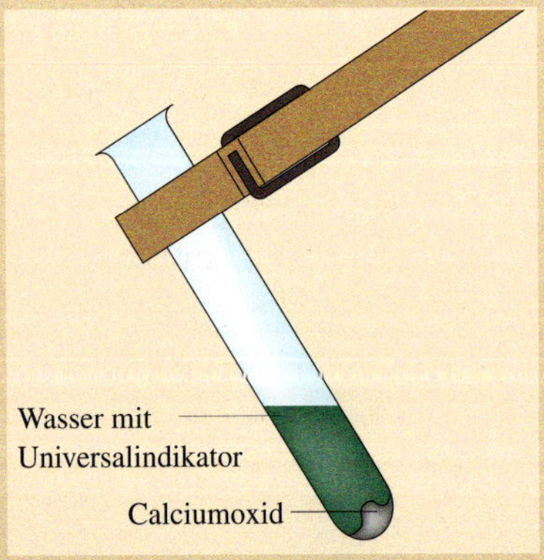

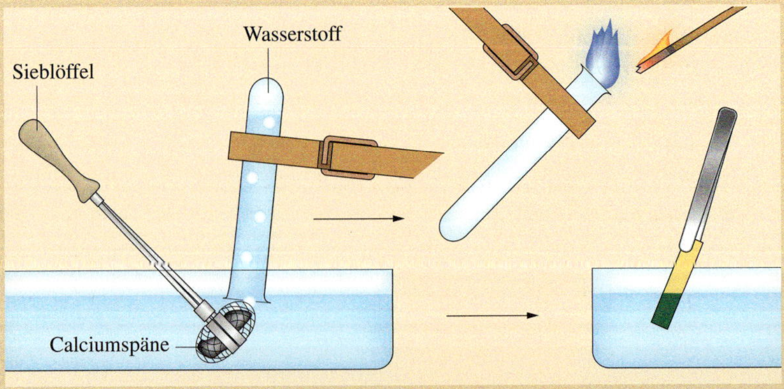

→ **Wenn eine Säure mit einer Lauge reagiert, kann eine neutrale Lösung entstehen. Dabei bilden sich aus Wasserstoffatomen der Säure und OH-Gruppen der Lauge Wassermoleküle. Diese Reaktion nennt man *Neutralisation.*** ↑ S. 250

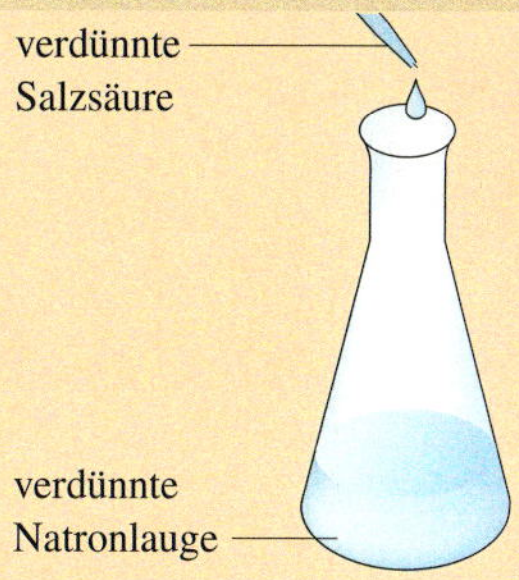

Salzsäure + Natronlauge ⟶ Wasser + Natriumchlorid

$HCl + NaOH \longrightarrow H_2O + NaCl$

↓ **Salze sind aus Metallatomen und Säurerestgruppen zusammengesetzt.** ↑ S. 257
Wichtige Salze sind:
Kochsalz (Natriumchlorid, NaCl)
und Kalk (Calciumcarbonat, $CaCO_3$).

→ **Oxide, Säuren, Laugen und Salze hängen zusammen.**

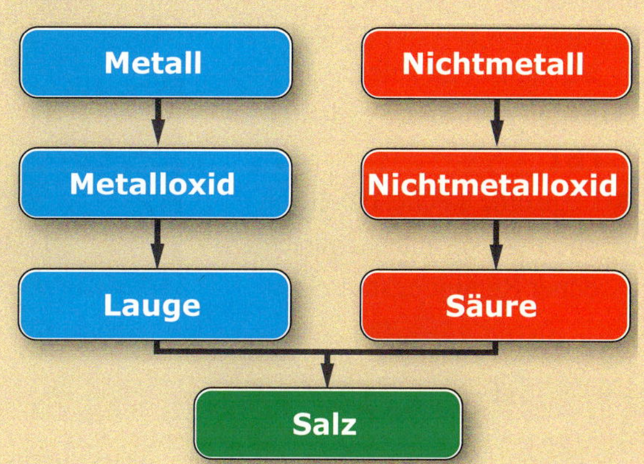

Alles klar?

1 Erkläre den Zusammenhang zwischen Kohlenstoffdioxid und Kohlensäure.

2 Salzsäure erfüllt zwei wichtige Aufgaben im Magen des Menschen. Nenne sie.

3 Beschreibe verschiedene Methoden, mit denen man Säuren nachweisen kann.

4 Wenn konzentrierte Schwefelsäure mit „organischen Stoffen“ wie Holz, Fleisch oder Zucker reagiert, verkohlen diese, weil Schwefelsäure „begierig“ Wasser an sich zieht. Wasser und Verkohlen – ist das nicht ein Widerspruch? Erkläre!

5 Calciumlauge kann man auf zweierlei Weise herstellen. Stelle für diese Reaktionen jeweils die Wortgleichung auf.

6 Der pH-Wert einer Lösung kann durch Verdünnen oder durch Eindampfen der Lösung verändert werden. Erläutere diese Aussage.

7 Man kann sagen: „Salz ist nicht gleich Salz.“ Erläutere diese Aussage.

8 Wenn Schwefelsäure („Batteriesäure“) auf ein Aluminiumblech tropft, wird das Blech „zerfressen“. Beschreibe die chemische Reaktion.

9 Calciumcarbonat (Kalk) ist ein Salz, das von Säuren zersetzt werden kann. Welche Bedeutung hat das in der Natur und welche beim Bau?

10 Eine Lösung hat den pH-Wert 4. Womit könnte man sie neutralisieren?

11 Erkläre den Begriff „Neutralisation“.

12 Ein Schüler hat eine Säure mit einer Lauge vermischt. Er meint: „Davon könnte ich ruhig einen Schluck trinken – der Universalindikator zeigt ja eine neutrale Flüssigkeit an.“ Welche Gefahr hat er übersehen?

Teste dich!

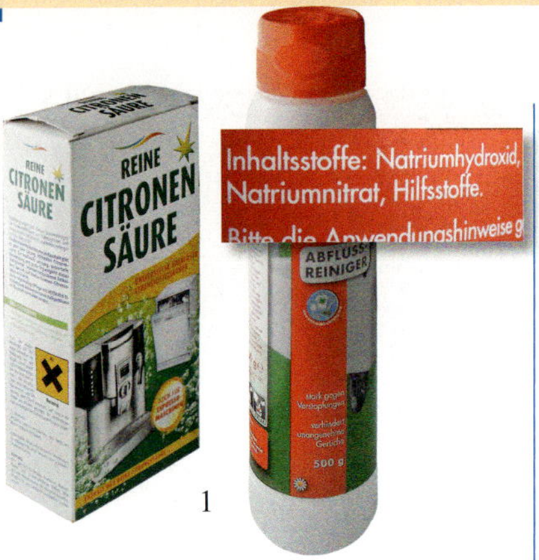

1

1 Reinigungsmittel
Aus den Inhaltsangaben auf Etiketten von Reinigungsmitteln kannst du ablesen, ob eine Lauge oder Säure enthalten ist. ↑**B1**

a Lege eine solche Tabelle an und fülle sie anhand verschiedener Reinigungsmittel aus.

Name	*Verwendung als*	*Enthaltene Säure/Lauge*
…	…	…

b Erläutere, inwiefern Eigenschaften der Inhaltsstoffe bei der Verwendung genutzt werden.

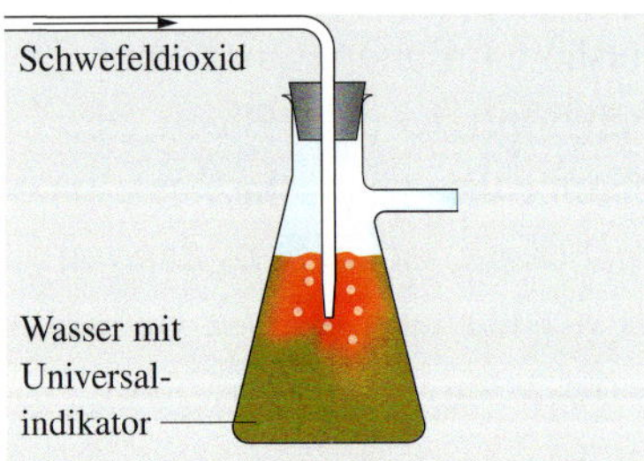

2

2 Säurebildung

a Wasser wurde mit Universalindikator angefärbt. Beim Einleiten von Schwefeldioxid wird die Lösung rot. ↑**B2** Erläutere die Reaktion.

b Nenne weitere Oxide, die die gleiche Reaktion bewirken, sowie die Reaktionsprodukte, die dabei entstehen.

3 Säurewirkung

a Beschreibe die chemische Reaktion, die zur Zersetzung der Steinfigur geführt hat. ↑**B3**

3

b Nenne Möglichkeiten, solche Wirkungen einzuschränken oder zu verhindern.

4 Laugenbildung

a Wasser wurde mit Universalindikator angefärbt. Bei Zugabe von Calciumoxid wird die Lösung blau. ↑**B4** Erläutere die Reaktion.

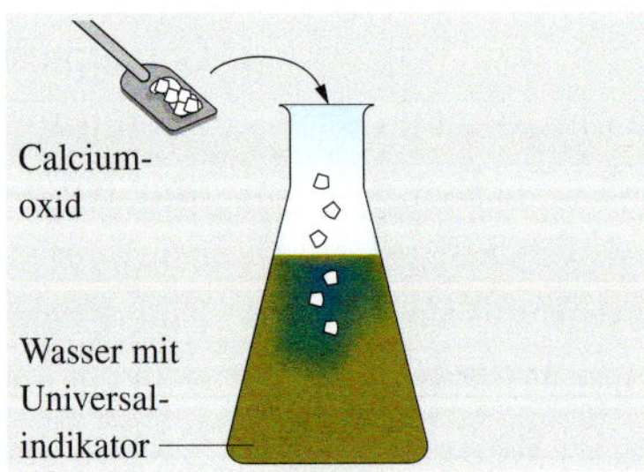

4

b Beim Einleiten von Kohlenstoffdioxid in das Reaktionsprodukt wird die Lösung trüb. Erkläre diese Erscheinung.

5 Erste Hilfe
Auf Etiketten von Reinigungsmitteln stehen meist Gefahrenhinweise. ↑**B5**

5

a Erläutere die Bedeutung dieses Zeichens.

b Beschreibe Vorsichtsmaßnahmen, die du als Anwender beachten musst.

c Als erste Hilfe bei Verätzungen mit Säuren oder Laugen soll mit viel Wasser gespült werden. Erkläre, was „chemisch" damit erreicht wird.

d Bei Säureunfällen setzt die Feuerwehr viel Wasser oder Kalk ein. Erläutere diese Maßnahme.

6 Neutralisation
Chemiebetriebe müssen ihr Abwasser selbst reinigen, bevor es in öffentliche Gewässer leitet wird.

a Beschreibe, wie man erreichen kann, dass das Abwasser neutral ist.

b Damit sind noch nicht alle Gefahren beseitigt. Erläutere diese Aussage.

c Nenne Folgen, die ungenügend gereinigtes Wasser verursachen kann.

7 Salz aus einem Metalloxid
Salzsäure kann als „Lötwasser“ zum Reinigen von oxidiertem Kupferdraht dienen.

a Welche Eigenschaft der Salzsäure wird dabei genutzt?

b Nenne das Salz, das aus Kupferoxid entsteht. Schreibe die Wortgleichung für diese Reaktion auf.

8 Salz aus einem Metall
Säuren haben auf unedle Metalle eine verheerende Wirkung.

a Beschreibe die chemische Reaktion, die dabei abläuft.

b Nenne die Reaktionsprodukte, die dabei entstehen.

6

9 Salzbildungen ↑**B6**
Du hast drei Möglichkeiten der Salzbildung kennengelernt.

a Beschreibe sie anhand von Beispielen.

b Nenne Gemeinsamkeiten und Unterschiede der Salzbildungsreaktionen.

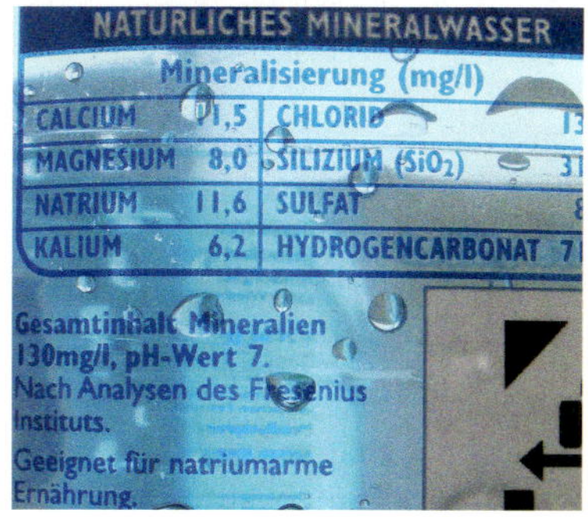

7

10 Mineralwasser ↑**B7**

a Erläutere den Begriff Mineralien.

b Was sagt der pH Wert 7 über das Mineralwasser aus?

c Recherchiere, für welche Menschen eine natriumarme Ernährung von Bedeutung ist.

› Die Lösungen findest du im Anhang.

Ordne dazu deiner Lösung im Heft ein Smiley zu:
☺ Ich habe die Aufgabe richtig lösen können.
😐 Ich habe die Aufgabe nicht komplett lösen können.
☹ Ich habe die Aufgabe nicht lösen können.

Schätze deine Kenntnisse und Fähigkeiten ein.

Aufgabe	Ich kann …	Hilfe findest du auf Seite …
1	… erkennen, ob Haushaltschemikalien Säuren oder Laugen enthalten.	232 f.
2	… die Bildung von sauren Lösungen erläutern.	236 ff.
3	… die Wirkung von Säuren auf die Umwelt beschreiben.	237 ff.
4	… die Bildung von alkalischen Lösungen erläutern.	242 f.
5	… Maßnahmen nennen, die bei Unfällen mit Säuren oder Laugen als erste Hilfe angewendet werden müssen.	236 f.
6	… die Bildung von Salzen bei der Neutralisation erklären.	242 f.
7	… die Bildung von Salzen bei der Wirkung von Säuren auf Metalloxide erklären.	256 f.
8	… die Bildung von Salzen bei der Wirkung von Säuren auf unedle Metalle erklären.	256 f.
9	… verschiedene Arten der Salzbildung unterscheiden.	256 f.
10	… erkennen, welche Salze in einem Mineralwasser gelöst sein können.	256 f.

1

2

Flug und Fliegen

Fliegen wie ein Vogel – ein uralter Traum der Menschheit. ↑B1–4
Doch erst 1891 gelang es Otto Lilienthal, sich für einen kurzen Segelflug in die Luft zu erheben. Er hatte durch seine Beobachtung von Vogelflügeln das Geheimnis des Segelflugs entdeckt.
Heute wundert sich kaum noch jemand, wenn tonnenschwere Fluggeräte vom Erdboden abheben.

3

Das Thema Fliegen eignet sich wegen seiner Fülle von Teilthemen gut zur Erarbeitung im Rahmen eines Projekts.

4

Projektideen

- Fliegen in der Natur: Samen, Insekten, Vogelflug
- Wie erzeugt man einen Auftrieb?
- Die ersten Fluggeräte der Menschheit
- Von Lilienthals Segelflug zum modernen Großraumflugzeug
- Die Bedeutung des Luftwiderstands fürs Fliegen
- Antriebe: Kolbenmotor mit Propeller, Strahltriebwerk, Turbo-Prop
- Flughäfen, Luftstraßen, Flugsicherheit ...
- Umweltbelastungen durch den Flugverkehr
- Billigflieger: Fluggesellschaften im Wettbewerb
- Berufe rund ums Fliegen und um Flugzeuge
- Wir bauen Ballons und Modellflugzeuge.

Um Informationen zu beschaffen, könnt ihr vielleicht einen Segelflugplatz oder einen Flughafen besuchen.
Oder ihr ladet einen Segelflieger oder einen Modellflieger in die Schule ein (Kontakt über den Deutschen Aeroclub, www.daec.de oder den Deutschen Modellfliegerverband, www.dmfv.de)

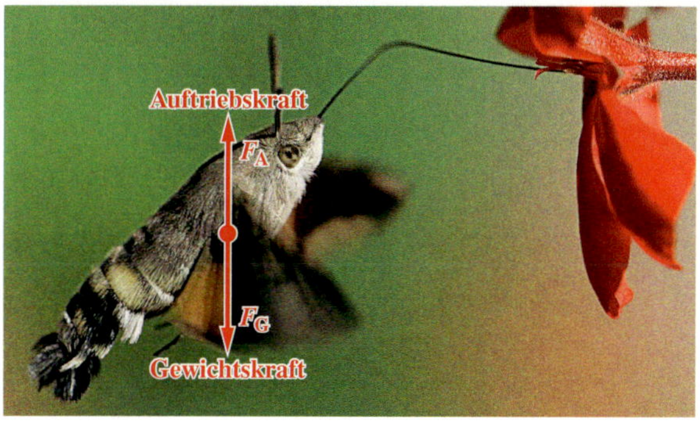

5

6

Wer fliegen will, hat ein Problem: die Anziehungskraft der Erde auf seine eigene Masse. Wer sich in der Luft halten will, braucht zur Gewichtskraft (F_G) eine gleich große, aber nach oben gerichtete Auftriebskraft (F_A). Das gilt für Vögel und Insekten genauso wie für einen 70 t schweren Airbus.

Erste Flugversuche

1

Ein „Streichholz-Hubschrauber" ↑B7

a Schneide aus einem Joghurtbecher einen Streifen (1). Verdrehe den Kunststoffstreifen über einer Flamme zu einem Propeller (2). Seine Enden erhalten dadurch ihren *Einstellwinkel*.
Starte das fertige Modell (3) durch Andrehen mit den Fingern.

b Baue Modelle für Rechts- und Linksdrehung.

c Beschreibe, wie man einen Vorwärtsflug erreicht.

2

Wiegen in der Luft? www 271-1

a Legt eine Pappscheibe auf eine empfindliche Waage und stellt diese auf null.

b Bestimmt das Gewicht eines Modell-Hubschraubers. ↑B8
Lasst ihn anschließend in geringer Höhe über der Pappscheibe schweben.
Beschreibt eure Beobachtungen und sucht dafür eine Erklärung.

c Was ändert sich, wenn der Hubschrauber vor dem Flug auf der Scheibe festgeklebt wird?

3

Umgelenkter Gegenwind

Auftrieb gibt es auch, wenn eine bereits vorhandene Luftströmung von einer Tragfläche nach unten umgelenkt wird. ↑B9
Verändert in einer Versuchsreihe die Strömungsgeschwindigkeit des Gebläses, den Anstellwinkel (die Schrägstellung der Fläche), das Profil der Tragfläche (mit und ohne Wölbung). Protokolliert die Messergebnisse und wertet sie aus.

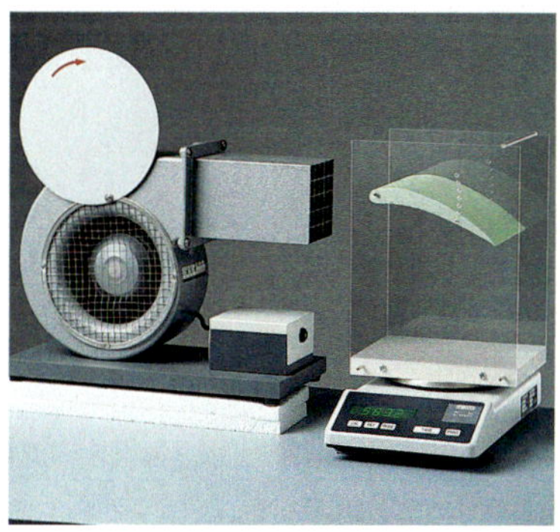

9

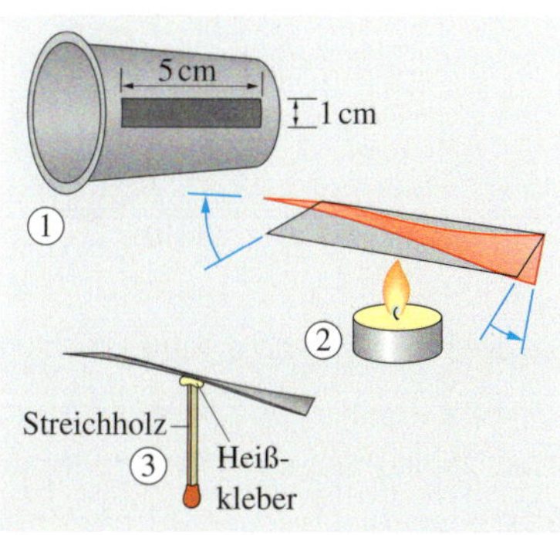

7

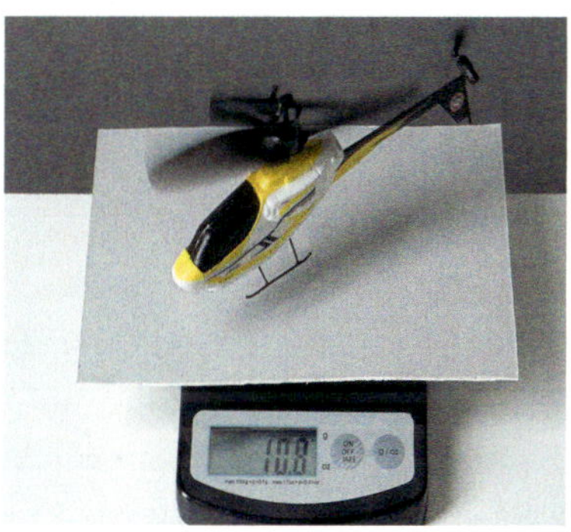

8

Das Geheimnis des Fliegens

Otto Lilienthal fand als Erster heraus, warum Möwen und Störche in der Luft lange Zeit ohne Flügelschlag segeln können: durch Gegenwind und die Form ihrer Flügel. ↑**B1**
Die folgenden Versuche könnt ihr auch *zu Hause* durchführen. Beschreibt danach das Geheimnis des Fliegens mit eigenen Worten.

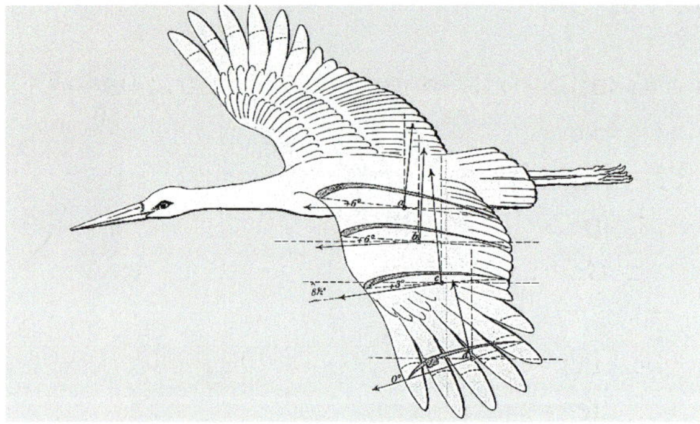
1 Fliegender Storch, von Otto Lilienthal gezeichnet (1874)

1

Postkarten in Luftströmungen

Versuchsgeräte:
2 Postkarten, 1 Lineal, Büroklammern, 2 Stricknadeln (Drähte, Stifte)
Versuchsdurchführung:

a Knicke den Rand einer Postkarte über ein Lineal. Blase dann flach über die ebene Karte hinweg. ↑**B2**
b Ziehe eine Postkarte so über die Tischkante, dass sie eine Wölbung bekommt. Blase dann wieder über die Karte hinweg.
c Beschwere den freien Rand der Karte zusätzlich mit Büroklammern. Blase über die Karte. ↑**B3**
d Hänge zwei gewölbte Karten über Stricknadeln und puste zwischen ihnen hindurch. ↑**B4**

Versuchsauswertung:
Übertrage die Bilder vereinfacht in dein Heft. ↑**B2–4**
Zeichne mit dünnen Pfeilen die Luftströmung ein.
Gib mit dicken Pfeilen an, in welche Richtung sich die Postkarten bewegt haben.

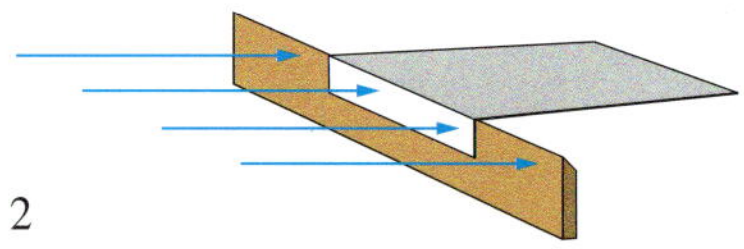
2

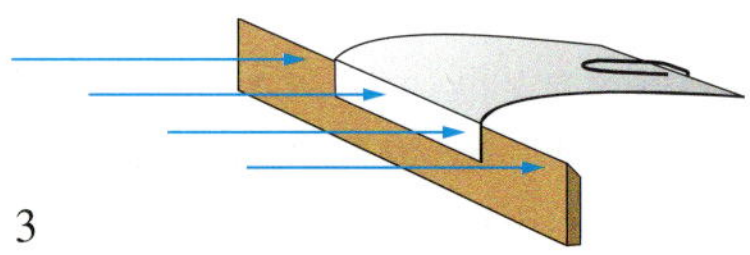
3

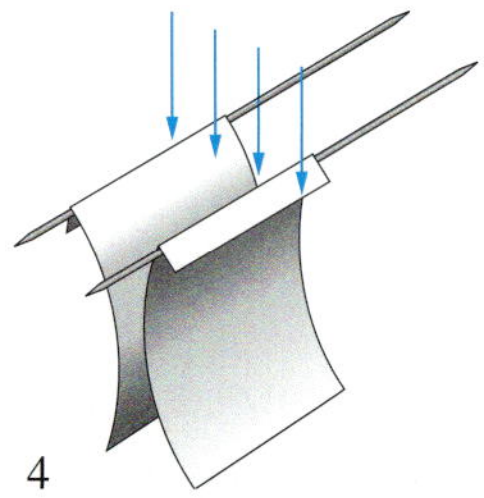
4

2

Luftballone in Luftströmungen

Versuchsgeräte:
Luftballons, Fäden, Klebefilm, Büroklammern, Haartrockner (mit Kaltluft)
Versuchsdurchführung:

a Ein Ballon wird mit einem Faden auf dem Tisch befestigt. Er soll vom Tisch hochgeblasen werden. ↑**B5**
b Ein mit Büroklammern beschwerter Ballon kann frei in der Luft hängen, ohne herunterzufallen. ↑**B6**

Übe eine Weile, bis du den Trick beherrschst, mit dem das geht. Beachte, wo dabei die Luftströmung verläuft.

Versuchsauswertung:
Übertrage die Bilder unten vereinfacht ins Heft. ↑**B5–6**
Zeichne mit dünnen Pfeilen die Richtung der Luftströmung ein.
Gib mit dicken Pfeilen an, in welche Richtung sich die Ballons bewegt haben.

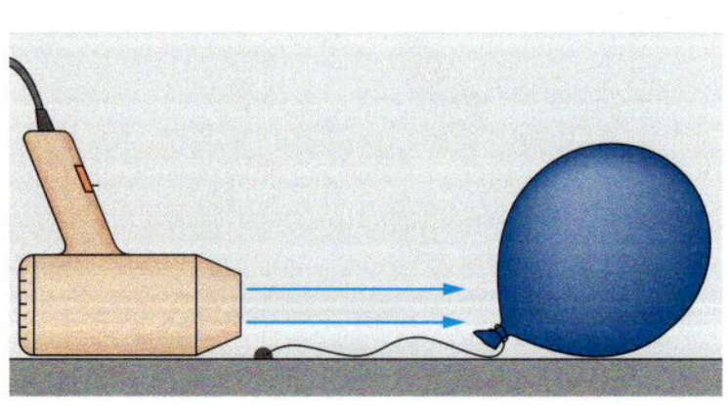
5

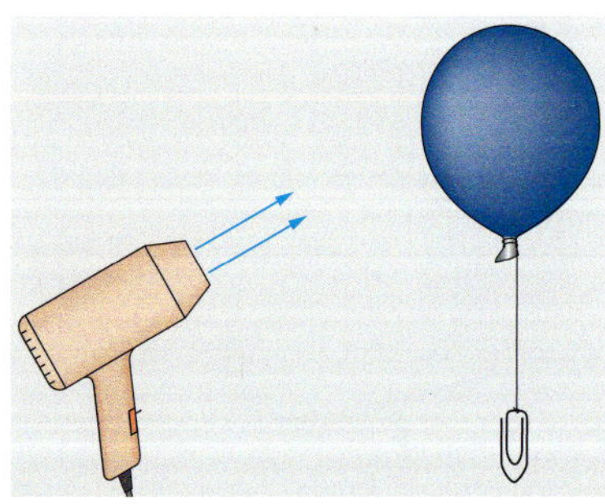
6

3
Tricks mit Luftströmungen
Versuchsgeräte:
1 Flasche, 1 Kerze, Streichhölzer, 1 Trichter, 1 Tischtennisball
Versuchsdurchführung:
- **a** Puste von der Seite her gegen die Flasche, in deren „Windschatten“ die brennende Kerze steht. ↑**B7**
- **b** Lege den Tischtennisball in den Trichter. Puste den Ball mit einem kräftigen Luftstrom aus dem Trichter hinaus. Drehe den Trichter während des Pustens mit der Öffnung nach unten. ↑**B8**

Versuchsauswertung:
Zeichne die Anordnung von Versuchsteil a von oben und die von Teil b von der Seite. Zeichne mit dünnen Pfeilen die Richtung der Luftströmung ein. Schreibe unter deine Skizzen jeweils einen Satz als Ergebnis.

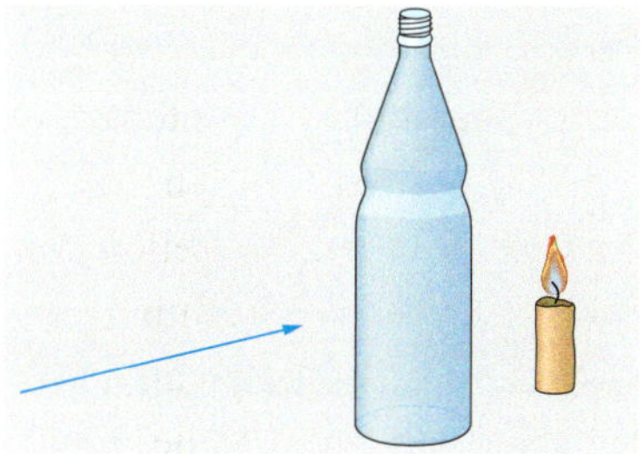
7

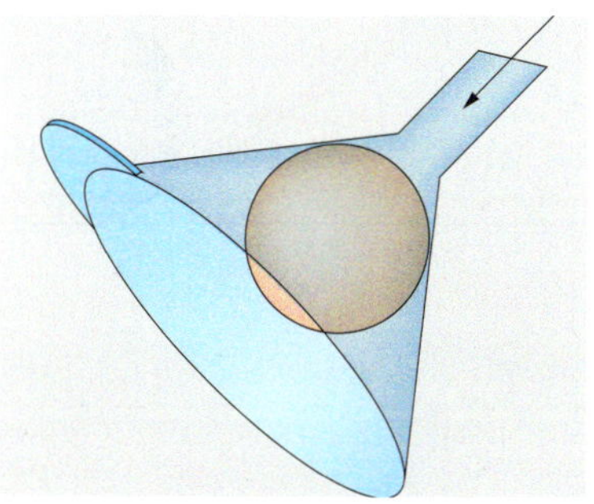
8

4
Strandsegler
Versuchsgeräte:
Haartrockner (möglichst mit Kaltluft), reibungsarm laufender Wagen (3 Räder), Halterung für ein Segel, gewölbtes Pappsegel
Versuchsdurchführung:
Treibe den Strandsegler mit einer Luftströmung voran. (Das Einzelrad ist das Frontrad in Fahrtrichtung.) ↑**B9**
Probiere verschiedene Windrichtungen aus. Gelingt dir der Antrieb auch, wenn der Wind genau rechtwinklig von der Seite kommt?
Versuchsauswertung:
Zeichne die Versuchsanordnung von oben bei Seitenwind. Trage mit dünnen Pfeilen die Windrichtung ein. Gib mit einem dicken Pfeil an, in welche Richtung sich der Strandsegler bewegt hat. Was hat dieser Versuch mit dem Fliegen von Flugzeugen zu tun? Schreibe diesen Zusammenhang in wenigen Sätzen auf.

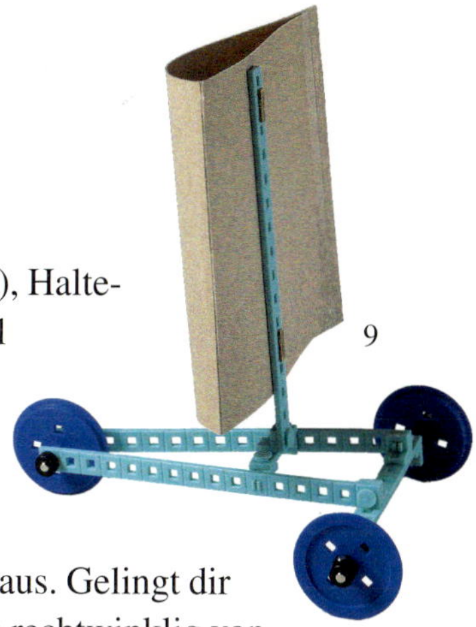
9

5
Tragflächen in Luftströmungen
Versuchsgerät: Computer mit Internetzugang
Versuchsdurchführung:
Neu konstruierte Tragflächen von Flugzeugen werden stets an Modellen in einem realen Windkanal getestet. Im Internet findest du *virtuelle Windkanäle*. Teste dort verschiedene Tragflächenprofile mit unterschiedlichen Anstellwinkeln. ↑**B10**
Versuchsauswertung:
Welches Profil hat im Windkanal die besten Auftriebswerte erreicht? 273-1
Zeichne dieses Profil ab und protokolliere dazu die Auftriebswerte bei unterschiedlichen Anstellwinkeln.

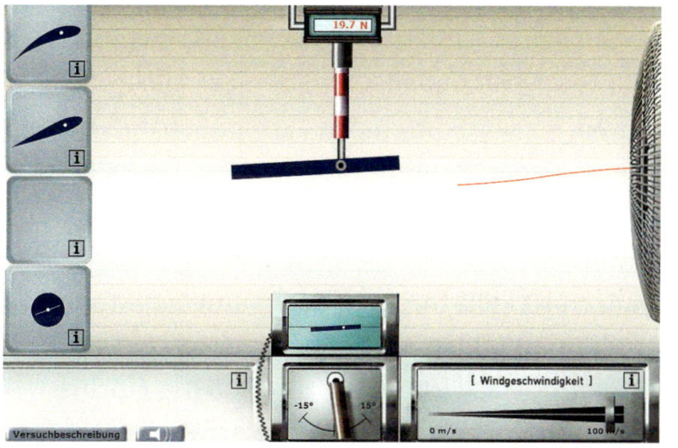

10

Zum Fliegen braucht man Auftrieb

Gewichtskraft kontra Auftriebskraft Alle sind sie schwerer als Luft: Insekten, Vögel, Drachen, Hubschrauber und Flugzeuge. ↑**B1** Und sie alle fliegen, obwohl ihre Gewichtskraft F_G sie ständig nach unten zieht.

In der Luft können sie sich nur dann halten, wenn auf sie eine Auftriebskraft F_A nach oben wirkt. Sie muss ebenso groß sein wie ihre eigene Gewichtskraft. Schwebt z. B. ein Modell-Hubschrauber über einer Waage, trifft die vom Rotor erzeugte Luftströmung auf die Waage. Diese zeigt dann immer noch das Gewicht des Hubschraubers an, obwohl er sie gar nicht mehr berührt. Ist er danach im Steigflug, zeigt sie sogar noch mehr an.

Luftströmungen rufen die Auftriebskraft hervor. ↑**B2** Dabei spielt es keine Rolle, ob der Wind den Fliegern entgegenweht oder ob sie bei Windstille die Luftströmung selbst erzeugen. Beispiele für Fliegen im Wind sind Drachen oder Segelflugzeuge. Bei Windstille fliegen Vögel, Libellen und Schmetterlinge mit ihrem Flügelschlag, Motorflugzeuge mit Propellern oder Düsenflugzeuge mit Turbinen.

Der Auftrieb beim Drachen Außer dem *Gegenwind* muss ein Drachen zum Fliegen auch noch den richtigen *Anstellwinkel* α (Alpha) haben. So nennt man den Winkel zwischen der Drachenfläche und der Richtung des Winds. Von diesem Anstellwinkel hängt es ab, wie stark der Drachen die Luftströmung nach unten umlenkt. ↑**B3**

Warum ist die Umlenkung so wichtig? Diese Frage lässt sich mithilfe eines Versuchs beantworten: ↑**B4** Ein Medizinball rollt auf eine halb geöffnete Tür zu. Er wird durch den Zusammenstoß mit der Tür in seiner Bahn abgelenkt. Die Tür bekommt dabei einen „Rückstoß". Ähnliches passiert, wenn strömende Luft von einem Drachen oder einer Flugzeugtragfläche nach unten umgelenkt wird.

Lenkt eine schräg stehende Fläche eine Luft strömung nach unten um, so wird die Fläche selbst nach oben gehoben; sie erfährt einen *Auftrieb*.

1 Airbus beim Landeanflug

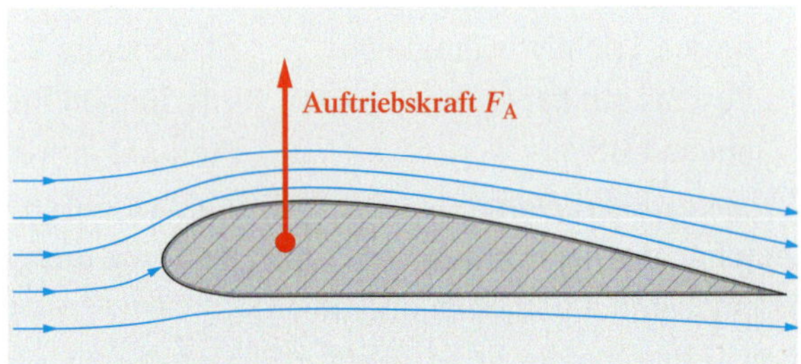

2 Gewölbte Tragfläche ohne Anstellwinkel

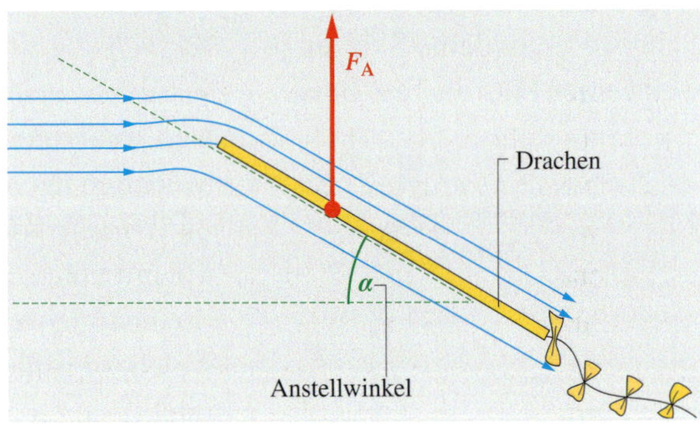

3 Drachen im Wind

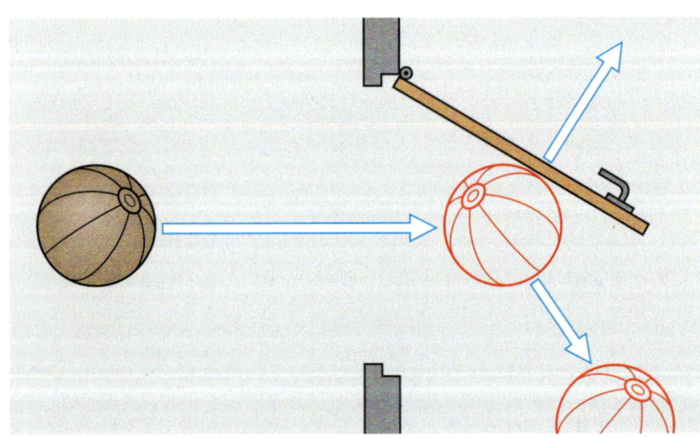

4 Entstehung von Auftrieb (Modellversuch)

Der Auftrieb bei Tragflächen *Otto Lilienthal* ↑**B5** fand durch die Beobachtung von Möwen und Störchen und durch eigene Experimente noch mehr heraus:
Ein *gewölbter* Flügel erhält sogar dann einen Auftrieb, wenn er ohne Anstellwinkel angeströmt wird. Hierin liegt das Geheimnis des Fliegens – sowohl bei den Vögeln und ersten Fluggeräten als auch bei modernen Flugzeugen. ↑**B1, 2, 5**
Allein die Wölbung einer Tragfläche reicht aus, um die Luftströmung umzulenken und dadurch einen Auftrieb zu erzeugen. ↑**B2**

5 Otto Lilienthal mit seinem Fluggerät

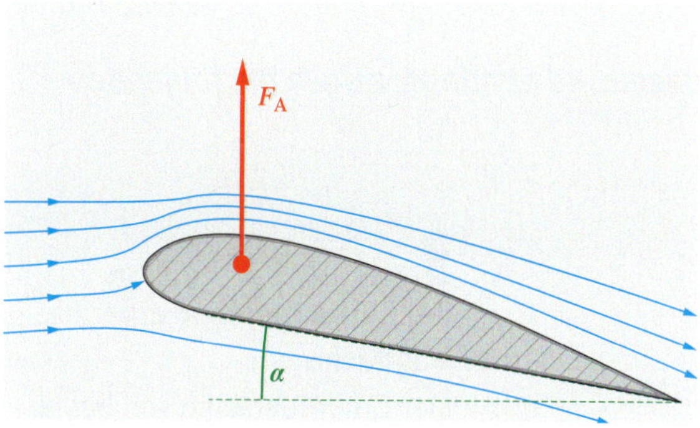

6 Tragfläche mit Anstellwinkel

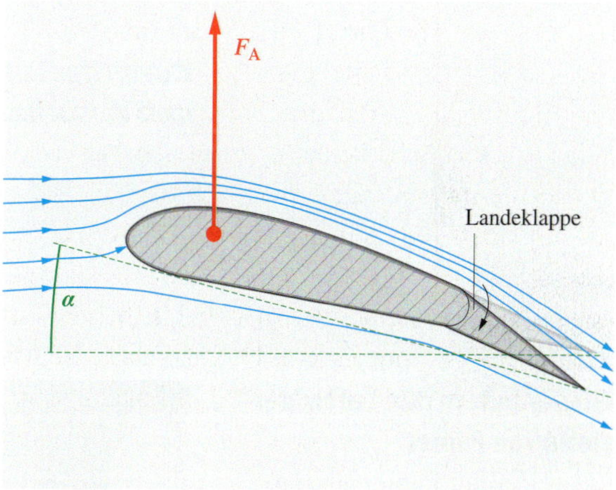

7 Tragfläche mit Anstellwinkel und zusätzlicher Klappe

Der Anstellwinkel Bekommt eine gewölbte Tragfläche zusätzlich einen Anstellwinkel α, wird der Auftrieb noch vergrößert. ↑**B6** Den größtmöglichen Anstellwinkel sowie zusätzliche Klappen an den Tragflächen benutzt man beim Starten und Landen eines Flugzeugs. ↑**B1 u. 7**
Allerdings darf man den Anstellwinkel nicht beliebig vergrößern. Sonst reißt nämlich die Strömung über den Tragflächen plötzlich ab, weil sich Wirbel bilden. ↑**B8** Die Luftströmung wird dann nicht mehr gleichmäßig nach unten umgelenkt. Durch die Wirbel sinkt die Auftriebskraft schlagartig – und es kann zum Absturz kommen.

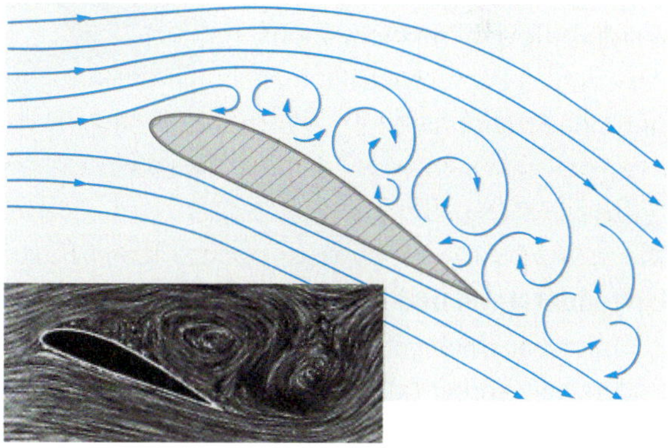

8 Wirbelbildung bei zu großem Anstellwinkel

Aufgaben

1 Erkläre die Vorteile der gewölbten Tragfläche gegenüber einer ebenen.

2 Faltet aus einem DIN-A4-Bogen unterschiedliche Papierflieger und bestimmt den Sieger in den folgenden Wettbewerben: „Längste Zeit in der Luft," „Längster Geradeausflug," „Schönster Kunstflug".

3 Baut ein Segelflugmodell, z. B. das kleine hochstartfähige Segelflugmodell „PENNY" aus Balsaholz. 275-1

Der Luftwiderstand

1

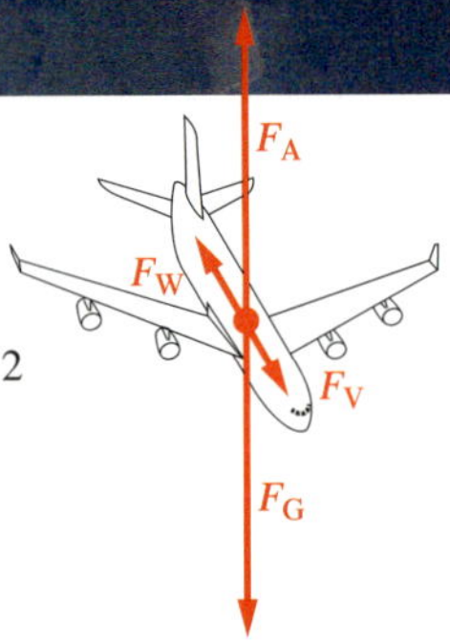

2

Jeder Vogel und jedes Flugzeug hat einen Luftwiderstand, der seine Bewegung in der Luft bremst. ↑B1 ***Das Flugzeug wird z. B. von der anströmenden Luft mit der Kraft F_W nach hinten gedrückt. Um diese Kraft auszugleichen, müssen die Propeller einen gleich großen Vortrieb F_V liefern – oder die Turbinen einen Vorschub.*** ↑B2 ***Im Reiseflug sind alle auf das Flugzeug wirkenden Kräfte im Gleichgewicht.***

Wovon der Luftwiderstand abhängt, zeigen die folgenden drei Versuche.

1

Wir verändern den Luftwiderstand von Papier

Lass ein Blatt Papier aus 2 m Höhe zu Boden gleiten und stoppe die Fallzeit.
Wiederhole den Versuch, nachdem du das Papier mehrfach zusammengefaltet hast.

2

Luftwiderstand und Form

a Unterschiedlich geformte Widerstandskörper (alle mit gleich großer Stirnfläche) werden von einer starken Luftströmung angeblasen. ↑B3 Der Luftwiderstand wird mit einer Komponentenwaage gemessen. Was stellt man dabei fest?

b „Die Halbkugel hat einen großen Luftwiderstand, weil …"

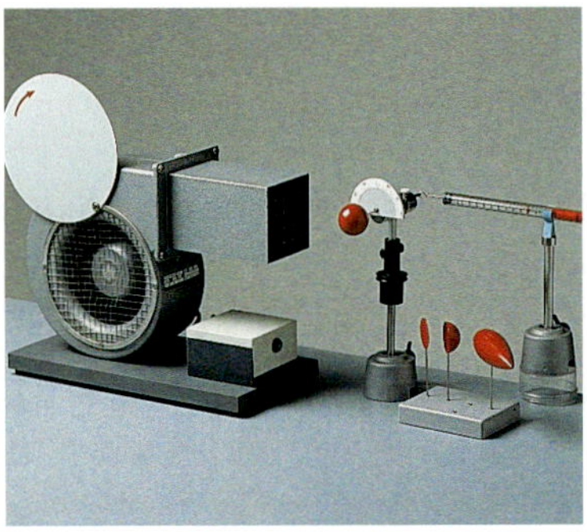

3

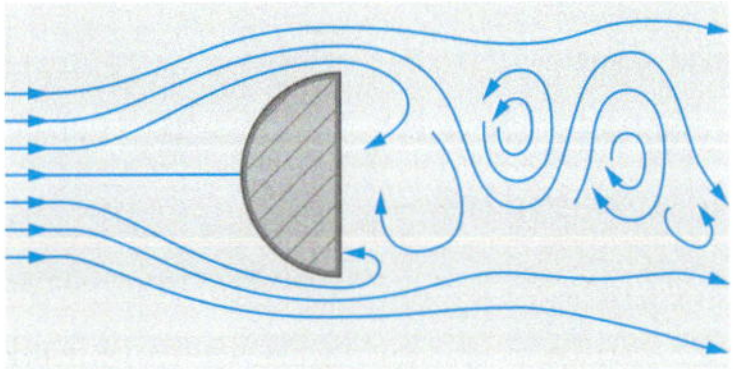

4

Gib eine Begründung mithilfe der Zeichnung. ↑B4
Zeichne eine Form mit kleinerem Luftwiderstand.

3

Der Luftwiderstand einer Tragfläche

Der Luftwiderstand soll bei unterschiedlichen Anstellwinkeln gemessen werden. Das Tragflächenmodell steht dazu auf Rädern und wird von der Luftströmung der Windmaschine gegen einen Druckkraftmesser geschoben. ↑B5
Beschreibe, wie der Luftwiderstand vom Anstellwinkel abhängt.

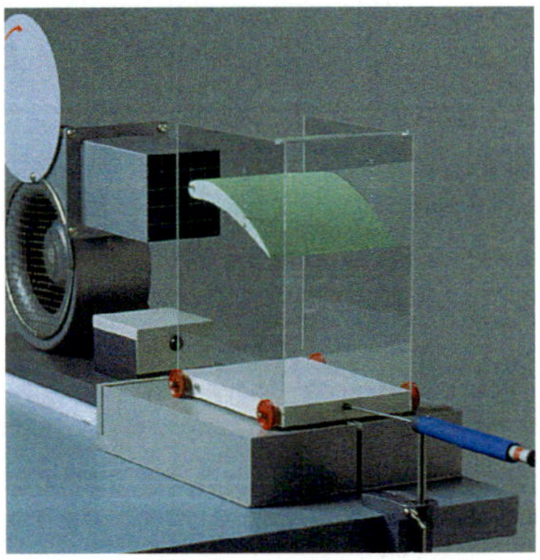

5

Weite Gleitflüge

Beim Start werden Segelflugzeuge nach oben geschleppt. ↑**B6**
Dann verlieren sie beim Gleitflug ständig an Höhe. In größere Höhen gelangen sie nur, wenn sie durch Luftströmungen nach oben getragen werden.

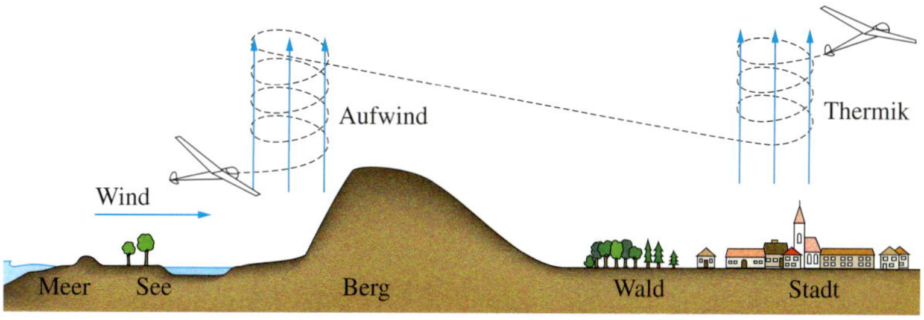

6

Auch viele Vögel können sich ohne Flügelschlag lange in der Luft fortbewegen.
Wie erreicht man einen möglichst langen Gleitflug?

4
Möglichst weit gleiten ...

Für einen langen Gleitflug benötigt man ein möglichst geringes Gewicht und große Tragflächen. Aber noch etwas anderes ist wichtig …

a Baue einen Papierflieger – mit 5-fach geknicktem Randstreifen. ↑**B7**

b Fasse das Modell am Heck an und lass es waagerecht abfliegen.

c Bist du mit seinem Gleitflug noch unzufrieden?
Dann falte einen Randstreifen noch ein sechstes oder siebtes Mal um.
Probiere so lange, bis dein Modell einen guten Gleitflug ausführt.

d Auf den Kopf gelegt sieht dein Papierflieger aus wie ein Dach. Balanciere dieses „Dach“ auf einer Bleistiftspitze: Wenn es waagerecht verläuft, liegt der Schwerpunkt des Fliegers an der Bleistiftspitze.
Miss den Abstand von der Vorderkante.

5
Postkarten-Gleitflug

a Knicke eine Postkarte quer in eine leichte V-Stellung.
Mit wie vielen Büroklammern musst du ihre Vorderkante beschweren, damit die geknickte Karte einen langen Gleitflug ausführt?. ↑**B7**
Starte ähnlich wie im nebenstehenden Bild. ↑**B8**

b Beantworte nun die folgende Frage:
Warum führt eine Postkarte ohne Ballast oder Knicke niemals einen Gleitflug aus?

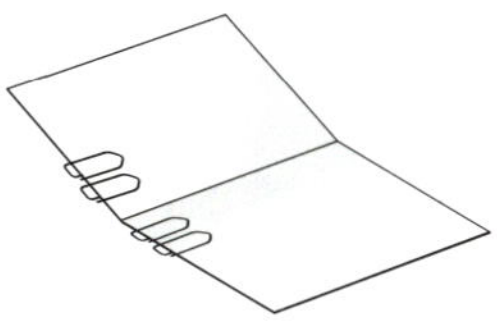

7

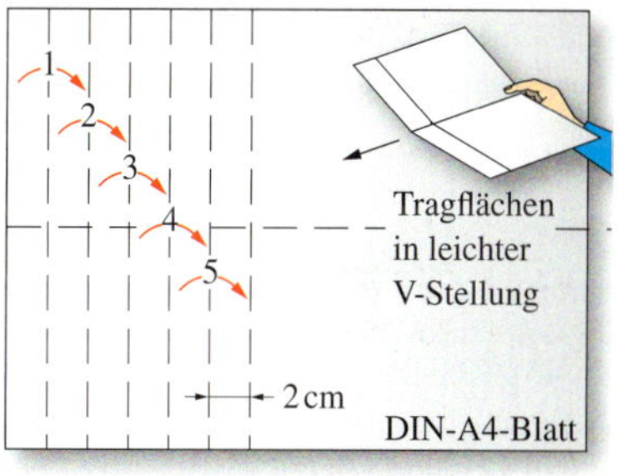

8

Es gibt verschiedene Arten, Papierflieger zu falten

Durch das Falten wird erreicht, dass der Schwerpunkt nicht in der Tragflächenmitte liegt, sondern weiter vorne zur Nase hin. Gleiches gilt auch für Flugzeuge. ↑**B9** Die Gewichtsverteilung bei einem Flugzeug muss so sein, dass sein Schwerpunkt unter dem vorderen Drittel der Tragflächen liegt. Liegt der Schwerpunkt des Flugzeugs weiter vorne, beginnt ein Sturzflug. Wenn er weiter hinten liegt, hebt das Flugzeug die Nase hoch und macht unfreiwillig einen Looping.

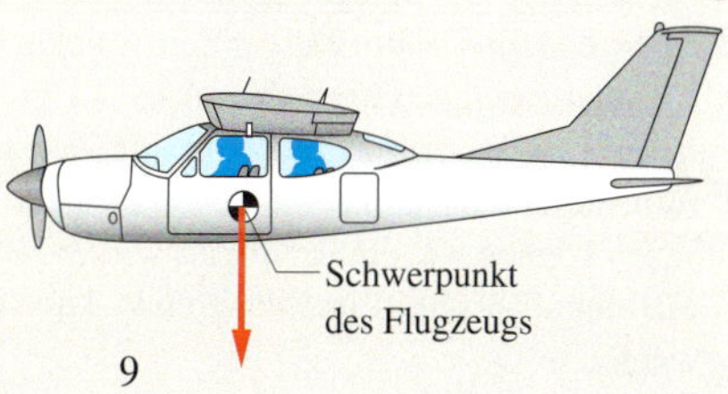

9

Teste dich! – Musterlösungen

Licht und Sehen (S. 44)

1a Die beiden Fußgänger verhalten sich richtig: Sie gehen neben der Fahrbahn. Sie gehen auf der linken Straßenseite, also dem Verkehr entgegen. Sie sehen dadurch mögliche Gefahren eher. Autofahrer sehen die Fußgänger hier früher, weil der rechte Scheinwerfer des Abblendlichts stets weiter leuchtet als der linke. Jeder Fußgänger hat wenigstens ein Kleidungsstück an, das das Licht der Autos streut. Verbesserungsvorschläge: Nur helle Kleidung tragen, Reflektoren umhängen oder anstecken, Lampe mit blinkenden LEDs umhängen, hintereinander gehen.

b Lampen einschalten, Reflektoren am Rad sauber halten, helle Kleidung tragen, auf dem Rücken oder am Sattel ein rotes Blinklicht befestigen …

c Lena kann vielleicht selbst alles sehen. Wichtiger ist für ihre Sicherheit, dass sie von anderen gesehen wird. Nur deshalb ist es nämlich verboten, ohne Licht zu fahren.

2a Das vom Spiegel reflektierte Licht fällt nicht in Richtung Kamera (= Bildbetrachter). Rechts oben erkennt man einen hellen Fleck auf der dunklen Wand, weil das Licht der Lampe dorthin gelenkt wird. Wer von dort zum Spiegel schaut, wird geblendet.

b

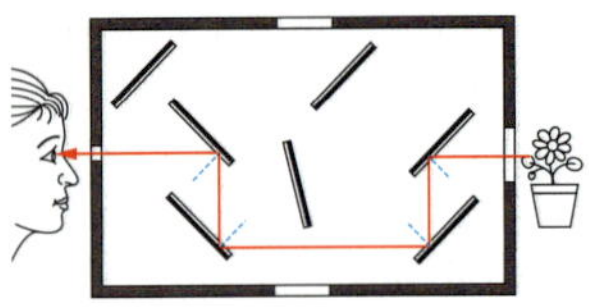

c

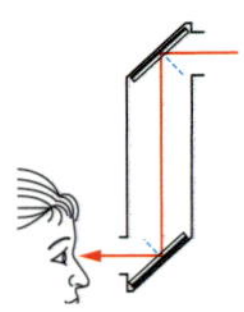

d Ein Reflektor besteht aus vielen Spiegelecken (aus jeweils drei Spiegeln). Er wirft das Licht immer genau in die Richtung zurück, aus der es gekommen ist. Ein Autofahrer sieht also nachts im Reflektor eines Fahrrads das Licht seiner eigenen Scheinwerfer.

3a Bilder eines ebenen Spiegels sind niemals seitenverkehrt. Blinkt das im Rückspiegel gesehene Auto „nach rechts“, will der Fahrer auch in diese Richtung abbiegen.

b Ein Spiegel vertauscht allerdings vorne und hinten: Der Autofahrer blickt nach vorne in den Spiegel und sieht das Auto hinter sich.

c Rückspiegel müssen das Licht so reflektieren, dass es genau in die Augen der Fahrerin fällt. Weil Chris größer ist, muss sie alle Spiegel etwas nach oben kippen.

d Nur wenn man senkrecht vor dem Spiegel steht, fällt Licht vom eigenen Körper ins Auge.

4a Ist eine kugel- oder zylinderförmige Vase mit Wasser gefüllt, so wird das Sonnenlicht von ihr gebrochen. Solche Vasen können wie ein Brennglas wirken. Befindet sich ein brennbarer Stoff im Brennpunkt, kann er entzündet werden.

b Vom Fisch wird Sonnenlicht gestreut. Auf dem Weg zum Auge bekommt es beim Austritt aus dem Wasser einen Knick. Das Gehirn des Indianers bemerkt den Knick nicht und sieht den Fisch in der Richtung, aus der das Licht sein Auge trifft.

c

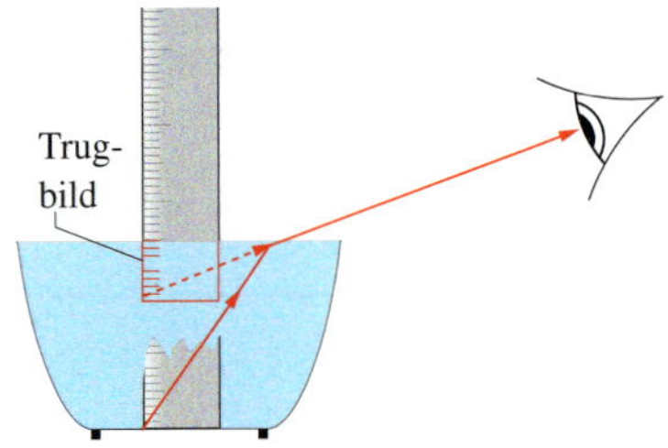

5a Die Lochkamera besteht aus einem innen schwarzen Kasten, der an einer Seite ein winziges Loch hat. Gegenüber befindet sich eine Mattscheibe oder ein Film.

b

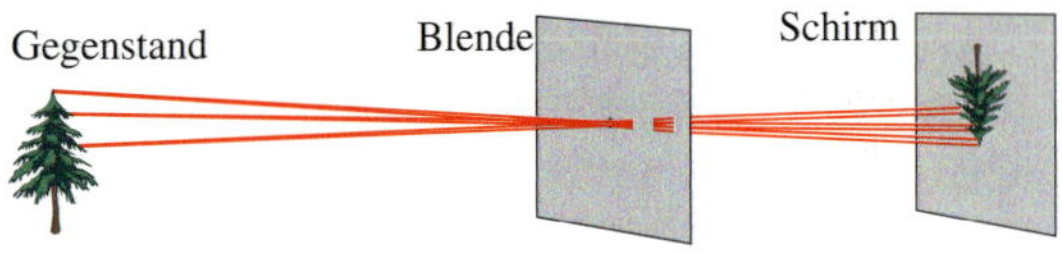

c Entweder geht man mit der Kamera näher an den Gegenstand heran oder man vergrößert den Abstand zwischen Loch und Schirm.

d Entweder verkleinert man das Loch immer mehr oder man vergrößert es und setzt eine Sammellinse hinein.

6a *Vorteil:* Die Linse macht auch bei großer Blende ein scharfes Bild. *Nachteil:* Nur in einem bestimmten Abstand hinter der Linse entsteht das scharfe Bild.

b Je dicker die Linse, desto kleiner ihre Brennweite.

c Je dicker die Linse, desto kleiner der Abstand Linse–Bild.

d (1) Hornhaut: Sie bricht die einfallenden Lichtstrahlen wie eine Sammellinse.
(2) Pupille: Durch sie fällt Licht ins Auge.
(3) Linse: Sie sammelt das Licht von einem Gegenstandspunkt in einem Bildpunkt auf der Netzhaut.
(4) Ringmuskel: Er verändert die Brennweite der Augenlinse. Er zieht die Linse dicker, wenn ein naher Gegenstand betrachtet wird.
(5) Netzhaut: Sie fängt das Bild auf. Sie hat viele Millionen Sinneszellen, die auf Lichtreize reagieren.

e Bei Kurzsichtigen ist der Augapfel zu lang. Sie sehen Entferntes unscharf, weil das Bild schon *vor* der Netzhaut entsteht. Eine Brille mit Zerstreuungslinsen weitet die ins Auge fallenden Lichtbündel so auf, dass das Bild *auf* der Netzhaut entsteht und somit scharf wird.

7a Regentropfen, Seifenblasen, Ölflecke auf nasser Straße, CDs und DVDs, geschliffene Kanten von Spiegeln, Gläsern, Diamanten b An meinem Standort sollte es nicht regnen, aber in Blickrichtung vor mir. Die Sonne muss (möglichst tief) hinter mir stehen.

c infrarot – rot – orange – gelb – grün – blau – violett – ultraviolett

d Die Addition der Pixel-Grundfarben Rot, Grün und Blau ergibt bereits alle Farben des Regenbogens, die unterschiedliche Helligkeit der drei Anteile alle übrigen.

e Unser Gehirn ist es gewohnt, sich beim Lesen auf den Inhalt der Wörter zu konzentrieren – nicht auf ihre Farbe. Wer noch nicht lesen kann, wird bei den Namen der Farben keinen Fehler machen.

Elektrische Energie – vielseitig genutzt (S. 114)

1a Nein, elektrische Energie kann in viele andere Energieformen umgewandelt werden.

b – Haartrockner (Wärme und Bewegung)
– Mixer (Bewegung und wertlose Wärme)
– Bohrmaschine (Bewegung, wertlose Wärme)
– Ventilator (Bewegung, wertlose Wärme)
– Teekocher (Wärme) usw.

2a

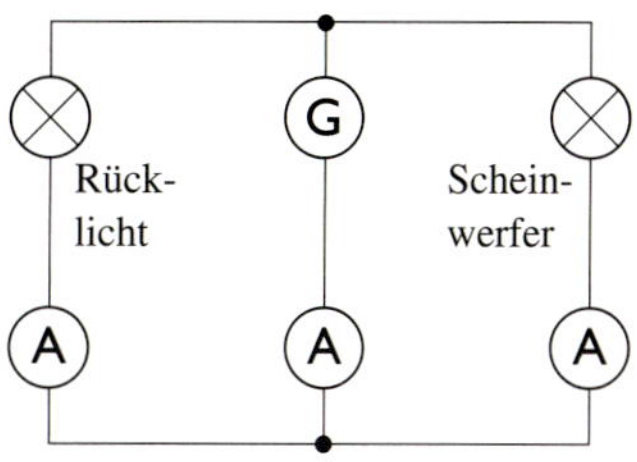

b Siehe die Schaltzeichnung zu 4 a.

c Die gesamte Stromstärke wird so groß sein wie die beiden Stromstärken (Scheinwerfer, Rücklicht) zusammen. Die Stromstärke beim Rücklicht wird kleiner sein als die beim Scheinwerfer.

3a ca. 23 V

b Schaltskizze wie im Bild Partybeleuchtung auf Seite 75

c Man kann die Lampenfassung überbrücken, damit der Stromkreis geschlossen wird. Dadurch steigt die Spannung an jeder Lampe auf 5,1 V.

4a So etwas ist möglich, da die Lampen an Energiequellen mit unterschiedlicher Spannung betrieben werden.

b Schaltskizzen:

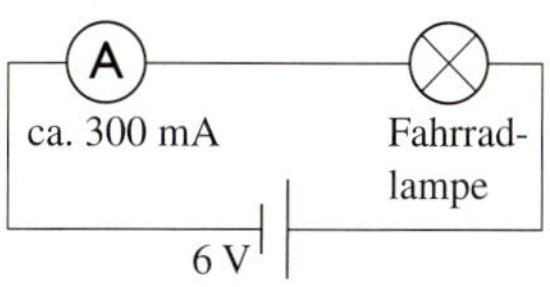

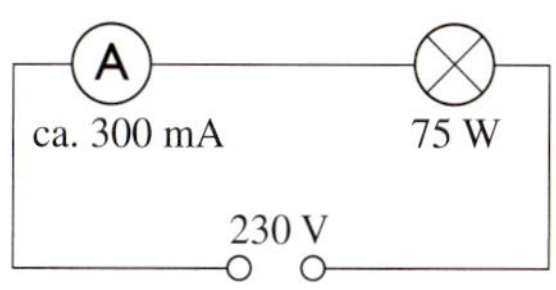

c In beiden Stromkreisen fließen in den Kabeln gleich viele Elektronen in jeder Sekunde. Die Elektronen, die mit Netzspannung angetrieben werden, transportieren in jeder Sekunde mehr Energie als die Elektronen, die von der Batterie angetrieben werden.

5a Parallelschaltung (Schaltskizze wie die der Fahrradbeleuchtung auf Seite 75)

b Bei der Bewegung im Draht stoßen die Elektronen immer wieder mit den Metallatomen zusammen. Diese schwingen immer stärker an ihrem Platz hin und her. Der Draht wird warm.

c $R = \frac{U}{I}$, 44 Ω; 88 Ω, 53 Ω

d Alle Geräte können nicht gleichzeitig betrieben werden. Bei einer Stromstärke von 12,1 A würde die Sicherung den Stromkreis unterbrechen.

6a Die Stromstärke kann mit einem Widerstand begrenzt werden.
Schaltskizze:

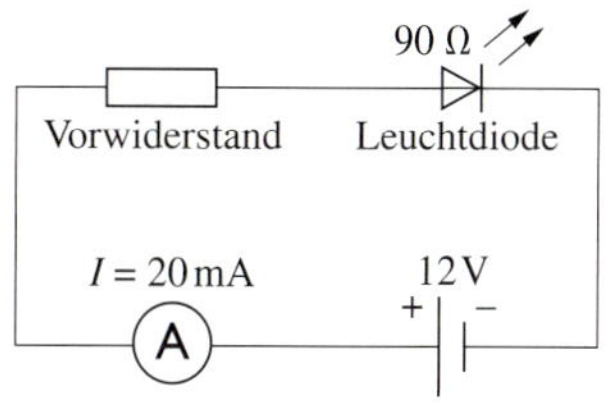

b $R = U/I = 12\,V / 0{,}02\,A = 600\,\Omega$
$600\,\Omega - 90\,\Omega = 510\,\Omega$
Man braucht einen Schutzwiderstand von 510 Ω.

c Ohne Schutzwiderstand würde sich die LED stark erwärmen und auf die Dauer zerstört werden.

7a Rotor, Stator, Stromwender

b *Gemeinsamkeiten:* 2 unterschiedliche Pole, ziehen Eisen (Nickel, Cobalt) an.
Unterschiede: Elektromagnet umpolbar, abschaltbar, in der Stärke regelbar

c Er ist abschaltbar und umpolbar.

d Der Rotor bewegt sich nach rechts (links).
Begründung: Gleichnamige Pole stoßen sich gegenseitig ab, ungleichnamige ziehen einander an.

e Elektrischer Rührstab, Küchenmaschine, Rasierapparat, Kaffeemühle …

f *Vorteile:* keine Abgase, geringere Lärmbelästigung, geringere Energiekosten
Nachteile: geringe Reichweite. Nur wenn die elektrische Energie alternativ erzeugt wird, ist die Umweltbelastung durch Schadstoffe gering. Aufgrund der geringen Reichweite sind sie zurzeit nur für den Nahverkehr geeignet.

8a

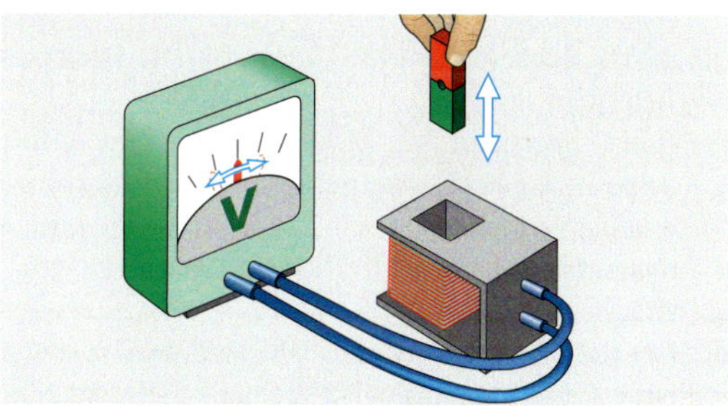

Beschreibung: Ein Dauermagnet wird in eine Spule ein- und ausgeführt. Das Messinstrument schlägt aus, weil eine Spannung induziert wird.

b „… und wenn sich das Magnetfeld in der Spule ändert.“

c V 1: Mit dem Magneten schnelle und langsame Bewegungen in der Spule ausführen (gleicher Magnet, gleiche Spule).

V 2: Unterschiedlich starke Magnete nehmen (gleiche Spule, gleiche Bewegungen des Magneten).
V 3: Spulen mit unterschiedlichen Windungszahlen nehmen (gleicher Magnet, gleiche Bewegungen).

9a Der Energieverbrauch ist von der Leistung P des Geräts (in Watt bzw. Kilowatt) und der Einschaltdauer t abhängig.

b $P_{\text{Glühlampe}} = 230\,\text{V} \cdot 0{,}22\,\text{A} = 50{,}6\,\text{W}$
$P_{\text{Halogenlampe}} = 12\,\text{V} \cdot 4{,}17\,\text{A} = 50{,}04\,\text{W}$
Die Leistung ist annähernd gleich groß, deshalb ist auch die für 10 Stunden benötigte Energie gleich groß.

c Energie $E = 50\,\text{W} \cdot 10\,\text{h} = 500\,\text{Wh} = 0{,}5\,\text{kWh}$

d Stand-by-Schaltungen sind für die meisten Geräte eine überflüssige, kostspielige Bequemlichkeit. Sie ist nur sinnvoll, wenn ein Gerät oft benutzt wird und jeweils eine lange „Aufwärmzeit" benötigt (z. B. ein Computer).
Sinnvolle Lösung: Geräte ganz abschalten; wenn das nicht möglich ist, Geräte über eine abschaltbare Steckdose mit dem Netz verbinden oder den Netzstecker ziehen.
Weitere Möglichkeiten zum Sparen: Energiesparlampen benutzen, Licht nur bei Bedarf einschalten, nicht mit elektrischem Strom heizen; passende Töpfe mit Deckel benutzen und Restwärme nutzen; beim Kauf von Elektrogeräten auf geringen Energieverbrauch achten …
Rangfolge (Anteil): Kohle, Kernenergie, alternative Energien (Wind, Wasser, Biomasse, Sonne)

10 Bügeleisen: 1 Stunde; Heizlüfter: $\frac{1}{2}$ Stunde; Fernseher: $6\frac{1}{4}$ Stunden; Glühlampe: beinahe 17 Stunden; Energiesparlampe: beinahe 91 Stunden.

Kräfte und einfache Maschinen (S. 140)

1a Bild 1: Junge mit Expander: Muskelkraft; Gummi wird gedehnt (verformt).
Bild 2: Handwagen, Gewichtskraft: Wagen wird (bergab) durch die Gravitation beschleunigt. Muskelkraft und Reibungskraft: Wagen wird gebremst.
Bild 3: Auto anschieben, Muskelkraft: Auto wird angeschoben (beschleunigt, Bewegungszustand ändert sich); Reibungskraft: Reibung zwischen Straße und Reifen bremst das Fahrzeug.
Bild 4: Bücher auf Regal, Gewichtskraft: Brett biegt sich (wird verformt).
Bild 5: Sportlerin, Muskelkraft: Bogen wird verformt.

b Sehkraft: keine physikalische Kraft, da weder eine Bewegung verändert noch ein Körper verformt wird. Andere nicht physikalische Kräfte sind Überzeugungs-, Wasch-, Denkkraft …

c Der Radfahrer kommt zum Stillstand, weil er durch Reibungskräfte gebremst wird (Reibung zwischen Straße und Reifen und mit der Luft).
Der Satellit kann auch ohne Antrieb weiterfliegen, weil im Weltraum keine Reibungskräfte auf ihn wirken.

d *Gewichtskraft:* Newton, vom Ort abhängig, Kraftmesser.
Masse: Kilogramm, überall gleich groß, Balkenwaage

2 Bild 6: Wenn der Fallschirmspringer losspringt, wirkt seine *Gewichtskraft*; Ursache dafür ist die Erdanziehung (Gravitation). Bild 7: Hier wirken die Gewichtskraft und die Reibungskraft der Luft; letztere bremst den Fall des Springers.

3a Zweiseitiger Hebel.

b

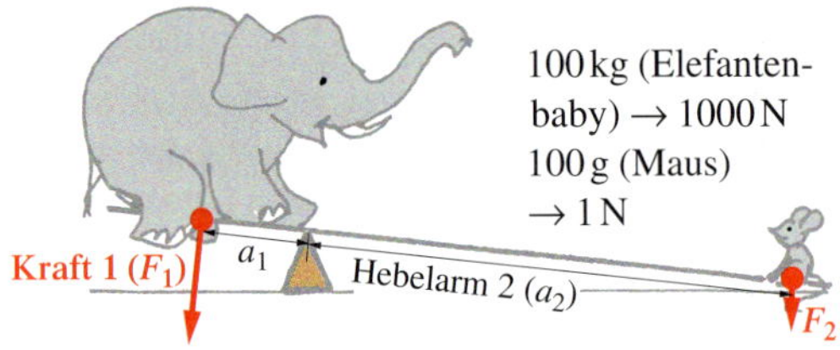

c Hebelgesetz: $F_1 \cdot a_1 = F_2 \cdot a_2$
$1000\,\text{N} \cdot 1\,\text{m} = 1\,\text{N} \cdot ?\,\text{m}$
$1000\,\text{N} \cdot 1\,\text{m} = 1\,\text{N} \cdot 1000\,\text{m}$
Der „Maus-Hebelarm" müsste also 1000 m lang sein!

d *Hebel:* Schere, Zange, Schraubenschlüssel, Nussknacker (einseitig) …
Rollen: lose Rollen (2 tragende Seilabschnitte), Flaschenzüge
schiefe Ebene: schräge Rampen, Bergstraße (Serpentinen) …

e Wenn man bei der Kraft spart, muss man beim Weg zulegen (oder umgekehrt: Wenn man beim Weg spart, muss man bei der Kraft zulegen).

f Gemäß der goldenen Regel der Mechanik gilt: Wenn man Kraft spart, muss diese über einen längeren Weg wirken. Oder umgekehrt: Wenn man einen kürzeren Weg wählt (also z. B. beim Fahrradfahren mit einem größeren Gang weniger Umdrehungen treten möchte), muss man mehr Kraft aufwenden.

4

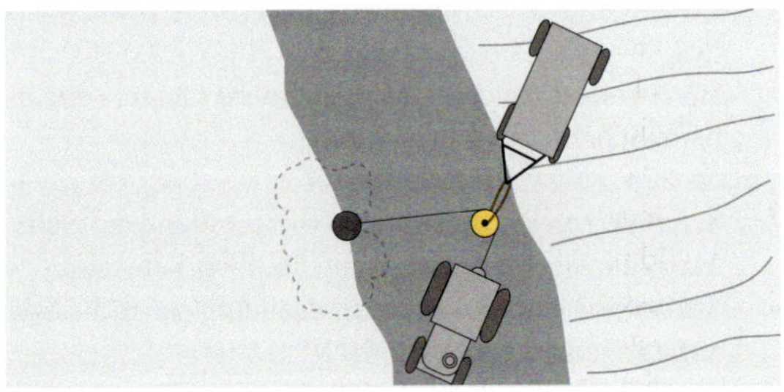

Begründung: Die Anordnung entspricht der einer losen Rolle. Die Last verteilt sich also auf zwei Seilstücke, sodass die Zugkraft des Traktors ausreicht (halbe Last!).

5a Die Zugkraft ist nur halb so groß wie die Gewichtskraft der Last.

b

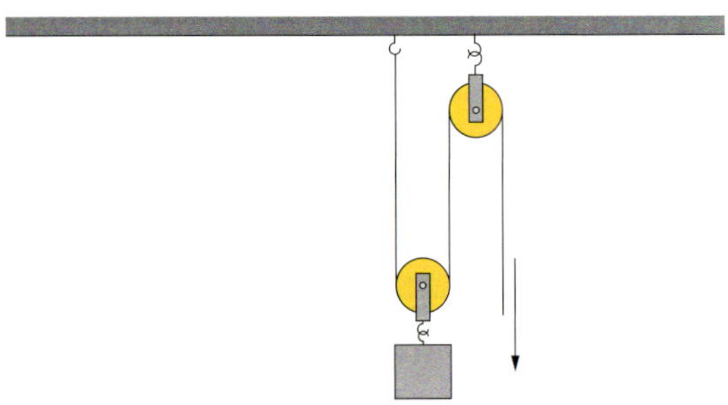

c Gewichtskraft: 100 N; Zugkraft: 50 N.
(10 Liter Wasser wiegen 10 kg → 100⊠ Gewichtskraft. Zugkraft = halbe Gewichtskraft → 50⊠)
d Der Haken in der Decke trägt die andere Hälfte der Last.
e Man müsste 10 m Seil ziehen. *Begründung:* Gemäß der goldenen Regel der Mechanik gilt: Wenn man bei der Kraft spart, muss man beim Weg zulegen. Energie kann man nicht sparen.
6a Bei Bild 11 werden mithilfe von Hebeln schwere Steine gehoben und bewegt. Außerdem wurden unter die Steine Baumstämme gelegt, um die Reibung zu verringern. So konnte man die Lasten leichter bewegen.
Bei Bild 12 wirkt der „Drückstock" wie ein Hebel. Mit ihm werden kleine Stücke von einem Feuerstein abgespalten, z. B. für Pfeilspitzen.
b Der „Dirigent" sorgte vermutlich dafür, dass alle Sklaven ihre Muskelkräfte gleichzeitig einsetzten.
c Bild:

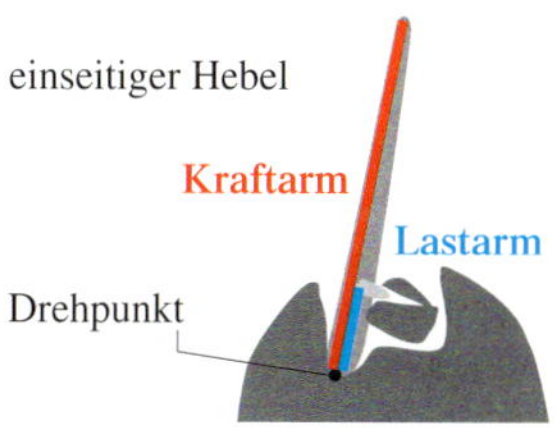

Man hätte den Hebel noch verlängern können; dann hätte man ihn aber auf einem längeren Weg bewegen müssen. Außerdem wäre die Gefahr, dass er bricht, größer geworden.

Feuer und Verbrennung (S. 162)

1 Nach einiger Zeit geht die Flamme aus. Zu Beginn enthält 1 l Luft 0,2 l Sauerstoff und praktisch kein Kohlenstoffdioxid. Am Ende des Versuchs ist kein Sauerstoff mehr vorhanden, dafür ist Kohlenstoffdioxid entstanden.
2 Es handelt sich um Kalkwasser, das durch Kohlenstoffdioxid von der brennenden Kerze trübe wird.
3 Voraussetzungen für die Verbrennung: brennbarer Stoff, Sauerstoff, ausreichend hohe Temperatur
4 Durch die Löschdecke wird dem Feuer der Sauerstoff entzogen. Die Flamme wird erstickt.
5 Beim Feuerzeug mischt sich das gasförmige Benzin mit Luft und ist daher leicht entzündlich. Holz muss eine Entzündungstemperatur von über 300 °C erreichen. Das ist mit einem Funken nicht möglich.
6 Brennbare Flüsigkeiten verdunsten schon bei niedrigen Temperaturen. Die Entzündungstemperatur ist gering.
7a Die Luftzufuhr für das Feuer wird eingeschränkt und die Ausbreitung der Rauchgase verhindert.
b Der Nachschub an Sauerstoff für das Feuer wird unterbunden.
c Benzin und andere leicht entzündliche Flüssigkeiten könnten sonst in Brand geraten.
d Wenn man Wasser in brennendes Öl spritzt, verdampft das Wasser und reißt das brennende Öl in einem Feuerball mit sich. Außerdem kann es sein, dass die Flüssigkeit auf dem Wasser schwimmt und sich so ausbreitet.
Brennende Elektroanlagen darf man nicht mit Wasser löschen, weil Wasser leitet. Es bestünde Lebensgefahr.
e Die Flüssigkeit verbrennt schlagartig. Personen erleiden dabei schwere Verbrennungen.
f Sand und Löschdecke dienen zum Ersticken von Flammen.
g Dem Feuer wird so der Sauerstoff entzogen.
h Sonst kann die Entzündungstemperatur der Unterlage überschritten werden.
8 Luft besteht aus Stickstoff und Sauerstoff. Außerdem sind in geringen Mengen Kohlenstoffdioxid und Edelgase enthalten.
9 Ein glimmender Holzspan glüht in Sauerstoff auf, man sieht eine kleine Flamme.
10 Waldbrände werden auf unterschiedliche Weise gelöscht. Wenn kein Gewässer in der Nähe ist, werden zum Löschen Tankfahrzeuge oder Flugzeuge eingesetzt. Mit Feuerpatschen werden kleinere Brände eingedämmt. Durch Anlegen von Schneisen oder das Entfachen von Gegenfeuern wird dem Feuer die Nahrung entzogen.
11 Wasser kühlt die brennenden Gegenstände unter die Entzündungstemperatur und hält den Luftsauerstoff fern. Brennendes Öl oder Fett sowie brennende Flüssigkeiten darf man nicht mit Wasser löschen.
12 Fragen vorher formulieren und aufschreiben. Fragewörter wie „warum", „wie", „wozu" verwenden. Beim Interview Notizen machen oder das Interview aufzeichnen.
Rückfragen stellen, wenn ihr etwas nicht verstanden habt.
Nicht allein zum Interview gehen!
13a Wasser, Feuerlöscher (ABC), Löschdecke, Sand, Erde, Löschschaum
b Decke, Feuerlöscher (ABC), Löschschaum, Sand, Kohlenstoffdioxid
c Feuerlöscher (D)
d Siehe Antwort b.
14a Das Kerzenwachs/der Treibstoff muss aktiviert (entzündet) werden, damit die Verbrennung beginnt.
b Die Verbrennung des Kerzenwachses/des Treibstoffs erzeugt so viel Wärme, dass die Verbrennung ohne Energiezufuhr von außen weitergeht.
c Es ist die Aktivierungsenergie. Sie kommt von der Streichholzflamme/von der Batterie über den Anlasser (Elektromotor).

Stoffe verändern sich (S. 200)

1a Eisen wird entzündet und es verbrennt, dabei reagiert es mit Sauerstoff.
b Es entsteht Eisenoxid.
c Das entstehende Reaktionsprodukt ist schwerer als das Eisen vor dem Verbrennen, denn zu dem Eisen kommt Sauerstoff dazu.
d Eisen + Sauerstoff → Eisenoxid
e Es entsteht ein neuer Stoff mit neuen Eigenschaften.
f Die Reaktion ist eine Oxidation (Oxidbildung).
2a Es entstehen neue Stoffe mit neuen Eigenschaften.

b Mögliche Beispiele sind alle Verbrennungen. Muster: Die Verbrennung von Magnesium ist eine chemische Reaktion, da aus den Ausgangsstoffen Magnesium und Sauerstoff ein neuer Stoff entsteht: Magnesiumoxid.
3a Ja, das Gas verbrennt zu neuen Stoffen.
b Ja, aus der Milch entstehen andere saure Stoffe.
c Nein, das gefrorene Wasser verdampft nach und nach, ohne dass neue Stoffe entstehen.
d Die Beschädigung ist keine chemische Reaktion.
e Ja, aus dem Eisen entsteht ein neuer Stoff: Rost.
4a Metalle sind aus Atomen aufgebaut.
bc Auch Gase bestehen aus Atomen, bei ihnen bilden aber

meist mehrere Atome ein Molekül.
5a Elemente sind Stoffe, die aus *einer* Atomsorte bestehen.
b Eisen, Kupfer, Zink, Quecksilber usw. Gemeinsame Eigenschaften sind der metallische Glanz und die gute elektrische Leitfähigkeit.
c Beispiele für Nichtmetalle: Schwefel, Kohlenstoff, Phosphor, Sauerstoff, Stickstoff. Sie haben nicht die typischen Eigenschaften der Metalle.
d Holz ist kein Element. Es besteht fast nur aus der Verbindung Cellulose.
6a Bei der Eisengewinnung wird Eisenoxid mithilfe von Kohlenstoff gespalten. Beim Rosten reagiert Eisen an feuchter Luft mit Sauerstoff.
b Bei der Eisengewinnung findet eine Reduktion statt. Das Eisenoxid wird in Eisen und Sauerstoff gespalten. Beim Rosten findet eine Oxidbildung (Oxidation) statt. Aus Eisen und Sauerstoff entsteht Eisenoxid.
7 Chemische Elemente (z. B. Eisen, Wasserstoff, Kohlenstoff) werden mit einem chemischen Symbol abgekürzt (Fe, H, C). Chemische Verbindungen (z. B. Eisenoxid, Wasser, Kohlenstoffdioxid) werden mit einer chemischen Formel abgekürzt (FeO, H_2O, CO_2).
8a ZnO: falsch; C: falsch; H_2O: richtig; C: richtig; H_2O: falsch; Mg: richtig; MgO: falsch
b ZnO ist eine *Verbindung*.
C ist das *Symbol* des Kohlenstoffs.
H_2O ist eine *Verbindung*.
MgO ist ein Molekül Magnesiumoxid.

Kohlenstoffdioxid – kleine Menge, große Wirkung (S. 226)

1a Wenn Holz oder Kohle verbrennt, entstehen gasförmige Verbrennungsprodukte, Rauch und Asche. An die Umgebung wird Wärme abgegeben.
b Mit einer Kohleheizung soll Wärme an die Umgebung abgegeben werden. Das geht nicht, ohne dass neue Stoffe entstehen. Bei der Müllverbrennung soll der Müll in andere Stoffe umgewandelt werden; gleichzeitig wird Wärme gewonnen.
c Zum Beispiel: Wichtige Maßnahmen: der Einbau von Schadstofffiltern und Autokatalysatoren.
2a Das Entzünden hat die Aktivierungsenergie geliefert.
b In Kohlenstoffdioxid erlischt eine Flamme.
c Das Trüben von Kalkwasser ist ein Nachweis von CO_2.
3 Es findet eine chemische Reaktion von Kohlenstoff mit Sauerstoff statt. Das ist eine Oxidation, weil sich ein Stoff mit Sauerstoff verbindet. Die Reaktion kommt nur zustande, weil durch das Entzünden Aktivierungsenergie zur Verfügung gestellt wird. Es handelt sich um eine energieabgebende Reaktion; es wird Wärme an die Umgebung abgegeben.
4 Wenn nicht genügend Sauerstoff zur Verfügung steht, bildet sich das giftige Kohlenstoffmonooxid.
5a Bei der Wasserzersetzung wird Wasser in Wasserstoff und Sauerstoff gespalten. Bei der Wasserbildung entsteht aus Wasserstoff und Sauerstoff Wasser.
b Zur Wasserspaltung muss Energie zugeführt werden. Es ist eine *energieaufnehmende* Reaktion. Bei der Wasserbildung wird Energie an die Umgebung abgegeben. Es ist eine *energieabgebende* Reaktion.
c Beide Reaktionen könnten große Bedeutung haben, falls Wasserstoff als umweltfreundlicher Treibstoff verwendet werden kann.
6a In beiden Fällen würde sich die Masse nicht ändern, wenn die Reaktion in einem geschlossenen Gefäß durchgeführt würde. Beim brennenden Eisen kommt der Sauerstoff aus der Luft dazu. Bei der brennenden Kerze entweicht der Kohlenstoff aus der Kerzenmasse als Kohlenstoffdioxid in die Luft.
b Alle Atome bleiben erhalten. Sauerstoffatome aus der Luft verbinden sich mit den Atomen von Eisen oder Kohlenstoff zu den Oxiden.
7a Kohlenstoffdioxid und Kohlenstoffmonooxid
b Kohlenstoffdioxid entsteht bei vollständiger Verbrennung (wenn ausreichend Sauerstoff zur Verfügung steht), Kohlenstoffmonooxid bei unvollständiger Verbrennung (wenn nicht genügend Sauerstoff vorhanden ist).
c Sie unterscheiden sich z. B. in ihrer Zusammensetzung, Dichte, Brennbarkeit und Giftigkeit.
d Kohlenstoffdioxid wirkt erstickend. Kohlenstoffmonooxid ist sehr giftig. Es verhindert die Aufnahme von Sauerstoff durch die roten Blutkörperchen.
8a Der Kohlenstoff entreißt dem Eisenoxid den Sauerstoff (Oxidspaltung). Er verbindet sich selbst damit zu Kohlenstoffdioxid (Oxidbildung). Das Eisen bleibt zurück.
b Eisenoxid + Kohlenstoff $\longrightarrow$ Eisen + Kohlenstoffdioxid
c Sauerstoffatome des Eisenoxids trennen sich von Eisenatomen und verbinden sich mit den Kohlenstoffatomen zu Kohlenstoffdioxidmolekülen.
d Die Atome werden umgruppiert, keines geht verloren.

Säuren, Laugen und Salze im Alltag (S. 268)

1a Beispiele:

Name	Verwendung	Inhalt
Drano®	Rohrreiniger	Natriumhydroxid (Natronlauge)
Viss®	Badreiniger	Citronensäure

b Natronlauge zersetzt Haare, Citronensäure entfernt Kalkflecke.

2a Schwefeldioxid reagiert mit dem Wasser zu schwefliger Säure. Säuren färben den Indikator rot.

b Beispiele: Aus Schwefeltrioxid und Wasser entsteht Schwefelsäure, aus Phosphoroxid und Wasser Phosphorsäure, aus Stickstoffoxid und Wasser Salpetersäure.

3a Säuren reagieren mit Kalk; dabei entsteht Kohlenstoffdioxid. Saurer Regen zersetzt Kalkstein.

b Mögliche Maßnahmen: Verhindern, dass saurer Regen entsteht (dass Schwefeldioxid in die Umwelt gelangt). Basalt (vulkanisches Gestein) als Material verwenden. Skulpturen mit einer säurefesten Schutzschicht versehen.

4a Calciumoxid reagiert mit Wasser zu Calciumlauge. Laugen färben den Indikator blau.

b Calciumlauge (Kalkwasser) reagiert mit Kohlenstoffdioxid. Das ist der Nachweis für Kohlenstoffdioxid. (Es entsteht Calciumcarbonat.)

5a Das Zeichen bedeutet „Vorsicht: ätzend!".

b Keine Spritzer auf die Haut kommen lassen! Bei der Arbeit mit Säuren und Laugen Gummihandschuhe und Schutzbrille tragen!

c Durch Wasser wird die Säure oder Lauge verdünnt und damit der pH-Wert erhöht.

d Durch das Wasser wird die Säure verdünnt. Der Kalk reagiert mit der Säure – dabei wird die Säure verbraucht.

6a Man sammelt saure und alkalische Abfälle gemeinsam, damit sie sich neutralisieren.

b Beim Neutralisieren entstehen Salzlösungen (nicht nur das unschädliche Kochsalz). Die entstehenden Salze können giftig sein.

c Beispiele: Fischsterben in Gewässern oder Verseuchung des Grundwassers

7a Salzsäure reagiert mit Kupferoxid, aber nicht mit Kupfer.

b Bei der Reaktion entsteht Kupferchlorid.
Wortgleichung: Kupferoxid + Salzsäure
→ Kupferchlorid + Wasser
Reaktionsgleichung: $CuO + 2\,HCl \rightarrow CuCl_2 + H_2O$

8a Säuren reagieren mit unedlen Metallen. Dabei entstehen Wasserstoff und ein Salz.

b Beispiel: Bei der Reaktion von Schwefelsäure mit Aluminium entstehen Wasserstoff und Aluminiumsulfat.

9a Salze entstehen
–… bei der Reaktion von Säuren mit unedlen Metallen, z. B.: Salzsäure reagiert mit Zink zu Zinkchlorid und Wasserstoff.
–… bei der Reaktion von Säuren mit Metalloxiden, z. B.: Salzsäure reagiert mit Kupferoxid zu Kupferchlorid und Wasser.
–… bei der Reaktion von Säuren mit Laugen (Neutralisation, z. B.: Salzsäure reagiert mit Natronlauge; dabei entstehen Natriumchlorid und Wasser.

b *Gemeinsamkeit:* Aus einer Säure und einem Stoff, der ein Metall enthält, entsteht ein Salz.
Unterschiede: Je nachdem, mit welchem Stoff die Säure reagiert, entsteht als zweites Reaktionsprodukt Wasserstoff oder Wasser.

10a Mineralien sind Erze, Gesteine oder Salze, die in der Erdkruste vorkommen.

b Der pH-Wert 7 zeigt an, dass die Flüssigkeit neutral ist. In dem Mineralwasser ist also keine Säure (Kohlensäure) enthalten.

c Menschen, die unter Bluthochdruck leiden, müssen sich natriumarm ernähren. Die Aufnahme von zu viel Natrium führt zu Wasseransammlungen im Gewebe; damit wird die Menge der Blutflüssigkeit erhöht.

Warnzeichen

Gültig seit dem 1. 12. 2008:

GHS01	GHS02	GHS03	GHS04	GHS05	GHS06	GHS07	GHS08	GHS09
Gefahr	Gefahr	Gefahr	Achtung	Gefahr	Gefahr	Achtung	Gefahr	Achtung
Explosionsgefährlich	Leicht-/Hochentzündlich	Brandfördernd	Komprimierte Gase	Ätzend	Giftig/Sehr giftig	Gesundheitsgefährdend	Gesundheitsschädlich	Umweltgefährdend

Erinnerst du dich noch?
Aus der vorherigen Jahrgangsstufe

Der elektrische Stromkreis
Damit die Lampe leuchtet, muss der Stromkreis geschlossen sein. Schalter und Taster können Stromkreise schließen oder unterbrechen.

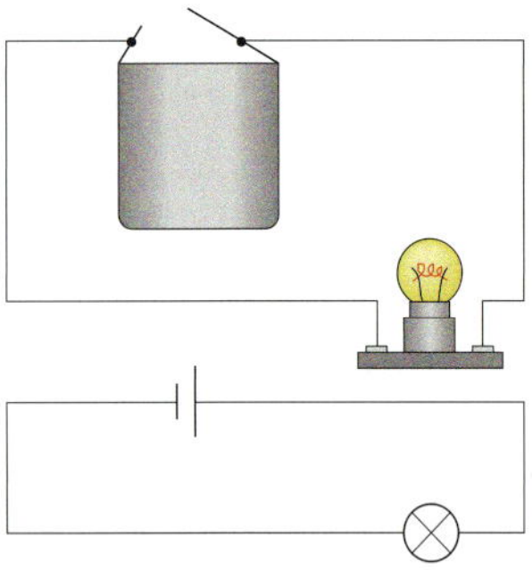
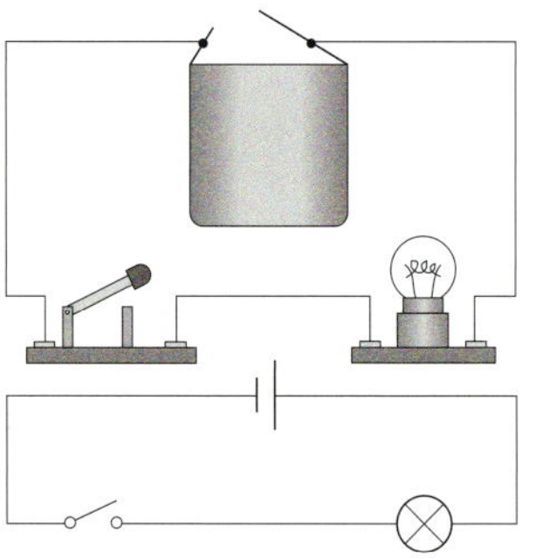
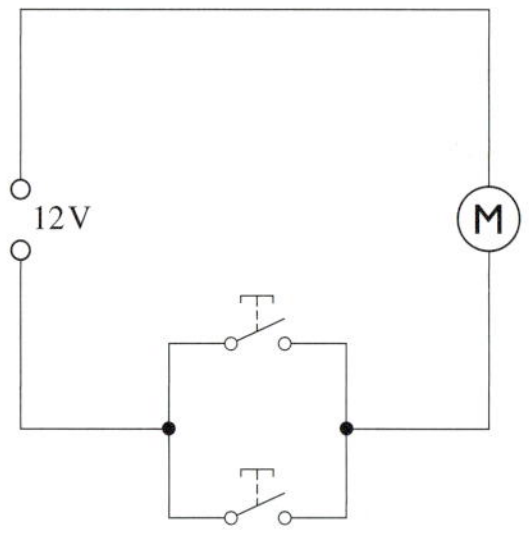

Elektrische Leiter
Alle Gegenstände aus Metall sind elektrische Leiter. Auch salzige oder saure Flüssigkeiten gehören zu den Leitern.

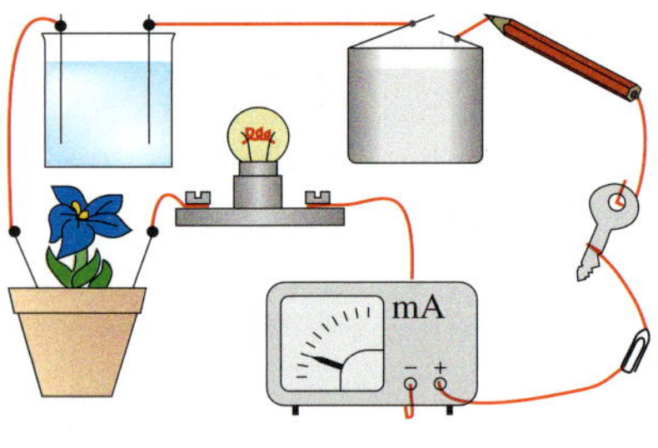

Auch der Mensch ist ein Leiter!
Lebensgefahr besteht, wenn der menschliche Körper Teil eines elektrischen Stromkreises mit der Steckdose wird.

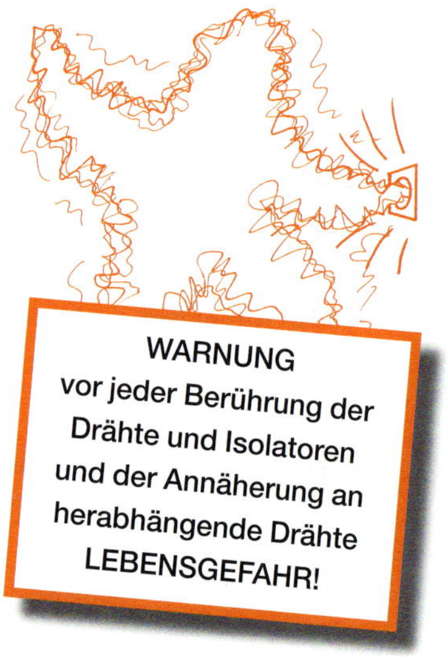

Temperatur und Wärme
Wenn eine Wärmequelle einen anderen Körper erwärmt, geht *Wärme (Energie)* auf diesen Körper über. Die *Temperatur* des Körpers steigt.

Die *Temperatur* eines Körpers gibt an, wie warm oder kalt der Körper gerade ist.

Thermometer geben die Temperatur in der *Einheit Grad Celsius* (°C) an.

Die Celsiusskala entsteht mithilfe zweier *Fixpunkte*: der Siedetemperatur von Wasser (100 °C) und der Schmelztemperatur von Eis (0 °C).

Temperaturänderungen und ihre Folgen

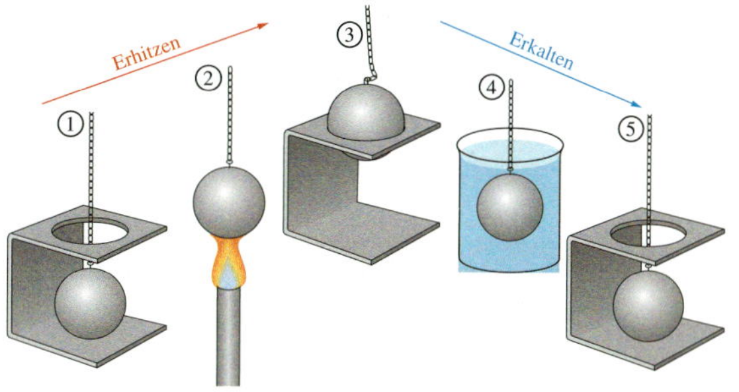

Ein *fester Körper* dehnt sich beim Erwärmen nach allen Seiten aus; sein Volumen wird größer. Beim Abkühlen zieht er sich zusammen. Wie stark er sich ausdehnt, hängt vom Stoff ab, aus dem er besteht.
Eine *Flüssigkeit*, die erwärmt wird, dehnt sich aus. Wenn sie abgekühlt wird, zieht sie sich zusammen. Unterschiedliche Flüssigkeiten dehnen sich verschieden stark aus.
Ein *Gas*, das erwärmt wird, dehnt sich aus. Wenn es abgekühlt wird, zieht es sich zusammen. Die Ausdehnung hängt nicht von der Art des Gases ab.

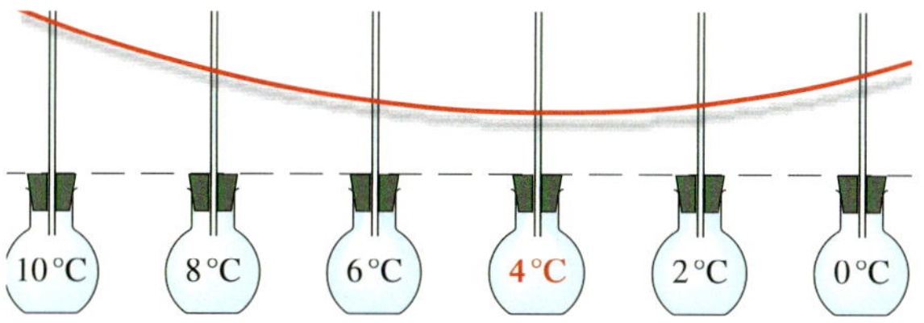

Anomalie des Wassers: Wenn Wasser zu Eis wird, dehnt es sich aus. Die meisten anderen Stoffe ziehen sich zusammen.
Wasser, das abgekühlt wird, zieht sich zwar wie alle Flüssigkeiten zusammen – doch nur bis 4 °C. Danach dehnt es sich wieder aus.

Wärmeausbreitung

Wärmeleitung: Die Wärme wird vom heißen zum kalten Teil des Körpers geleitet. Metalle sind gute Wärmeleiter, Luft ein sehr schlechter.

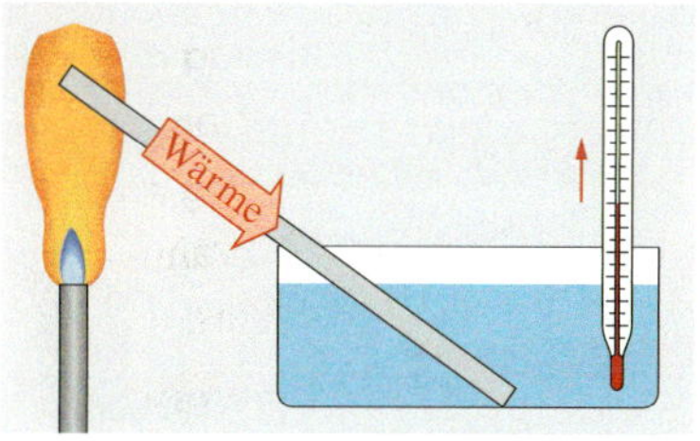

Wärmetransport: Wenn sich ein erwärmter Stoff bewegt, wird zusammen mit dem Stoff die Wärmeenergie transportiert.

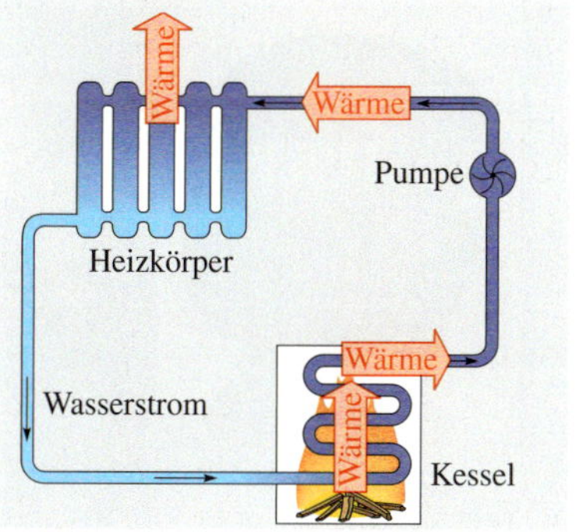

Strahlung: Sonnenwärme erhalten wir durch Strahlung. Auch alle anderen heißen Körper strahlen Wärme ab. Dunkle, matte Oberflächen absorbieren die Strahlung, helle, glänzende reflektieren sie.

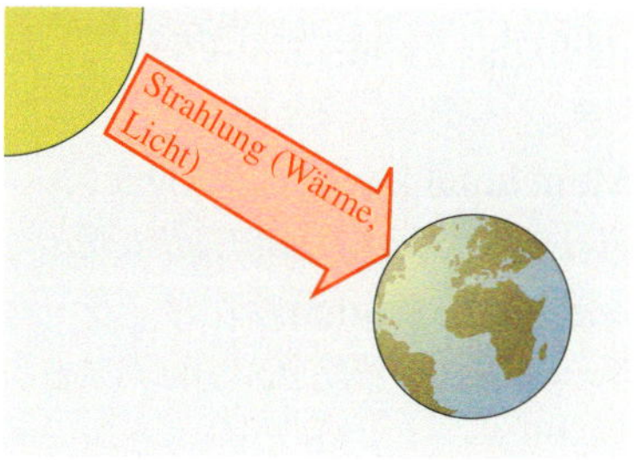

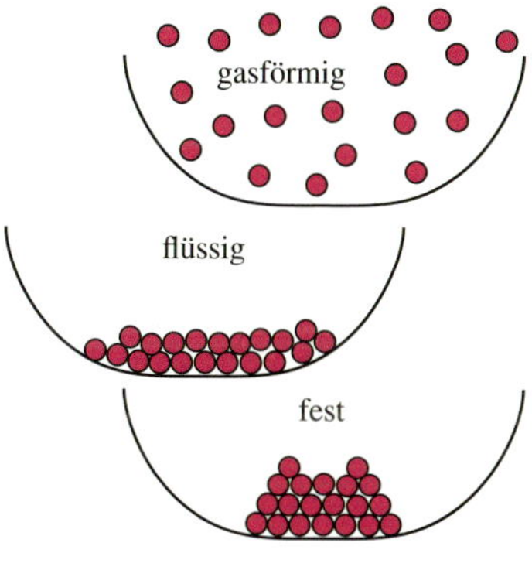

Die Aggregatzustände – mit dem Teilchenmodell erklärt

Viele Stoffe können fest, flüssig oder gasförmig sein. Der Aggregatzustand ist abhängig von der Temperatur.
Im Teilchenmodell kann man sich ein und denselben Stoff in verschiedenen Aggregatzuständen vorstellen.

Licht und Schatten

Licht geht immer von *Lichtquellen* aus.
Von der Lichtquelle breitet es sich nach allen Seiten hin *geradlinig* aus.

Wir sehen eine Lichtquelle, wenn ihr Licht direkt in unser Auge fällt.
Das Laserlicht sehen wir nur, weil es an den Staubteilchen der Luft gestreut wird.

Die meisten Gegenstände leuchten nicht selbst.
Wir sehen sie nur, wenn sie beleuchtet werden und das Licht *streuen*.
Damit wir sie sehen, muss ein Teil des gestreuten Lichts *in unsere Augen* fallen.

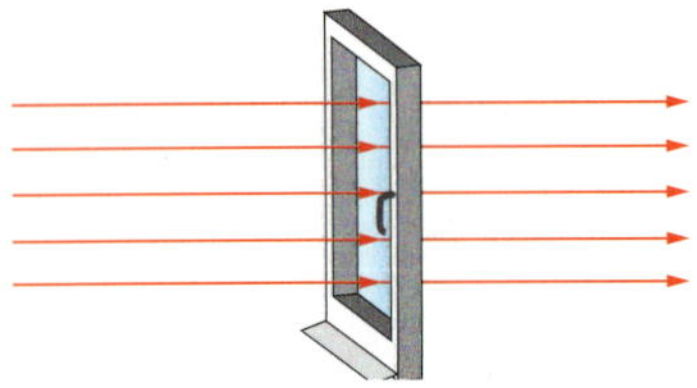

Glasscheiben lassen das Licht durch.

Weiße Gegenstände streuen das Licht in viele Richtungen.

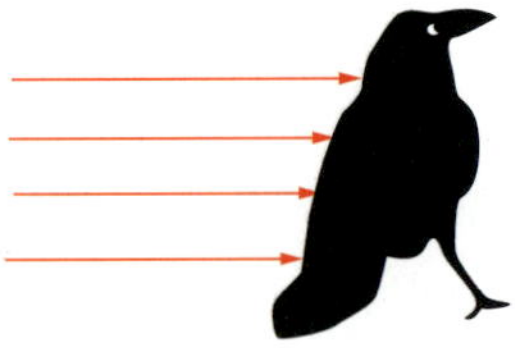

Schwarze Gegenstände verschlucken (absorbieren) das Licht. Wir sehen sie nur im Kontrast zur hellen Umgebung.

Schatten entstehen, wenn Licht auf einen Gegenstand trifft und ihn nicht durchdringen kann. Im Raum hinter dem Körper fehlt dann das Licht.

Manchmal kann man sogar zwischen *Kern-* und *Halbschatten* unterscheiden.

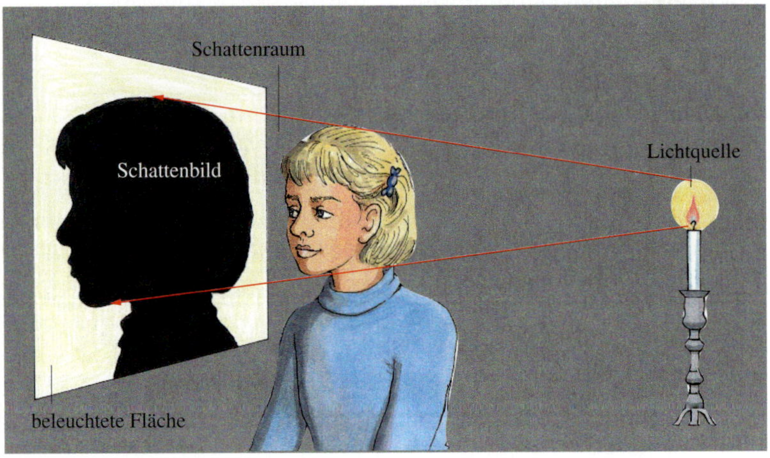

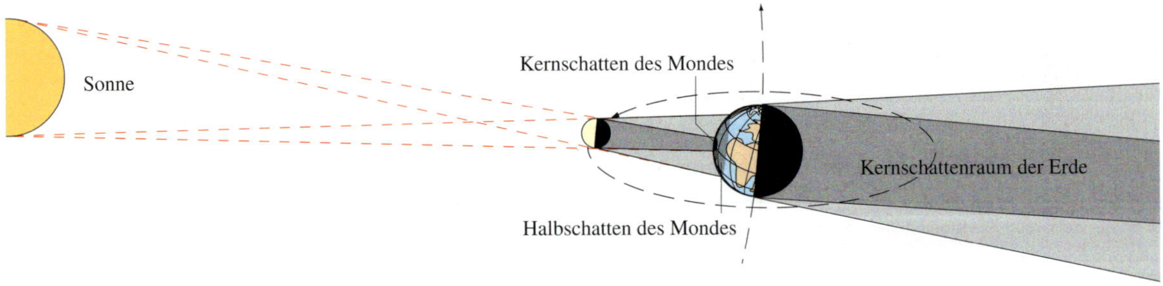

Wir unterscheiden Körper und Stoff

Unter „Körper“ versteht man alle Gegenstände und Lebewesen. Die Materialien, aus denen sie bestehen, heißen „Stoffe“.

Wir erkennen Stoffe an ihren Eigenschaften

Stoffe unterscheiden sich in ihren Eigenschaften:

- fest, flüssig oder gasförmig
- salzig, sauer, süß oder bitter
- leicht schmelzbar (Wachs) oder schwer schmelzbar (Eisen)

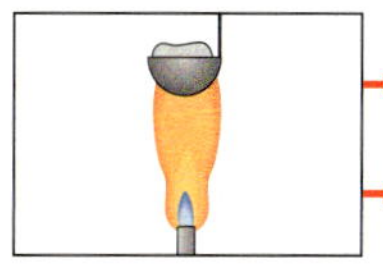

Wir ordnen Stoffe nach ihren Eigenschaften

Stoffe mit ähnlichen Eigenschaften fasst man zu Stoffgruppen zusammen. Ein Beispiel sind die Metalle.

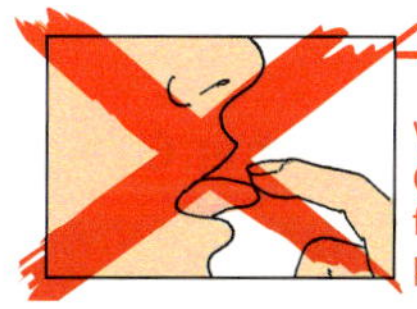

Wir unterscheiden Reinstoffe und Stoffgemische

Zuckerwasser, Teig und viele andere Stoffe sind Gemische von mehreren Reinstoffen. Reinstoffe wie Zucker und Wasser kann man mit einfachen Mitteln nicht in andere Stoffe trennen.

Wir trennen Stoffe mit verschiedenen Trennverfahren

Absetzenlassen: Nach längerem Stehen setzen sich die unlöslichen Bestandteile ab. Die Flüssigkeit wird abgegossen.

Filtrieren: Filterpapier wirkt wie ein feines Sieb. An seinen kleinen Poren bleiben die festen Bröckchen hängen. Übrig bleibt die Flüssigkeit.

Eindampfen: In Wasser gelöstes Kochsalz lässt sich nicht durch Filtrieren abtrennen. Man kann jedoch das Wasser verdampfen lassen. Zurück bleibt der feste Stoff.

Destillieren: Wenn man Meerwasser erhitzt, verdampft nur das Wasser. Der Wasserdampf wird aufgefangen und abgekühlt und man erhält reines Wasser.

Zum Nachschlagen

Einige Schaltzeichen

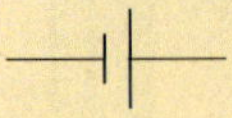	Batterie (Zelle)	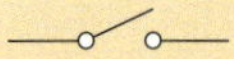	Schalter (geöffnet)	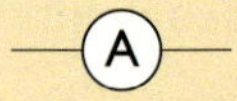	Strommesser (Amperemeter)
	Netzgerät		Festwiderstand	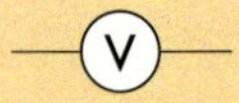	Spannungsmesser (Voltmeter)
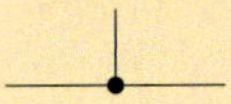	Leiterverzweigung mit leitender Verbindung	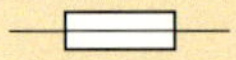	Sicherung	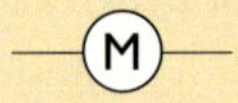	Motor
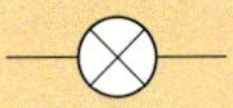	Glühlampe	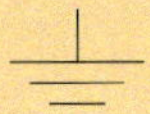	Erdung	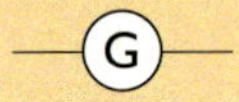	Generator

Auswahl physikalischer Größen und ihrer Einheiten

Größe	Formelzeichen	Einheit		Weitere Einheiten		Beziehung
Temperatur	T	Kelvin Grad Celsius	K °C			0 K ≙ −273,15 °C 0 °C ≙ 273,15 K
Länge	l	Meter	m	Seemeile Zoll	sm	1 sm = 1852 m 1 Zoll = 2,54 cm
Flächeninhalt	A	Quadratmeter	m^2	Hektar	ha	1 ha = 100 a = 10 000 m^2
Volumen	V	Kubikmeter	m^3	Liter	l	1 l = 1 dm^3 = 0,001 m^3
Masse	m	Kilogramm	kg	Tonne	t	1 t = 10^3 kg = 1000 kg
Dichte	ϱ (Rho)	Kilogramm durch (pro) Kubikmeter	$\frac{kg}{m^3}$	Gramm durch Kubikzentimeter	$\frac{g}{cm^3}$	$1\frac{g}{cm^3} = 1000\frac{kg}{m^3}$
Kraft	F	Newton	N			$1\,N = 1\frac{kg \cdot m}{s^2} = 1\frac{J}{m}$
Druck	p	Pascal	Pa	Bar	bar	1 bar = 10^5 Pa = 1000 hPa
Energie	E	Joule	J			$1\,J = 1\,Nm = 1\,Ws = 1\frac{kg \cdot m^2}{s^2}$
Leistung	P	Watt	W			$1\,W = 1\frac{Nm}{s} = 1\frac{J}{s}$
Zeit	t	Sekunde	s	Minute	min	1 min = 60 s
Geschwindigkeit	v		$\frac{m}{s}$		$\frac{km}{h}$	$1\frac{km}{h} = \frac{1}{3,6}\frac{m}{s}$
Beschleunigung	a		$\frac{m}{s^2}$			
Stromstärke	I	Ampere	A			
Spannung	U	Volt	V			$1\,V = 1\frac{Ws}{As} = 1\frac{W}{A}$
Widerstand	R	Ohm	Ω			$1\,\Omega = 1\frac{V}{A}$

Vielfache und Teile von Einheiten

Vorsatz	Giga-	Mega-	Kilo-	Hekto-	Deka-	Dezi-	Zenti-	Milli-	Mikro-	Nano-	Piko-
Vorsatzzeichen	G	M	k	h	D	d	c	m	µ	n	p
Faktor	10^9	10^6	10^3	10^2	10^1	10^{-1}	10^{-2}	10^{-3}	10^{-6}	10^{-9}	10^{-12}

Die chemischen Elemente

Actinium	**Ac**	Cobalt	**Co**	Kalium	**K**	Phosphor	**P**	Silber	**Ag**
Aluminium	**Al**	Curium	**Cm**	Kohlenstoff	**C**	Platin	**Pt**	Silicium	**Si**
Americium	**Am**	Dubnium	**Db**	Krypton	**Kr**	Plutonium	**Pu**	Stickstoff	**N**
Antimon	**Sb**	Dysprosium	**Dy**	Kupfer	**Cu**	Polonium	**Po**	Strontium	**Sr**
Argon	**Ar**	Einsteinium	**Es**	Lanthan	**La**	Praseodym	**Pr**	Tantal	**Ta**
Arsen	**As**	Eisen	**Fe**	Lawrencium	**Lr**	Promethium	**Pm**	Technetium	**Tc**
Astat	**At**	Erbium	**Er**	Lithium	**Li**	Protactinium	**Pa**	Tellur	**Te**
Barium	**Ba**	Europium	**Eu**	Lutetium	**Lu**	Quecksilber	**Hg**	Terbium	**Tb**
Berkelium	**Bk**	Fermium	**Fm**	Magnesium	**Mg**	Radium	**Ra**	Thallium	**Tl**
Beryllium	**Be**	Fluor	**F**	Mangan	**Mn**	Radon	**Rn**	Thorium	**Th**
Bismut	**Bi**	Francium	**Fr**	Meitnerium	**Mt**	Rhenium	**Re**	Thulium	**Tm**
Blei	**Pb**	Gadolinium	**Gd**	Mendelevium	**Md**	Rhodium	**Rh**	Titan	**Ti**
Bohrium	**Bh**	Gallium	**Ga**	Molybdaen	**Mo**	Rubidium	**Rb**	Uran	**U**
Bor	**B**	Germanium	**Ge**	Natrium	**Na**	Ruthenium	**Ru**	Vanadium	**V**
Brom	**Br**	Gold	**Au**	Neodym	**Nd**	Ruther-fordium	**Rf**	Wasserstoff	**H**
Cadmium	**Cd**	Hafnium	**Hf**	Neon	**Ne**			Wolfram	**W**
Caesium	**Cs**	Hassium	**Hs**	Neptunium	**Np**	Samarium	**Sm**	Xenon	**Xe**
Calcium	**Ca**	Helium	**He**	Nickel	**Ni**	Sauerstoff	**O**	Ytterbium	**Yb**
Californium	**Cf**	Holmium	**Ho**	Niob	**Nb**	Scandium	**Sc**	Yttrium	**Y**
Cer	**Ce**	Indium	**In**	Nobelium	**No**	Schwefel	**S**	Zink	**Zn**
Chlor	**Cl**	Iod	**I**	Osmium	**Os**	Seaborgium	**Sg**	Zinn	**Sn**
Chrom	**Cr**	Iridium	**Ir**	Palladium	**Pd**	Selen	**Se**	Zirconium	**Zr**

Nachweis einiger Stoffe

Chlor	a) Angefeuchtetes Universalindikatorpapier wird durch Chlor rot, dann farblos. b) Kaliumchlorid-Stärke-Papier wird blau.
Sauerstoff	In reinem Sauerstoff flammt ein glimmender Holzspan auf (Glimmspanprobe).
Wasserstoff	Mit Luft vermischt verbrennt Wasserstoff explosionsartig. Diese Knallgasprobe darf nur in offenen Gefäßen durchgeführt werden.
Stickstoff, Kohlenstoffdioxid	Ein brennender Holzspan, den man hineinhält, erlischt.
Kohlenstoffdioxid, Kohlensäure	Wenn man Kohlenstoffdioxid durch Calciumhydroxidlösung (Kalkwasser) leitet oder wenn man Kohlensäure mit Kalkwasser schüttelt, bildet sich eine trübe Lösung.
Wasser	a) Weißes Kupfersulfat wird durch Wasser hellblau. b) Blaues Cobalt(II)chlorid-Papier wird rot.
Schwefeldioxid, schweflige Säure	a) Schwach violette Kaliumpermanganatlösung wird beim Schütteln mit Schwefeldioxid bzw. schwefliger Säure entfärbt. b) Bei Sulfit-Teststäbchen wird die Testzone rosa gefärbt. c) Ein mit Iod-Kaliumiodid-Lösung getränktes, feuchtes Papier wird entfärbt.
Stickstoffdioxid	Stickstoffdioxid kann mit einem Teststäbchen nachgewiesen werden. Dessen Testzone färbt sich violett.
Säuren, allgemein	Universalindikatorpapier zeigt – je nach pH-Wert – eine rot- bis gelborange Färbung.
Laugen, allgemein	Universalindikatorpapier zeigt – je nach pH-Wert – eine grüne bis blaue Färbung.

Brandklassen

Brennbarer Stoff (Beispiele)	Brandklasse	Löschmittel	Hinweise
Möbel, Gardinen, Teppiche, Holz (keine elektrischen Leitungen in der Nähe)	**A** Brände fester Stoffe (außer Metalle)	Wasser, Feuerlöscher (ABC), Löschdecke, Sand, Erde, Löschschaum	Wasser kühlt die brennenden Stoffe und „verdünnt" den Sauerstoff der Luft. Beim Verdampfen entstehen aus 1 Liter Wasser ca. 1700 Liter Wasserdampf, der sich mit der Luft vermischt.
Benzin, Öle, Fette, Lacke, Spiritus, Teer, Alkohol, Kunststoffe	**B** Brände von flüssigen und flüssig werdenden Stoffen	Decke, Feuerlöscher (ABC), Löschschaum, Sand, Kohlenstoffdioxid	Flüssigkeiten nie mit Wasser löschen! Sie schwimmen auf dem Wasser und brennen weiter. Brennendes Fett wird durch verdampfendes Wasser in einem Feuerball auseinandergerissen.
Erdgas, Methan, Propan, Wasserstoff	**C** Brände von Gasen	Feuerlöscher (ABC), Sand	Gase nie mit Wasser, Schaum oder Kohlenstoffdioxid löschen. Die Gase durchdringen diese Löschmittel und bekommen Kontakt zur Luft.
Aluminium, Magnesium, Natrium	**D** Brände von Metallen	Feuerlöscher (D)	
elektrische Leitungen und Anlagen		Kohlenstoffdioxid, Löschdecken, Feuerlöscher (ABC)	Kein Wasser verwenden! Wasser leitet.

Sach- und Namenverzeichnis